terapia cognitiva da esquizofrenia

Aaron T. Beck, M.D., é professor emérito de psiquiatria na Universidade da Pensilvânia e presidente do Beck Institute of Cognitive Therapy na Filadélfia. O dr. Beck desenvolveu a terapia cognitiva no início da década de 1960, como psiquiatra na Universidade da Pensilvânia.

Neil A. Rector, Ph.D., é diretor de pesquisa do departamento de psiquiatria do Sunnybrook Health Sciences Centre em Toronto e professor associado de psiquiatria na Universidade de Toronto.

Neal Stolar, M.D.-Ph.D., é diretor médico e diretor do Projeto Especial de Terapia Cognitiva para o Tratamento de Psicose na Project Transition na Filadélfia; consultor psiquiátrico para a Creative Health Services e Penn Behavioral Health; pesquisador da Unidade de Pesquisa em Psicopatologia e do Centro de Pesquisa em Esquizofrenia da Universidade da Pensilvânia.

Paul Grant, Ph.D., é diretor de pesquisa em esquizofrenia da Unidade de Pesquisa em Psicopatologia do departamento de psiquiatria da Universidade da Pensilvânia.

B393t Beck, Aaron T.
Terapia cognitiva da esquizofrenia / Aaron T. Beck ... [et al.] ; tradução Ronaldo Cataldo Costa ; consultoria, supervisão e revisão técnica Paulo Knapp. – Porto Alegre : Artmed, 2010.
336 p. ; 25 cm.

ISBN 978-85-363-2180-6

1. Psiquiatria – Esquizofrenia. 2. Terapia cognitiva. I. Título.

CDU 616.895.8

Catalogação na publicação: Renata de Souza Borges CRB-10/1922

Aaron T. Beck

Neil A. Rector // Neal Stolar // Paul Grant

terapia cognitiva da esquizofrenia

Tradução:
Ronaldo Cataldo Costa

Consultoria, supervisão e revisão técnica desta edição:
Paulo Knapp
Psiquiatra. Mestre em Clínica Médica pela UFRGS.
Formação em Terapia Cognitiva no Beck Institute, Filadélfia.

2010

Obra originalmente publicada sob o título *Schizophrenia: cognitive theory, research, and therapy*
ISBN *978-1-60623-018-3*

Capa: *Tatiana Sperhacke*

Leitura final: *Cristine Henderson Severo*

Preparação de original: *Paulo Ricardo Furaste Campos*

Editora sênior – Saúde mental: *Mônica Ballejo Canto*

Editora responsável por esta obra: *Amanda Munari*

Projeto e editoração: *Techbooks*

ARTMED® EDITORA S.A.
Av. Jerônimo de Ornelas, 670 – Santana
90040-340 – Porto Alegre RS
Fone: (51) 3027-7000 Fax: (51) 3027-7070

SÃO PAULO
Av. Angélica, 1.091 – Higienópolis
01227-100 – São Paulo – SP
Fone: (11) 3665-1100 Fax: (11) 3667-1333

SAC 0800 703-3444

IMPRESSO NO BRASIL
PRINTED IN BRAZIL
Impresso sob demanda na Meta Brasil a pedido de Grupo A Educação.

À minha esposa, filhos e netos
A.T.B.

A Debora e Zoe
N.A.R.

Em memória de Cyrell, e a Kyler,
Eden, Brady e Shannon
N.S.

A Amy, Leone e Greg
P.G.

Agradecimentos

Gostaríamos de agradecer aos conselhos e sugestões de diversos indivíduos que leram partes do original: Matthew Broome, Daniel Freeman, Steve Moelter, Steve Silverstein e Elaine Walker. Também somos gratos a Debbie Warman e Eric Granholm, que contribuíram com sua sabedoria e experiência para as diversas conceituações contidas neste livro. Além disso, gostaríamos de agradecer a Mary Seeman e Zindel Segal por seu incentivo e apoio aos avanços na terapia cognitiva para a psicose no Departamento de Psiquiatria da Universidade de Toronto. Finalmente, queremos expressar nossa gratidão a Bárbara Marinelli pela organização geral do projeto, e a Michael Crooks, Brianna Mann e Letitia Travaglini por sua incansável ajuda em digitar e editar o manuscrito e realizar pesquisas bibliográficas.

Sumário

Prefácio

Historicamente, o transtorno ou transtornos rotulados como "esquizofrenia" têm levantado muitas questões e diversos desafios. É possível obter algum sentido das crenças variadas e muitas vezes fantásticas dos pacientes? Existem princípios que se apliquem a todos os pacientes? É possível tratá-los com psicoterapia? Qual é a relação entre as descobertas orgânicas e o quadro clínico? Nossa tentativa de responder essas questões proporcionou o ímpeto para preparar este livro. O material evoluiu da nossa experiência e pesquisas clínicas nas universidades da Pensilvânia e de Toronto. Todos já tratamos casos de esquizofrenia, supervisionamos outros profissionais e realizamos pesquisas sistemáticas nessa área.

Inicialmente, o sucesso na aplicação da terapia cognitiva (TC) à esquizofrenia no Reino Unido nos levou a conduzir ensaios controlados randomizados com TC, primeiramente em Toronto e mais recentemente na Filadélfia. Como indicamos em nosso resumo dos ensaios controlados de TC (ou terapia cognitivo-comportamental, como costuma ser chamada), os resultados dos primeiros ensaios clínicos publicados são promissores – mas ainda existe muito campo para desenvolver. Na verdade, o fato de que uma intervenção psicológica pode melhorar substancialmente os resultados clínicos além do tratamento usual (que geralmente envolve farmacoterapia), é claro, foi uma surpresa para muitos pesquisadores e clínicos envolvidos no estudo e no tratamento da esquizofrenia.

Devemos observar, logo de início, que a preparação de um tratamento para um transtorno complexo como a esquizofrenia exige muito mais que a descrição de estratégias e técnicas especializadas. O tratamento bem-sucedido depende de uma compreensão profunda da sua fenomenologia e causas. Além disso, o terapeuta precisa de um modelo conceitual para servir como guia, assim como um construtor precisa da planta arquitetônica. Neste livro, tentamos apresentar, primeiramente, uma compreensão da origem, desenvolvimento e manutenção dos sintomas (delírios, alucinações, transtorno do pensamento e sintomas negativos). Em segundo lugar, usamos nossa compreensão da sintomatologia e nossa experiência terapêutica, fortalecida pela pesquisa nessa área, para apresentar nossas sugestões para o tratamento do transtorno. Finalmente, tentamos integrar a vasta quantidade de pesquisas sobre a biologia da esquizofrenia ao trabalho relativamente esparso sobre seus aspectos psicológicos, para formar um modelo psicobiológico abrangente da esquizofrenia.

Após apresentar uma visão geral da esquizofrenia no Capítulo 1 e uma revisão da complexa e intrigante da neurobiologia do transtorno no Capítulo 2, fazemos um amplo levantamento dos aspectos clínicos e psicológicos dos delírios (Capítulo 3). O que nos chama a atenção são os aspectos comuns entre todos os tipos de delírios. De maneira mais crucial, as crenças hipersalientes (sejam elas paranoides ou grandiosas) tiram dos indivíduos afetados a capacidade de processar informações. Além disso, a capacidade dos pacientes de enxergar seus pensamentos, interpretações e crenças aberrantes como produtos mentais sujeitos a avaliação é atenuada. Eles consideram suas ideias paranoides ou grandiosas como fatos e percebem suas fantasias como a realidade. Diversos vieses estão presentes em todos os delírios. Quando o paciente cai em um modo paranoide, por exemplo, todas as suas experiências estão sujeitas à tríade de vieses egocêntricos, externalizantes e internalizantes: eles são o objeto do investimento de outras pessoas, suas experiências inesperadas ou inusitadas são causadas por entidades externas, e essas entidades são movidas para afetar seu bem-estar ou autonomia.

O Capítulo 4, sobre alucinações, indica como essas experiências estão relacionadas com os pensamentos e ideias dos pacientes, que são transformados em imagens auditivas. O principal problema é o delírio de que as vozes são produzidas externamente (às vezes por uma entidade hostil) e que elas são onipresentes, oniscientes e incontroláveis. A experiência alucinatória costuma estar encrustada em delírios paranoides e, de fato, segue um *continuum* com os delírios do controle da mente (inserção de pensamentos, captura de pensamentos e leitura da mente).

O Capítulo 5, sobre os sintomas negativos, aborda o problema da relação entre comprometimentos da atenção, memória e flexibilidade mental e a perda da produtividade, anedonia e retraimento social. O elo perdido, como o descrevemos, está nas posturas negativas dos pacientes em relação a suas capacidades, expectativas de prazer e competências interpessoais – todas resultando de um histórico de frustrações relacionadas com a disfunção neurocognitiva real. Nossa formulação do transtorno formal do pensamento (Capítulo 6) explica as características de divagação como função de mecanismos inibitórios deficientes e a alogia como uma tentativa de preservar recursos. O pensamento desordenado é desencadeado quando cognições altamente carregadas são ativadas e, consequentemente, perturbam o fluxo normal das ideias. Apresentamos dados de nossos próprios estudos para sustentar as hipóteses relacionadas com os sintomas negativos e transtornos do pensamento.

A seção sobre o tratamento começa com uma ampla discussão sobre as várias técnicas usadas na avaliação (Capítulo 7). O Capítulo 8 lida com dificuldades para promover a relação terapêutica e apresenta diretrizes para lidar com a forma reticente, atenção curta, déficits diversos e desconfiança dos pacientes. Problemas específicos da avaliação e abordagens terapêuticas para os delírios são descritos no Capítulo 9, com exemplos concretos de como lidar com eles. De maneira semelhante, o Capítulo 10, sobre a avaliação e a terapia das alucinações, descreve uma série de estratégias para ajudar o paciente a reduzir a perturbação associada a vozes e, em alguns casos, eliminá-las completamente. A terapia dos sintomas negativos é descrita no Capítulo 11, detalhando-se diversas abordagens para neutralizar as posturas derrotistas e expectativas negativas. Em particular, formula-se o objetivo de aumentar a qualidade de vida, revisando-se estratégias para alcançá-lo.

Como o transtorno do pensamento pode ser um fator limitante da eficácia e envolvimento interpessoais, o Capítulo 12 descreve uma abordagem terapêutica que ajuda os pacientes a avaliar melhor as suas dificuldades de comunicação e, de maneira importante, reduzir os pensamentos e comportamentos estressantes que levam à desorganização do pensamento. Existem muitas questões sobre a relação entre a psicoterapia e a farmacoterapia da esquizofrenia. O Capítulo 13 descreve uma combinação dessas duas abordagens. O último capítulo (Capítulo 14) busca apresentar um modelo amplo da esquizofrenia, integrando fatores constitucionais, do estresse e psicológicos. Em particular, o capítulo visa mostrar o papel dos vieses cognitivos na produção das reações excessivas às vivências de vida e os vieses cognitivos como o elo perdido entre os comprometimentos neurológicos e os sintomas clínicos. Postula-se a redução dos recursos cognitivos como um fator importante que leva à perturbação da coordenação de funções cerebrais essenciais para o teste de realidade e outros processos completos.

Os diversos capítulos deste livro representam os esforços combinados de cada autor. Geralmente, um ou alguns de nós assumiram a responsabilidade por preparar a estrutura para um determinado capítulo. Depois de discussões com os outros autores, os organizadores propuseram um esboço preliminar. Todos revisamos e fizemos sugestões para esboços sucessivos. Assim, a versão final de cada capítulo traz contribuições de todos nós.

1

Visão Geral da Esquizofrenia

Sendo a pessoa mais conhecida a ter esquizofrenia, John Forbes Nash serve como ponto de partida natural para um livro sobre o transtorno. Nash tinha 30 anos quando suas dificuldades se tornaram visíveis para os outros. Até então, ele poderia parecer estranho e socialmente incapaz, mas era bem-sucedido profissionalmente, tendo recebido havia pouco uma oferta para ser professor titular no Massachussetts Institute of Technology (MIT). Todavia, o próprio Nash fala da decepção por sua carreira não cumprir as suas expectativas (Beck e Nash, 2005). A perturbação profunda do transtorno psicótico de Nash foi captada pelo pesquisador Michael Foster Green (2003, p. 87):

> Seus colegas lembram que, em 1959, ele entrou um dia em uma sala no MIT e comentou que a matéria de capa do *New York Times* continha mensagens criptografadas de habitantes de outra galáxia, que somente ele poderia decifrar. As três décadas seguintes, Nash passou entrando e saindo de hospitais psiquiátricos. Quando não estava no hospital, era descrito como um "fantasma triste", que assombrava os corredores de Princeton, "com roupas esquisitas, murmurando para si mesmo, escrevendo mensagens misteriosas nos quadros-negros, ano após ano".

Nash nos mostra um cenário trágico: um indivíduo excêntrico e intelectualmente brilhante, acossado por uma sintomatologia psiquiátrica extravagante, que cria caos pessoal, social e vocacional, levando a décadas de atendimentos cíclicos em serviços psiquiátricos. Enfatizando a relação entre os sintomas e a deficiência funcional, a dificuldade global de Nash na vida cotidiana parecia estar enraizada nos sintomas positivos da esquizofrenia (Andreasen, 1984b; Cutting, 2003), que incluem alucinações (ouvia "vozes"[1]), delírios (acreditava que o *New York Times* continha códigos especiais enviados do espaço para ele), comportamento bizarro (andava desarrumado e agia de forma inadequada) e presença de transtorno do pensamento formal (sua fala era difícil de entender). Nash não parece ter sofrido dos sintomas negativos da esquizofrenia, que incluem redução da expressividade verbal (alogia) e não verbal (afeto embotado), bem como pouco envolvimento em atividades construtivas (avolição), prazerosas (anedonia) e sociais (associabilidade) (Andreasen, 1984a; Kirkpatrick, Fenton, Carpenter e Marder, 2006). Essencialmente, a história de Nash é de esperança:

> Sem aviso, Nash começou a apresentar sinais de recuperação no final da década de 1980. As razões para a sua recuperação ainda não são claras; não estava tomando medicamentos ou buscando ajuda. Começou a interagir mais com os matemáticos em

[1] Nash afirma que as "vozes" eram um aspecto proeminente na sua experiência com a esquizofrenia desde 1959 (Beck e Nash, 2005).

Princeton, incluindo alguns velhos amigos. Então, em 1994, ganhou o Prêmio Nobel de economia. (Green, 2003, p. 87)

Apesar da sintomatologia intensa, desorganização comportamental e desajustamento, Nash recuperou grande parte do funcionamento interpessoal e ocupacional que havia perdido. A recuperação da esquizofrenia foi descrita como um processo contínuo de controlar os sintomas e estabelecer um senso de propósito (Ralph e Corrigan, 2005). Nesse sentido, Nash certamente se recuperou. Ao mesmo tempo que Green observa a virada de Nash com a cautela imparcial de um veterano pesquisador da esquizofrenia, Nash atribui a sua própria melhora a vários fatores, sendo a principal causa o raciocínio lógico (Beck e Nash, 2005). Para ilustrar essa questão, Nash descreveu, primeiramente, que se convenceu de que as alucinações auditivas eram produto da sua própria mente e, depois, persuadindo-se da improbabilidade e grandiosidade de muitas das suas crenças mais valorizadas. Adaptando seu pensamento em relação às alucinações e delírios, diminuiu a perturbação sintomática e gerou uma melhora considerável em seu funcionamento cotidiano. Nash, assim, exemplifica a abordagem cognitiva à esquizofrenia, que defendemos neste livro.

Iniciados na década de 1960 (Beck, 1963), os modelos cognitivo-comportamentais, que explicam as respostas emocionais e comportamentais como produtos de pensamentos, interpretações e crenças, mostraram-se bastante exitosos no entendimento e tratamento de uma série de psicopatologias psiquiátricas – por exemplo, transtornos do humor, transtornos de ansiedade, abuso de substâncias e transtornos alimentares (Grant, Young e DeRubeis, 2005) – e de patologias somáticas, por exemplo, dor crônica (Winterowd, Beck e Gruener, 2003). Além disso, centenas de estudos hoje corroboram o modelo cognitivo básico, segundo o qual as crenças precedem e, em um grau amplo, determinam as reações emocionais e comportamentais (Clark, Beck e Alford, 1999). Com base em trabalhos preliminares realizados nos Estados Unidos (Beck, 1952; Hole, Rusch e Beck, 1979), pesquisadores do Reino Unido conseguiram estender o modelo cognitivo para a esquizofrenia nas décadas de 1980 e 1990 (Chadwick, Birchwood e Trower, 1996; Fowler, Garety e Kuipers, 1995; Kingdon e Turkington, 2005), gerando promissores protocolos de tratamento psicossocial auxiliar voltados para delírios, alucinações e adesão medicamentosa (Rector e Beck, 2001).

Essas formas de abordagens cognitivas da esquizofrenia certamente melhoraram o tratamento desse transtorno tão sério. Acreditamos que é importante adaptar o nosso conhecimento de transtornos não psicóticos ao entendimento e tratamento da esquizofrenia. De certo modo, as estratégias de formulação e tratamento que defendemos são uma extensão das que foram aplicadas com êxito à depressão (Beck, Rush, Shaw e Emery, 1979), transtornos de ansiedade (Beck, Emery e Greenberg, 1985) e transtornos da personalidade (Beck, Freeman, Davis e Associates, 2003). Todavia, não existem abordagens únicas, portanto devemos revisar a maneira como lidamos com os pacientes portadores de esquizofrenia. Basicamente, é crucial entender o aspecto neurocognitivo e psicológico-cognitivo da esquizofrenia, bem como a sua singularidade como transtorno psiquiátrico. Talvez haja um *continuum* em termos de neuropatologia e distorções cognitivas à medida que avançamos das neuroses para as psicoses. Porém, assim como a água muda de característica quando passa do ponto de congelamento e se transforma em gelo, os fenômenos neuróticos usuais evidenciam uma forma de "mudança profunda" quando se congelam na esquizofrenia.

Este livro objetiva ser uma elaboração da abordagem cognitiva à esquizofrenia. Acreditamos que a melhor prática psicoterapêutica deriva da teoria cognitiva embasada em evidências científicas (Beck, 1976). Portanto, o livro é organizado em seções teóricas (Capítulos 2 a 6) e seções relacionadas com o tratamento (Capítulos 7 a 13), cada uma contendo capítulos que abordam as quatro dimensões psicopatológicas primárias do transtorno (delírios, alucinações, transtorno do pensamento e sintomas negativos). Além disso, como também queremos promover o modelo cognitivo da esquizofrenia, o último capítulo (Capítulo 14) apresenta uma integração do modelo cognitivo com modelos neurobiológicos da esquizofrenia. Este capítulo traz uma breve síntese da esquizofrenia e da nossa abordagem cognitiva.

BREVE HISTÓRICO

Nesta seção, concentramo-nos nas contribuições de três pioneiros da pesquisa moderna em esquizofrenia: John Hughlings Jackson, Emil Kraepelin e Eugen Bleuler. À primeira vista, os grupos de sintomas de Hughlings Jackson estão sobrepostos à categoria de doença de Kraepelin, com explicações causais derivadas do modelo mediacional cognitivo de Bleuler. De maneira clara, todos os teóricos atribuem importância aos sintomas negativos, apesar de suas diferenças na definição do transtorno.

Hughlings Jackson: positivo-negativo

Uma abordagem da insanidade bastante influente pode ser encontrada na obra do neurologista da era vitoriana John Hughlings Jackson (Andreasen e Olsen, 1982; Barnes e Liddle, 1990; Brown e Pluck, 2000). Hughlings Jackson observou (1931):

> Diz-se que a doença "causa" sintomas de insanidade. Sugiro que a doença somente produz sintomas mentais negativos, em resposta à desagregação, e que todos os sintomas mentais positivos elaborados (ilusões, alucinações, delírios e conduta extravagante) resultam da atividade de elementos nervosos que não são afetados por nenhum processo patológico; que eles surgem durante a atividade no nível básico da evolução. (conforme citação em Andreasen, 1990b, p. 3)

Composta na década de 1880, a formulação de Hughlings Jackson resume de forma sucinta o modelo teórico que ainda orienta a maior parte da pesquisa em esquizofrenia (Andreasen, Arndt, Alliger, Miller e Flaum, 1995; Meares, 1999). Pelo menos três pontos devem ser mencionados. Primeiramente, Hughlings Jackson classifica a insanidade como uma doença cerebral causada por uma determinada patologia localizada em centros neurológicos altamente evoluídos (corticais). Em segundo lugar, codifica a sintomatologia extremamente variável da insanidade em um modelo bicameral e heurístico comparando-a com a normalidade. As elaborações e distorções das percepções, crenças e comportamentos normais são reunidas sob a categoria ampla de *sintomas mentais positivos*, que são realces da experiência normal. Da mesma forma, os déficits na fala, motivação, emoção e prazer são agrupados como *sintomas mentais negativos*, que representam perdas relativas à experiência normal. Em terceiro lugar, e talvez mais importante, Hughlings Jackson propõe uma intuitiva interface causal entre a biologia e a sintomatologia apresentada: os sintomas negativos são estados de déficit e naturalmente sugerem estruturas cerebrais subjacentes comprometidas pela doença (neuropatologia), ao passo que os sintomas positivos são elaborações daquilo que é normal e naturalmente sugerem um processo cognitivo subjacente (falha da inibição). Embora Hughlings Jackson não tenha especulado em relação ao prognóstico e desfecho clínico dos pacientes insanos, pode ser inferido que o processo de doença do "cérebro dividido" que postulou para os sintomas negativos seja capaz de indicar um prognóstico particularmente desfavorável.

O influente modelo da esquizofrenia do tipo I/tipo II de Crow (1980), que essencialmente é uma elaboração moderna do modelo de Hughlings Jackson, despertou um interesse renovado nos sintomas negativos da esquizofrenia (Morrison, Renton, Dunn, Williams e Bentall, 2004). Compelido por novas descobertas na neurobiologia da esquizofrenia à época, Crow propôs dividir a esquizofrenia em dois transtornos distintos. Indivíduos reunidos na esquizofrenia do tipo I manifestam sintomas positivos acentuados, respondem bem à medicação psicoativa e têm um curso de doença caracterizado por um início súbito e prognóstico favorável no longo prazo. Os indivíduos agrupados como portadores da esquizofrenia do tipo II, em contrapartida, manifestam sintomatologia predominantemente negativa, não respondem bem à medicação e têm um curso caracterizado por um início insidioso e prognóstico desfavorável no longo prazo. Crow argumenta, além disso, que o desequilíbrio neuroquímico relacionado com o neurotransmissor dopamina é subjacente à esquizofrenia do tipo I, ao passo que a anormalidade cerebral estrutural, tal como o volume cerebral reduzido, está por trás da esquizofrenia do tipo II.

O impacto do modelo de Crow foi considerável (Bentall, 2004), pois a parametrização conceitual de agrupar sintomas positivos e negativos inspirada em Hughlings Jackson passou a dominar a teoria e a pesquisa em esquizofrenia (Healy, 2002). De importância fundamental, os pesquisadores desenvolveram escalas de avaliação voltadas para os sintomas positivos e negativos da esquizofrenia – por exemplo, a Scale for the Assessment of Positive Symptoms [Escala para Avaliação de Sintomas Positivos] (SAPS; Andreasen, 1984c), a Scale for the Assessment of Negative Symptoms [Escala para Avaliação de Sintomas Negativos] (SANS; Andreasen, 1984b) e a Positive and Negative Syndrome Scale [Escala das Síndromes Positivas e Negativas] (PANSS; Kay, Fiszbein e Opler, 1987). As escalas de Andreasen (SAPS e SANS), em particular, são instrumentos padronizados e abrangentes, capazes de medir uma variedade considerável de sintomas em termos observáveis (Capítulo 7). Do ponto de vista psicométrico, essas escalas têm se mostrado confiáveis e sensíveis a mudanças (Andreasen, 1990a).[2]

A categoria heterogênea de Kraepelin

Embora Hughlings Jackson tenha criado um modelo que orienta a teoria e pesquisa do cérebro-comportamento, foi o psiquiatra alemão Emil Kraepelin quem criou o moderno sistema classificatório, ou nosologia, para a esquizofrenia (Healy, 2002; Wing e Agrawal, 2003). Com base em extensivas observações de pacientes, Kraepelin (1971) agrupou três manifestações diversas de insanidade – hebefrenia (comportamento despropositado, desorganizado e incongruente), catatonia (falta de movimento e estupor, por um lado; comportamento agitado e incoerente, por outro) e paranoia (delírios de perseguição e grandeza) – e as colocou em uma única categoria de doença, que denominou *dementia praecox*. Os sintomas característicos incluíam alguns dos que Hughlings Jackson teria chamado de positivos (alucinações, fala desorganizada e delírios). Todavia, a demência precoce era, em última análise, um estado de déficit, tornando centrais à doença sintomas que Hughlings Jackson poderia ter chamado de negativos, ou seja, "embotamento emocional, falha em

---

[2] Observamos que há uma discussão quanto às limitações na capacidade da SAPS e da SANS de identificar os sintomas da esquizofrenia (p. ex., Horan, Kring e Blanchard, 2006).

atividades mentais, perda do domínio sobre a volição, do esforço e da capacidade de ação independente" (conforme citação em Fuller, Schultz e Andreasen, 2003, p. 25).

É essa fundamental cronicidade da doença, combinada com um curso progressivamente degenerativo, que levou Kraepelin a categorizar a *dementia praecox* como algo distinto de doenças psicóticas cíclicas e relacionadas com o humor, como a mania e a melancolia, que agregou em uma segunda categoria de doença, a psicose maníaco-depressiva. Desse modo, o curso e o prognóstico de longo prazo orientaram os esforços nosológicos de Kraepelin mais do que a sintomatologia apresentada (Healy, 2002). Embora acreditasse que os pacientes pudessem se recuperar da psicose maníaco-depressiva, Kraepelin era profundamente pessimista quanto à recuperação da *dementia praecox* (Calabrese e Corrigan, 2005; Warner, 2004).

Embora o termo *dementia praecox* tenha perdido o favoritismo, a categoria de Kraepelin está bastante evidente nos critérios diagnósticos de duas influentes codificações de transtornos mentais: o *Manual Diagnóstico e Estatístico de Transtornos Mentais* da Associação Psiquiátrica Americana (2000), 4ª edição (DSM-IV-TR) e a *Classificação Internacional de Doenças* da Organização Mundial da Saúde (1993), 10ª revisão (CID-10). Segundo o DSM-IV-TR e a CID-10 (Quadro 1.1), existem cinco sintomas característicos da esquizofrenia: delírios, alucinações, fala desorganizada (frequente desconexão ou incoerência), comportamento grosseiramente desorganizado ou catatônico e sintomas negativos (embotamento afetivo, alogia ou avolição) (Wing e Agrawal, 2003). Os dois sistemas diferem em alguns pontos, como na quantidade de tempo em que os sintomas devem ser expressados para satisfazer o critério (DSM-IV > CID-10), bem como se a perturbação funcional é intrínseca ao diagnóstico de esquizofrenia (DSM-IV = "sim"; CID-10 = "não").

Todavia, a heterogeneidade está embutida na definição de esquizofrenia: apenas dois dos cinco tipos de sintomas precisam estar presentes para definir o diagnóstico e, em condições especificadas de gravidade (duas vozes que comentam o compor-

QUADRO 1.1 Diagnóstico de esquizofrenia

Sintomas
Dois sintomas presentes por pelo menos 1 mês: (positivos) delírios, alucinações, fala desorganizada, comportamento desorganizado ou catatônico; (negativos) embotamento afetivo, alogia, avolição.

Disfunção social
Uma ou mais áreas afetadas na maior parte do tempo desde o início (exigido pelo DSM-IV); trabalho, relações interpessoais, cuidados pessoais; se durante a adolescência, incapacidade de alcançar o nível adequado de realização interpessoal, acadêmica ou ocupacional.

Duração
Sintomas ativos de psicose devem persistir na ausência de tratamento: na CID-10, sintomas ativos por pelo menos 1 mês; no DSM-IV, sintomas ativos por pelo menos 6 meses, incluindo sintomas prodômicos e residuais (negativos ou positivos atenuados).

Exclusão de outros transtornos
Outros diagnósticos com sintomas psiquiátricos devem ser excluídos: transtorno esquizoafetivo; depressão maior com psicose; transtornos por abuso de substâncias; transtornos médicos, como traumatismo craniano, vasculite cerebral, derrame e demência.

Obs. Adaptado de Schultz e Andreasen (1999). Copyright 1999 Elsevier. Adaptado sob permissão.

tamento), apenas um sintoma precisa estar presente. O resultado disso é a possibilidade de que dois pacientes que compartilhem o diagnóstico de esquizofrenia possam não compartilhar nenhum sintoma em comum. No entanto, essa heterogeneidade do conceito de esquizofrenia vem da origem, pois baseia-se na composição de Kraepelin de uma categoria de doença mental a partir de síndromes caracterizadas por uma sintomatologia diversa (Bentall, 2004; Healy, 2002). Assim, o esquema de escolher dois em cinco tipos de sintomas permite ao DSM-IV e à CID-10 incluir os subtipos paranoide, catatônico e hebefrênico (no DSM-IV, desorganizado) de Kraepelin, pois o diagnóstico de cada tipo não exige mais que dois dos cinco sintomas da esquizofrenia. Além disso, as classificações atuais do DSM-IV e da CID-10 seguem Kraepelin na categorização da esquizofrenia separadamente das psicoses afetivas (transtorno bipolar).

A heterogeneidade inerente da categoria *esquizofrenia* complica a pesquisa, pois naturalmente leva a resultados conflitantes. Alguns pesquisadores lidaram com esse problema tentando definir subcategorias mais homogêneas de esquizofrenia (Carpenter, Heinrichs e Wagman, 1988), ao passo que outros abandonaram o modelo categórico da doença optando pela definição do transtorno em termos de gravidade de um conjunto específico de dimensões de sintomas (van Os e Verdoux, 2003). Todavia, a dificuldade com a classificação do DSM-IV e, portanto, kraepeliniana não se limita à heterogeneidade. Críticos (Healey, 2002) observaram que o esquema do DSM tem fidedignidade insatisfatória, e que as subcategorias não são temporalmente excludentes (diferentes subtipos podem se aplicar ao mesmo paciente em diferentes momentos). Além disso, os sintomas da esquizofrenia não são diagnósticos ou patognômicos. Ou seja, os delírios e alucinações podem ser encontrados em uma série de condições neurológicas e psicológicas (Wong e Van Tol, 2003), assim como os sintomas negativos e de desorganização (Brown e Pluck, 2000). Por fim, apesar de centenas de estudos para localizar os correlatos fisiológicos da esquizofrenia, não foi descoberto nenhum marcador biológico que distinga a fisiologia de alguém diagnosticado com um distúrbio psicótico da fisiologia normal (Wing e Agrawal, 2003; Wong e Van Tol, 2003). De fato, a recente revisão quantitativa de estudos biológicos de Heinrich (2005) mostra uma considerável sobreposição entre a esquizofrenia e os grupos controle (Capítulo 2).

O cognitivismo de Bleuler

O psiquiatra suíço Eugen Bleuler (1911/1950) é o outro pai fundador da esquizofrenia e, de fato, recebe o crédito por ter cunhado o termo *esquizofrenia*. Mais importante, ele caracterizou a esquizofrenia como uma família de transtornos mentais (Healy, 2002) e, assim, expandiu consideravelmente as fronteiras da inclusão, mais além da formulação de Kraepelin. A formulação de Bleuler era essencialmente dimensional (Wing e Agrawal, 2003), pois compreendia desde uma disfunção leve da personalidade, do tipo que viria a ser chamado de esquizotipia/esquizotaxia, até a *dementia praecox* plena e crônica. O modelo de psicopatologia de Bleuler, assim como o de Hughlings Jackson, caracterizava a perturbação da esquizofrenia em termos de sintomas primários (fundamentais) e secundários (acessórios). Os sintomas primários – necessários para o diagnóstico, presentes em todos os casos e causados pela neuropatologia básica – incluíam a perda da continuidade das associações, perda da sensibilidade afetiva, perda da atenção, perda da volição, ambivalência e autismo (Fuller et al., 2003). Os sintomas secundários – não precisavam estar presentes para o diagnóstico e não eram causados pela neuropatologia subjacente – incluíam alucinações, delírios, catatonia e problemas comportamentais (Warner, 2004; Wing e Agrawal, 2003). De maneira muito importante, do ponto de vista teórico, Bleuler propôs que um processo cognitivo – afrouxamento de associações – desempenhava um papel intermediário ou mediacional entre a neuropatologia vaga e a expressão de sintomas e sinais característicos da esquizofrenia. De fato, é exatamente esse afrouxamento das associações que o termo *esquizofrenia* (i.e., *schizo* = dividir; *phrene* = mente) visa captar.

O impacto de Bleuler sobre a pesquisa da esquizofrenia é considerável. Primeiramente, ele ampliou o conceito para incluir aqueles que, mais tarde, seriam chamados de traços esquizotípicos e esquizoides, que atualmente são incluídos no DSM-IV como transtornos da personalidade. Além disso, grande parte da pesquisa genética, neurobiológica e diagnóstica dedicou-se a esse "espectro da esquizofrenia" nos últimos 40 anos (O'Flynn, Gruzelier, Bergman e Siever, 2003). Mais importante, possivelmente, é a conceituação de Bleuler sobre os mecanismos do transtorno. Ele postulou um processo cognitivo intermediário, que relaciona a ainda incerta neuropatologia com os sintomas visíveis do transtorno (Bentall, 2004). Teóricos de todas as linhas colocam-se sob o manto bleuleriano. Desse modo, os teóricos da neuropsiologia (Andreasen, 1999; Frith, 1992; Green, Kern, Braff e Mintz, 2000), os psicodinâmicos (McGlashan, Heinssen e Fenton, 1990) e cognitivo-comportamentais (Kingdon e Turkington, 2005) trabalham todos dentro do modelo bleuleriano. Nossa abordagem teórica também é bleuleriana (Capítulos 3 a 6). Assim, o Capítulo 14 apresenta um novo modelo da esquizofrenia, que integra achados clínicos evolutivos, biológicos, cognitivos e psicológicos dentro de um modelo mediacional que motiva o raciocínio clínico da intervenção psicossocial e identifica alvos terapêuticos específicos.

O QUE SABEMOS E O QUE NÃO SABEMOS SOBRE A ESQUIZOFRENIA[3]

Já faz quase 100 anos desde que Kraepelin e Bleuler originaram o conceito moderno de esquizofrenia, e uma quantidade enorme de pesquisas se avolumou ao longo deste período, especialmente nos últimos 25 anos. Em 1988, o artigo principal na edição inaugural da *Schizophrenia Research* intitulava-se "Schizophrenia, just the facts: what do we know, how well do we know it?" (Wyatt, Alexander, Egan e Kirch, 1988). A literatura sobre a esquizofrenia se tornou vasta e volumosa demais para sintetizar à maneira de Wyatt e colaboradores. Todavia, pretendemos que esta seção seja um esboço conciso do estado atual do conhecimento sobre a esquizofrenia.

Dimensões dos sintomas característicos

Como já vimos, a esquizofrenia tem um quadro diverso de sintomas, e um importante programa de pesquisa tem sido determinar se os sintomas tendem a se agrupar de algum modo particular. Se, digamos, as alucinações e os delírios tendem a ocorrer conjuntamente, isso pode sugerir uma mesma patologia neurobiológica subjacente. Atualmente, existe um consenso, baseado

[3] Angus MacDonald e o grupo Minnesota Consensus estão compilando uma lista mais completa de fatos sobre a esquizofrenia, publicada na edição de maio de 2009 do *Schizophrenia Bulletin*. O título da seção foi adaptado do seu relatório, que surgiu no site do *Schizophrenia Research Forum* (www.schizophreniaforum.org/whatweknow/) em meados de 2007.

em estudos de análise fatorial realizados em várias culturas, de que, no mínimo, três dimensões explicam os sintomas da esquizofrenia (Andreasen et al., 1995, 2005; Barnes e Liddle, 1990; Fuller et al., 2003; John, Khanna, Thennarasu e Reddy, 2003): (1) sintomas psicóticos (alucinações e delírios), (2) sintomas de desorganização (comportamento bizarro e presença de transtorno do pensamento formal positivo) e (3) sintomas negativos (afeto embotado, alogia, avolição e anedonia). Esse consenso levou a uma validação das dimensões sintomáticas específicas (Earnst e Kring, 1997) e, de maneira correspondente, preparou o caminho para a formulação de critérios de remissão dos sintomas da esquizofrenia (Andreasen et al., 2005). Carpenter (2006) observou que o recente banco de dados de pesquisa sobre grupos de sintomas ajudou a retornar o conceito de esquizofrenia a suas raízes kraepelinianas e bleulerianas, pois corrige a definição excessivamente estreita da esquizofrenia predominantemente como um transtorno psicótico, que tem sido proeminente na psiquiatria nos últimos 40 anos.

Epidemiologia

Conforme observou John McGrath (2005), a epidemiologia da esquizofrenia passou por uma minirrevolução na última década. A visão de que a esquizofrenia é uma doença ampla, que afeta inexoravelmente uma em cada 100 pessoas, independente de gênero (Buchanan e Carpenter, 2005; Crow, 2007) está abrindo espaço para uma perspectiva com mais nuances. A esquizofrenia parece ter uma taxa de prevalência de 0,7%, que varia consideravelmente entre as culturas (uma diferença de cinco vezes). Os homens têm um risco maior do que as mulheres de desenvolver o transtorno e tendem a desenvolvê-lo mais cedo. A incidência de novos casos de esquizofrenia é de 0,03% e pode estar diminuindo (McGrath et al., 2004). A incidência também varia entre as culturas. Nascer ou residir no meio urbano é associado a um risco maior de desenvolver esquizofrenia (Mortensen et al., 1999). Além disso, os migrantes têm um risco maior de desenvolver esquizofrenia. Isso se aplica especialmente se os migrantes têm pele escura e migram para uma área com um grupo dominante de pele clara (Boydell e Murray, 2003). Os afro-americanos têm três vezes mais probabilidade de desenvolver esquizofrenia do que os norte-americanos descendentes de europeus (Bresnahan et al., 2007). A esquizofrenia também está associada à mortalidade mais alta. Indivíduos com esquizofrenia morrem prematuramente (Brown, 1997). O suicídio tem uma contribuição importante para essa diferença, e estima-se que 5,6% dos indivíduos diagnosticados com esquizofrenia morram por suicídio, com o período de maior risco ocorrendo durante a fase inicial da doença (Palmer, Pankratz e Bostwick, 2005). Além de os indivíduos com esquizofrenia terem a probabilidade 13 vezes maior de morrer por suicídio do que indivíduos na população geral, Saha e colaboradores (Saha, Chant e McGrath, 2007) mostraram recentemente que os indivíduos portadores de esquizofrenia também têm mortalidade elevada em uma ampla variedade de categorias de doenças.

Fatores de risco genéticos e ambientais

Genética

Oitenta anos de pesquisa em genética comportamental, na forma de estudos de gêmeos, família e adoção, indicam que a esquizofrenia é altamente hereditária. Estudos com famílias mostram consistentemente que a esquizofrenia é familial e que o grau de compartilhamento genético com o membro afetado é preditor da probabilidade de desenvolver esquizofrenia (Nicol e Gottesman, 1983). Uma recente revisão quantitativa de 11 estudos de família bem delineados mostra que os familiares em primeiro grau de pessoas portadoras de esquizofrenia têm 10 vezes maior probabilidade de desenvolver esquizofrenia na comparação com sujeitos não psiquiátricos (Sullivan, Owen, O'Donovan e Freedman, 2006). Os estudos de adoção proporcionam mais evidências da contribuição de fatores genéticos para o desenvolvimento da esquizofrenia. Uma revisão quantitativa não encontrou diferenças nas taxas de esquizofrenia em crianças adotadas por indivíduos com e sem esquizofrenia; no entanto, indivíduos adotados oriundos de familiares biológicos com esquizofrenia têm cinco vezes maior probabilidade de desenvolver esquizofrenia do que os adotados oriundos de familiares biológicos que não têm esquizofrenia (Sullivan et al., 2006). Em outras palavras, existem poucas evidências nesses estudos para sustentar o papel de fatores ambientais pós-adoção na etiologia da esquizofrenia, ao contrário das evidências de influência genética. Em pares de gêmeos idênticos, se um gêmeo tem esquizofrenia, o outro tem uma chance de quase 50% de também desenvolver o transtorno (Cardno e Gottesman, 2000). Essas taxas de concordância tão elevadas levaram muitos pesquisadores a observar que uma grande proporção do risco para a esquizofrenia é genética (Gottesman e Gould, 2003; Riley e Kendler, 2005). De fato, Sullivan, Kendler e Neal (2003), em uma revisão quantitativa de 12 estudos de gêmeos, propõem uma estimativa de hereditariedade de 81% para fatores genéticos no risco de desenvolver esquizofrenia. Em outras palavras, quatro quintos da variabilidade no risco de esquizofrenia se devem a efeitos genéticos aditivos.

Embora a pesquisa em genética comportamental tenha estabelecido a importância dos genes no desenvolvimento da esquizofrenia, os genes específicos e a mecânica genética ainda permanecem incertos. Com exceção de Crow (2007), que acredita que a esquizofrenia é conferida por um único gene relacionado com a linguagem a ser encontrado no cromossomo sexual, o campo da genética da esquizofrenia hoje aceita a conclusão de que muitos genes que conferem susceptibilidade contribuem para a esquizofrenia, cada um com um pequeno efeito na etiologia geral do transtorno (Gottesman e Gould, 2003; Sullivan et al., 2006). Desse modo, foi identificada uma enorme variedade de genes candidatos (Sullivan et al., 2006). Owen, Craddock e O'Donovan (2005) propõem que as variações caso-controle em alguns poucos genes candidatos (a neurorregulina 1 e a proteína de ligação da distrobervina 1) foram replicadas diversas vezes, tornando esses genes os mais prováveis da esquizofrenia até o momento (Capítulo 2). Esses melhores genes candidatos, entretanto, estão presentes em uma fração de pacientes com esquizofrenia (entre 6 e 15%) e aumentam o risco em no máximo um fator de dois (Gilmore e Murray, 2006).

Ambiente

Enquanto a falta de concordância perfeita entre os gêmeos idênticos é tomada como evidência do papel de fatores não genéticos na etiologia da esquizofrenia, Sullivan e colaboradores (2003), em sua revisão quantitativa de estudos de gêmeos, expressam bastante surpresa de que sua análise também revelou um efeito significativo (uma estimativa de herdabilidade de 11%) para o ambiente não compartilhado na etiologia da esquizofrenia. Atualmente, existem evidências consideráveis implicando fatores ambientais na etiologia da esquizofrenia. Mary Cannon e colaboradores (2002), por exemplo, realizaram uma revisão quantitativa identificando três agrupamentos de complicações obstétricas associadas à esquizofrenia: complicações que ocorreram durante a gravidez (sangramento, diabete), complicações que ocorreram na hora do parto (cesariana de emergência, asfixia) e crescimento e desenvolvimento fetais anormais (baixo peso natal). O risco de esquizofrenia associado a complicações obstétricas é o dobro do observado sem tais complicações, um efeito pequeno, comparável em magnitude ao risco associado à variação em genes específicos (Gilmore e Murray, 2006). O segundo trimestre da gestação é particularmente fundamental para o neurodesenvolvimento, e existem evidências de que problemas nessa fase do desenvolvimento (a mãe adquirir uma infecção ou se estressar excessivamente) aproximadamente duplicam o risco de que os filhos desenvolvam esquizofrenia (Cannon, Kendell, Susser e Jones, 2003).

Fatores ambientais que ocorrem consideravelmente depois do nascimento também foram implicados. Como já vimos, a esquizofrenia apresenta-se em um nível desproporcionalmente maior em ambientes urbanos (McGrath et al., 2004). Devido à elevada correlação entre nascer e viver no meio urbano, não está claro se as proporções mais altas observadas se devem a fatores pré-natais ou perinatais associados ao nascimento urbano, ou se a urbanicidade confere risco em um momento posterior no desenvolvimento, na forma de estresse psicossocial e isolamento social (Boydell e Murray, 2003). Nesse sentido, é notável um estudo prospectivo recente que envolveu mais de 300.000 adolescentes israelenses, em que os pesquisadores observaram uma interação entre a densidade populacional e fatores relacionados com o risco genético para a esquizofrenia (funcionamento social e cognitivo deficiente), sugerindo que o estresse da vida na cidade pode se combinar com a vulnerabilidade genética para produzir a esquizofrenia (Weiser et al., 2007). Em uma linha semelhante, uma revisão quantitativa recente de sete estudos estima que o uso de *cannabis* durante a adolescência aumenta em duas a três vezes o risco do desenvolvimento subsequente de psicose (Henquet, Murray, Linszen e van Os, 2005). Além disso, há evidências de uma interação entre genes e o ambiente, pois os indivíduos que têm uma variação do gene da catecol-O-metiltransferase (COMT), aproximadamente 25% da população, são aqueles que apresentam um risco aumentado associado ao consumo de *cannabis* na adolescência (Caspi et al., 2005). É importante ressaltar que a COMT não está associada ao consumo elevado de *cannabis*.

Fatores neurobiológicos

Como já vimos, é de conhecimento na psiquiatria, desde a metade do século XIX, que os aspectos comportamentais, emocionais e cognitivos da esquizofrenia devem ter raízes nos cérebros dos indivíduos afetados (Hughlings Jackson, 1931), uma postulação fortalecida pelo desenvolvimento de medicamentos antipsicóticos efetivos (Healy, 2002). Uma disfunção ou anormalidade cerebral (chamada "fisiopatologia") pode ser responsável pela esquizofrenia de duas maneiras básicas: (1) a estrutura dos cérebros de indivíduos com esquizofrenia pode diferir da normal (patologia anatômica), ou (2) a atividade funcional dos cérebros de indivíduos com esquizofrenia pode diferir da normal (patologia fisiológica). Por mais que essa formulação pareça simples e óbvia, 100 anos de pesquisa em esquizofrenia ainda não produziram uma explicação coerente e consensual para os fatores e processos neurobiológicos necessários e suficientes que distinguem indivíduos com esquizofrenia de indivíduos que não desenvolvem o transtorno (Williamson, 2006). Em outras palavras, a fisiopatologia da esquizofrenia permanece difícil de explicar (Capítulo 2).

Anormalidade anatômica

Entretanto, foram feitos avanços consideráveis na compreensão da neurobiologia da esquizofrenia. Uma abordagem é investigar a anatomia de cérebros de indivíduos com esquizofrenia depois de morrerem. Esse tipo de pesquisa póstuma produziu duas conclusões importantes: (1) a esquizofrenia não é uma doença neurodegenerativa no sentido que Kraepelin (1971) e seus seguidores supunham, e (2) os pacientes portadores de esquizofrenia apresentam evidências de arquitetura celular anormal, em comparação com os cérebros de controles saudáveis. Como exemplo desse último efeito, David Lewis e colaboradores mostraram em vários estudos que, em relação aos controles, os indivíduos com esquizofrenia evidenciam densidades menores nas camadas de células piramidais dentro do córtex pré-frontal dorsolateral (Lewis, Glantz, Pierri e Sweet, 2003).

A neuroimagem estrutural foi outra via frutífera para descobrir diferenças anatômicas associadas à esquizofrenia. De fato, a neuroimagem mais antiga do cérebro vivo de um indivíduo diagnosticado com esquizofrenia é notável, não apenas porque a paciente suportou a substituição de seu fluido cerebrospinal por ar, mas porque o alargamento dos ventrículos laterais é visível (Moore, Nathan, Elliott e Laubach, 1935). Ventrículos alargados são associados a maior quantidade de fluido cerebrospinal e menor tamanho cerebral, e estudos subsequentes com imagem encontraram evidências de que o alargamento ventricular é uma característica geral da esquizofrenia (Johnstone e Ownes, 2004; Vita et al., 2000). Em uma revisão sistemática de 40 estudos, Lawrie e Abukmeil (1998) estimaram um aumento médio de 30 a 40% do volume do ventrículo lateral quando compararam pacientes esquizofrênicos com controles, além de uma redução média de 3% no volume cerebral geral. Em uma revisão quantitativa de 155 pesquisas com imagem estrutural, Davidson e Heinrichs (2003) relatam que as estruturas frontais e temporais, especialmente no hipocampo, tendem a ser menores em pacientes com esquizofrenia, em relação aos controles. Revisões mais recentes estabeleceram que a anormalidade volumétrica está presente no início na esquizofrenia, pois pacientes em primeiro episódio já têm ventrículos maiores, volume cerebral reduzido e volume hipocampal reduzido, em comparação com controles correspondentes (Steen, Mull, McClure, Hamer e Lieberman, 2006; Vita, De Peri, Silenzi e Dieci, 2006). De fato, os familiares não afetados também parecem ter alargamento ventricular e redução hipocampal em relação aos indivíduos do grupo controle (Boos, Aleman, Cahn, Hulshoff Pol e Kahn, 2007), sugerindo que as diferenças anatômicas podem estar relacionadas com a vulnerabilidade genética à esquizofrenia. Todavia, todas as diferenças estruturais observadas são relativamente pequenas (0,5 desvios-padrão [DP] entre os pacientes e os controles, 0,33 *DP* entre pacientes em primeiro episódio e os controles, um quinto de *DP* entre parentes não afetados e controles), compartilhando uma sobreposição considerável com as amostras saudáveis (Heinrichs, 2005). Os resultados de um estudo recente com neuroimagem condizem com a conclusão de que um conjunto complexo de pequenas diferenças por todo o córtex caracteriza a diferença entre indivíduos portadores de esquizofrenia e controles normais (Davatzikos et al., 2005).

Anormalidade funcional

Fazer os pacientes trabalharem em uma tarefa, enquanto se mede a ativação cerebral regional, é um meio promissor de determinar as diferenças fisiológicas associadas à esquizofrenia. Os primeiros estudos, usando tomografia por emissão de positrons (PET), evidenciaram padrões anormais de ativação em muitas regiões do cérebro em resposta a uma tarefa (Gur e Gur, 2005). Uma revisão quantitativa dessa literatura sugere que a maior diferença é a falta de ativação relacionada com a tarefa nos lobos frontais (chamada hipofrontalidade) em indivíduos com esquizofrenia, em comparação com controles saudáveis (Davidson e Heinrichs, 2003). Uma análise mais minuciosa de 12 estudos sugere que o padrão de ativação cerebral durante testes da memória de trabalho é mais complexo do que a hipótese da hipofrontalidade nos faria crer, envolvendo hipoativação e hiperativação de uma variedade de estruturas (Glahn et al., 2005). Foram identificadas muitas outras diferenças na ativação relacionada com tarefas (Belger e Dichter, 2005; Gur e Gur, 2005) em uma variedade de tarefas cognitivas, comportamentais e emocionais. A maioria envolve diferenças pequenas, e muitas delas não foram replicadas – fatores que impedem tirar conclusões generalizadas em relação a diferenças funcionais na esquizofrenia (Capítulo 2).

Fatores neurocognitivos

Tanto Kraepelin quanto Bleuler observaram dificuldades nos processos cognitivos da atenção, memória e solução de problemas em pacientes esquizofrênicos, para os quais foram desenvolvidos testes sistemáticos na década de 1940. Todavia, grande parte do que se sabe sobre o comprometimento cognitivo na esquizofrenia acumulou-se a partir da década de 1980, quando se iniciou um esforço concertado de pesquisa nessa área (Goldberg, David e Gold, 2003). Reichenberg e Harvey (2007) publicaram uma revisão de revisões quantitativas sobre 12 domínios, incluindo capacidade intelectual geral, memória verbal, memória não verbal, reconhecimento, funções executivas, habilidades motoras, memória de trabalho, linguagem, atenção e velocidade do processamento. A principal observação, condizente com estudos mais antigos, é que os pacientes têm desempenho inferior ao de controles saudáveis em *todos* os 12 domínios neurocognitivos, ficando a diferença média entre pacientes e controles entre 0,5 e 1,5 desvio-padrão. Em uma revisão quantitativa de 204 estudos bastante citada, Heinrichs e Zakzanis (1998) observaram que o desempenho dos pacientes é inferior em todos os domínios cognitivos, em uma média de quase um desvio-padrão. Existe bastante variabilidade entre os testes, com a memória verbal apresentando a maior diferença (quase 1,5 *DP* no paciente médio, em relação à média dos controles entre os estudos). Heinrichs (2005) observa que as diferenças entre pacientes e controles em testes neurocognitivos são muito maiores que as diferenças observadas para fatores neurobiológicos, como aqueles medidos em estudos de imagem estrutural. Todavia, ainda existe uma quantidade razoável de sobreposição entre os dois grupos, levando à possibilidade de que uma proporção dos pacientes seja neuropsicologicamente normal (Palmer et al., 1997) – uma posição que não passou incontestada (Wilk et al., 2005).

Entretanto, as grandes diferenças observadas entre pacientes e controles levaram vários autores a citar o comprometimento cognitivo como a característica central da esquizofrenia, além de ser um elemento fundamental para se entender a sua fisiopatologia (Gur e Gur, 2005; Heinrichs, 2005; Keefe e Eesley, 2006; MacDonald e Carter, 2002; Marder e Fenton, 2004). O comprometimento cognitivo, de fato, emerge antes do início da primeira psicose. Estudos longitudinais proporcionam as melhores evidências. Por exemplo, observou-se que escores baixos em testes na infância previram o desenvolvimento de esquizofrenia adulta em uma amostra inglesa (Jones, Rodgers, Murray e Marmot, 1994). De maneira semelhante, escores mais baixos em subtestes de QI na adolescência previram o desenvolvimento de esquizofrenia em recrutas suecos (David, Malmberg, Brandt, Allebeck e Lewis, 1997) e israelenses (Davidson et al., 1999). Nesse último estudo, o declínio intelectual começou durante a infância e continuou através da adolescência, e era independente do gênero, *status* socioeconômico e da ocorrência de transtornos psiquiátricos e não psiquiátricos (Reichenberg et al., 2005).

Esses mesmos pesquisadores readministraram os subtestes de QI para os 44 indivíduos que desenvolveram esquizofrenia e observaram que, embora alguns testes tenham apresentado declínio no desempenho, houve pouca mudança na maioria dos testes, sugerindo que uma proporção substancial do declínio intelectual já havia ocorrido antes do início da primeira psicose (Caspi et al., 2003), e parece que a gravidade do comprometimento cognitivo no primeiro episódio de esquizofrenia é indistinguível (da ordem de um *DP* de variação, em média, no desempenho) do comprometimento observado em indivíduos com esquizofrenia crônica (Gold e Green, 2005; Keefe e Eesley, 2006), sugerindo que a deficiência neurocognitiva é um dos aspectos mais estáveis da esquizofrenia. Contribuindo para essa perspectiva, revisões quantitativas sugerem que o comprometimento cognitivo é um dos melhores indicadores dos problemas sociais e vocacionais característicos da vasta maioria dos indivíduos portadores de esquizofrenia (Green, 1996; Green et al., 2000).

Um avanço interessante no entendimento da neurocognição na esquizofrenia é a observação bastante repetida de que os familiares genéticos de indivíduos com esquizofrenia apresentam um comprometimento cognitivo atenuado, que é mais grave do que nos controles saudáveis (Reichenberg e Harvey, 2007). Em média, os familiares não afetados diferem dos controles em 0,2 a 0,5 desvio-padrão em todos os domínios. Raquel e Ruben Gur e seus colaboradores reproduziram esse mesmo padrão de dados em um estudo familiar multigeneracional, demonstrando que os domínios neurocognitivos podem ser marcadores genéticos para a esquizofrenia (Gur et al., 2007).

Tratamento e prognóstico

Conforme observado na seção anterior, a imagem moderna da esquizofrenia é de uma síndrome complexa, causada por uma variedade de fatores genéticos e ambientais, cada um trazendo uma pequena contribuição para o desenvolvimento de um transtorno que envolve três dimensões básicas de sintomas, comprometimento neurocognitivo global e muitos déficits neuroanatômicos e neurofisiológicos pequenos. Esta seção aborda uma das grandes revoluções da psiquiatria moderna – o advento do tratamento antipsicótico, que se conecta naturalmente com a discussão sobre os resultados de curto e longo prazos alcançados por indivíduos portadores de esquizofrenia.

Medicamentos antipsicóticos

Parece difícil acreditar que os medicamentos antipsicóticos existem há apenas meio século. Um dos autores (Beck) lembra de forma bastante vívida de um período na residência em um hospital psiquiátrico onde pacientes com esquizofrenia eram tratados com hidroterapia (alguns deles se afogavam) e terapia por coma insulínico (alguns deles morriam). Outros pacientes, como a irmã do famoso escritor Tennessee Williams, faziam lobotomia frontal, um tratamento que criava tantos problemas quantos os que resolvia. Em Paris, em 1952, Denker e Delay observaram, quase por acidente, que a clorpromazina, o primeiro medicamento neuroléptico, diminuía as alucinações e delírios (Healy, 2002), uma descoberta que acabaria por transformar o tratamento da esquizofrenia, levando à eliminação dos tratamentos somáticos dúbios que dominavam o tratamento do transtorno desde a virada do século XX. A clorpromazina foi introduzida nos Estados Unidos em 1954, e muitos compostos semelhantes (da família *fenotiazina*) foram logo sintetizados e introduzidos, incluindo o haloperidol e a perfenazina. Com a vasta maioria dos indivíduos portadores de esquizofrenia no mundo desenvolvido atualmente tomando drogas antipsicóticas, talvez seja difícil entender o ceticismo que recebeu os primeiros relatos da eficácia dos medicamentos neurolépticos. Contudo, no começo da década de 1960, houve dois fatos novos. Primeiramente, o Instituto Nacional de Saúde Mental (NIMH) americano patrocinou um ensaio controlado randomizado multicêntrico, que demonstrou a eficácia das drogas antipsicóticas para reduzir os sintomas psicóticos em pacientes com esquizofrenia aguda (Guttmacher, 1964). Em segundo lugar, os pesquisadores haviam determinado que o mecanismo de ação dos medicamentos neurolépticos era o bloqueio dos receptores pós-sinápticos do neurotransmissor dopamina (Healy, 2002; Miyamoto, Stroup, Duncan, Aoba e Lieberman, 2003). Porém, as drogas neurolépticas são "sujas", no sentido de que também afetam outros sistemas neurotransmissores no cérebro, causando efeitos colaterais como sedação, ganho de peso e efeitos colaterais extrapiramidais (Capítulos 2 e 13, para mais detalhes sobre a farmacodinâmica dos remédios antipsicóticos).

Desde a metade da década de 1970, acumulam-se evidências de que os medicamentos antipsicóticos ajudam a prevenir recaídas: os pacientes que descontinuam a medicação têm 3 a 5 vezes maior probabilidade de ter uma recaída do que pacientes que não descontinuam a medicação, e os pacientes que trocam para um placebo apresentam uma taxa de recaída elevada, em comparação com pacientes mantidos com medicação antipsicótica (Marder e Wirshing, 2003; Stroup, Kraus e Marder, 2006). A introdução da clozapina na década de 1980 trouxe a segunda geração de medicamentos antipsicóticos (Healy, 2002). Esses agentes, que incluíam a risperidona e a olanzapina, são os remédios mais prescritos para esquizofrenia nos Estados Unidos e na Europa, e atualmente dominam o tratamento do transtorno. As drogas da segunda geração têm um mecanismo de ação diferente (elas antagonizam a serotonina, além da dopamina) e foram consideradas um marco em termos de eficácia (melhor), perfil de efeitos colaterais (mais favorável) e comprometimento cognitivo (reduzido) (Healy, 2002). Todavia, os resultados das pesquisas foram decepcionantes nesse sentido, pois estudos bem delineados apresentaram pouca diferença em eficácia entre os medicamentos antipsicóticos de primeira e segunda geração (Lieberman et al., 2005). Nenhum teve efeito melhor sobre a neurocognição (Keefe et al., 2007), levando alguns pesquisadores a questionar o maior custo dos remédios mais novos, especialmente pelo elevado risco de efeitos colaterais metabólicos, como diabete (Rosenheck et al., 2006). Harrow e Jobe (2007) recentemente publicaram o resultado de um estudo prospectivo de 15 anos, no qual identificaram um subgrupo de indivíduos com esquizofrenia que descontinuaram a medicação antipsicótica e tiveram períodos de recuperação. Os autores propõem que seus resultados sugerem a existência de um subgrupo de indivíduos com esquizofrenia que não precisam permanecer constantemente medicados para alcançar um bom resultado.

Prognóstico

A discordância quanto ao prognóstico na esquizofrenia pode, como muitas outras coisas, ser rastreada até Bleuler e Kraepelin. Como já vimos, Kraepelin era profundamente pessimista quanto à possibilidade de uma melhora significativa, e muito mais de recuperação (Kraepelin, 1971). De fato, Kraepelin argumentava que qualquer paciente manifestando os sintomas da *dementia praecox* e que melhorasse posteriormente teria sido diagnosticado incorretamente no início (Rund, 1990). Bleuler (1911/1950), por outro lado, observou que a maioria dos seus pacientes melhorava o suficiente para manter o emprego e a autossuficiência. Warner (2004) sugere que a perspectiva mais otimista de Bleuler sobre os resultados na esquizofrenia pode ser resultado de seu modelo de tratamento superior, bem como das condições econômicas mais favoráveis que caracterizavam a Suíça naquela época.

Calabrese e Corrigan (2005) observam que, além do profundo impacto do seu trabalho nosológico, a visão pessimista de Kraepelin sobre o resultado na esquizofrenia teve um impacto de longo prazo sobre a psiquiatria, particularmente em relação às expectativas para o tratamento. Como já vimos, a pesquisa não corroborou a alegação central de Kraepelin de que a *dementia praecox* é neurodegenerativa. Contudo, as evidências são mais ambíguas quanto às taxas de recuperação. O pessimismo kraepeliniano tende a prevalecer na psiquiatria norte-americana, em especial. Por isso, ao discutir o resultado na esquizofrenia, os autores do DSM-III (American Psychiatric Association, 1980, p. 64), ecoando o pioneiro, advertem que "a remissão dos sintomas ou o retorno ao funcionamento pré-mórbido são tão raros que provavelmente resultariam no questionamento clínico do diagnóstico original". O DSM-IV-TR (American Psychiatric Association, 2000, p. 309) não é muito mais otimista no que tange ao tema do prognóstico na esquizofrenia: "a remissão completa (o retorno ao funcionamento pré-mórbido pleno) provavelmente não seja comum nesse transtorno".

Existe desacordo quanto ao fato de a introdução da medicação antipsicótica ter melhorado os resultados obtidos por indivíduos portadores de esquizofrenia. Hegarty e colaboradores (Hegarty, Baldessarini, Tohen, Waternaux e Oepen, 1994) publicaram resultados de uma metanálise mostrando que a proporção de bons prognósticos aumentou entre 1950 e 1980, um período em que os medicamentos se tornaram amplamente disponíveis, em comparação com 1930-1950. Warner (2004) e outros (Healy, 2002; Peuskens, 2002) argumentaram, por outro lado, com base em revisões da literatura, que os prognósticos funcionais não mudaram de forma sensível desde a introdução dos antipsicóticos. De qualquer modo, uma grande proporção de pacientes continua a ter prognósticos desfavoráveis no longo prazo. Hafner e van der Heiden (2003) estimam que a proporção de pacientes em primeiro episódio que apresentam melhora nos sintomas e não têm recaída por mais de cinco anos varia de 21 a 30%, sugerindo que a maioria dos pacientes têm recorrência ou sintomatologia contínua. A metanálise de Hegarty e colaboradores (1994) estima que uma maioria clara de pacientes entre os estudos têm prognósticos "desfavoráveis" ou "crônicos". Robinson e colaboradores (2004), talvez no melhor estudo do tipo, observaram que 50% dos pacientes de primeiro episódio tiveram dois anos de remissão dos sintomas (não mais que sintomas positivos "leves", bem como não mais que sintomas negativos "moderados") ao longo do período de seguimento de cinco anos, ao passo que 25% tiveram dois anos de funcionamento social e vocacional adequado e, de maneira importante, apenas 12% satisfizeram todos os critérios de recuperação por dois anos ou mais. Devido à elevada qualidade do tratamento e adesão nesse estudo, o resultado é um retrato instigante da eficácia da medicação existente e de tratamentos auxiliares para melhorar o funcionamento social e vocacional.

Calabrese e Corrigan (2005) comentam os dez estudos publicados sobre o curso de longo prazo da esquizofrenia, cujo tempo médio para a avaliação de seguimento foi de 15 anos ou mais. Embora esses estudos difiram em termos da nacionalidade dos participantes (alemã, japonesa, suíça, norte-americana), a definição de esquizofrenia (ampla ou restrita), a definição de recuperação/melhora (baseada nos sintomas ou no funcionamento) e o tempo para o seguimento (a avaliação de seguimento média nesse grupo de estudos é de 27 anos, e a faixa é de 15 a 37 anos), os resultados parecem ser bastante consistentes: ou seja, aproximadamente 50% dos pacientes são classificados como "sem melhora ou crônicos", significando que, em média, esse grupo de pacientes tem mais de duas décadas e meia de incapacitação. O estudo internacional sobre a esquizofrenia da Organização Mundial da Saúde (Harrison et al., 2001) ilustra essa questão de maneira instigante. Envolvendo 18 centros de pesquisa internacionais e 1.633 pacientes com uma doença psicótica, os autores relatam que os prognósticos foram favoráveis para mais de 50% da amostra acompanhada. Todavia, essa conclusão baseia-se em uma avaliação clínica feita em uma escala de 4 pontos, e Harrison e colaboradores (2001) argumentam que definições mais restritivas de prognósticos favoráveis com critérios explícitos de funcionamento são mais significativas. Quando estabelecem um ponto de corte mínimo para o funcionamento (Avaliação Global do Funcionamento de 60 ou mais, indicando "leve, mínima ou nenhuma dificuldade no funcionamento social"), a porcentagem de prognósticos favoráveis é de 38%. Quando se exige, adicionalmente, que os pacientes não tenham um surto que exija tratamento pelo período de dois anos, a porcentagem de prognósticos favoráveis é de 16%. Esse número assemelha-se aos resultados de Robinson e colaboradores (2004), discutidos anteriormente.

As evidências existentes justificam a conclusão de que uma proporção significativa de indivíduos diagnosticados com esquizofrenia têm prognósticos desfavoráveis. De maneira importante, sejam avaliados por períodos menores (5 a 10 anos) ou maiores (15 anos ou mais), os prognósticos funcionais da maioria dos indivíduos com esquizofrenia parecem particularmente comprometidos, um resultado que ocorre mesmo quando se administra o tratamento psicofarmacológico ideal por todo o período de seguimento. Para melhorar os prognósticos desses indivíduos, é razoável que se devam identificar os fatores que causam a disfunção social e ocupacional observada. Esses fatores, então, podem servir como metas de intervenções, desenhadas explicitamente para melhorar os prognósticos e a qualidade de vida de indivíduos diagnosticados com esquizofrenia.

TERAPIA COGNITIVA PARA ESQUIZOFRENIA

Os medicamentos antipsicóticos, ainda que eficazes, têm limitações importantes: muitos pacientes continuam a ter sintomas residuais de perturbação, apesar de tomarem doses adequadas, e, como já vimos, várias das características mais debilitantes da esquizofrenia são relativamente pouco tratadas pelos medicamentos (sintomas negativos, comprometimentos funcional e desempenho neurocognitivo prejudicado). Essas limitações, combinadas com a pouca qualidade de vida da maioria dos indivíduos com esquizofrenia, levaram ao desenvolvimento da terapia cognitiva como tratamento adjuvante para indivíduos diagnosticados com esquizofrenia (Chadwick et al., 1996; Fowler et al., 1995; Kingdon e Turkington, 1994). Embora essa abordagem para a esquizofrenia mostre a influência de pioneiros da psiquiatria, como Adolph Meyer, Henry Stack Sullivan e Sylvano Areti, influências maiores e mais próximas são o modelo de Beck para a depressão (Beck et al., 1979) e a abordagem de David Clark para os transtornos de ansiedade (1986). Nesta seção, consideramos inicialmente a base de evidências que emergiu, principalmente no Reino Unido, em apoio à terapia cognitiva para a esquizofrenia. Depois, esboçamos brevemente a formulação e a terapia cognitivas para cada um dos principais sintomas da esquizofrenia, que descreveremos em mais detalhe.

A pesquisa da eficácia terapêutica

Revisão de revisões

Nos últimos 15 anos, acumulou-se uma base de evidências em favor da eficácia da terapia cognitiva para indivíduos diagnosticados com esquizofrenia e transtorno esquizoafetivo (Gould, Mueser, Bolton, Mays e Goff, 2001; Pilling et al., 2002; Rector e Beck, 2001). Em uma revisão quantitativa recente de 13 ensaios controlados randomizados envolvendo 1.484 pacientes, Zimmermann, Favrod, Trieu e Pomini (2005) concluem que a terapia cognitiva confere, em média, quando comparada com tratamentos controle, um terço de desvio-padrão a mais de redução de sintomas para pacientes na fase crônica da esquizofrenia, meio desvio-padrão a mais de melhora em sintomas psicóticos durante a aplicação aguda na internação, e um terço de desvio-padrão a mais de melhora em períodos de seguimento pós-tratamento. A terapia cognitiva produz mudanças duradouras nos sintomas positivos da esquizofrenia. Em 2007, já haviam sido publicadas mais de três dezenas de estudos sobre os resultados da terapia cognitiva para a esquizofrenia.

Estudos em destaque

Talvez o melhor estudo publicado até hoje seja o realizado por Sensky e colaboradores (2000). Em um ensaio controlado, randomizado e duplo-cego, a terapia cognitiva foi comparada com um tratamento de controle ativo, denominado *befriending*. Os resultados mostram que o contato na psicoterapia produz melhora em pacientes com esquizofrenia, pois ambos tratamentos produziram mudanças significativas e iguais nos sintomas ao final de nove meses de tratamento ativo. Todavia, os resultados também ilustram que a psicoterapia deve conferir ao paciente habilidades para produzir mudanças duradouras, pois os pacientes tratados com terapia cognitiva mantiveram ou melhoraram seus ganhos em relação à avaliação basal depois do período de nove meses, enquanto os pacientes tratados com *befriending* perderam sua melhora e retornaram, como grupo, aos níveis basais da sintomatologia. De fato, os pacientes tratados com terapia cognitiva tiveram significativamente menos sintomas negativos por cinco anos depois da conclusão do tratamento (Turkington et al., 2008), evidenciando a considerável durabilidade dos ganhos do tratamento em relação a um domínio de sintomas que desafiava o tratamento tradicional.

No estudo de Sensky e colaboradores (2000), os sintomas negativos não eram o foco do tratamento. Todavia, um de nós (N. R.) mostra que o tratamento pode ter ganhos importantes quando os sintomas negativos são tratados diretamente com terapia cognitiva (Rector, Seeman e Segal, 2003). Em comparação com um grupo em tratamento conforme o usual, os pacientes tratados com terapia cognitiva apresentaram melhora em sintomas negativos ao longo de um período de seguimento de nove meses.

Andrew Gumly e colaboradores mostraram que a terapia cognitiva pode, adicionalmente, reduzir a probabilidade de recaída psicótica de maneira efetiva: a adição de terapia cognitiva ao tratamento usual resultou em uma redução de 50% na taxa de recaída ao longo de um período de 12 meses (Gumley et al., 2003). Finalmente, um grupo da Universidade de Manchester, liderado por Tony Morrison, demonstrou que a terapia cognitiva pode retardar ou reduzir o início da esquizofrenia em indivíduos avaliados com risco "ultra-alto" de desenvolver esquizofrenia. O grupo de Morrison relatou que 6% (2 de 35) dos indivíduos de alto risco tratados com terapia cognitiva desenvolveram um transtorno psicótico no período de 12 meses, em comparação com 26% (6 de 25) do grupo sem tratamento (Morrison et al., 2004). Além disso, a terapia cognitiva tem boa tolerância, e menos de um quarto dos participantes de alto risco abandonaram o tratamento. Essa observação é especialmente notável, devido à tolerabilidade, dificuldades éticas e resultados insatisfatórios dos medicamentos antipsicóticos na prevenção da esquizofrenia (McGlashan et al., 2006).

Limitações da literatura

Como a revisão a seguir ilustra, a terapia cognitiva é um tratamento claramente promissor para a esquizofrenia. Todavia, acreditamos que é importante mostrar que existe considerável espaço para melhora no tratamento. Por exemplo, a maior parte da literatura e da teoria concentra-se em pacientes ambulatoriais medicados que têm sintomas psicóticos residuais. Os sintomas negativos raramente são abordados, e os pacientes com transtorno do pensamento tendem a ser excluídos dos ensaios clínicos na triagem. Além disso, a avaliação de a terapia cognitiva produzir reduções nos sintomas em indivíduos que recusam o tratamento ou que não toleram medicamentos antipsicóticos precisa de estudo sistemático. Uma preocupação afim diz respeito à flexibilidade dos protocolos existentes. A maioria dos estudos (Kuipers et al., 1997; Sensky et al., 2000; Tarrier et al., 1998) envolve um número médio de 20 sessões, ao longo de um período de 6 a 9 meses. Devido à diversidade do quadro sintomático e do curso em indivíduos com esquizofrenia, suspeitamos que os protocolos existentes funcionem mais para um subconjunto de pacientes, e, além disso, que o uso de mais sessões com frequência maior pode ser justificável para pacientes mais graves. Nesse sentido, citamos o trabalho de Robert DeRubeis e Steve Hollon, que encontraram taxas de remissão significativamente maiores com a combinação de remédios e terapia cognitiva para tratar depressão maior no decorrer de um ano (Hollon, 2007). De maneira informal, Turkington afirma ter tratado com êxito delírios arraigados com terapia cognitiva ao longo de um período de 12 meses, um padrão que também observamos em alguns dos nossos pacientes.

Abordagem cognitiva da esquizofrenia

Apesar dessas limitações, a terapia cognitiva é uma intervenção promissora no tratamento da esquizofrenia. Esta seção apresenta a abordagem cognitiva que adotamos para a esquizofrenia neste livro. A discussão segue as quatro categorias de sintomas primários que compreendem a esquizofrenia: delírios, alucinações, sintomas negativos e transtorno do pensamento formal. Para cada tipo de sintoma, descreve-se a formulação cognitiva, e apresenta-se um esboço da terapia.

Alguns princípios gerais podem ser articulados desde o início. Primeiramente, observamos que o modelo de recuperação é o que funciona melhor. Estabelecemos os objetivos de longo prazo de forma cooperativa com os pacientes, que geralmente se dividem em três categorias: formar relacionamentos, arrumar um emprego ou voltar a estudar e viver de forma independente. Quando os delírios ou as alucinações interferem nesses objetivos, lidamos com eles diretamente. Em segundo lugar, na maioria dos casos de pacientes com delírios e alucinações proeminentes, observamos que temos de usar nossas técnicas cognitivas para reduzir a aflição do paciente. Em terceiro, ao adaptar a formulação geral para um paciente específico, precisamos ter uma formulação conceitual baseada na sua sintomatologia, histórico e funcionamento neurocognitivo. Os pacientes com um bom histórico pré-mórbido e um nível mais elevado de funcionamento podem ser tratados com algumas das técnicas cognitivas usuais, ao passo que aqueles com comprometimento neurocognitivo significativo são tratados de forma um pouco diferente. Nesses casos, o terapeuta é muito mais diretivo e precisa passar consideravelmente mais tempo envolvendo o paciente em sessões individuais e dando explicações em termos bastante simples, que o paciente possa lembrar.

Delírios

Como características definidoras da esquizofrenia, os delírios são crenças que produzem considerável aflição e disfunção comportamental em indivíduos com esquizofrenia, resultando muitas vezes em hospitalização. Entre os fatores que distinguem os delírios de crenças não delirantes (Hole et al., 1979), inclui-se o quanto o fluxo de consciência da pessoa a cada momento é controlado pela crença (globalidade), o grau de certeza do paciente de que a crença é verdadeira (convicção), quão importante é a crença no sistema de significados do paciente (significância), e quão a crença é impenetrável à lógica, razão e evidências contrárias (inflexibilidade, absolutismo na certeza). No Capítulo 3, apresentamos um modelo cognitivo dos delírios formulado a partir de uma análise fenomenológica das características e desenvolvimento dos delírios. Os aspectos cardinais do modelo são vieses no processamento de informações (egocentrismo, viéses de externalização, teste da realidade pobre) e sistemas de crenças anteriores (pensar-se como fraco e os outros como fortes) que, segundo propomos, também podem aumentar a vulnerabilidade psicológica para o desenvolvimento de paranoia e delírios. Aplicamos o modelo a delírios de perseguição e de grandiosidade, bem como a delírios de ser controlado. Esse modelo cognitivo proporciona uma compreensão dos delírios em termos de distorções cognitivas, crenças disfuncionais e vieses da atenção, que são acessíveis a intervenções terapêuticas cognitivas. O Capítulo 9, baseado na formulação do Capítulo 3, descreve a avaliação e a terapia dos delírios na esquizofrenia. Os principais focos de avaliação são: chegar a uma compreensão do desenvolvimento das crenças delirantes, especificar as evidências favoráveis e determinar o grau de perturbação a cada momento. São apresentadas técnicas para questionar as evidências e testar explicações alternativas adaptativas. A fase final do tratamento envolve abordar esquemas cognitivos não delirantes que tornam os pacientes vulneráveis a recorrências e recaídas.

Alucinações

Geralmente definidas como experiências perceptivas na ausência de estímulo externo, as alucinações podem ocorrer em qualquer modalidade sensorial. As alucinações ocorrem durante o estado de vigília e são involuntárias. A experiência da alucinação não é necessariamente patológica, pois as crenças sobre a sua origem (minha própria mente ou um *chip* de computador) distinguem o "normal" do anormal. Do ponto de vista diagnóstico, as alucinações auditivas são a modalidade mais significativa e, dessa forma, têm sido objeto de teorias e pesquisas consideráveis. No Capítulo 4, apresentamos um modelo cognitivo que explica as questões mais inquietantes sobre as alucinações auditivas: como o alucinador ouve seus próprios pensamentos em uma voz que não a sua? Por que o conteúdo das alucinações é principalmente negativo? Por que os pacientes tendem a atribuir as alucinações a uma fonte externa? Baseada em constructos biológicos, a formulação cognitiva caracteriza os pacientes propensos a ter alucinações como sujeitos, ante isolamento, fadiga ou estresse, a ter imaginações auditivas involuntárias. Os principais candidatos mentais para esse processo de perceptualização são as cognições baseadas na emoção ou "cognições quentes", como os pensamentos automáticos negativos ("sou um derrotado"). Propomos, além disso, que os vieses no processamento de informações, especialmente a propensão a externalizar, levam ao desenvolvimento de crenças disfuncionais sobre as experiências de "vozes" que reforçam a sensação da origem externa. As crenças dos pacientes de que as "vozes" são onipotentes, incontroláveis e geradas externamente levam à aflição mental e suas estratégias de controle comportamental. Assim, uma combinação de crenças disfuncionais e comportamentos inadequados para enfrentá-las mantém as alucinações auditivas. O Capítulo 10 apresenta estratégias cognitivo-comportamentais, baseadas na formulação do Capítulo 4, criadas para reduzir o estresse e neutralizar o impacto comportamental das alucinações auditivas. O paciente é incentivado a se distanciar das "vozes" e a questionar as afirmações incorretas que as "vozes" fizerem. Além disso, as crenças delirantes e disfuncionais sobre a voz são evocadas e questionadas por meio de experimentos comportamentais. Especificamente, o paciente começa a perceber que tem controle sobre a voz, uma eficácia que enfraquece grande parte da estrutura cognitiva que sustenta as reações emocionais e comportamentais. Como no tratamento dos delírios, crenças desadaptativas e não delirantes como as que resultam em um sentido de inutilidade e impotência, que determinam grande parte do conteúdo perturbador das "vozes", são evocadas, testadas e substituídas por crenças mais adaptativas.

Sintomas negativos

Os sintomas negativos da esquizofrenia – incluindo redução da expressividade verbal (alogia) e não verbal (afeto embotado), bem como um envolvimento limitado em atividades construtivas (avolição), prazerosas (anedonia) e sociais (associalidade) – respondem pouco ao tratamento antipsicótico e são, desse modo, associados a um nível considerável de deficiência. Reunindo a literatura de pesquisa existente com exemplos clínicos, o Capítulo 5 descreve um modelo cognitivo para os sintomas negativos. Nossa abordagem enfatiza o processo pelo qual desafios neurobiológicos, como aqueles indexados pelo comprometimento cognitivo, podem, por sua vez, dar vazão ao conteúdo cognitivo, na forma de crenças disfuncionais, expectativas negativas e autoavaliações pessimistas, que precipitam e mantêm o afastamento de atividades significativas e diminuem a qualidade de vida. Especificamente, propomos que as crenças relacionadas com evitação social, crenças derrotistas relacionadas com o desempenho, expectativas negativas relacionadas com o prazer e o sucesso, bem como crenças autoestigmatizantes relacionadas com a doença e a percepção de limitação nos recursos cognitivos podem todas contribuir para os sintomas negativos da esquizofrenia. Como os sintomas negativos podem advir de causas diversas, a avaliação é uma fase crítica do tratamento, descrita no Capítulo 11. Os sintomas negativos considerados secundários a sintomas positivos (não sair porque os outros ouvirão as "vozes") serão resolvidos abordando-se as crenças relacionadas com a causa principal. De um modo mais geral, o esforço terapêutico tem dois objetivos com relação aos sintomas negativos: (1) ajudar os pacientes a desenvolver recursos e entusiasmo pelo envolvimento em atividades sociais, vocacionais, prazerosas e outras atividades significativas; e (2) orientar os pacientes a determinar que tipos de fatores os levam a se libertar e a desenvolver estratégias de enfrentamento menos perturbadoras. Como muitos pacientes com sintomas negativos também têm comprometimento cognitivo, uma série de outros apoios à terapia deve ser utilizada, como o *palmtop* para lembrar o paciente das tarefas de casa da terapia (ir dormir em uma hora razoável, participar de atividades sociais). Para ajudar pacientes com sintomas negativos predominantes, propomos deixar de lado o questionamento socrático e utilizar alternativamente afirmações feitas em termos definidos e concretos, tais como "diga-me qual foi o incômodo na semana passada" em vez de "o que lhe incomodou na semana passada?". Além dos esquemas para ajudar a memória, convocamos a família para reforçar nossa abordagem geral nas prescrições das tarefas de casa e reduzir conflitos e mal-entendidos.

Transtorno do pensamento formal

Compreendendo um subconjunto do transtorno da linguagem encontrado em indivíduos com esquizofrenia, o transtorno do pensamento formal pode representar um considerável desafio de comunicação para indivíduos com esquizofrenia e seus interlocutores. O transtorno do pensamento formal positivo, por um lado, envolve o afrouxamento das associações (várias formas de perda do rumo na conversa, bem como respostas tangenciais) e uso de linguagem idiossincrática – neologismos (criar palavras novas) e aproximações de palavras (empregar palavras reais de um modo novo) –, ao passo que os sintomas do transtorno do pensamento formal negativo, por outro lado, consistem de bloqueio (interrupção do fluxo de ideias), pobreza da fala (conversa restrita a respostas pouco elaboradas) e pobreza do conteúdo (fluxo normal de ideias com uma variedade reduzida de denotações). No Capítulo 6, desenvolvemos um modelo cognitivo do transtorno do pensamento formal, que tem como ponto de partida a observação de que a fala se torna mais desorganizada à medida que os pacientes propensos ao transtorno do pensamento sentem estresse. Sob essa ótica, o transtorno do pensamento se torna, análogo à gagueira, uma resposta de estresse a situações e temas "quentes". Como os pacientes têm comprometimento cognitivo, possuem poucos recursos cognitivos. Determinados pensamentos ("vão pensar que sou idiota") desencadeados por certas situações esgotam esses recursos, exacerbando a dificuldade comunicativa. O paciente desenvolve crenças derrotistas relacionadas com sua eficácia interlocutória, bem como uma sensação ampla de evitação social – estruturas cognitivas que levam a evitar situações sociais e mais estresse quando essas situações ocorrem. No Capítulo 12, delineamos uma abordagem de tratamento para o transtorno do pensamento, baseada no modelo cognitivo. Após uma avaliação dos tópicos que levam ao transtorno do pensamento, a interação terapêutica pode ser usada como oportunidade para demonstrar ao paciente que ele pode ser compreendido. Posteriormente, pode-se ilustrar a relação entre o estresse e o transtorno do pensamento, evocando, testando e modificando-se as crenças relacionadas com a eficácia de comunicação.

Modelo integrativo

Além de capítulos detalhando a conceituação e a terapia para as quatro categorias de sintomas, capítulos específicos concentram-se na neurobiologia (Capítulo 2), questões gerais ligadas à avaliação (Capítulo 7), geração e manutenção do envolvimento na terapia (Capítulo 8) e farmacoterapia colaborativa (Capítulo 13). O último capítulo apresenta um modelo integrativo da esquizofrenia, que reúne conceitos do capítulo sobre a neurobiologia e dos capítulos sobre a conceituação (Capítulos 3-6). O modelo aborda o comprometimento cognitivo e vai além de déficits em domínios específicos, para considerar a capacidade integrativa global do cérebro como um meio de descrever a gênese da esquizofrenia. O estresse e a insuficiência cognitiva combinam-se para estabelecer a hiperativação de esquemas disfuncionais e a escassez de recursos que levam aos primeiros sintomas negativos que precedem a psicose, bem como o teste da realidade reduzido da psicose plena e a fragmentação semântica do transtorno do pensamento formal. Além disso, as crenças e pressupostos disfuncionais implicados no desenvolvimento e manutenção das três dimensões sintomáticas são alvos para intervenção terapêutica (Capítulo 9-12). Ativando redes e estruturas cerebrais alternativas, a terapia cognitiva, segundo propomos, ajuda os pacientes a mobilizar a sua reserva cognitiva para reduzir a sintomatologia perturbadora e outros fatores que impedem a atividade orientada para os objetivos e a obtenção de maior qualidade de vida.

RESUMO

Neste capítulo, apresentamos o conceito de esquizofrenia, revisamos o contexto histórico básico, desenhando um pequeno esboço dos fatos conhecidos atualmente, e consideramos o desenvolvimento da terapia cognitiva no conjunto do tratamento antipsicótico e dos resultados clínicos. Além disso, a abordagem cognitiva para a esquizofrenia foi apresentada e descrita para cada uma das dimensões sintomáticas importantes da esquizofrenia.

2

Contribuições Biológicas

Existem várias razões que explicam por que os aspectos biológicos da esquizofrenia podem ser importantes para entender e utilizar os princípios e técnicas da terapia cognitiva na conceituação e tratamento desse transtorno. Primeiramente, reconhecer os múltiplos fatores envolvidos na etiologia da esquizofrenia pode alertar o profissional para limitações no uso da terapia cognitiva no seu tratamento. Conexões neurais inadequadas baseadas na disposição genética, alterações na transmissão neuroquímica e mudanças na atividade de certas regiões cerebrais podem limitar o grau do êxito das tentativas de mudar as crenças dos pacientes sem outros meios de intervenção, como medicamentos. Em segundo lugar, a compreensão de quais sistemas cerebrais específicos podem contribuir para os sintomas da esquizofrenia pode levar a abordagens cognitivas inovadoras, baseadas nas funções desses sistemas. Em terceiro, o abismo entre os pesquisadores e profissionais do mundo biológico e aqueles do mundo psicológico pode ser conectado com uma comunicação melhor, à medida que cada lado aprende os princípios, conceitos e informações do outro. Em quarto lugar, uma análise de todos os aspectos desse transtorno – psicológicos, neurológicos, sociais e outros – pode levar a um entendimento mais abrangente da sua complexidade. A resposta a questões sobre o que é a esquizofrenia e como seus sintomas ocorrem provavelmente dependerá da integração de dados de diversas disciplinas.

As bases neurobiológicas da esquizofrenia continuam difíceis de compreender, mesmo depois de décadas de extensas pesquisas. Essa dificuldade se deve em parte à heterogeneidade da doença em diversos domínios. No domínio da etiologia, a genética e o ambiente (gestacional, perinatal e pós-natal) desempenham um papel importante no desenvolvimento da esquizofrenia. Analisar cada influência separadamente não simplifica a questão, pois o componente genético não é claro, como seria na descoberta de um gene único, e os efeitos ambientais não se reduzem a um vírus, toxina, trauma ou alguma outra influência conhecida. No domínio fisiopatológico, muitas regiões do cérebro mostraram-se alteradas de alguma forma em indivíduos diagnosticados com esquizofrenia. O tratamento farmacológico da esquizofrenia implica o envolvimento de vários neurotransmissores no transtorno. Foram sugeridos diversos modelos fisiopatológicos dos processos neurofisiológicos que produzem os sintomas da esquizofrenia, baseados nessas diversas observações de regiões cerebrais e contribuições de neurotransmissores. No domínio da fenomenologia, a busca pelas bases neurobiológicas da esquizofrenia é complicada pelos diversos agrupamentos de sintomas observados nos quadros clínicos, levando alguns a crer que o transtorno, na verdade, é um conjunto de transtornos, cada um potencialmente com etiologia e fisiopatologia diferentes. Ainda assim, ninguém conseguiu delinear e descrever claramente quais podem ser esses transtornos específicos. O domínio da sintomatologia está relacionado com o domínio da neuropsicologia, no qual ainda devem ser encontrados marcadores confiáveis e específicos, utilizando testes de funções cognitivas como a atenção, a memória e/ou funções executivas.

Apesar da natureza enigmática desse transtorno, a esperança é que haja uma explicação neurobiológica para a esquizofrenia, que descreva todo esse complexo processo: desde os fatores etiológicos poligenéticos e gestacionais/perinatais que geram alterações evolutivas, às anormalidades neurofisiológicas em sistemas específicos do cérebro que produzem as características clínicas e neuropsicológicas. A seguir, apresentamos uma introdução do que sabemos sobre a etiologia e a neurofisiologia da esquizofrenia. A primeira consiste de observações genéticas, influências ambientais durante a gestação e alterações durante o desenvolvimento, ao passo que a segunda envolve as áreas da neuroanatomia, neuroquímica e neuropsicologia/neurofisiologia. Por fim, são apresentados modelos teóricos que integram algumas dessas observações.

ETIOLOGIA

Por que seria importante para o terapeuta saber como a esquizofrenia se origina? Afinal, os efeitos da terapia e/ou medicação podem ser avaliados e melhorados sem jamais se descobrir as causas primárias do transtorno. Existem muitas respostas a essa questão. Primeiramente, saber mais sobre o desenvolvimento da esquizofrenia pode levar a medidas preventivas como a terapia cognitiva, que poderia começar antes do início da esquizofrenia com indivíduos de risco elevado. Em segundo lugar, isolar a contribuição genética pode trazer informações úteis para trabalhar com familiares que possam ter formas menos graves, mas, ainda assim, pertinentes de sintomas. Em terceiro, reconhecer as causas biológicas potenciais e informar pacientes e familiares sobre elas pode ajudar a reduzir a culpa. Em quarto lugar, à medida que aprendemos mais sobre os processos neuronais subjacentes ao desenvolvimento dos transtornos psiquiátricos, também aprendemos mais sobre os processos neuronais subjacentes a mudanças fisiológicas produzidas no decorrer da psicoterapia (Cozolino, 2002). A noção de que existem mudanças no cérebro que acompanham o uso da psicoterapia pode trazer esperança para o paciente, a família e o clínico. Finalmente, processos envolvidos no desenvolvimento da esquizofrenia (como o efeito da liberação de cortisol induzida pelo estresse na morte celular) também podem estar envolvidos em sua continuidade, bem como no início de episódios psicóticos específicos.

Embora a esquizofrenia se manifeste inicialmente como sintomas claros na adolescência ou no início da idade adulta, de um modo geral, acredita-se que o transtorno comece no período pré-natal, com origens genéticas complicadas por trauma durante a gestação e/ou o parto, exacerbada por outras alterações neurológicas que ocorrem durante o desenvolvimento na adolescência, e agravada por estressores psicológicos antes do início clínico. Ainda que as contribuições biológicas para o desenvolvimento pareçam mais fáceis de determinar do que as psicológicas, existe bastante confusão nas tentativas de estabelecer os determinantes fisiológicos da esquizofrenia (Bentall, 2004). A esquizofrenia é considerada um transtorno, e não uma doença, pois não existe um fator etiológico claro, confiável e específico, ou mesmo um conjunto desses fatores. Argumenta-se que essa falta de evidências conclusivas para a sua gênese biológica sustenta a noção de que a esquizofrenia não é um transtorno neurológico, mas uma condição determinada psicologicamente. Todavia, também não existem observações claras de que estressores psicológicos ou sociais específicos levem ao início da esquizofrenia de um modo semelhante ao que ocorre no transtorno de estresse pós-traumático. O modelo mais aceito é o da diátese-estresse (ou estresse-vulnerabilidade), que indica que existe uma união de raízes biológicas e forças psicológicas, que se combinam e produzem o transtorno esquizofrênico.

Fatores genéticos

Embora existam evidências de um componente genético na esquizofrenia, não existe nenhuma configuração genética mendeliana simples que ajude a prever a sua frequência familiar. Mesmo quando se ignoram as contribuições ambientais para a etiologia, os aspectos genéticos ainda assim são complexos e precisam ser determinados.

O que levou à noção de que os genes desempenham um papel importante é a ocorrência maior de esquizofrenia em indivíduos com parentes esquizofrênicos. O fato de ter um parente em segundo grau com esquizofrenia aumenta a taxa de 1% na população geral para de 3 a 4%, e ter um parente em primeiro grau aumenta para de 9 a 13%. Mais notável é que a taxa de concordância (i.e., a taxa de coocorrência) para a esquizofrenia em gêmeos monozigóticos (gêmeos que se desenvolveram a partir de um único óvulo fertilizado, que supostamente têm genes idênticos) é de 48%, ao passo que em gêmeos dizigóticos (fraternos) é de 17% (Gottesman, 1991). Todavia, é importante notar que o fato de ter um conjunto idêntico de genes não garante concordância total. Isso sugere que ou o ambiente tem uma contribuição substancial e/ou que existe penetração (i.e., o grau em que a presença do gene leva à sua manifestação externa [fenótipo], medida pela proporção de portadores do gene que são afetados) ou expressão gênica (i.e., a magnitude do efeito produzido pelo gene) incompletas. Um argumento a favor do impacto do ambiente inclui a observação de que uma qualidade maior nos relacionamentos familiares está associada ao fato de que indivíduos com risco genético elevado desenvolvem transtorno da personalidade esquizotípica ou não desenvolvem nenhuma condição psiquiátrica, ao invés da esquizofrenia (Burman, Medrick, Machon, Parnas e Schulsinger, 1987), e que a presença de problemas significativos nas famílias que adotam crianças com um risco genético elevado para esquizofrenia está associada a uma chance maior de desenvolver esquizofrenia, em comparação com crianças com risco genético alto ou baixo criadas em famílias adotivas com menos problemas, e com crianças de baixo risco criadas em famílias adotivas com problemas (Tienari et al., 1987).

Outras evidências de a esquizofrenia ser um transtorno herdado vêm dos estudos de adoção. Nestes, o maior risco de desenvolver esquizofrenia está associado a ter parentes com esquizofrenia (o componente genético). Esse risco não muda como resultado da adoção (o componente da criação/familiar), seja com indivíduos não afetados criados por pais com esquizofrenia ou indivíduos afetados criados por pais não afetados (Heston, 1966; Kety, Rosenthal, Wender e Shulsinger, 1968; Rosenthal et al., 1968). Todavia, o componente da criação ainda é pertinente, conforme observado pelo aumento no risco em um indivíduo afetado quando criado por pais afetados (Gottesman, 1991; Ingraham e Kety, 2000).

Apesar das fortes evidências da presença de uma contribuição genética para o desenvolvimento da esquizofrenia, a busca por genes específicos associados à esquizofrenia tem sido difícil. Os modelos que incorporam a transmissão por um gene único não explicam o padrão de herdabilidade (O'Donovan e Owen, 1996) – provavelmente devido a diversos fatores. A falta de homogeneidade no quadro da esquizofrenia torna possível que vários transtornos estejam sendo investigados juntos como um transtorno único, confundindo os resultados. Alguns desses transtornos podem ser aqueles que não têm componentes genéticos. De fato, apesar das observações em favor de uma contribuição genética, 80% das pessoas com esquizofrenia não têm um parente em primeiro grau com esquizofrenia, e 60% não têm nenhum parente conhecido com o transtorno (Gottesman, 1991). Para aqueles que têm, pode haver transmissão poligênica, ou seja, diversos genes contribuem para aspectos do transtorno que, de maneira sinérgica, produzem o quadro clínico (Cardno e Gottesman, 2000). Também surgem complexidades quando se considera a variabilidade devida à penetração e expressão gênica.

Na tentativa de encontrar os genes responsáveis pelo quadro da esquizofrenia, os estudos genéticos se concentram na análise de ligação, na qual características neurobiológicas que parecem ocorrer nas famílias de indivíduos portadores de esquizofrenia são analisadas por seu padrão de herdabilidade, na crença de que os genes associados a esses traços marcadores estejam localizados perto dos associados à vulnerabilidade à esquizofrenia. O pressuposto é que esses genes interligados sejam herdados em um padrão semelhante aos genes da esquizofrenia, mas que fatores ambientais (medicação, institucionalização, isolamento social) afetem os fenótipos dos genes ligados muito menos do que os fenótipos dos genes da esquizofrenia. Portanto, deveria ser mais fácil encontrar os genes responsáveis por esses traços marcadores e depois aplicar essas observações aos genes responsáveis pela vulnerabilidade à esquizofrenia.

Por exemplo, Freedman e colaboradores (1997) observaram que a inibição da P50 (a resposta reduzida de um tipo de onda cerebral à apresentação repetida de um estímulo) não ocorre nos parentes não afetados assim como em indivíduos com esquizofrenia. Foi observada ligação com o lócus cromossômico 15q13-14, o sítio do gene para o receptor nicotínico a2 (Adler, Freedman, Ross, Olincy e Waldo, 1999). Outros cromossomos que contêm genes considerados associados à esquizofrenia são 1, 2, 4, 5, 6, 7, 8, 9, 10, 13, 15, 18, 22 e X. Assim, 14 de um total de 24 cromossomos possíveis são candidatos como lócus para esses genes. Todavia, ainda não existem evidências conclusivas em favor de nenhum lócus específico.

Em suma, existem boas evidências para uma contribuição poligênica para a etiologia da esquizofrenia, mas não se sabe quais genes específicos (e expressões fenotípicas) estão envolvidos. Além disso, o ambiente deve desempenhar um papel importante, pois quando um indivíduo afetado tem um gêmeo idêntico (tendo uma constituição genética idêntica), apenas em torno da metade das vezes o gêmeo também desenvolve esquizofrenia.

Influências gestacionais e perinatais

As primeiras influências ambientais não são o que geralmente chamamos de fatores da criação. Pelo contrário, elas são os fatores que ocorrem durante os 9 meses antes do nascimento, que podem potencializar a diátese genética. Embora a genética possa explicar até 85% da variância no quadro da esquizofrenia (Cannon, Kaprio, Lonnqvist, Huttunen e Koskenvuo, 1998; Kendler et al., 2000), sabe-se que existe uma frequência maior de acontecimentos gestacionais e perinatais (ao redor do momento do parto) em indivíduos portadores de esquizofrenia. Esses tipos de acontecimento (para os quais não existem estudos consistentes que impliquem diretamente uma causa única para a esquizofrenia) incluem inanição materna durante o primeiro semestre (Susser et al., 1996); infecção com gripe no segundo semestre (Mednick, Machon, Huttunen e Bonett, 1988); incompatibilidade com tipo sanguíneo ABO e fator Rh (Hollister, Laing e Mednick, 1996); e lesão cerebral anóxica (falta de oxigênio) perinatal (T. D. Cannon et al., 2002), associada muitas vezes a prematuridade, eclampsia e baixo peso natal. Acredita-se que as complicações gestacionais e perinatais (em particular, anoxia neonatal) que acompanham a carga genética abram o caminho para a emergência da esquizofrenia. O indivíduo afetado em gêmeos monozigóticos discordantes tem um escore para anoxia neonatal duas a quatro vezes maior do que o não afetado (Nasrallah e Smeltzer, 2002). (Em comparação, Torrey, Bowler, Taylor e Gottesman, 1994, encontraram frequência igual de complicações obstétricas em gêmeos afetados e não afetados. Todavia, gêmeos em que pelo menos um dos dois é afetado tinham mais problemas obstétricos do que pares de gêmeos em que ambos não são afetados.)

Heinrichs (2001) realizou uma grande série de metanálises de diversas observações relacionadas com a esquizofrenia publicadas entre 1980 e 2000. Depois de excluir os estudos com problemas sérios, como fatores de confusão significativos, o grupo calculou o tamanho do efeito médio (*d*; o grau em que os resultados médios dos diversos estudos diferenciam o grupo controle do grupo experimental) e o intervalo de confiança (IC; a consistência dos resultados entre os estudos). Com relação às complicações obstétricas e à esquizofrenia, calculou um tamanho de efeito de $d = 0{,}32$ (modesto), sugerindo uma sobreposição de 76% entre indivíduos com e sem esquizofrenia. Em outras palavras, as complicações obstétricas podem ser importantes, mas não são fatores necessários para determinar a etiologia da esquizofrenia. Todavia, o IC foi de 0,20-0,44, levando Heinrichs a observar que esse é um resultado mais consistente do que muitos outros relacionados com a esquizofrenia. (Um IC menor indica resultados mais estáveis e mais consistentes entre os estudos.)

A noção de que o vírus da gripe pode ser um fator veio da observação de que existe um risco levemente maior de desenvolver esquizofrenia ao nascer no final do inverno ou começo da primavera, significando que o segundo trimestre (quando se acredita que o desenvolvimento cerebral seja alterado na esquizofrenia) teria ocorrido durante o inverno, quando as infecções com o vírus seriam mais comuns. Todavia, não existem estudos sólidos que indiquem que mães de pessoas com esquizofrenia tenham maior probabilidade de ter tido gripe (Cannon et al., 1996; Selten et al., 1999). Segundo Bentall (2004), pode haver um fator de confusão aí, pois a esquizofrenia ocorre com mais frequência em áreas urbanas, onde há uma probabilidade maior de que o vírus se espalhe. Outras explicações possíveis para a associação do segundo trimestre (i.e., nascimentos no final do inverno ou início da primavera) com o desenvolvimento de esquizofrenia incluem menos nutrição materna no inverno, a proteção genética de riscos intrauterinos durante o inverno associada a genes que contribuem para a esquizofrenia (i.e., mais pessoas com esquizofrenia sobrevivem a complicações intrauterinas no inverno, gerando mais nascimentos com essa condição clínica no inverno), e variação sazonal no risco de complicações obstétricas (Warner e de Girolamo, 1995). Digno de menção, Heinrichs (2001) observa que o tamanho de efeito médio para nascimento no inverno e esquizofrenia foi $d = 0{,}05$ (i.e., muito baixo).

Além dos estressores biológicos, estressores psicológicos durante a gestação também foram associados à esquizofrenia nos filhos. É maior a probabilidade de encontrar esquizofrenia em indivíduos cujo pai tenha morrido entre a concepção e o parto do que durante o primeiro ano de vida pós-natal, independentemente de qualquer complicação obstétrica (Huttunen e Niskanen, 1973). O diagnóstico também foi mais prevalente em indivíduos cujas mães estavam grávidas na Holanda quando esta foi invadida pela Alemanha em 1940, comparado com gestações em outros anos de 1938 a 1943 (van Os e Selton, 1998). Uma possibilidade é que o estresse da mãe fosse maior para esses grupos e possa ter afetado o feto. Todavia, sem medidas diretas do nível de estresse, esses estudos são apenas sugestivos.

Estudos sugerem uma contribuição de complicações obstétricas para a etiologia da esquizofrenia em alguns casos, mas não em todos. Seria informativo se os indivíduos com esquizofrenia e indivíduos que passaram por complicações obstétricas conhecidas pudessem ser diferenciados quando adultos de um forma significativa e consistente de indivíduos com esquizofrenia que não foram expostos a nenhum problema obstétrico. Talvez isso nos permitisse começar a distinguir tipos de esquizofrenia (como em qualquer estudo semelhante que divida grupos segundo outros fatores, como disposição genética, transtorno em regiões cerebrais específicas, e assim por diante).

Alterações neuroevolutivas

A combinação de genética e complicações gestacionais pode estabelecer a base para o desenvolvimento da esquizofrenia, com seus inúmeros quadros de sintomas variados. Todavia, o caminho dos genes e agressões precoces aos fundamentos neuropsicológicos da esquizofrenia plena é tão desconhecido quanto os pontos de partida e chegada. No entanto, existem certas hipóteses relacionadas com as mudanças neuroevolutivas durante dois períodos importantes: o segundo trimestre da gestação e a adolescência. Além disso, a contribuição do estresse para as mudanças neurofisiológicas ao longo dos anos anteriores ao início da esquizofrenia foi investigada, com a implicação de que pode haver outros períodos evolutivos críticos com aberrações neurais (o período neonatal).

Antes de explorar esses mecanismos de modificação neuronal, deve-se observar que existem evidências físicas e comportamentais de que a esquizofrenia não se mantém adormecida entre a concepção (quando a composição genética é determinada) e o final da adolescência e início da idade adulta (quando os sintomas clínicos emergem). Existem certos sinais de que o neurodesenvolvimento não está progredindo da forma típica. As complicações no parto, em vez de serem vistas como um determinante da esquizofrenia, podem refletir anomalias no neurodesenvolvimento. Além disso, a probabilidade maior de anomalias físicas pequenas no nascimento, como circunferência menor da cabeça, ouvidos baixos e altura anormal do palato tendem a estar associadas ao desenvolvimento anormal do sistema nervoso central (McNeil, Cantor-Graae e Cardenal, 1993; McNeil, Cantor-Graae, Nordstrom e Rosenlund, 1993; O'Callaghan, Larkin, Kinsella e Waddington, 1991).

O desenvolvimento infantil pode apresentar progresso motor, linguístico, intelectual e social retardado e anormal, em comparação com irmãos e outras crianças, conforme observado em análises detalhadas de filmes caseiros e registros escolares retrospectivos (Davidson et al., 1999; Jones et al., 1994; Walker, 1994). Além disso, estudos mostram mais emoções negativas e menos emoções positivas (em garotas) em indivíduos que desenvolveram esquizofrenia posteriormente (Walker, Grimes, Davis e Smith, 1993). Estudos prospectivos de indivíduos com maior risco de desenvolver esquizofrenia (aqueles com um parente em primeiro grau com esquizofrenia) mostraram anormalidades motoras no início da vida, pouca adaptação social na infância e poucas habilidades cognitivas/de atenção na adolescência (revisado por Bentall, 2004). Em um estudo, aqueles que vieram a desenvolver esquizofrenia tinham maior probabilidade, quando adolescentes, de ter um lócus de controle mais externo (Frenkel, Kugelmass, Nathan e Ingraham, 1995). Estudos de coorte cujos sujeitos foram acompanhados longitudinalmente mostram que, em comparação com indivíduos que não desenvolveram esquizofrenia, aqueles que desenvolveram caminharam 1,2 mês depois, eram mais desajeitados aos 7 anos, tinham QIs levemente mais baixos aos 7-16 anos e evidenciavam dificuldades na fala aos 7-11 anos (Jones e Done, 1997).

Heinrichs (2001) determinou que os tamanhos de efeito médios de estudos com populações de risco elevado eram modestos para problemas intelectuais, sociais, emocionais e comportamentais (d = 0,26-0,42) e altos para determinados déficits cognitivos (d = 0,68-3,23) e motores (d = 1,35). Todavia, os maiores tamanhos de efeito médios para os últimos dois grupos se devem à presença de estudos com tamanhos de efeito grandes, que inflaram os tamanhos médios relacionados com déficits de atenção (Cornblatt, Lenzenweger, Dworkin e Erlenmeyer-Kimling, 1992) e déficits motores (Erlenmeyer-Kimling, 1998). Heinrichs sugere a necessidade de repetição desses estudos, para determinar se são representativos ou não dos déficits nesses grupos de alto risco.

As alterações neurobiológicas que supostamente acompanham os primeiros sinais de funcionamento alterado foram sugeridas em estudos póstumos de cérebros de indivíduos que tinham esquizofrenia. Nesses estudos, as mudanças nas configurações neuronais não estão associadas à presença de gliose, um sinal de degeneração neural (Heckers, 1997). Portanto, acredita-se que esses transtornos neuropatológicos sejam suficientemente básicos para terem surgido durante o desenvolvimento pré-natal, mais provavelmente durante o segundo trimestre (Arnold e Trojanowski, 1996; Bunney, Potkin e Bunney, 1995). É nesse período que os corpos celulares de muitos neurônios migram das paredes dos ventrículos (cavidades do cérebro cheias de fluido) para a placa cortical (o local que se tornará o córtex) para estabelecer conexões corticais distais. As conexões corticais são guiadas por uma matriz embrionária temporária chamada *subplaca cortical* (Allendoerfer e Shatz, 1994). Rompimentos na arquitetura neuronal relacionados com as células da subplaca foram encontrados em regiões cerebrais como os lobos frontais e temporais e o hipocampo (Akbarian, Bunney et al., 1993; Akbarian, Vinuela et al., 1993; Anderson, Volk e Lewis, 1996). Essas rupturas podem alterar a conectividade dos neurônios corticais à medida que migram para a placa cortical durante o segundo trimestre.

Heinrichs (2001) também encontrou tamanhos de efeito médios grandes (d = 0,87-1,12) acompanhados por ICs grandes, indicando a falta de consistência nos estudos, que o autor atribui em parte a diferenças nas sub-regiões cerebrais examinadas. A maioria dos estudos que o autor cita analisou o hipocampo (em termos de orientação celular) e o córtex pré-frontal (em termos da parca migração das células de níveis inferiores para superiores).

Uma explicação alternativa para as perturbações na subplaca envolve anormalidades no processo de morte celular programada (Margolis, Chuang e Post, 1994). Principalmente durante o terceiro trimestre, por volta de 80% das células da subplaca morrem normalmente. Alterações no grau de morte celular (em ambas direções) podem resultar em anormalidades na subplaca cortical e, portanto, perturbações na conectividade cortical.

Níveis anormais de destruição celular também podem ocorrer em outro período crítico do desenvolvimento – a adolescência –, quando a poda neural (a eliminação de certas conexões) de neurônios corticais é concluída, especialmente na área pré-frontal. A conectividade aumenta muito durante o início do desenvolvimento, mas a densidade sináptica (a concentração de pontos de comunicação entre neurônios) diminui gradualmente até 60-65% da quantidade máxima (Huttenlocher e Dabholkar, 1997). Essa poda neural pode ser ainda maior em indivíduos que desenvolvem esquizofrenia (Bunney e Bunney, 1999; Feinberg, 1982/1983, 1990; McGlashan e Hoffman, 2000), possivelmente explicando o típico início de quadros clínicos de esquizofrenia durante esse período do desenvolvimento.

A morte celular também pode ocorrer ao longo da vida como resultado de estresse pelo hormônio cortisol, que fica com seus níveis mais elevados na corrente sanguínea em resposta a situações estressantes (ou à percepção de situações como ameaças). O hipocampo e, possivelmente, o lobo pré-frontal são particularmente sensíveis ao cortisol liberado pela estimulação do eixo hipotálamo-pituitária-adrenal (HPA) (Sapolsky, 1992). Existem evidências de que algumas pessoas com esquizofrenia tiveram maior resposta fisiológica ao estresse, com níveis maiores de cortisol (Dickerson e Kemeny, 2004; Walder, Walker e Lewine, 2000). Se houver maiores níveis de cortisol antes do início clínico da esquizofrenia, pode provocar uma degeneração gradual do hipocampo e do lobo pré-frontal durante o desenvolvimento pré-adolescente, bem como durante a adolescência e o desenvolvimento pós-adolescente.

Resumindo, uma predisposição genética à esquizofrenia e/ou influências gestacionais levam a mudanças neuroevolutivas, incluindo morte celular anormal na subplaca cortical, que causam migração anormal de neurônios corticais e, assim, conexões inadequadas dos circuitos corticais. A morte celular excessiva no hipocampo e no lobo frontal pode ocorrer como resultado de uma sensibilidade aumentada ao estresse, em especial uma liberação maior de cortisol, e, durante a adolescência, como resultado de poda neural exagerada. Essas modificações neuroevolutivas contribuem para as desvantagens cognitivas, motoras e comportamentais observadas na infância e na pré-adolescência. Mais uma vez, não existem evidências concretas de que esse processo ocorra em todos, ou mesmo na maioria dos casos de esquizofrenia.

NEUROFISIOLOGIA

Achados neuroanatômicas

Observou-se que um número substancial de regiões cerebrais apresenta perturbações em indivíduos com esquizofrenia, incluindo os lobos frontais, temporais e parietais, o hipocampo, a amígdala, o tálamo, o núcleo acumbens, o cerebelo, os gânglios basais, os bulbos olfativos e as conexões corticocorticais. Essa variedade de regiões candidatas não deixa muitas áreas do cérebro livres de suspeitas. Delas, as menos envolvidas são o córtex frontal e os lobos temporais, incluindo o hipocampo. Acredita-se que o córtex frontal (camadas de corpos celulares na parte frontal do cérebro, atrás da testa) seja responsável pelas funções executivas, incluindo a atenção, tomada de decisões, memória de trabalho (armazenamento de informações para uso iminente) e inibição de reações emocionais. Considera-se que o hipocampo (a parte do lobo temporal localizada abaixo da área temporal da cabeça) esteja envolvido na consolidação da memória para o material verbal e espacial, atualização contextual, memória episódica (memória para acontecimentos vividos) e regulação do humor. O lobo temporal também compreende a amígdala, envolvida em respostas emocionais e no condicionamento do medo. Vale citar também algumas das estruturas que são subcorticais (abaixo da superfície enrugada do cérebro). O tálamo é uma estação retransmissora para informações sensoriais e motoras que chegam ao córtex. Os gânglios basais (que compreendem o núcleo acumbens) parecem estar envolvidos na coordenação da atividade motora e cognitiva. As diversas interações (anatômicas e funcionais) entre essas áreas dão uma ideia de por que a esquizofrenia pode envolver algumas ou todas elas.

Alguns fatores que complicam a interpretação dos estudos neuroanatômicos (além de estudos em outras áreas da neurofisiologia) são a heterogeneidade dos quadros sintomáticos (tanto entre sujeitos quanto temporalmente no mesmo indivíduo), a exatidão do relato dos sintomas (em estudos que relacionam a neuroanatomia com a presença de certos sintomas), o efeito da duração da doença, efeitos da medicação e vieses de seleção, com relação ao tipo de sujeito que aceita e consegue participar dos estudos. Além disso, algumas observações de funcionamento alterado em certas regiões do cérebro dependem do desempenho em testes específicos que evocam diferenças em indivíduos com esquizofrenia em relação aos controles. As diferenças na atividade cerebral durante testes cognitivos podem ser confundidas por diferenças nas estratégias usadas entre indivíduos com e sem esquizofrenia, bem como por problemas estatísticos inerentes a incluir qualquer teste que difira em dificuldade entre os dois grupos (Chapman e Chapman, 1973b). Deve-se observar também que a atividade cerebral maior em uma certa região pode refletir um desempenho melhor ou mais trabalho naquela região para compensar déficits nas capacidades daquela (ou de outra) região. Finalmente, as diferenças neurofisiológicas verdadeiras entre os controles e os sujeitos com esquizofrenia podem não ser medidas de forma precisa e consistente, mesmo com nossas modernas técnicas de neuroimagem. Se as diferenças estão nos padrões difusos de descarga de sistemas neuronais espalhados pelo cérebro, é improvável que nossos métodos atuais de medir a atividade cerebral (baseados na atividade regional ou em estudos de neurônios individuais com animais) nos dariam uma imagem clara e coerente. Isso é análogo a tentar determinar por que um time de futebol é melhor que outro apenas medindo a distância em que cada jogador consegue chutar a bola e a velocidade com que cada um consegue correr. Embora diferenças significativas nessas medidas possam proporcionar a resposta, é mais provável que o mais importante seja as *interações entre os jogadores*. Para entender as dificuldades no campo da neurociência, imagine que os jogadores são milhões, de tamanho bastante reduzido, e que interagem em permutações múltiplas. É aí que a pesquisa da neurofisiologia da esquizofrenia chega a um impasse. Por enquanto, não existe método para medir as atividades individuais e interações de grandes números de neurônios do cérebro dentro de períodos curtos em seres humanos vivos.

Apesar dessas advertências e limitações, houve algumas descobertas, embora nenhuma tenha sido robusta e consistente (Heinrichs, 2001). O uso inicial de técnicas de imagem estrutural, como a tomografia computadorizada, que mostra informações anatômicas detalhadas sobre o cérebro, identificou o alargamento dos sulcos (vales na superfície do cérebro) e dos ventrículos laterais em certas pessoas com esquizofrenia (revisado por Bentall, 2004; Bremner, 2005). O aumento dos ventrículos laterais pode estar presente mesmo em indivíduos pré-medicados e pode ser mais específico àqueles que apresentam os sintomas negativos (Andreasen, Olsen, Dennert e Smith, 1982), bem como aqueles com pouca adaptação social, prognósticos desfavoráveis e disfunções cognitivas. Todavia, conforme observa Bentall (2004), esse estado estrutural também pode estar presente em indivíduos com outros diagnósticos psiquiátricos, além de indivíduos sem nenhum diagnóstico psiquiátrico. Além disso, ele explica que existem menos diferenças em estudos grandes e bem-controlados e que muitos fatores influenciam o tamanho do ventrículo, incluindo o sexo, a idade, o tamanho da cabeça e a retenção de água. Ademais, o crescimento ventricular não é muito específico, no sentido de que se pode dever a uma atrofia de estruturas adjacentes, como o hipocampo, a amígdala, o tálamo, o estriado (uma parte dos gânglios basais) e o corpo caloso (a conexão entre os dois lados do cérebro).

Abordagens mais específicas examinaram regiões cerebrais individuais, como o lobo frontal. O uso de técnicas de neuroimagem funcional (tais como a tomografia por emissão de positrons [PET], a tomografia computadorizada por emissão de fóton único [SPECT] e a ressonância magnética funcional [fMRI], que mostram o grau de atividade de regiões do cérebro) levou à descoberta de atividade frontal reduzida (hipofrontalidade) em pessoas com esquizofrenia, particularmente quando envolvidas em testes, como o Wisconsin Card Sorting Test [Teste dos Cartões de Wisconsin] (que requer a detecção de mudanças na regra de agrupamento das cartas apresentadas; Heaton, Chelune, Talley, Kay e Curtiss, 1993) e *N-back tasks* [tarefas *N-back*] (que requerem lembrar-se de itens apresentados num determinado número de posições atrás em uma série), que parecem exigir a ativação frontal em controles (Ingvar e Franzen, 1974; Weinberger, Berman e Zec, 1986). Todavia, essa hipofrontalidade não foi observada em outros estudos (Gur et al., 1983; Mathew, Duncan, Weinman e Barr, 1982), e parece desaparecer com a recuperação da doença aguda (Spence, Hirsch, Brooks e Grasby, 1998) ou com treinamento no teste em questão (Penades et al., 2000). Outras observações que indicam um envolvimento frontal são estudos póstumos que mostraram números anormais de neurônios, tamanho neuronal reduzido e menor densidade de espinhas dendríticas no córtex pré-frontal (revisado por Gur e Arnold, 2004). Além disso, a neuroimagem estrutural tem evidenciado uma redução na substância cinzenta no córtex pré-frontal dorsolateral (Gur et al., 2000), embora outros autores encontraram maior volume orbitofrontal direito (Szeszko et al., 1999). Usando espectroscopia por ressonância magnética (MRS; uma técnica que mede moléculas neuronais específicas), pesquisadores descobriram marcadores de integridade neuronal reduzida, bem como sinais de poda neural no córtex frontal (revisado por Bremner, 2005).

Pelas metanálises, Heinrichs (2001) desafia os resultados obtidos com neuroimagem que sugerem uma disfunção no lobo frontal na esquizofrenia. Entre os estudos que mostram disfunção no lobo frontal, os estudos com neuroimagem tiveram os mais baixos tamanhos de efeito médios (d = 0,33-0,80), correspondendo a uma não sobreposição máxima entre indivíduos com e sem esquizofrenia de aproximadamente 50%, nos estudos de neuroimagem que usaram testes de ativação, em comparação com condições "em repouso". Contudo, as análises de Heinrichs não incluem estudos mais recentes, em particular as técnicas de neuroimagem funcional, que são bastante usadas atualmente.

Outra área que mostra diferenças associadas à esquizofrenia, os lobos temporais, também está repleta de inconsistências (revisado por Gur e Arnold, 2004). Observou-se redução do volume e alteração da forma do hipocampo (Csernansky et al., 1998; McCarley et al., 1999), mas não em todos os estudos. Há relatos de perda de substância cinzenta no giro temporal superior (Bremner, 2005; Pearlson, Petty, Ross e Tien, 1996; Zipursky, Lim, Sullivan, Brown e Pfefferbaum, 1992). Estudos póstumos do hipocampo identificaram redução nos números, tamanhos e orientações de certos tipos de neurônios (Arnold, 1999; Benes, Kwok, Vincent e Todtenkopf, 1998), conexões alteradas entre fibras neuronais (Heckers, Heinsen, Geiger e Beckmann, 1991), mudanças na organização sináptica (Eastwood, Burnet e Harrison, 1995), menos densidade de espinhas dendríticas (Rsoklija et al., 2000) e expressão anormal de proteínas citoesqueléticas (Cotter, Kerwin, Doshi, Martin e Everall, 1997). Como com o córtex frontal, o hipocampo e áreas associadas a ele apresentam diferenças no nível de atividade (Kawasaki et al., 1992), nesse caso, maior atividade em indivíduos com esquizofrenia, principalmente durante as alucinações (Silbersweig et al., 1995). Existe menos atividade durante a recordação de palavras codificadas semanticamente (Heckers et al., 1998). Todavia, a atividade do lobo temporal em repouso aumentou (Gur et al., 1995), diminuiu (Gur et al., 1987) ou não mudou (Volkow et al., 1987). Uma menor integridade neuronal, determinada por estudos com MRS, também foi observada no córtex temporal (revisado por Bremner, 2005).

Assim como fez com o lobo frontal, Heinrichs (2001) pesquisou a literatura sobre estudos neurofisiológicos do lobo temporal e não encontrou evidências fortes e consistentes que demonstrasse uma separação significativa entre indivíduos com esquizofrenia e controles com base em anormalidades no lobo temporal. Estudos com neuroimagem não geram tamanhos de efeito médio maiores que 0,59 e revelaram inconsistências maiores (incluindo variação na direção da mudança de volume e ativação de estruturas do lobo temporal). Por outro lado, estudos póstumos (que eram insuficientes na literatura do lobo frontal para serem analisados dessa forma) tiveram tamanhos de efeito médios mais robustos (d = 0,86 e 0,92), o primeiro referindo-se a um número reduzido de células piramidais no hipocampo e o segundo referindo-se a volume hipocampal reduzido e correspondendo a cerca de 50% de não sobreposição. Juntamente com diferenças na estrutura e funções corticais, também existem evidências de envolvimento subcortical. Isso não surpreende, devido à ampla comunicação entre estruturas corticais e subcorticais a serviço de funções cognitivas, emocionais e comportamentais. Foi descrita redução do volume talâmico (especialmente do núcleo talâmico dorsal medial) devida à perda celular (Heckers, 1997; Pakkenberg, 1990), número reduzido de neurônios no núcleo anteroventral (Danos et al., 1998) e do fluxo sanguíneo (Hazlett et al., 1999), mas os resultados, mais uma vez, não são consistentes (Portas et al., 1998). O volume dos gânglios basais mostrou-se reduzido, aumentado ou normal (Heckers, Heinsen, Geiger e Beckmann, 1991; Keshavan, Rosenberg, Sweeney e Pettegrew, 1998), e sensível ao uso de medicação (Chakos et al., 1994), enquanto sua atividade mostrou-se aumentada ou reduzida (Liddle et al., 1992). Estudos póstumos indicam um aumento no número de neurônios no estriado (Beckmann e Lauer, 1997), um número reduzido de neurônios em uma parte do estriado (o núcleo acumbens; Pakkenberg, 1990), ou uma mudança na organização sináptica do estriado (em particular, o caudado; Kung, Conley, Chute, Smialek e Roberts, 1998).

Houve tentativas de elucidar as observações neuroanatômicas dividindo os sujeitos conforme a sintomatologia. Liddle (1992) determinou que os sintomas positivos são associados a uma redução no volume do lobo temporal e aumento no fluxo sanguíneo, ao passo que os sintomas negativos são associados a uma redução no fluxo sanguíneo cortical pré-frontal. Todavia, Carpenter, Buchanan, Kirkpatrick, Tamminga e Wood (1993) observaram que, embora pacientes com muita sintomatologia negativa (síndrome de déficit) tivessem mais anormalidades no lobo frontal, ambos aqueles com a síndrome de déficit e a síndrome sem déficit tinham anormalidades no lobo temporal. Liddle (2001) posteriormente compilou uma revisão de estudos da atividade cerebral regional associada a três grupos de sintomas, que determinou a partir da análise fatorial (Liddle, 1992). O autor encontrou associações de (1) *distorção da realidade* com maior atividade no lobo temporal medial, no córtex frontal esquerdo e no estriado ventral, e menor atividade no córtex cingulado posterior e no córtex temporoparietal lateral esquerdo; (2) *desorganização* com maior atividade no córtex cingulado anterior direito, no córtex pré-frontal medial e no tálamo, e menor atividade no córtex frontal ventrolateral direito e no córtex parietal; e (3) *pobreza psicomotora* com maior atividade nos gânglios basais e menor atividade no córtex frontal e no córtex parietal esquerdo. Assim, mesmo dividindo os sujeitos entre tipos de sintomas não elucida muito o quadro.

Para citar um pesquisador proeminente nessa área (Gur, 1999, p. 8) em relação à lateralidade, mas que pode ser aplicado à esquizofrenia em geral: " a gente pode vacilar... entre ficar sobrecarregado pela quantidade de dados que convergiram sobre a questão ... e ficar exasperado pela carência de respostas sólidas para perguntas que parecem bastante rudimentares".[1]

Achados neuroquímicos

Em um determinado ponto, parecia haver um achado fisiológico que explicaria a esquizofrenia de um modo parcimonioso, semelhante a descobrir que os déficits de insulina explicam os muitos quadros do diabete. Foi a descoberta de que os primeiros medicamentos usados no tratamento da esquizofrenia funcionavam bloqueando os receptores do neurotransmissor dopamina (Carlsson e Lindqvist, 1963, conforme citado em Bentall, 2004) e observações subsequentes de que a eficácia da medicação antipsicótica está ligada à afinidade pelos receptores de dopamina (especificamente os receptores D_2; Creese, Burt e Snyder, 1976; Seeman, 1987). Outra observação que aponta a atividade excessiva da dopamina como causa de sintomas esquizofrênicos é que a anfetamina (que estimula os receptores de dopamina) leva a psicose, incluindo ideação paranoide e alucinações visuais (Angrist e Gershon, 1970; Connell, 1958, conforme citado em Bentall, 2004). A psicose também pode se desenvolver com o uso de outros agonistas de dopamina, incluindo aqueles usados para tratar a doença de Parkinson (Jenkins e Groh, 1970). Outro achado favorável à hipótese é de um estudo, que usou uma forma radioativa de um precursor da dopamina, levando ao aumento na síntese de dopamina no estriado (ver Bremner, 2005).

Os neurônios produtores de dopamina são encontrados em quatro vias principais no cérebro, a maioria originando-se no tronco encefálico (o pedúnculo na base do cérebro, que se conecta com a medula espi-

[1] Agradecemos a Bentall (2004) por nos indicar essa citação.

nhal). De maior importância aqui, são (1) o trato nigrostriatal, que vai desde a substância negra (uma estrutura do tronco encefálico que está envolvida no movimento) até o estriado dorsal; (2) o trato mesolímbico, que vai desde a área tegmental ventral (também no tronco encefálico) até o estriado ventral (incluindo o núcleo acumbens), o córtex entorrinal (que proporciona dados de entrada [*input*] para o hipocampo) e a amígdala; e (3) o trato mesocortical, que vai desde a área tegumentar ventral até o córtex, particularmente o córtex frontal. Entre as supostas funções da dopamina, estão o reforço do comportamento por meio de mecanismos de gratificação (Fibiger e Phillips, 1974; Lippa, Antelman, Fisher e Canfield, 1973) e aumentar a razão sinal-ruído dos estímulos, de modo a aumentar a importância ou a preponderância de determinados estímulos (Kapur, 2003). Muitas dessas áreas que recebem estímulo dopaminérgico são aquelas que foram consideradas alteradas na esquizofrenia. De fato, existem observações de inervação dopaminérgica alterada nos córtices frontal e temporal (revisado por Gur e Arnold, 2004).

Não existe aceitação universal para a hipótese dopaminérgica. Entre os argumentos contra ela, está o fato de que muitos pacientes não melhoram com o uso de antipsicóticos, apesar da confirmação do bloqueio da dopamina (Coppens et al., 1991). Estudos póstumos (van Kammen, van Kammen, Mann, Seppala e Linnoila, 1986) e a análise de metabólitos da dopamina no fluido cerebrospinal (Post, Fink, Carpenter e Goodwin, 1975) não demonstraram de forma segura a observação de um aumento no nível de dopamina em indivíduos portadores de esquizofrenia (McKenna, 1994). Estudos póstumos mostram aumentos nos receptores de dopamina, mas essa observação pode se dever ao uso de medicamentos. (O cérebro reage ao bloqueio dos receptores, que é o efeito dos medicamentos antipsicóticos, produzindo mais receptores.) Estudos de neuroimagem de receptores de dopamina revelaram um aumento na densidade dos receptores D_2 (incluindo o estriado; Abi-Dargham et al., 2000) em pessoas com esquizofrenia que não foram expostas a medicamentos (Wong et al., 1986), mas outros não observaram essa ocorrência (Fadre et al., 1987). A metanálise de Heinrich (2001) confirmou a falta de achados consistentes de anormalidades relacionadas com a dopamina, em particular contagens de receptores. Todavia, o autor encontrou um tamanho de efeito médio grande e consistente (d = 1,37) para as densidades de receptores D_2 em sujeitos medicados, mas adverte que a medicação pode gerar aumentos em densidades de receptores, como um fator de confusão. O autor observa que um estudo (Seeman et al., 1984) apresentou distribuição bimodal, na qual um grupo tinha densidades de receptores que o distinguia completamente dos controles, de um modo considerado independente do uso de medicação.

Outro argumento contra a hipótese dopaminérgica é que o bloqueio dos receptores de dopamina ocorre horas depois do uso da medicação, mas os antipsicóticos geralmente levam semanas para exercer seus efeitos clínicos (Johnstone, Crow, Frith, Carney e Price, 1978). Esse argumento foi rejeitado por Bunney (1978), que afirmou que os neurônios dopaminérgicos compensam o bloqueio dos receptores de dopamina aumentando sua taxa de descarga. Contudo, essa hiperexcitação leva a um estado em que é difícil produzir potenciais de ação (a atividade elétrica ao longo do axônio, que leva à transmissão de sinais pelo neurônio). Esse fenômeno é conhecido como *bloqueio da despolarização* e ocorre ao longo de semanas, equivalente ao tempo necessário para que os efeitos clínicos dos medicamentos antipsicóticos apareçam.

A falta de efeitos benéficos dos primeiros medicamentos antipsicóticos sobre os sintomas negativos sugeria que a atividade excessiva da dopamina não estava ligada à esquizofrenia, de um modo geral, mas apenas aos seus sintomas positivos. Weinberger (1987) rejeitou essa visão com a hipótese de que, na esquizofrenia, pode haver menor atividade dopaminérgica em projeções para o córtex (em particular, o córtex frontal), resultando em menor inibição de estruturas subcorticais pelo córtex, levando assim a um aumento na atividade dopaminérgica subcortical.

Rupturas em outros sistemas neurotransmissores foi proposto como possíveis causas dos sintomas da esquizofrenia. O glutamato é um neurotransmissor excitatório comum, e o ácido gama-aminobutírico (GABA) é um neurotransmissor inibitório ubíquo. Um tipo de receptor de glutamato, o receptor de *N*-metil-D-aspartato (NMDA), é bloqueado em parte pela fenciclidina (PCP), produzindo uma síndrome bastante semelhante à esquizofrenia, com aspectos de sintomas positivos e negativos. Alguns estudos corroboram o modelo da hipoatividade do NMDA na esquizofrenia (Goff e Wine, 1997; Javitt e Zukin, 1991), incluindo estudos póstumos e com imagem cerebral (revisado por Hirsch, Das, Garey e de Belleroche, 1997; Tamminga, 1998). Os estudos póstumos também implicam o GABA, no sentido de que existe um aumento nas ligações com receptores GABA-A no córtex cingulado, bem como receptores de GABA alterados no córtex pré-frontal, no hipocampo e nos gânglios basais (revisado por Bremner, 2005; Gur e Arnold, 2004). Uma dificuldade em tentar indicar um neurotransmissor em vez de outro como causa de sintomas é que os sistemas neurotransmissores muitas vezes interagem de maneiras que tornam difícil determinar causa e efeito (ver West, Floresco, Charara, Rosenkranz e Grace, 2003, para interações entre a dopamina e o glutamato).

A serotonina (5-hidroxitriptamina, 5-HT) e a acetilcolina (ACh) são outros dois neurotransmissores implicados nas manifestações da esquizofrenia. Como a dopamina, suas fontes se localizam em áreas restritas do cérebro, mas projetam-se amplamente para locais espalhados pelo cérebro. Neurônios contendo serotonina são encontrados nos núcleos da rafe na linha média do tronco encefálico e projetam-se para o córtex, o hipocampo, o estriado, o tálamo e outras áreas. Acredita-se que os efeitos dos medicamentos antipsicóticos atípicos mais novos sobre os sintomas negativos ocorram pelo bloqueio dos receptores de 5-HT_{2A}- encontrados nos terminais dos neurônios dopaminérgicos. Supostamente, o bloqueio desses receptores ajuda a liberar mais dopamina e combater os efeitos colaterais dos medicamentos antipsicóticos, como a desaceleração do movimento e da cognição, que lembram os sintomas negativos. Além disso, acredita-se que os efeitos alucinogênicos do ácido lissérgico dietilamida (LSD) derivem de seu papel como agonista (estimulante) para os receptores de 5-HT_{2A}. Estudos póstumos mostram menos ligações com 5-$HT_{2A/C}$ no córtex frontal e mais $5HT_{1A}$ nos córtices pré-frontal e temporal, embora os resultados não sejam consistentes. Um estudo de neuroimagem com PET de sujeitos que nunca tomaram drogas não mostra alterações nos receptores de 5-$HT_{2A/C}$, mas aumentos em 5-HT_{1A} no córtex temporal medial (Bremner, 2005). Metanálises de estudos sobre a serotonina e o glutamato revelam ainda menos consistência do que os estudos da dopamina (Heinrichs, 2001). Em geral, os estudos tendem a apresentar tamanhos de efeito em direções opostas.

Um outro neurotransmissor candidato, a ACh, é encontrado em interneurônios espalhados pelo cérebro e em músculos. Grupos de células contendo ACh são encontrados em áreas na base do cérebro conhecidas como o núcleo basal, o feixe diagonal de Broca e o septo. Essas células projetam-se para o córtex. Existe uma correlação inversa significativa entre a gravidade dos sintomas da esquizofrenia e o número de receptores muscarínicos (um tipo de receptor de ACh) no córtex frontal e no estriado. O outro tipo de receptor de ACh é o receptor nicotínico. Receptores desse tipo, que contêm subunidades α_7, foram propostos como a razão para o tabagismo pesado entre indivíduos com esquizofrenia. Acredita-se que a nicotina do cigarro sirva como uma automedicação para corrigir algum déficit no funcionamento de áreas que contêm esse receptor (Adler et al., 1988). O núcleo acumbens tem uma densidade particularmente elevada desses tipos de receptores (O'Donnell e Grace, 1999).

Ao invés de reduzir o número de causas possíveis dos sintomas da esquizofrenia, a pesquisa parece aumentar esse número. Não apenas existem muitas regiões cerebrais consideradas alteradas no curso da esquizofrenia, como cada região tem diversos sistemas neurotransmissores projetados a ela, cada um com um papel potencial na fisiopatologia da esquizofrenia.

Achados neuropsicológicos/ psicofisiológicos

Os testes neuropsicológicos e métodos psicofisiológicos, como medir o movimento ocular e potenciais elétricos no couro cabeludo, são meios de avaliar as capacidades cognitivas e descobrir as bases fisiológicas dessas capacidades.

A testagem neuropsicológica faz a ponte na lacuna entre os sintomas da esquizofrenia e as bases neurobiológicas. Esses testes foram desenvolvidos originalmente para determinar o funcionamento de regiões cerebrais específicas, observando déficits em indivíduos com lesões cerebrais localizadas e conhecidas devidas a AVC, tumores e traumas físicos. Todavia, o desempenho nesses testes geralmente exige o uso de diversas regiões do cérebro, limitando assim a sua especificidade individual. Além disso, as lesões geralmente têm efeitos sobre mais de uma região cerebral específica, bem como sobre fibras neuronais de passagem sem relação funcional com a principal área lesionada. Contudo, como o desempenho nos testes foi associado a lesões em regiões cerebrais específicas, eles passaram a ser aplicados a indivíduos sem lesões localizadas conhecidas (como na esquizofrenia) como um meio de determinar quais regiões podem estar afetadas. Com o advento das técnicas de neuroimagem cerebral, parecia haver menos necessidade de testes neuropsicológicos. Porém, logo descobriu-se que a atividade cerebral em repouso não era tão útil para identificar um fator quanto a atividade cerebral durante a realização de um teste que exige a ativação de regiões cerebrais específicas.

Além desse propósito para os testes neuropsicológicos, houve a busca por marcadores neuropsicológicos/psicofisiológicos, que são testes que medem déficits na cognição (atenção, memória, tomada de decisões) que fornecem pistas dos processos psicológicos (e potencialmente neurofisiológicos) que explicam os sintomas da esquizofrenia. Além disso, os marcadores podem estar presentes em familiares de indivíduos com esquizofrenia, servindo assim como indicadores de vulnerabilidade à esquizofrenia (especialmente se os déficits continuam a ocorrer em indivíduos esquizofrênicos sem sintomas ativos; Green, 1996). Um determinado teste pode servir aos propósitos de evocar atividade cerebral diferencial em regiões específicas e servir como marcador para a vulnerabilidade, além de elucidar aspectos psicológicos de processos neurocognitivos. Além disso, o desempenho em testes cognitivos tende a ser um bom indicador do prognóstico funcional (mais ainda que os próprios sintomas).

Embora as pessoas portadoras de esquizofrenia possam apresentar disfunção neuropsicológica difusa, possivelmente devido a problemas com a motivação/atenção que podem estar ou não relacionados com os efeitos da medicação, existem déficits mais delineados em funções executivas (incluindo a motivação e a atenção) e na aprendizagem e memória, que são associados tipicamente a regiões frontais e temporais (Cornblatt e Keilp, 1994; Gold, Randolph, Carpenter, Goldberg e Weinberger, 1992; Heinrichs e Zakzanis, 1998; Saykin et al., 1991).

Dois testes que costumam ser considerados como tarefas frontais são o Wisconsin Card Sorting Test [Teste dos Cartões de Wisconsin] e o Teste de Fluência Verbal (Verbal Fluency Test). No primeiro, os sujeitos devem determinar a regra que rege a colocação das cartas (com números diferentes em formas diferentes e cores variadas) em duas pilhas. A regra baseia-se no número, na cor ou na forma, mas muda sem aviso depois de um certo período. Os sujeitos com esquizofrenia saem-se bem na regra inicial, mas frequentemente não mudam de resposta quando a regra muda. Conforme o esperado, esse déficit no desempenho é associado a uma redução no fluxo sanguíneo regional frontal (Weinberger et al., 1986). O tamanho de efeito médio (d = 0,88) corresponde a uma não sobreposição de cerca de 50% (Heinrichs, 2001). Para o teste de fluência verbal (que exige citar o maior número possível de palavras de uma determinada categoria), a não sobreposição foi de cerca de 60% (d = 1,09). Esse estudo apresenta um grande número de pessoas com esquizofrenia que demonstraram capacidades do lobo frontal que estariam dentro da faixa da normalidade. De novo, ou ainda não se desenvolveu um teste ou técnica de neuroimagem que seja preciso e específico o suficiente para distinguir indivíduos com e sem esquizofrenia, ou então apenas certos subtipos de esquizofrenia estão associados a disfunções do lobo frontal.

Diversos testes medem tipos de atenção. O *Digit Span Distraction Test* (DSDT) exige que o sujeito se concentre em um estímulo-alvo, enquanto ignora distratores. Os sujeitos devem repetir uma série de números apresentados verbalmente, enquanto ignoram os números que são apresentados verbalmente no fundo. As pessoas com esquizofrenia se saem mal nesse teste (especialmente se tiverem um transtorno do pensamento; Oltmanns e Neale, 1978). O *Continuous Performance Test* [Teste de Desempenho Contínuo] (CPT; Rosvold, Mirsky, Sarason, Bransome e Beck, 1956) avalia o processo atencional de vigilância, ou seja, a atenção continuada. Os sujeitos devem apertar um botão quando um determinado alvo ou padrão aparece. Com o tempo, a atenção sustentada diminui. O desempenho é pior em indivíduos com esquizofrenia, especialmente quando são usadas versões difíceis do teste (Nuechterlein, Edell, Norris e Dawson, 1986). No *backward masking effect* [efeito de mascaramento regresivo] (BME), estímulos apresentados imediatamente após os estímulos-alvo interferem na percepção e recordação dos alvos (revisado por Green, 1998). Esse efeito é mais acentuado em indivíduos portadores de esquizofrenia. Os tamanhos de efeito médio para os testes da atenção variam de d = 0,69 a 1,27, este último relacionado com o BME, e com uma grande não sobreposição de 65% (Heinrichs, 2001).

Nuechterlein e Subotnik (1998) propuseram uma explicação parcial para os déficits atencionais evocados por esses testes. Os autores postulam dois tipos de problemas atencionais. Um diz respeito a estágios automáticos e precoces do processamento de informações, representados por um desempenho fraco nos testes BME e CPT (versões que utilizam estímulos indistintos). Esse déficit continua mesmo sem a presença de sintomas, indicando uma vulnerabilidade que pode levar a sintomas clínicos, sob condições de estresse. O segundo tipo de problema atencional é a incapacidade de usar memória ativa (ou memória de trabalho) para orientar a seleção de informações. Esse déficit é associado a um desempenho pobre no DSDT e no CPT (versões com alvos complexos). Esse tipo de problema atencional é mais proeminente quando os sintomas estão ativos, de modo que está mais ligado ao início dos sintomas.

Os déficits no teste do movimento ocular (outra função frontal) há muito são observados em pessoas com esquizofrenia. Nesse teste, o sujeito segue um alvo que se move lentamente. Os movimentos oculares de rastreio lento são mais erráticos em indivíduos com esquizofrenia. Essa anormalidade pode preceder o início do transtorno e costuma estar presente em parentes (mesmo se não estiver na pessoa esquizofrênica; Holzman, 1991). A metanálise de estudos sobre o movimento ocular revela tamanhos de efeito médios de d = 0,75-1,03, estando o maior tamanho de efeito associado a um grande IC, indicando, assim, pouca consistência.

Testes neuropsicológicos para o funcionamento do lobo temporal existem muitos, pois a memória tem sido testada de inúmeras maneiras. Os déficits da memória verbal global produziram um d médio de 1,41, com um IC pequeno, indicando uma não sobreposição grande e consistente de aproximadamente 70% entre indivíduos com esquizofrenia e controles. Todavia, esse déficit pode refletir uma atividade cerebral mais geral. Medidas da memória verbal seletiva, relacionadas mais diretamente com o funcionamento do lobo temporal esquerdo, analisam aspectos específicos, como as taxas de intrusão, esquecimento, recordação e taxa de reconhecimento, e apresentam um d médio menor, de 0,90 e com um IC maior, correspondendo a uma sobreposição de aproximadamente 50%.

Além dos testes neuropsicológicos, existe um conjunto de técnicas cujo objetivo é avaliar o funcionamento cognitivo pelo registro de potenciais relacionados com eventos (ERPs). ERPs são multiplos registros da atividade elétrica cerebral, ponderados de forma a revelar respostas características a estímulos que consistem de "picos" em forma de onda. Os potenciais são identificados por sua direção (positivos ou negativos) e latência (em milissegundos) após o início dos estímulos. Essa técnica psicofisiológica proporciona um meio de determinar a natureza da sequência dos processos cognitivos em resposta a estímulos. Embora tenha ótima resolução temporal, esse método não é bom para localizar as funções cognitivas de nenhuma região cerebral específica. Quando usado em conjunto com as técnicas de neuroimagem cerebral, porém, podemos abrir a porta para iluminar o curso temporal da ativação em regiões cerebrais específicas.

Um dos primeiros potenciais cerebrais a ocorrer é o P50 (positivo, e 50 milissegundos após o início do estímulo). Dois estímulos (como sons) próximos resultam em uma resposta P50 apenas ao primeiro. Esse é o fenômeno da comporta sensorial, no qual o primeiro som obstrui a resposta ao segundo. Em indivíduos com esquizofrenia, a comporta é deficiente, e ocorrem dois potenciais P50, um em resposta a cada estímulo. Uma metanálise dos estudos do P50 produziu um dos maiores tamanhos de efeito médios (d = 1,55) da série de metanálises de Heinrichs sobre estudos na pesquisa da esquizofrenia, com um IC pequeno (Heinrichs, 2001).

Outro teste comum usado para evocar diversos ERPs é o paradigma do estímulo estranho, no qual uma série de dois sons é apresentada, um com menos frequência que o outro. Uma onda cerebral, a P300, é maior em resposta ao estímulo estranho e infrequente. Durante o teste do estímulo estranho, verifica-se falta de ativação no giro temporal superior, no tálamo e nos córtices cingulado, parietal e frontal em indivíduos com esquizofrenia. Heinrichs (2001) cita tamanhos de efeito médios pequenos (*d* = 0,70-0,80) para estudos da P300.

Conforme observa Bentall (2004), a maioria dos resultados citados não são específicos de pessoas com esquizofrenia, mas podem estar presentes, até um certo grau, em indivíduos com outras condições mentais – principalmente o transtorno bipolar, mas também a depressão psicótica. Os déficits não costumam estar associados aos sintomas positivos de alucinações e delírios, de modo que não podem fornecer muitas informações sobre a fisiopatologia desses sintomas. Todavia, mostrou-se que estão correlacionados com a gravidade dos sintomas negativos e do transtorno do pensamento (revisado por Green, 1998) e podem ajudar a elucidar os processos neurocognitivos por trás desses grupos de sintomas.

Para comparar os resultados de estudos neurofisiológicos com os de estudos neuropsicológicos (cognitivos) e psicofisiológicos, é importante analisar a metanálise de Heinrichs (2001), que comparou tamanhos de efeito e ICs para resultados que satisfaziam os critérios de (1) ter suas fontes em mais de um estudo e (2) ter pelo menos 100 pacientes e controles por estudo, com pacientes com diagnóstico de esquizofrenia. O autor determinou que os testes cognitivos (neuropsicológicos) eram melhores para distinguir os indivíduos com esquizofrenia dos controles, com os métodos psicofisiológicos vindo a seguir e os estudos biológicos, em último lugar. (De um modo geral, o resultado mais poderoso e consistente foi o déficit na comporta sensorial do P50.) Heinrichs dá algumas explicações possíveis para sua conclusão. A heterogeneidade nos quadros de esquizofrenia pode explicar as discrepâncias nos resultados. Todavia, seria de esperar que esse fator também afetasse os resultados cognitivos. Outra possibilidade apresentada por Heinrichs é que nossos métodos para medir os correlatos biológicos não são suficientemente avançados para gerar resultados robustos e consistentes. Finalmente, talvez precisemos mudar nossa maneira geral de pensar sobre os correlatos biológicos. Ao contrário de derrames e tumores que resultam em afasia ou distúrbio unilateral, a esquizofrenia talvez não seja causada por nenhuma lesão localizada e não se caracterize por nenhum déficit específico relacionado com a lesão, podendo envolver um colapso no funcionamento de vários processos paralelos que não são compreendidos facilmente pelos atuais dispositivos de neuroimagem cerebral. O autor acredita que podem ser necessárias técnicas como a modelagem computacional (Cohen e Servan-Schreiber, 1992; Hoffman e Dobscha, 1989) para determinar como esses processos levam aos sintomas.

MODELOS TEÓRICOS

Se não fosse pelos modelos teóricos, os correlatos biológicos dos achados neurofisiológicos, neuropsicológicos e psicofisiológicos na esquizofrenia, mesmo que fossem claros e consistentes, mostrariam uma correspondência insignificante entre a entidade psicológica (transtorno ou sintoma individual) e a parte do cérebro em questão. Esses modelos são construídos para descrever os distintos papéis funcionais dos sistemas dos componentes estruturais que interagem para produzir um mecanismo pelo qual ocorrem os processos psicológicos e suas disfunções. Sem esses modelos teóricos, seria como descrever onde as partes de um carro se situam, e quais propósitos individuais podem ter, mas sem explicar como elas interagem. Descrever que o radiador, que contém água, fica na frente do motor, que produz energia rotacional e que está ao lado da bateria que fornece energia elétrica, não explica *como* o radiador esfria o motor, o motor gira as rodas e a bateria produz uma faísca para dar início à combustão nos pistões do motor (além de acender diversas lâmpadas, o rádio e outros componentes). A localização de funções também não revela como cada parte produz suas funções.

Os modelos propostos para explicar a esquizofrenia variam de ilustrações gerais sobre como alguns sintomas podem ser causados a descrições mais detalhadas que tentam explicar os quadros diversos desse transtorno, descrevendo perturbações nas interações complexas entre componentes variados (estruturas cerebrais, sistemas neurotransmissores, processos de distribuição paralela).

Meehl: o modelo da esquizotaxia

A premissa básica de Meehl (1962, 1990) é que a vulnerabilidade à esquizofrenia surge de um único gene da esquizotaxia e que a expressão plena da esquizofrenia depende de vários outros genes e do ambiente social, com suas inerentes gratificações e punições. O gene produz uma personalidade esquizotípica, que somente se transforma em esquizofrenia se genes como os da introversão, ansiedade, baixa energia, passividade ou outros também estiverem presentes, num meio social típico, mas desafiador. O gene único da esquizotaxia produz o que Meehl chama de *hypokrisia*, uma condução nervosa hipersensível em resposta à estimulação em todo o sistema nervoso central. A *hypokrisia* resulta em um "desequilíbrio cognitivo", no qual as informações não são canalizadas por vias distintas, e ficam emaranhadas. Embora o fenômeno afete todas as regiões do cérebro, somente certas funções cognitivas – aquelas que envolvem a integração de informações – são afetadas de maneira visível. A inteligência geral pode continuar praticamente livre, ao passo que o afrouxamento de associações com conexões aleatórias de ideias (conforme observadas no transtorno do pensamento) é um aspecto proeminente do deslize cognitivo. Como esse déficit cognitivo interfere no funcionamento social, ocorre uma "deriva aversiva", na qual experiências sociais adversas levam ao isolamento e sintomas negativos. O deslize cognitivo também pode gerar sensações incomuns que levam a alucinações e delírios, estes considerados explicações para as sensações. Essas explicações não são consideradas muito diferentes de distorções, erros e vieses cognitivos observados nas pessoas em geral (crenças em horóscopos, expectativas de ganhar na loteria). Todavia, alguns delírios podem estar mais diretamente ligados ao deslize cognitivo se envolverem fazer conexões entre acontecimentos sem relação (um estranho tossir no ônibus, enquanto a pessoa esquizofrênica está pensando em mudar de casa, é interpretado como um sinal de que deve mudar de casa).

Phillips e Silverstein: modelo da coordenação cognitiva

Além da localização de certas funções do cérebro em regiões cerebrais específicas, existem extensões de conexões dentro e entre regiões que ajudam a integrar essas funções. Segundo Phillips e Silverstein (2003), quando essas conexões estão danificadas, há um colapso na coordenação cognitiva, levando aos sintomas da desorganização, como os observados no transtorno do pensamento na esquizofrenia. A coordenação cognitiva é necessária para realizar funções como agrupar as coisas em unidades, gerenciar a atenção seletiva (a manutenção da separação entre unidades) e utilizar a informação contextual para tirar qualquer ambiguidade da informação e, assim, restringir as interpretações possíveis do significado de um estímulo àquelas que forem relevantes para o contexto atual, com base em suas ocorrências no passado. A operação inadequada desses processos cognitivos é associada ao pensamento desorganizado. Acredita-se que rupturas das fibras conectoras responsáveis pela coordenação cognitiva entre e dentro de regiões cerebrais corticais sejam devidos à redução no fluxo de íons em receptores NMDA. Esse modelo não rejeita os muitos estudos que sugerem o envolvimento potencial de sistemas dopaminérgicos na esquizofrenia, mas concentra-se na possível contribuição de sistemas glutaminérgicos em todo córtex. Os autores observam que, embora os receptores glutaminérgicos sejam ubíquos no córtex, eles são especialmente densos no córtex pré-frontal, no hipocampo e nos gânglios basais.

Hoffman: modelo do processamento de distribuição paralela

Simulações computadorizadas são usadas para testar modelos do cérebro em relação às funções cognitivas. Um modelo geral do funcionamento cerebral é o das redes neurais que interagem entre regiões do cérebro de forma multidirecional. Hoffman e colaboradores (Hoffman e Dobscha, 1989; Hoffman e McGlashan, 1993) usaram esse modelo para defender a ideia de que a disfunção neurológica associada aos sintomas da esquizofrenia envolve dificuldades na comunicação entre regiões corticais, resultado da poda excessiva de fibras axonais colaterais, particularmente no córtex pré-frontal, durante a adolescência. A simulação computacional da poda de conexões entre áreas corticais gerou "focos parasíticos" – isto é, áreas no córtex onde as informações são geradas repetidamente desconsiderando o *input* de outras áreas corticais. A atividade desses focos produz a sensação de que os pensamentos, imagens e ideias estão sendo criados involuntariamente, semelhantemente à maneira como os movimentos voluntários, durante convulsões, são produzidos pela atividade cerebral descontrolada em áreas motoras corticais. Os delírios de controle, os delírios em geral, e as alucinações são resultado da atividade desses focos parasíticos. Se a atividade repetitiva dos focos parasíticos produz respostas sem significado, pode haver bloqueio do pensamento, retraimento do pensamento e sintomas negativos como avolição.

Kapur: modelo da saliência

Kapur (2003) apresenta um modelo no qual a liberação dopaminérgica excessiva leva a um exagero de seu suposto "papel central... de mediar a 'saliência' de eventos ambientais e representações internas" (p. 13). Isso significa que o indivíduo com esquizofrenia atribui um significado mais saliente a estímulos do mundo externo, bem como a pensamentos vindos de dentro, do que normalmente se faz. Essa verificação ubíqua dos significados cria confusão, pois existe uma quantidade excessiva de coisas de interesse na mente para que se possa lidar efetivamente com elas. O indivíduo então cria explicações (na forma de delírios) para dar conta dessa experiência subjetiva estranha. As alucinações podem ser causadas pela "experiência direta da saliência aberrante das representações internas" (p. 13).

Walker e Diforio: modelo da resposta ao estresse

Segundo o modelo de Walker e Diforio (1997), a vulnerabilidade à esquizofrenia advém de três componentes: (1) hiperatividade do sistema dopaminérgico (e possivelmente glutamatérgico); (2) uma resposta hiperativa da via HPA ao estresse, levando a excesso de glicocorticoides que acentua a hiperatividade do sistema dopaminérgico; e (3) uma lesão pré/perinatal no hipocampo que resulta em ausência de *feedback* inibitório para a liberação de glicocorticoides. Esses três sistemas interagem de modo que cada ruptura leva o outro a piorar. Os estressores na vida normal são suficientes para causar exacerbações dessas respostas hormonais e neurotransmissoras anormais. Os sintomas positivos podem resultar do aumento na atividade dopaminérgica, ao passo que os negativos podem ser respostas adaptativas para reduzir o estresse. O aumento típico na liberação de cortisol durante a adolescência pode explicar o início da expressão plena dos sintomas por volta desse período.

Weinberger: modelo do neurodesenvolvimento

Weinberger (1987) postula que a esquizofrenia resulta de uma lesão cerebral pré/perinatal (produzida por meios genéticos e/ou ambientais) que não fica evidente até que o desenvolvimento neurológico e estressores comuns (especialmente aqueles que ocorrem no início da idade adulta) resultem em sua expressão plena. A lesão está presente no lobo pré-frontal (embora outros locais possam estar envolvidos). No desenvolvimento normal, o córtex pré-frontal dorsolateral alcança a maturidade no início da idade adulta, contemporânea a um aumento na atividade dopaminérgica que controla o aumento concomitante na atividade dopaminérgica límbica (incluindo temporal medial). Em indivíduos com esquizofrenia, esse nível maturacional interage com a lesão latente produzindo um déficit na ativação dopaminérgica do córtex frontal pelas estruturas do mesencéfalo. O córtex frontal hipoativo é incapaz de inibir a atividade dopaminérgica excessiva no lobo temporal medial. Os estressores ambientais contribuem para a atividade límbica excessiva e a atividade frontal insuficiente. A primeira leva aos sintomas positivos, e a segunda, aos negativos.

Grace: o modelo do núcleo acumbens

Grace e colaboradores (O'Donnell e Grace, 1998, 1999; West e Grace, 2001) descrevem um modelo complexo centrado em uma estrutura do prosencéfalo basal, o núcleo acumbens. Essa pequena região do cérebro se localiza em uma intersecção de projeções do hipocampo, do córtex pré-frontal, da amígdala e do trato dopaminérgico mesolímbico – áreas implicadas como possíveis pontos de alteração na esquizofrenia. Segundo esse modelo, o *input* glutaminérgico pré-frontal para o núcleo acumbens modula o *input* dopaminérgico de um modo que influencia a atividade de circuitos frontais-subcorticais. Além disso, o hipocampo e a amígdala controlam comportas no núcleo acumbens, que permitem a ativação dos circuitos frontais-subcorticais. Na esquizofrenia, a disfunção frontal leva a uma falta de modulação glutaminérgica da influência dopaminérgica sobre os circuitos frontais-subcorticais. Uma redução na atividade dopaminérgica tônica leva a uma menor ativação dos circuitos. Além disso, o *input* hipocampal menor para o núcleo acumbens resulta em menos comportas abertas para permitir a transmissão do fluxo em circuitos frontais-subcorticais. Essa hipoativação resulta em redução no comportamento, pensamento e emoção, manifestada nos sintomas negativos da avolição, alogia e afeto embotado.

Os sintomas positivos (em particular, a distorção da realidade) se devem a alterações na descarga neuronal hipocampal, fazendo com que ou menos comportas se abram no acumbens, com uma modificação para uma maior preponderância das comportas controladas pela amígdala (e, assim, mais atenção a coisas relacionadas com o medo, como na paranoia), ou a um controle inadequado das comportas, fazendo com que estímulos contextuais incorretos sejam incorporados à situação em questão.

Grace e seus colaboradores acreditam que o transtorno do pensamento se deve a uma redução na atividade do acumbens (níveis dopaminérgicos tônicos mais baixos), levando a uma redução na inibição do globo pálido, que normalmente inibe os núcleos talâmicos reticulares. Desse modo, existe maior inibição dos núcleos talâmicos reticulares, diminuindo seu papel na filtragem de estímulos sensoriais para o tálamo, que leva a dificuldades para manter o foco e a organização do pensamento.

Frith: modelo da intenção proposital

Frith (1992) explica que pode haver ação em resposta a estímulos externos (intenções com estímulos) ou como resultado de decisões internas baseadas em objetivos e planos (intenções propositais). Um sistema de monitoramento central distingue os dois quando as ações ocorrem. Na esquizofrenia, existe um déficit nesse sistema de monitoramento central, de modo que as ações baseadas em intenções propositais são incorretamente percebidas como derivadas de fontes externas. Essa percepção equivocada gera delírios de controle (a crença de que suas próprias ações são causadas por outras pessoas) e, considerando os pensamentos como um tipo de ação, inserção de pensamentos (a crença de que seus próprios pensamentos são causados por outras pessoas). As alucinações também são consequência da percepção de que seus próprios pensamentos são produzidos externamente. A incapacidade de avaliar corretamente as intenções dos outros leva a delírios de referência e delírios paranoides. Os sintomas negativos envolvem um mecanismo diferente: um déficit na produção de intenções propositais, que deixa as ações mais dependentes dos estímulos (uma pessoa com avolição que precisa que alguém o force a sair da cama e dar uma caminhada).

Os correlatos cerebrais desse modelo incluem estruturas frontais (o córtex pré-frontal dorsolateral, a área motor suplementar e o córtex cingulado anterior) que ativam estruturas dos gânglios basais (estriatais), que então geram ações. As estruturas frontais também enviam descargas adicionais para as regiões cerebrais posteriores responsáveis pela percepção, o que faz a ação parecer autóctone. As desconexões produzem a percepção errônea de que as intenções propositais são produzidas por fontes externas e, consequentemente, ocorrem delírios e alucinações. Quando há rupturas nas conexões fronto-estriatais, desenvolvem-se os sintomas negativos.

Cohen: modelo do controle cognitivo

O processamento de informações pode ser prejudicado se houver controle cognitivo inadequado das funções envolvidas, segundo Cohen e colaboradores (Braver, Barch e Cohen, 1999; Braver e Cohen, 1999). Em seu modelo, o controle cognitivo é "a capacidade de manter e atualizar adequadamente as representações internas de informações contextuais relevantes para a tarefa em questão" (Braver, Barch e Cohen, 1999, p. 312). A desorganização do pensamento e da ação, bem como déficits em tarefas cognitivas, pode resultar de deficiências no controle cognitivo (Cohen e Servan-Schreiber, 1992).

O controle cognitivo é função principalmente do córtex pré-frontal. Comprometimentos na atenção, nas funções executivas e na memória de trabalho e episódica podem ser rastreados até um déficit comum na "representação interna e no uso de informações contextuais a serviço do controle do comportamento" (Braver et al., 1999, p. 314). O córtex pré-frontal é central para essa função de atualização e manutenção do contexto.

O *input* dopaminérgico para o córtex pré-frontal influencia a atividade do córtex pré-frontal, filtrando informações contextuais de maneira a permitir a atualização dessas informações, ao mesmo tempo que evita a interferência de informações irrelevantes. De um modo geral, os sistemas dopaminérgicos do cérebro têm a tarefa de "[proporcionar] o meio para o organismo aprender, prever e responder adequadamente a eventos que levem a gratificações" (Braver et al., 1999, p. 317). Contribuições para essa tarefa geral dependem dos vários receptores (límbicos, estriatais e corticais) do *input* dopaminérgico. Especificamente, o *input* dopaminérgico para o córtex pré-frontal proporciona a atualização de informações contextuais e protege contra interferências. Na esquizofrenia, existem perturbações na atividade das projeções dopaminérgicas para o córtex pré-frontal, levando à perseveração (devido à falta de informações atualizadas para orientar o comportamento), inserção de informações irrelevantes que podem atrapalhar o uso de informações importantes ou comprometimento da manutenção das informações. Os déficits cognitivos e a desorganização resultam dessas perturbações.

Gray e Hemsley: modelo do programa motor

Gray, Feldon, Rawlins, Hemsley e Smith (1991) propõem um modelo neurofisiológico complexo para explicar a hipótese psicológica de Hemsley (1987a) e para integrá-la aos modelos de Frith (1987) e Weinberger (1987). Hemsley postula que uma "via comum final" pode ser a "falha em integrar contextualmente o material armazenado adequado com o *input* sensorial atual e programas motores em funcionamento" (Hemsley, 2005, p. 43). Esse conceito é usado por Gray para desenvolver um modelo para explicar os sintomas positivos da esquizofrenia como uma perturbação na operação adequada de programas "motores" planejados (incluindo pensamentos, atenção focada e discurso, bem como atos físicos).

Os programas motores exigem (1) a manutenção de um determinado passo até que seja concluído (circuitos cortico-tálamo-estriatais), (2) monitorar se o resultado real de um passo corresponde ao resultado pretendido (sistema septo-hipocampal), (3) o término de um passo (*input* dopaminérgico para o núcleo acumbens) e (4) a troca para o próximo passo no programa (núcleo acumbens). Além disso, o conteúdo específico de cada passo deve ser determinado (caudado) com base em contingências de reforço (amígdala). As associações irrelevantes devem ser inibidas (estriado), ao passo que intrusões inesperadas importantes devem ser identificadas (sistema septo-hipocampal). Finalmente, faz-se necessária a coordenação dessas atividades para a sua operação adequada (córtex pré-frontal).

Na esquizofrenia, estímulos irrelevantes intrometem-se no processo de um programa motor devido à disfunção na conexão do hipocampo via subículo para o núcleo acumbens e/ou devido ao excesso de dopamina que causa o término do programa motor planejado, deixando-o aberto para a intrusão de estímulos novos/irrelevantes. Pode haver transtorno do pensamento e problemas da atenção quando existe atenção exagerada a estímulos que sejam irrelevantes para o programa motor atual. Esses estímulos podem ser pensamentos que desviam um programa do discurso de sua meta pretendida (descarrilamento, sonorização). Os delírios surgem como um modo de explicar acontecimentos que assumiram significância inadequada devido à sua intrusão na consciência. As alucinações envolvem uma intrusão de informações da memória de longa duração, que são interpretadas incorretamente como sendo geradas por via externa (Hemsley, 1987b).

Resumo e comentário

Os quatro primeiros modelos descrevem uma alteração no processamento cognitivo como base para os sintomas da esquizofrenia. O deslize cognitivo, a falta de coordenação cognitiva, focos parasíticos e a hipersaliência cada um leva ao pensamento desorganizado e sensações/experiências estranhas (que são racionalizadas de maneira delirante e/ou formam alucinações) e que ou limitam diretamente o *output* funcional (fala, afeto, atividade), ou produzem reações de acomodação com isolamento e passividade. Esses modelos não visam explicar perturbações anatomicamente localizadas na esquizofrenia, mas postulam que a disfunção surge a partir de problemas na circuitaria básica do cérebro (que são basicamente semelhantes em todas as regiões corticais), como na densidade neuronal, organização neuronal ou comunicação anormal entre células devida a alterações na atividade de neurotransmissores excitatórios e/ou inibitórios. Isto é, pode haver um problema em um ou mais algoritmos ou operações cognitivas básicas do cérebro, que afetam o processamento de informações em diversas regiões cerebrais (e, portanto, os processos sensoriais e integrativos superiores). Nem todos esses modelos dão uma ideia clara de como as aberrações cognitivas levam a alucinações e delírios, mas concentram-se principalmente na desorganização básica dos processos cognitivos. Em alguns desses modelos, as alucinações, delírios e sintomas negativos são vistos como fenômenos compensatórios que ocorrem em resposta a anormalidades na rede.

O modelo de Walker e Diforio não tenta explicar como surgem os sintomas da esquizofrenia, mas como o aumento na atividade dopaminérgica resulta de estressores e do funcionamento inadequado dos sistemas relacionados ao cortisol. Todavia, as evidências se limitam a algumas pessoas com esquizofrenia, de modo que esta não pode ser uma explicação abrangente. (Veja, porém, o Capítulo 14 deste volume.)

Os modelos restantes introduzem mais detalhes anatômicos à questão. Embora os modelos de Weinberger e Grace não façam uma especulação suficiente sobre a transição da disfunção fisiológica para a disfunção psicológica, os outros o fazem. Uma dificuldade com esses dois modelos é que eles não se complementam totalmente. O modelo de Grace envolve sistemas frontais-subcorticais para sintomas positivos e negativos, ao passo que o de Weinberger relaciona o sistema frontal com os sintomas negativos e o sistema subcortical com os sintomas positivos. Todavia, existe alguma sobreposição, e os modelos futuros provavelmente incorporarão aspectos dos dois.

Os três modelos restantes – os de Frith, Cohen e Gray e Hemsley – atribuem tarefas psicológicas a várias regiões cerebrais e descrevem como essas estruturas interagem quando realizam suas respectivas funções. Os dois últimos, em particular, apresentam modelos psicológicos semelhantes da intrusão de estímulos irrelevantes nos processos de informações armazenadas, influenciando assim as atividades propositais. As estruturas cerebrais envolvidas são semelhantes nos dois modelos, mas as funções de cada estrutura e as interações específicas entre elas diferem. O importante em relação a esses três modelos é a tentativa de relacionar processos psicológicos hipotéticos com processos fisiológicos.

Usamos essa mesma abordagem em nosso próprio modelo, apresentado no Capítulo 14, mas postulamos como a causa da esquizofrenia uma deficiência na capacidade integrativa total do cérebro, em vez de interações de disfunções localizadas. Nesse modelo, a esquizofrenia origina-se com a insuficiência cognitiva e hipersensibilidade ao estresse. Esses déficits levam à hiperativação de esquemas disfuncionais (responsável pelos sintomas positivos) e ao esgotamento dos recursos (em parte responsável pelos sintomas negativos).

Quando todos esses modelos forem testados, modificados e atualizados, com as diferenças resolvidas pela confirmação ou refutação empíricas, emergirá um quadro mais claro do atual enigma que é a esquizofrenia.

RESUMO

Ao contrário do diabete tipo I, a doença de Huntington ou o transtorno de estresse pós-traumático, a esquizofrenia não é causada predominantemente por nenhuma disfunção física, perturbação genética ou evento ambiental único. Mais parecida com a síndrome do intestino irritável, a fibromialgia e a depressão maior, a esquizofrenia é um agrupamento de sintomas que pode vir a ser uma doença ou um grupo de doenças relacionadas. Ela pode ser uma entidade categoricamente distinta, ocorrendo apenas em indivíduos com os fatores necessários para o seu aparecimento, ou se pode descobrir que ela é um extremo de um espectro em que todos podemos encontrar nosso lócus.

O que se sabe é que existe um componente poligênico na etiologia da esquizofrenia; que complicações obstétricas e estressores ambientais aumentam a probabilidade de adquirir o transtorno; que existem perturbações em partes do cérebro – mais notavelmente o córtex frontal, o lobo temporal (incluindo o hipocampo e a amígdala), áreas subcorticais (o núcleo acumbens) e os sistemas neurotransmissores (os sistemas dopaminérgico e glutaminérgico) – que provavelmente ocorrem no início do desenvolvimento neural, mas não causam muitas diferenças notáveis até a maturação neural na adolescência; e que uma interação atípica entre essas regiões cerebrais resulta em uma interação atípica da pessoa com a sociedade, devido a uma constelação de sintomas e alterações cognitivas.

Os neurobiólogos têm principalmente duas tarefas à sua frente: determinar (1) que fatores realmente contribuem para a etiologia da esquizofrenia, seja como um transtorno único ou como transtornos múltiplos, e (2) como esses fatores interagem para causar as manifestações externas da esquizofrenia. A tarefa dos terapeutas cognitivos é aplicar os resultados da neurobiologia ao tratamento psicoterápico da esquizofrenia. Isso pode ser útil em vários sentidos: (1) o desenvolvimento de novas técnicas da terapia cognitiva baseadas em estudos neurofisiológicos; (2) amparo para o uso de técnicas específicas e atuais da terapia cognitiva; (3) auxílio na decisão entre diferentes abordagens cognitivas; (4) compreensão dos limites potenciais das intervenções de terapia cognitiva; e (5) uma compreensão mais abrangente da complexidade da esquizofrenia.

3

A Conceituação Cognitiva dos Delírios

Um homem de 20 anos largou a faculdade, porque acreditava que havia uma conspiração entre os colegas para denegri-lo e espalhar rumores negativos a seu respeito. Em qualquer lugar que fosse, achava que podia ouvir conversas depreciativas e também que os outros estudantes estavam olhando para ele. Com o tempo, começou a ficar cada vez mais agitado e, finalmente, teve que abandonar os estudos. Foi hospitalizado e recebeu medicamentos antipsicóticos, que pareciam diminuir os delírios, mas não os eliminavam. Quando voltou para casa, continuou a pensar que as outras pessoas falavam dele. Acreditava que os personagens e comentaristas da televisão falavam diretamente com ele. Às vezes, achava que as pessoas estavam roubando seus pensamentos e que estavam colocando ideias estranhas na sua cabeça. Ele se preocupava particularmente com pensamentos sexuais que lhe eram transmitidos. Às vezes, à noite, sentia que uma das personagens do sexo feminino de um programa de televisão entrava no seu quarto e fazia sexo com ele. Embora esse encontro amoroso secreto aparentemente ocorresse como se fosse em um sonho, ele acreditava que era verdade. Ele se tornou cada vez mais recluso, pois temia que, se saísse de casa, as pessoas não apenas falariam dele, como também poderiam atacá-lo.

As experiências desse paciente ilustram as características centrais dos delírios: uma combinação de *egocentrismo* e *lócus de controle externo*. O paciente relata acontecimentos irrelevantes (conversas e observações de outras pessoas, as falas de jornalistas da televisão) em relação a ele e, ao mesmo tempo, atribui experiências internas (pensamentos, sentimentos eróticos) à intrusão de entidades externas. As características clássicas da esquizofrenia ("roubo de pensamentos" e "inserção de pensamentos") indicam que o paciente vivencia sua própria mente como algo permeável. Ele também não discrimina devaneios sobre o sexo e a realidade, pois interpreta os sentimentos e fantasias sexuais como algo que vem de fora. Esse caso ilustra as crenças básicas do paciente em sua vulnerabilidade, desamparo e impotência, e em sua imagem das outras pessoas como poderosas, controladoras e intrusivas. A terapia aborda essas crenças básicas, capacitando o paciente, construindo a autoconfiança e ensinando estratégias para testar a realidade das ideias delirantes (conforme descrito no Capítulo 9).

Os delírios são as características que definem a esquizofrenia e o transtorno delirante (paranoia). Eles também são observados em vários outros transtornos psiquiátricos, como a depressão, o transtorno obsessivo-compulsivo e o transtorno dis-

---

mórfico corporal, mas não são características definidoras desses transtornos, como na esquizofrenia (American Psychiatric Association, 2000). Fica em aberto se, em outros transtornos, os delírios são formados da mesma maneira que os observados na esquizofrenia. Todavia, os delírios compartilham muitas características em comum, independentemente dos transtornos específicos em que ocorrem. Neste capítulo, enfocamos primariamente os delírios na esquizofrenia. Segundo o DSM-IV (American Psychiatric Association, 2000, p. 821), um delírio é definido como:

> Uma crença falsa baseada em inferência incorreta sobre a realidade externa, que é mantida firmemente, apesar do que pensam quase todas as pessoas e apesar do que constitui prova ou evidência irrefutável e óbvia do contrário. A crença não é aceita comumente por outros membros da cultura ou subcultura da pessoa (p.ex., não é artigo de fé religiosa).

Como muitas definições, essa definição do DSM-IV deixa vários problemas insolúveis. Como podemos ter certeza de que uma ideia é falsa quando sabemos, a partir da história, que muitas ideias consideradas falsas pelos contemporâneos de um indivíduo acabaram se mostrando corretas? Além disso, muitas crenças, como a telepatia, a transmissão de pensamentos e a possessão por alienígenas, que indivíduos sofisticados consideram falsas, são aceitas por um grande segmento da população (Lawrence e Peters, 2004). Crenças paranormais como essas, que costumam ser partes centrais dos delírios, podem ser comuns na subcultura do paciente (contrariando a definição do DSM-IV).

Para resolver a questão de "quando uma crença é delirante?", é importante começar analisando a natureza dos delírios dentro do que sabemos sobre o papel de certos delírios em condições não psicóticas. As mesmas dimensões das crenças observadas nesses transtornos também estão presentes nos delírios (Hole et al., 1979; Garety e Hemsley, 1987). Entre elas, estão as dimensões da *pervasividade* (quanto da consciência do paciente é controlado pelo delírio), *convicção* (quanto o paciente acredita naquilo), *significância* (quão importante é a crença dentro do sistema de atribuição de significados do paciente), *intensidade* (em que grau ele mostra crenças mais realistas), *inflexibilidade* e *certeza* (quanto a crença é impermeável a evidências contrárias, lógica ou razão), *preocupação* e *impacto* sobre o comportamento e as emoções. Por exemplo, um paciente que acreditava plenamente (convicção) que todos eram agentes do Federal Bureau of Investigation (FBI) (pervasividade) não conseguia aceitar a possibilidade de que a crença pudesse estar errada (inflexibilidade e certeza) e, como resultado, escondia-se em seu quarto (impacto comportamental). Níveis elevados dessas variáveis distinguem os pacientes com esquizofrenia de indivíduos que podem estar em risco para o transtorno.

Um teste da flexibilidade do paciente é a sua resposta à contradição hipotética dos delírios (Hurn, Gray e Hughes, 2002). A disposição dos pacientes para considerar informações contraditórias melhora o prognóstico (Garety et al., 1997). É importante reconhecer que o grau de convicção do paciente em relação à validade de um delírio e suas interpretações delirantes dos acontecimentos oscila a cada momento. Muitos pacientes reconhecem que não acreditam totalmente em seus delírios (Strauss, 1969). Todavia, suas *interpretações delirantes* tendem a controlar seu afeto e comportamento.

Como o conteúdo dos delírios esquizofrênicos pode ser compatível com o das crenças de membros normais dos subgrupos do paciente, é importante esclarecer as características de uma crença "compatível" que levariam outros membros do grupo a considerá-la um delírio. Se a crença delirante for forte o suficiente para gerar um comportamento "estranho", outros membros do grupo podem começar a questionar o estado mental do indivíduo. Comportamentos incomuns, como murmurar para si mesmo ou atacar estranhos sem provocação, por exemplo, podem ser motivados por uma crença socialmente aceitável de receber mensagens de Deus – considerada normal em muitas congregações religiosas. Porém, se o comportamento é aberrante, a crença subjacente se torna suspeita. Se o indivíduo se prende à sua crença de que Deus enviou uma mensagem para atacar certos indivíduos que identifica como filhos de Satã, as outras pessoas provavelmente teriam a tendência de considerá-lo delirante. Deve-se observar que os psiquiatras podem considerar delirantes ou perigosas as crenças no sobrenatural defendidas por certos grupos religiosos, se não souberem da ligação com a fé religiosa. Às vezes, o delírio de um paciente é incentivado por parentes próximos. A mãe de uma mulher que acreditava que seus atos eram controlados por espíritos acreditava que isso era verdade e prendia-se à crença mesmo depois de a filha não acreditar mais. Em outros casos, o conteúdo pode ser tão extremo ou bizarro – por exemplo, que o indivíduo é manipulado por alienígenas de um planeta distante – que as pessoas não têm problema em rotulá-lo como delirante.

Os critérios para se rotular uma ideia inusitada, ou mesmo bizarra, como delirante podem ser difíceis de determinar apenas por seu conteúdo. Os delírios podem ser mais bem compreendidos em termos de anormalidade dos processos de pensamento, em vez de apenas por seu conteúdo específico (ideias irracionais não são necessariamente delírios). Primeiramente, a crença patogênica assume o controle do processamento de informações, de modo que as *interpretações dos acontecimentos apresentam um viés sistemático* refratário às evidências ou à lógica. Em segundo lugar, as interpretações tendenciosas são idiossincráticas – o indivíduo atribui *significados altamente pessoais* a eventos claramente irrelevantes para ele. Essas interpretações tendenciosas e incongruentes parecem racionais para o paciente, mas não para outras pessoas em seu grupo. Essas cognições são egossintônicas, distintas das cognições obsessivas no transtorno obsessivo-compulsivo, que são egodistônicas. Todavia, um paciente com delírios e um com obsessões são parecidos, no sentido de que suas perturbações são instigadas por seus pensamentos intrusivos (Morrison, 2001). De maneira importante, a predominância das interpretações delirantes é tão poderosa que os pacientes consideram os delírios como sendo a *realidade*, em vez de interpretações da realidade ou crenças.

Finalmente, o fato de o indivíduo prender-se vigorosamente à crença, apesar de fortes evidências do contrário, levaria ao diagnóstico de delírio. O grau de certeza sobre a validade das experiências estranhas dos pacientes foi demonstrado em diversos estudos que usaram a Beck Cognitive Insight Scale (Beck e Warman, 2004; Capítulo 14). Assim, vários fatores, incluindo conteúdo bizarro, comportamento estranho e resistência à desconfirmação (Woodward, Moritz, Cuttler e Whitman, 2006), constituem critérios pelos quais uma ideia pode ser rotulada como delírio.

Um marcador que distingue o pensamento paranoide delirante do não delirante é a integração de três vieses extremos: *foco autocentrado preventivo, lócus externo de causalidade* e *atribuição de intencionalidade*. A natureza desses aspectos cognitivos e seu papel específico na formação de delírios diferentes são abordados neste capítulo. Kimhy, Goetz, Yale, Corcoran e Malaspina (2005) analisaram fatorialmente os escores de 83 pacientes na Escala para Avaliação de Sintomas Positivos [Scale for the Assesment of Positive Symptoms] (SAPS) e extraíram três fatores: delírios de ser controlado (incluindo delírios "anômalos", descritos neste capítulo), um fator de autossignificância (delírios de grandiosidade, religiosos e pecaminosos) e delírios de perseguição. Esse e outros estudos mostram que os delírios de perseguição são os mais comuns. Ao formular os mecanismos psicológicos envolvidos na formação do conteúdo desses delírios, descrevemos os tipos de vieses e aberrações do raciocínio especificamente intrínsecos aos delírios paranoides, mas que são encontrados, até certo grau, nos delírios grandiosos. Como existe sobreposição no conteúdo de diferentes tipos de delírios, também há sobreposição em seus determinantes psicológicos.

VISÃO GERAL DO MODELO COGNITIVO DOS DELÍRIOS

A psicologia dos delírios é discutida inicialmente no contexto de uma análise da fenomenologia desse transtorno. Os vieses intrínsecos a esses fenômenos são óbvios em todas as formas de crenças delirantes. Esses vieses se refletem nas interpretações (na verdade, interpretações equivocadas) das experiências. A dificuldade dos pacientes para avaliar essas interpretações errôneas como inferências, em vez de representações factuais da realidade, é um aspecto do comprometimento do teste da realidade. Além disso, o viés confirmatório e os comportamentos compensatórios tendem a reforçar as crenças delirantes. Esta seção formula o desenvolvimento de delírios em termos da influência de diversos estressores em vulnerabilidades preexistentes. Depois, aplicamos esse módulo de vieses, pensamento errôneo e vulnerabilidade ao estresse, respectivamente, aos delírios de perseguição, grandiosidade e controle.

Viés de pensamento

Uma rica variedade de observações clínicas da fenomenologia e dados experimentais acumulados proporcionam a base para uma análise conceitual dos delírios. Com base nesse corpo de conhecimento, desenvolvemos um modelo cognitivo dos delírios que pode ser aplicado a delírios paranoides, de interferência e grandiosos. Inicialmente, propomos que o processamento de informações distorcido desempenha um papel central no pensamento delirante, e que essa distorção é motivada por um sistema de crenças disfuncionais mantido por uma variedade de vieses e comportamentos. Descrevemos a *orientação egocêntrica* profunda que toma conta do processamento de informações normal e leva a atribuições autorreferentes para acontecimentos irrelevantes. Esse *viés autorreferencial* reflete as visões subjacentes dos pacientes sobre si mesmos como o centro do seu ambiente social. Dependendo do conteúdo dessa orientação autocentrada, esses pacientes se percebem, de forma irrealista, como o foco central da atenção dos outros (sejam eles humanos ou sobrenaturais) e objetos da sua maldade, intrusão ou benevolência. De maneira concomitante, percebem-se como vulneráveis ou superiores, fracos ou onipotentes. Os pacientes também atribuem significância pessoal a situações impessoais ou irrelevantes, prendendo-se a acontecimentos aleatórios e coincidências para detectar sinais do trabalho intencional de entidades externas.

Um viés relacionado e particularmente poderoso é a atribuição de uma *causação externa* para suas experiências subjetivas. Dependendo da natureza da crença delirante, os pacientes atribuem certas experiências físicas, mentais ou emocionais normais à manipulação ou intrusão de outras entidades animadas ou inanimadas. Eles explicam a causa de sensações somáticas desagradáveis, ansiedade, disforia ou pensamentos intrusivos pelas ações desses agentes. O aspecto central do pensamento tendencioso é a atribuição indiscriminada de *intenções negativas ou positivas* a outras pessoas. A causação autorreferente e externa e os vieses de intencionalidade, juntos, formam uma composição da visão de mundo do paciente, que envolve representações internas de "eles × eu".

Erros

As funções cognitivas, em cada nível do processamento de informações delirante, têm vieses que levam a erros que culminam em avaliações distorcidas, irrealistas e derrotistas da experiência. Embora as avaliações tendenciosas possam ser adaptativas para responder a certas situações na vida, como ameaças de um inimigo real, elas são claramente disfuncionais quando ocorrem em delírios que essencialmente criam uma pseudoameaça. Essas interpretações específicas de uma situação não apenas são irrealistas como também levam a perturbações excessivas e comportamentos desadaptativos.

Os vieses cognitivos que resultam dessa orientação patogênica suprem o conteúdo das inferências e conclusões delirantes, e inevitavelmente levam a uma variedade de erros no processamento de informações. Erros cognitivos como *abstração seletiva*, *juízos extremos* e *supergeneralização* são especialmente proeminentes no pensamento delirante. A assimilação tendenciosa de dados (abstração seletiva) é particularmente proeminente como consequência do foco excessivo da atenção dos pacientes em determinados estímulos internos e externos. A *perda do contexto* típica do pensamento delirante pode se dever, em parte, a esse foco exclusivo e seletivo. O processamento dos dados selecionados é distorcido ainda mais por *vieses inferenciais* (perceber conexões entre acontecimentos irrelevantes), *catastrofização* e *juízos absolutos*. Outros mecanismos mentais relacionados com a formação das interpretações delirantes são o *levantamento de dados inadequado* – não analisar as evidências disponíveis suficientemente – e favorecer desproporcionalmente as interpretações fáceis (que se encaixam em seus delírios) em detrimento de juízos mais complexos, mas mais corretos. Os pacientes também têm *dificuldade para inibir* as respostas automáticas fáceis (mas incorretas) e, consequentemente, são mais propensos a aceitá-las sem mais reflexão.

Teste da realidade comprometido

No período prodômico, os pacientes vivenciam "confusão inferencial", manifestada por incerteza acerca de se algumas das suas experiências estranhas são reais ou interpretações errôneas. À medida que as crenças delirantes se tornam mais fortes, contudo, os pacientes param de questionar a sua validade. Como as pessoas muitas vezes questionam as interpretações irracionais ou bizarras dos pacientes, levando a dificuldades interpessoais, ocorre a questão: por que os pacientes não respondem ao *feedback* corretivo, como outros indivíduos, quando a invalidade ou as consequências negativas de seus erros cognitivos se tornam visíveis? Os pacientes com delírios conseguem enxergar as falhas e distorções no raciocínio das pessoas, mas não as reconhecem em seu próprio pensamento delirante. Eles ignoram o seu raciocínio ilógico e irracional especialmente quando está relacionado com as suas crenças delirantes subjacentes.

Um fator importante que contribui para a manutenção dos delírios é o *teste da realidade atenuado* – isto é, o comprometimento da capacidade de se distanciar das próprias crenças e interpretações, considerar que podem estar erradas e corrigir os erros. Os indivíduos delirantes não consideram suas interpretações como construções mentais, mas como a própria realidade. Testar a realidade das suas interpretações é uma tarefa que exige muitos recursos, e os pacientes esquizofrênicos têm uma reserva cognitiva que talvez seja limitada demais para satisfazer as demandas de reflexão e reavaliação de interpretações errôneas. Diversos fatores cognitivos, motivacionais e comportamentais contribuem para a resistência dos pacientes ao *feedback* corretivo das pessoas, uma vez que os delírios estão plenamente formados. Certos vieses cognitivos refletem as deficiências dos pacientes para avaliar as evidências que contradizem suas interpretações delirantes. Seu *viés* confirmatório seleciona evidências que sustentam suas conclusões, e o *viés de desconfirmação* descarta qualquer consideração de evidências inconsistentes. Por causa desse mecanismo, além de outros fatores, os pacientes se tornam excessivamente confiantes da veracidade das suas conclusões.

Os *fatores motivacionais* também contribuem para a relativa impermeabilidade do pensamento delirante. Pacientes com delírios persecutórios, por exemplo, têm a tendência de não abrir mão da sua disposição de atribuir motivações negativas às outras pessoas, pois acreditam que essa estratégia proporciona uma margem de segurança contra ser enganado, manipulado ou atacado, e acreditam que, se relaxarem com sua desconfiança dos motivos dos outros e sua hipervigilância, tornar-se-ão mais vulneráveis. Os pacientes grandiosos relutam em analisar suas ideias infladas, porque as consideram fonte de prazer e um impulso para sua autoestima. Eles também tentam rejeitar qualquer sugestão de que suas ideias grandiosas estejam erradas, pois a explicação alternativa pode ser que estão "loucos". Os *comportamentos de busca da segurança*, como evitar situações que desencadeiem pensamento paranoide, também impedem que os pacientes testem seus medos contra a realidade da situação temida.

As observações clínicas e dados experimentais podem ser organizados para descrever as etapas de um suposto caminho para a experiência delirante (Figura 3.1).

O modelo estresse-vulnerabilidade

No modelo estresse-vulnerabilidade, acredita-se que uma variedade de fatores ligados à genética e à experiência produz representações internas distorcidas que constituem a *vulnerabilidade somática e cognitiva* à esquizofrenia. Essas representações refletem a orientação fundamental dos pacientes ("eles × eu"). De maneira concomitante, os estressores atuantes sobre a vulnerabilidade somática *atenuam os recursos* necessários para a reflexão adequada e a resposta ao *feedback* – elementos cruciais do teste da realidade. Esses elementos levam aos seguintes processos patológicos:

1. As representações tornam os pacientes vulneráveis a ter reações não psicóticas, como desconfiança, depressão e ansiedade, e proporcionam o substrato para a formação de delírios.
2. O gatilho para a ativação do pensamento disfuncional envolve algum tipo de influência dos problemas da vida (derrota, rejeição, isolamento) sobre as vulnerabilidades cognitivas específicas dos pacientes (representações internas negativas).
3. Em condições de estresse agudo ou prolongado, essas representações distorcidas se tornam excessivamente salientes, influenciam o sistema de processamento de informações e produzem interpretações distorcidas das experiências. Os pacientes não testam a realidade dessas

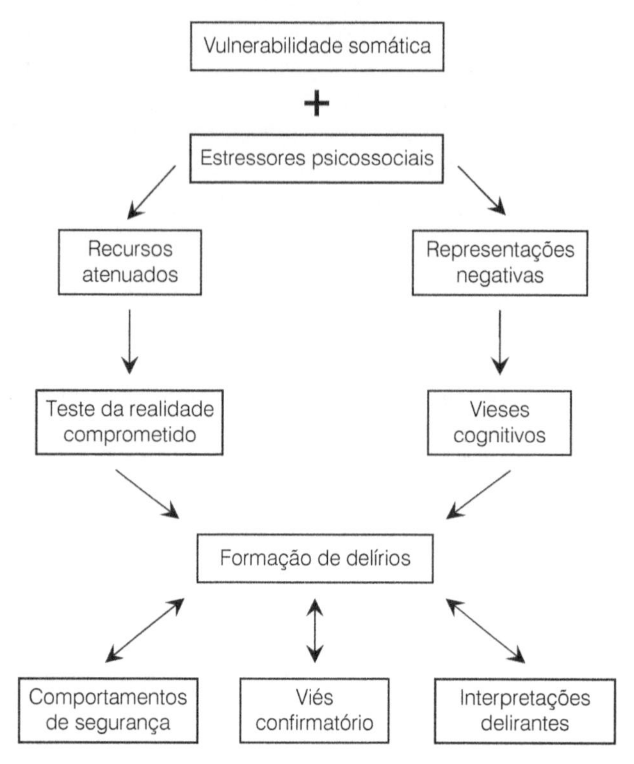

FIGURA 3.1 Rota proposta da diátese (vulnerabilidade) à formação do delírio.

interpretações errôneas, o que reforça as representações distorcidas.

As construções delirantes, consequentemente, influenciam o sistema de processamento de informações e moldam a interpretação das experiências. Quando plenamente ativados, os delírios engolfam e suplantam o processamento de informações normal. Depois de formados, os delírios são mantidos por vieses de confirmação e desconfirmação, comportamentos de segurança, e *feedback* de cognições irrealistas repetidas. As crenças delirantes coexistem com crenças mais realistas e adaptativas. Quando os delírios não estão ativos, os pacientes conseguem se envolver em atividades normais, fazer juízos corretos, e até mesmo testar a realidade e corrigir algumas das suas ideias errôneas (aquelas que não estão conectadas com os delírios). Durante os períodos de recuperação, as crenças delirantes se tornam latentes, mas são susceptíveis a reativação pelas circunstâncias da vida.

A PERSPECTIVA EGOCÊNTRICA

O eu como objeto: viés autorreferencial

Durante os episódios delirantes, os pacientes se prendem a uma *perspectiva egocentrada*. Eles se enxergam como o palco central de um drama em que todos os acontecimentos são relevantes para eles. Zumbidos de motores, conversas abafadas, anúncios em cartazes, comerciais da televisão, tudo assume um significado especial, transmitindo mensagens abertas ou ocultas dirigidas especificamente aos pacientes. Para alguns pacientes, existem ameaças em toda parte. Um homem alto com um volume no bolso é percebido como um agente disfarçado e armado, que quer matar o paciente. Um sabor amargo na xícara de café é um sinal de que está envenenada. Embora as pessoas normalmente rejeitem essas ideias facilmente, elas assumem a força da realidade para pacientes portadores de esquizofrenia. Além disso, esses pacientes podem atribuir significado pessoal aos acontecimentos mais banais e irrelevantes. Um paciente, por exemplo, interpretou um cartaz no ônibus como uma mensagem de Deus. Outro pensava que um carro amarelo transmitia uma mensagem da máfia, de que ele havia "amarelado" (se acovardado). Os pacientes também podem atribuir significados positivos e elogiosos a estímulos irrelevantes (um rosto sorridente em um cartaz indicava a um paciente que a pessoa na imagem gostava dele).

Para muitos pacientes, o pensamento autorreferente somente é ativado em situações muito específicas. Uma de nossas pacientes, a sra. G., tinha um delírio, havia nove anos, de ser perseguida apenas no local de trabalho. Ela considerava todos os acontecimentos que ocorriam no escritório relevantes para si mesma: estava convencida de que todos estavam dizendo, pela ausência de sorrisos, que ela era "incompetente" e "sem jeito". Além disso, interpretava o sorriso de uma colega, acompanhado por um "bom-dia", como uma expressão de ridicularização, e também um indício de que "meus dias (no escritório) estão contados". O viés egocentrado também se estendia a sons distantes. Por exemplo, quando uma colega bateu a porta no lado oposto do corredor, a paciente percebeu isso como uma comunicação oculta: "você é incompetente" e "vá embora".

Muitos outros pacientes experimentam ativação de suas crenças persecutórias apenas em um local específico (no local de trabalho, mas não em restaurantes), no qual têm uma expectativa de ameaça pessoal. As *situações ativadoras* são bastante específicas, assim como são para pacientes com fobias específicas, como claustrofobia ou agorafobia. Para outros pacientes com delírios, as circunstâncias ativadoras são mais generalizadas. Eles podem ter reações paranoides sempre que estão em situações públicas. Um paciente que assistia a um jogo de beisebol, por exemplo, escutou um jogador falar um palavrão, depois de cometer um erro. O paciente imediatamente concluiu que o jogador estava falando com ele. A autorreferência pode ser ainda mais bizarra. Muitos pacientes, por exemplo, asseguram que os âncoras nos programas de notícias da televisão estavam falando com eles. Outros concluem que textos no jornal, em livros ou na *internet* contêm mensagens codificadas para eles. O elemento comum em todos esses exemplos é que os pacientes se percebem como objetos passivos da influência dos outros, seja ela depreciativa ou edificante.

Um aspecto notável do pensamento delirante é o fato de se concentrar em um determinado aspecto ou detalhe de uma situação que "parece" relevante para o paciente e depois *tirá-lo* do contexto da situação total. Como resultado, os pacientes distorcem o significado da situação. Um exemplo de tirar material do contexto e construir uma interpretação fantástica foi a experiência de uma jovem que, absorta na leitura de um romance, decidiu que um trecho particularmente erótico representava a expressão do autor do amor que sentia por ela.

Comportamentos de segurança

Os pacientes com delírios persecutórios muitas vezes recorrem a "comportamentos de segurança" variados, na tentativa de evitar ou neutralizar o perigo. Uma paciente, por exemplo, acreditava que a máfia havia decretado a sua eliminação. Quando via estranhos ao redor da sua casa, ela corria para o quarto, trancava a porta e se escondia embaixo da cama. Para ela, qualquer pessoa desconhecida podia ser um membro da máfia. Outros pacientes simplesmente ficam em casa, pois acreditam que diversos inimigos esperam por eles lá fora. Outros ainda podem abaixar a cabeça na tentativa de evitar câmeras de televisão que acreditam estar filmando-os. Os pacientes podem utilizar diversos rituais (fazer movimentos com as mãos ou rezar) para evitar a influência dos "espíritos do mal". Esses comportamentos de segurança, que desempenham um papel importante na manutenção dos delírios, devem ser abordados em qualquer terapia que vise reduzir a convicção delirante (Capítulo 9).

Embora as pessoas geralmente estejam inclinadas a aceitar suas interpretações factuais dos acontecimentos como razoáveis, os pacientes com delírios parecem não ter a capacidade normal para se distanciar de suas interpretações "factuais" e corrigi-las em resposta a evidências contraditórias. A combinação de (1) significados autorreferentes atribuídos a situações irrelevantes, (2) perda do contexto e (3) relativa inacessibilidade à correção define os limites importantes do pensamento delirante.

Explicações causais de estados internos: o viés externalizante

Assim como os pacientes atribuem fortes significados pessoais a acontecimentos externos irrelevantes, eles também tendem a atribuir causas externas a acontecimentos psicológicos ou somáticos internos. Os pacientes com esquizofrenia paranoide são especialmente propensos a conceber explicações extraordinárias para suas experiências físicas, mentais ou emocionais comuns. Devido a um poderoso *viés externalizante*, eles renunciam a explicações plausíveis em favor de atribuições externas improváveis ou impossíveis. Assim, eles podem atribuir dificuldade em realizar tarefas manuais à interferência de forças alienígenas, culpar os raios de um satélite por uma dor de cabeça e confundir alucinações de comando com ordens de Deus. Ao contrário da maioria dos indivíduos com hipocondria, por exemplo, que atribuem sensações somáticas normais a doenças, os pacientes paranoides podem atribuir suas experiências subjetivas, como dores ou fadiga, à manipulação de uma entidade externa. Eles concentram sua atenção particularmente em estímulos externos (geralmente sociais) em busca de perigo potencial, instruções ou (em certos casos) gratificações. Como um soldado em uma zona de combate, eles são hipervigilantes para com qualquer acontecimento no ambiente que possa significar perigo. Enxergam perigo indevido onde não existe, e percebem inimigos onde não há nenhum.

Alguns pacientes têm a tendência de acreditar que sentimentos ou pensamentos inusitados – agradáveis ou desagradáveis – são produtos de manipulações de um agente externo (animado ou inanimado). Um paciente, por exemplo, concluiu que uma sensação boa – que ocorria espontaneamente ou após um acontecimento prazeroso – se devia à intervenção benevolente de Deus. Por outro lado, uma sensação ruim era causada pela desaprovação de Deus. Outros pacientes acreditavam que a dor de estômago era produzida pela penetração de um campo magnético, que o suor da ansiedade se devia à intrusão de um radar e que uma protuberância na garganta era um *chip* implantado durante um procedimento cirúrgico. Embora esses pacientes consigam invocar explicações científicas para suas perturbações, eles geralmente acreditam que entidades humanas ou sobrenaturais ou alguma força vaga, mas poderosa, é a responsável final por produzir essas experiências. Sua preocupação com ser influenciado é tão forte que supera as explicações racionais sobre a origem puramente somática de suas sensações. Com sua fixação em causas extremas, eles usam seu conhecimento da última tecnologia para explicar como seus perseguidores (ou benfeitores, em alguns casos) estão controlando seus sentimentos. Essas crenças em fontes externas de controle alcançam o ápice nos chamados *delírios de passividade*, nos quais os pacientes acreditam que forças externas manipulam seus comportamentos. Diversas experiências "anômalas", como alucinações auditivas e pensamentos intrusivos, também são atribuídas a fontes externas.

Um exemplo comum de atribuições externas é a imagem ou sensação de ser observado ou mesmo de estar sendo fitado pelas pessoas em locais públicos. Essa experiência costuma ser acompanhada por sensações somáticas: uma sensação de ferroada na pele, um peso no corpo, turvação da visão. Os pacientes "leem" essas sensações como indicações de que outras pessoas os estão observando – um exemplo de *raciocínio somático*. Quando estão em situações públicas, esses pacientes esperam ser escrutinados, e sentem constrangimento e interpretam esses sentimentos como prova de que alguém os está observando. A intensidade da sensação de constrangimento é proporcional ao grau em que acreditam ser o centro da atenção. Sua consciência aguda de si mesmos como objeto da atenção dos outros é parecida com o foco em si mesmo observado em pacientes com fobia social que se deparam com situações sociais. Todavia, os pacientes com delírios se sentem expostos ao escrutínio mesmo quando estão à margem de uma reunião social. As crenças poderosas sobre ser observado minuciosamente podem progredir para ideias de ser seguido por outras pessoas ou acompanhado por um radar. Consequentemente, esses pacientes podem tornar-se reclusos, como estratégia de segurança.

As situações sociais podem ativar uma variedade de crenças sobre seus pensamentos ou ações serem controlados por outras pessoas. Uma paciente tendia a sentir ansiedade social quando estava em grupo. Ela interpretava seus sentimentos ansiosos (frequência cardíaca acelerada, suor) como indicativo de que estava sendo mentalmente atacada pelos outros membros do grupo. Esses pacientes entendem suas reações emocionais como prova *direta* de que estão em perigo. Seu *raciocínio emocional* assume a seguinte forma: "como eu me sinto ansioso, isso quer dizer que *eles* estão se preparando para me atacar". Para muitos pacientes, seus sentimentos antecipam-se às regras da lógica ou evidências. Eles dizem que: "se eu sinto algo, quer dizer que é verdade". Embora os pensamentos e imagens que os pacientes paranoides vivenciam em uma situação "quente" sejam semelhantes aos relatados por pacientes com problemas com ansiedade social, os pacientes paranoides levam os medos ao extremo. Uma paciente socialmente ansiosa que sentia ansiedade em situações grupais interpretava sua ansiedade como um sinal de que os outros estavam falando dela. Outra paciente disse que, quando ficava ansiosa em grupos, começava a pensar: "se eu ficar aqui, vou perder o controle. ... se eu perder o controle, os outros vão se aproveitar de mim. ... eles vão pensar que eu estou louca e tentar me hospitalizar". Ela aceitava esses medos como a realidade absoluta e fugia da sala (um comportamento de segurança). Algumas pesquisas demonstraram a disposição desses pacientes a apresentar pensamento extremo (Garety et al., 2005; Startup Freeman e Garety, 2007).

Os pacientes podem simplesmente culpar outras pessoas por afetarem o seu bem-estar sem considerar como essas pessoas poderiam realizar esse feito. Um dos nossos pacientes, por exemplo, acreditava que outras pessoas haviam tirado a sua capacidade de gostar de música, a atividade de lazer que mais gostava. Sempre que ficava ansioso, em casa ou em público, o prazer que sentia ouvindo música diminuía. Embora fosse óbvio que preocupações sociais eram responsáveis por sua ansiedade, ele concluiu que outras pessoas o deixavam ansioso intencionalmente para roubar a sua capacidade de desfrutar dessa importante fonte de satisfação. Em uma ocasião, sentiu medo de ser preso ao passar pela delegacia de polícia enquanto ouvia o rádio, e interpretou sua ansiedade como um sinal de que os policiais na delegacia estavam tentando "roubar" o seu prazer pela música. Dessa forma, o poder do viés externalizante superava a sua consciência, em outro nível, de que a verdadeira razão para a sua ansiedade era a preocupação com ser preso.

É interessante observar que muitos pacientes incluem fotos de olhos em seus desenhos e pinturas. Essa imagem pode encaixar-se em suas crenças egocentradas de serem observados e também em sua necessidade de observar os outros em busca de sinais de intenções hostis. A fixação em olhos é ilustrada por um paciente que contou que, quando olhava outras pessoas em um grupo, podia perceber um fio de aço estendendo-se dos olhos delas até os seus. Descobrimos que essa vivência se baseava em uma tensão que ele sentia nos olhos pouco antes de estabelecer contato ocular com outras pessoas. Ele então formava uma imagem visual do fio de aço conectando ambos pares de olhos. Essa imagem tinha a intensidade de uma alucinação visual e gerava ainda mais tensão em seus olhos. Como resultado, geralmente desviava o olhar para evitar que as pessoas olhassem para ele e que ele olhasse para elas. É claro que essas aversões em olhar muitas vezes faziam as pessoas olharem para ele – exatamente a consequência que queria evitar.

Quase quaisquer sensações podem ser atribuídas a uma entidade externa. Diversos pacientes, por exemplo, relatam uma variedade de experiências imaginadas baseadas em sua atribuição de sensações sexuais a um agente externo. Uma mulher acreditava que as sensações genitais que sentia quando estava deitada (só) na cama ocorriam porque tinha relações sexuais com o presidente. Um homem acreditava que suas ereções eram causadas pelas manipulações distantes de uma atriz de cinema. Nesses casos, as experiências e as atribuições se baseavam em fantasias vívidas, e eram costuradas em uma história.

A tendência de atribuir sensações físicas ou psicológicas normais às manipulações de um agente externo podem ser comparadas com as atribuições tendenciosas em outras formas de psicopatologias. No transtorno de pânico, por exemplo, a dor torácica é atribuída a uma condição médica fatal e realista, como um ataque coronariano, ao passo que, para um paciente com esquizofrenia, ela pode ser explicada como resultado de raios mortais mirados no paciente por um inimigo seu a partir de uma usina nuclear. Diversos pacientes que tiveram sintomas de transtorno de estresse pós-traumático antes do início de sua psicose, ou como resultado de uma hospitalização forçada depois do início, são propensos a atribuir sintomas como a despersonalização, *flashbacks* ou amnésia pontual ao trabalho de um agente externo, como um inimigo ou o diabo.

Além disso, os pacientes com transtornos não psicóticos reconhecem que suas perturbações são geradas dentro deles mesmos – que suas reações a situações ou experiências subjetivas constituem uma parte importante do problema. Em comparação, os pacientes com esquizofrenia são propensos a localizar a fonte de seus sintomas fora deles mesmos, e geralmente atribuem sua perturbação ao trabalho de um agente ou agentes específicos. Eles interpretam a causa de seus sintomas em termos de uma entidade identificável, que pode ser colocada em uma categoria concreta – de preferência a constructos "naturais", mas não bem definidos, como emoções ou crenças.

A natureza do agente ou agentes e o tipo de influência ou perigo atribuído a eles variam substancialmente de paciente para paciente. Para alguns, o agente é sobrenatural ou místico (Deus, diabo, espíritos). Para outros, os agentes podem ser estranhos, vizinhos ou membros da família. Para outros ainda, são grupos organizados, como a máfia, o FBI ou grupos étnicos ou políticos. Ocasionalmente, o suposto agente é uma pessoa morta, um animal, ou uma força vaga e mal definida. Em alguns casos, a influência pode ser benigna ou oscilar entre benevolente e malévola. O tipo de ação inimiga pode variar da simples observação (por câmeras de vídeo ou espiões) à perseguição ativa ou um ataque letal. Medos comuns em pessoas normais se transformam em acontecimentos reais nas mentes desses pacientes. As influências malévolas variam de controle ou intrusão à manipulação da mente ou do corpo. Os supostos métodos muitas vezes baseiam-se em tecnologias recentes: radar, micro-ondas, *chips* de computador, raios de satélites. O mecanismo de influência atribuído é invisível, quase por necessidade, pois geralmente não é um sinal claro de como os agentes estão executando suas intenções. Em certos casos, a influência é audível: ruídos, batidas na parede, ou vozes.

A imagem do agente externo pode variar do sobrenatural (Deus, diabo, espíritos) e autoridades ou grupos poderosos (FBI, polícia, máfia, gangues) a indivíduos comuns (vizinhos, estranhos, colegas de trabalho). Os supostos poderes do agente são expressados em qualquer combinação de controle, manipulação, interferência, intrusões, assédio, depreciação, perseguição ativa, ou mesmo um ataque letal. O grau de poder dos agentes varia de onipotente e onisciente (Deus) a não mais que o que qualquer pessoa comum teria – mas, como muitos pacientes acreditam em fenômenos paranormais, por exemplo, podem acreditar que qualquer pessoa pode ler as suas mentes.

Viés intencionalizante

Um componente importante das explicações dos pacientes para suas experiências é seu foco nas intenções negativas ou positivas presumidas para o suposto agente: o *viés intencionalizante*. Com sua profunda orientação egocentrada, os pacientes não apenas atribuem significado pessoal a acontecimentos irrelevantes, como também acreditam que os acontecimentos são motivados pelas posturas e sentimentos dos outros para com eles. Com seu estilo de raciocínio simplista, eles excluem a irrelevância, aleatoriedade e coincidência como explicações possíveis para certos acontecimentos ou experiências. Para eles, os acidentes nunca são acidentais. Um paciente tropeça quando passa por um estranho, e sua explicação é que o estranho o derrubou deliberadamente. Observamos que, quando confrontados com uma série de situações ambíguas, os pacientes geralmente explicam o acontecimento problemático como uma conspiração. Exemplos: "você nota que há um carro estacionado na frente do seu apartamento o dia inteiro; seu telefone toca, mas ninguém responde quando você atende; sua comida está com gosto estranho". Com um amplo cenário de causas possíveis, esses pacientes são levados a interpretar a situação de um modo paranoide.

Como os medos persecutórios se baseiam na premissa de que as outras pessoas são malévolas, os pacientes com esquizofrenia suspeitam das motivações dos outros. Eles procuram constantemente por sinais de hostilidade, e leem significados ocultos em acontecimentos inócuos ou irrelevantes. De maneira interessante, apesar da sua hipervigilância, a percepção verdadeira dos pacientes sobre perseguidores potenciais costuma ser nebulosa. O que parecem perceber é que é uma projeção, sobre as outras pessoas, de suas próprias imagens mentais de perseguidores. Por exemplo, uma mulher acreditava que a maioria das pessoas da clínica psiquiátrica fazia parte da força policial da Filadélfia. Todos tinham (para ela) a aparência de indivíduos agressivos e rudes. (Depois de responder à terapia cognitiva, ela começou a enxergá-los como indivíduos distintos – e não como membros da força policial). Em certo sentido, ela havia "homogeneizado" suas características, de um modo semelhante a um estereótipo negativo.

Demonstrou-se que a percepção e a expressão de intencionalidade são intrínsecas às interações humanas (Clark, 1996). Os significados que atribuímos à comunicação e ao comportamento das outras pessoas integram o propósito aparente das afirmações ou atos daquelas pessoas (Grice, 1957). As intenções dos outros para conosco se tornam cruciais quando dizem respeito ao nosso bem-estar e sobrevivência. Como os pacientes esquizofrênicos são particularmente desconfiados em relação aos outros, tendem a se concentrar em possíveis motivos negativos embutidos no comportamento verbal e não verbal, em detrimento do contexto mais amplo. Assim, interpretam exageradamente ou julgam incorretamente os significados negativos. Além disso, por sua inclinação em tirar conclusões precipitadas, esses indivíduos normalmente não reavaliam e corrigem suas interpretações negativas.

Embora estudados separadamente, os diversos vieses representam aspectos diferentes da mesma construção mental. O conteúdo do modo delirante é organizado em uma história ou enredo, que consiste de uma tríade de representações internas, que compreende o *sujeito*: um agente ou agentes ativos; as *motivações* do agente: malévolas ou benevolentes; e o *objeto*: o paciente. (O cenário básico e seus componentes podem aparecer de diferentes maneiras, dependendo das circunstâncias externas). Por exemplo, os sujeitos podem mudar ou suas motivações podem piorar ou melhorar. Estímulos externos, como o trânsito, conversas ou programas de televisão, são interpretados como mensagens de entidades para o paciente (viés internalizante), e essas entidades são representadas com uma motivação malévola ou benevolente (viés intencionalizante). Além disso, experiências internas, como alucinações, pensamentos obsessivos ou sensações somáticas, são atribuídas a um agente externo (viés externalizante). Desde que o modo esteja ativado, o enredo delirante é executado e leva a consequências afetivas (raiva e/ou ansiedade) ou comportamentais (ataque/fuga) relevantes.

Assim como o viés de hipergeneralização do paciente depressivo, que vivencia uma espiral descendente após um certo acontecimento, ou o viés catastrofizador do paciente ansioso, que vivencia uma escalada do medo e excitação, os vieses de egocentrismo e intencionalizante servem para manter o sentido de ameaça e vulnerabilidade pessoal do paciente delirante. Esses vieses também podem consolidar as crenças disfuncionais fundamentais que o paciente tenha sobre si mesmo e sobre o mundo, que moldam a forma e o conteúdo idiossincráticos dos delírios.

Em um transtorno do pensamento, as descrições metafóricas do paciente sobre uma dada experiência se concretizam. Um paciente com uma variedade de sintomas dissociativos, incluindo um sentido pervasivo de irrealidade, os descreveu inicialmente em termos metafóricos como "insensibilidade do cérebro". Mais adiante, depois de passar para psicose, acreditava que seu cérebro estava literalmente morto. Além disso, muitos pacientes que pensam que sua comida está com gosto diferente percebem a sensação como de veneno. O modelo materialista que os pacientes psicóticos aplicam a suas experiências perceptivas contrasta com o modelo médico que os pacientes não psicóticos e indivíduos normais geralmente usam. Os pacientes hipocondríacos, por exemplo, consideram suas sensações somáticas (dor, rigidez, fadiga) como sinais de uma doença médica. Indivíduos com ansiedade, depressão ou transtorno obsessivo-compulsivo, por outro lado, descrevem seus sintomas em termos psicológicos, podendo-se dizer que usam um modelo mental. Os modelos mais normais ajudam a definir o problema e apontar soluções. O modelo materialista que muitos pacientes com esquizofrenia usam apenas intensifica os problemas existentes.

Investigações empíricas

Diversos estudos empíricos confirmam as observações clínicas de um viés intencionalizante para situações perturbadoras ambíguas em pacientes com paranoia. Certas pessoas (indivíduos propensos à depressão) podem atribuir a causa à sua própria deficiência pessoal, outras atribuem os acontecimentos perturbadores a circunstâncias (externa-situacional), mas os pacientes paranoides têm uma tendência exagerada de culpar as intenções das outras pessoas (externa-pessoal) (Kinderman e Bentall, 1996; Kinderman e Bentall, 1997). Estudos experimentais comparando pacientes com paranoia com controles deprimidos e controles não psiquiátricos observam que os pacientes com paranoia apresentam um viés excessivo em fazer atribuições externas-pessoais em vez de atribuições externas-situacionais para acontecimentos negativos (Garety e Freeman, 1999, para uma revisão). Esses indivíduos consideram difícil fazer atribuições situacionais – isto é, reconhecer que um acontecimento adverso pode se dever às circunstâncias, ao acaso ou a um acidente (sem intenção). Interessantemente, a tendência de formular causas explicativas em termos de fatores externos, mesmo quando as causas explicativas internas são mais óbvias, parece ser quase automática para os indivíduos normais – o *erro de atribuição fundamental* (Heider, 1958; Gilbert e Malone, 1995).

Em uma revisão da literatura sobre a psicologia cognitiva dos delírios, Miller e Karoni (1996) encontraram amparo substancial para o papel do viés externalizante. Os pacientes com delírios persecutórios fazem atribuições pessoais excessivas para os acontecimentos negativos (Bentall, Kaney e Dewey, 1991). Já os pacientes com delírios paranoides mostraram-se propensos a fazer uma atribuição externa para explicar um resultado negativo (Lyon, Kaney e Bentall, 1994). Palavras com um conteúdo paranoide criaram maior interferência no teste emocional de Stroop (dizer a cor da tinta em que as palavras haviam sido escritas) do que outros tipos de palavras, para sujeitos com delírios persecutórios (Bentall e Kaney, 1989). Quando deviam recordar vinhetas com temas ameaçadores ou neutros, os pacientes com delírios recordaram mais frases ameaçadoras do que os controles deprimidos (Kaney, Wolfenden, Dewey e Bentall, 1992). O viés em testes da memória foi confirmado por Bentall, Kaney e Bowen-Jones (1995), que pediram para os sujeitos recordarem palavras relacionadas com ameaças, depressão ou neutras. Em comparação com controles normais, o grupo com delírio mostrou-se mais propenso a recordar palavras relacionadas com ameaças e com depressão, ao passo que o grupo deprimido apresentou um viés para as palavras relacionadas apenas com a depressão. Phillips e David (1997) observaram que os pacientes com paranoia passavam menos tempo olhando fotografias com poses ameaçadoras do que os pacientes não paranoides. Esse padrão esquivo é típico dos comportamentos de segurança adotados por pacientes com delírios para reduzir a sua perturbação (real ou antecipada). Os comportamentos de esquiva interferem no processamento efetivo das informações, deixando as crenças delirantes dos pacientes incorrigidas.

Um desafio teórico interessante é determinar que mecanismos ou deficiências são mediadores da passagem de experiências não psicóticas, como um temor extremo do escrutínio, para as crenças delirantes, como as de ser observado ou seguido. Muita pesquisa também se focou na dificuldade do paciente para entender o pensamento das outras pessoas, quando no episódio psicótico. Denominada de modo geral como déficits da *teoria da mente*, a ideia foi usada para explicar os sintomas esquizofrênicos, especificamente o estilo atributivo externo (Taylor e Kinderman, 2002; Frith e Corcoran, 1996). Supostamente, as dificuldades para entender as motivações das pessoas, combinadas com o viés negativo, alimentam crenças com temas malévolos. Todavia, McCabe, Leudar e Antaki (2004) questionam os resultados laboratoriais e apresentam dados de que, em interações da vida real, os pacientes com esquizofrenia conseguem se conectar e discernir as crenças e sentimentos das pessoas.

Teste da realidade comprometido

Por que os pacientes com esquizofrenia parecem desconsiderar as explicações mais óbvias e de bom senso para suas experiências e sensações (explicações médicas para a dor, explicações psicológicas para a ansiedade)? A resposta parece estar, em parte, no poder das crenças delirantes para tomar o lugar das explicações mais razoáveis. Assim, uma explicação mística e mágica "parece" mais real do que uma explicação realista, pois é mais vívida, como resultado da crença hipersaliente. Deve-se observar que grande parte do pensamento dos pacientes pode parecer racional. Esses indivíduos podem ser perfeitamente lógicos na maneira como formulam suas inferências e tomam decisões baseadas em seus pressupostos irracionais. Porém, eles não têm a capacidade de se distanciar dessas inferências e refletir sobre elas.

Comparados com as crenças disfuncionais em transtornos não psicóticos, os delírios da esquizofrenia não cedem facilmente ao teste da realidade. Os pacientes com esquizofrenia têm mais dificuldade para se distanciar de seu pensamento e crenças delirantes ou mesmo para considerar que possam estar errados. Em termos psiquiátricos, eles têm "*insight* comprometido". Os pacientes com depressão, por outro lado, costumam ser capazes de analisar suas interpretações negativas e, quando questionados de forma hábil, podem reconhecer que seu pensamento negativo talvez seja errôneo ou exagerado (Beck et al., 1979). A capacidade de reconhecer as distorções cognitivas, avaliá-las ou testá-las, e considerar interpretações mais realistas para os acontecimentos foi chamada de "*insight* cognitivo" (Beck e Warman, 2004). A Beck Cognitive Insight Scale (BCIS), desenvolvida para mensurar esse constructo, consiste de duas subescalas: (1) Autorreflexão e Receptividade a *Feedback* Corretivo e (2) Hiperconfiança. Os escores nessa escala discriminam a esquizofrenia e outros transtornos psicóticos de transtornos não psicóticos (Beck, Baruch, Balter, Steer e Warman, 2004). A subescala Hiperconfiança (autocerteza), em particular, tem correlação com "tirar conclusões precipitadas" (Warman, Lysaker e Martin, 2007; Pedrelli et al., 2004). Os pacientes que fazem terapia cognitiva para a esquizofrenia apresentam mais melhora nessa escala do que aqueles que fazem o tratamento usual (Granholm et al., 2005).

Algumas das questões na subescala Autocerteza da BCIS são (1) "minhas interpretações das minhas experiências estão definitivamente certas" (questão 2); (2) "se uma coisa parece certa, isso significa que ela está certa" (questão 7); e (3) "quando as pessoas discordam de mim, elas geralmente estão erradas" (questão 10). Entre as questões da subescala Autorreflexão, estão: (1) "se alguém diz que minhas crenças estão erradas, estou disposto a considerar" (questão 12) e (2) "minhas experiências incomuns podem se dever ao fato de estar extremamente incomodado ou estressado" (questão 15) (ver Apêndices A e B, para instruções completas para a escala e a pontuação).

Conforme observado anteriormente, uma questão importante para entender a fenomenologia dos delírios é: por que os pacientes continuam se prendendo a essas crenças delirantes, apesar da sua natureza bizarra, ou pelo menos improvável, e a falta de validação consensual? Por que os pacientes com psicose não se baseiam em suas experiências de vida e noções aceitas de causa e efeito e probabilidade, além do *feedback* corretivo de outras pessoas, para questionar suas ideias irracionais e frequentemente perturbadoras? Além disso, por que os pacientes com psicose não conseguem usar as mesmas habilidades cognitivas que usam para desafiar as crenças delirantes de outros pacientes para questionar as suas?

Uma abordagem para resolver essa questão é considerar que a geração e a manutenção de crenças (ao contrário do teste de realidade das crenças) representam dois domínios psicológicos diferentes. Ao contrário da função automática, por reflexo e sem esforço do nível primal do processamento de informações, o modo de autoquestionamento é reflexivo, deliberativo, menos automático e demanda esforço (Beck, 1996). As interpretações baseadas em crenças fortes como os delírios são geradas pelo sistema de processamento primal. Questionar as crenças – uma função importante do sistema corretivo secundário – exige distanciar-se das interpretações automáticas (reconhecendo-as como produtos mentais em vez da realidade), avaliá-las, analisar as evidências e considerar explicações alternativas – tudo demandando recursos do indivíduo. Se as crenças subjacentes têm uma carga muito forte (e, consequentemente, carregam um nível elevado de convicção), elas tendem a sobrecarregar o processamento de informações. A inacessibilidade relativa das informações corretivas é, em parte, resultado da carência de recursos cognitivos. Se os recursos estão sobrecarregados ou diminuídos, é difícil ativar o modo de autoquestionamento e permitir o teste da realidade. As intervenções terapêuticas, sejam elas farmacológicas ou psicológicas, parecem reduzir a intensidade das crenças fortes e, no caso da terapia cognitiva, mobilizam os recursos cognitivos necessários para testar a realidade do pensamento delirante.

DISTORÇÕES COGNITIVAS NA ESQUIZOFRENIA

O *transtorno na forma de pensar* tem sido observado em pacientes psiquiátricos desde que Beck (1963) o descreveu na depressão e em outros transtornos psiquiátricos comuns (Beck, 1976). O termo é usado para denotar erros (distorções) no processamento cognitivo formal das experiências, ao contrário dos tipos de pensamento bizarro e desorganizado descritos como *transtorno do pensamento* na psicose. Pacientes com esquizofrenia apresentam os mesmos tipos de distorções cognitivas que outros pacientes.

Os pacientes com esquizofrenia são conhecidos por fazerem interpretações bastante artificiais de acontecimentos pessoais. Essas interpretações, associadas a um conteúdo autorreferente ou persecutório, geralmente geram ansiedade, ou, com menor frequência, tristeza ou depressão. Como estudos anteriores da ansiedade indicaram que uma variedade de erros cognitivos pode levar à ansiedade e outros tipos de perturbações (Beck, Emery e Greenberg, 1985), seria de esperar que os pacientes com delírios que têm ansiedade excessiva ou inadequada apresentassem o mesmo tipo de erros. De fato, observamos que a experiência de ansiedade nesses pacientes muitas vezes é precedida por distorções cognitivas. É claro que, às vezes, essa ansiedade pode se basear em preocupações realistas, como medo de uma nova hospitalização ou rejeição por parte de outras pessoas.

Catastrofização

A ansiedade é observada em todos os estágios da formação e manutenção dos delírios (Startup et al., 2007). Estudos prospectivos e retrospectivos indicam que sintomas de ansiedade, depressão e irritabilidade precedem o início dos delírios e alucinações em 2 a 4 semanas (Birchwood, Macmillan e Smith, 1992). A catastrofização (prever ou imaginar resultados negativos irrealistas para preocupações atuais) é um problema de pensamento característico de pacientes com ansiedade aguda ou crônica (Ellis, 1962; Beck, 1963; Beck et al., 1985). Como muitos pacientes com esquizofrenia apresentam um nível elevado de ansiedade (Steer, Kumar, Pinninti e Beck, 2003), Startup e colaboradores previram que eles apresentariam esse erro cognitivo. Em um estudo de pacientes com esquizofrenia, comparados com sujeitos de um grupo-controle normal, Startup e colaboradores observaram que uma proporção elevada (68%) dos pacientes tinha níveis elevados de preocupação e ansiedade. Em uma testagem da catastrofização semelhante à técnica da "seta descendente", o "pior resultado" no teste tinha maior probabilidade de ocorrer em pacientes com delírios do que nos controles. Além disso, houve "saltos maiores entre cada um dos seus passos" e "incorporação de um número maior de possibilidades extraordinárias" (Startup et al., p. 533) no grupo de pacientes, quando comparados com os controles normais. Além disso, o grupo de pacientes atribuiu uma probabilidade maior de os acontecimentos catastróficos virem a ocorrer. O grau de perturbação desses pacientes, juntamente com a persistência de seus delírios, estava relacionado com a sua catastrofização.

Casos clínicos ilustram não apenas que a catastrofização, mas também a *elaboração de medos exagerados* diferenciam o pensamento delirante do pensamento não delirante. Uma pessoa socialmente fóbica pode se sentir em evidência ou mesmo constrangida em um grupo. Ela pensa que as pessoas direcionam sua atenção para ela por causa de, digamos, algo incomum em sua aparência, e tem uma imagem negativa da maneira como os outros a percebem (Clark e Wells, 1995). Para um paciente com delírios persecutórios, contudo, essas circunstâncias são mais catastróficas, pois acredita que os outros têm más intenções para com ele. Não apenas atribui maldade aos outros, como acredita que foi escolhido – que os outros têm um preconceito preexistente contra ele, que, de fato, eles têm um plano de observá-lo, enviar sinais e atormentá-lo (*vieses personalizantes* e *intencionalizantes*). A seguir, a catastrofização evolui de "eles *podem* estar me observando" para "eles *estão* me observando". A credibilidade que esse indivíduo atribui a essa interpretação aumenta à medida que as probabilidades passam de "possível" para "provável" para "certeza". Além disso, espera o pior resultado possível para outras ameaças, como seus atos serem monitorados e manipulados. Essa progressão no grau de convicção é ampliada com os diversos vieses: raciocínio baseado nas emoções, viés confirmatório, viés contra a desconfirmação, abstração seletiva e hipergeneralização. A catastrofização delirante é mais perturbadora do que no transtorno de ansiedade generalizada, por causa do viés egocentrado e da atribuição de intenção negativa.

Pensamento fora do contexto

Pensar fora do contexto é um componente de vários erros cognitivos, como a *abstração seletiva*, a *hipergeneralização* e o *pensamento dicotômico* (*extremo*, ou *tudo ou nada*). O reconhecimento desse jeito de pensar tem um longo histórico, datando de observações clínicas e documentação em experimentos de Chapman e Chapman (1973a). Na abstração seletiva e na hipergeneralização, a conclusão baseia-se em um detalhe ou evento preponderante, em detrimento de características gerais da situação, que levariam a uma conclusão diferente. Por exemplo, uma paciente com esquizofrenia recebeu um comentário crítico da sua supervisora. Embora os outros comentários da supervisora fossem favoráveis e o comentário crítico visasse claramente ajudar a paciente, ela tirou o comentário do contexto e concluiu: "ela quer me despedir".

O pensamento fora do contexto também ocorre em uma perspectiva a-histórica, como quando um indivíduo tira uma conclusão ampla com base em um acontecimento imediato, sem levar em conta outros acontecimentos *anteriores* que a contradiriam: palavras como *nunca* e *sempre* são sintomáticas desse erro (além de serem uma expressão do pensamento dicotômico). Um paciente com esquizofrenia que ouviu ruídos de estática em uma conversa telefônica em uma ocasião, por exemplo, concluiu: "eles estão *sempre* interferindo em minhas ligações". O raciocínio anormal fora do contexto também é visto no pensamento autorreferente. Um paciente com psicose ouviu o som de uma buzina alta no meio do trânsito e concluiu que alguém estava lhe enviando uma mensagem. A busca por ameaças ou outros tipos de sinais relevantes no ambiente leva os pacientes a se concentrarem no detalhe específico, referi-lo a si mesmos, e desconsiderar o ambiente. O pensamento fora do contexto pode ser um mecanismo de sobrevivência em certas ocasiões. Quando um determinado acontecimento que pode ser uma ameaça real ocorre, é melhor se concentrar nele, mobilizar-se agora e corrigir qualquer falsa impressão quando houver tempo para revisar toda a situação. Todavia, nos delírios persecutórios, a sensação de perigo dos pacientes é tão generalizada que eles identificam situações seguras indevidamente como ameaçadoras e não revisam os enganos nem fazem as correções necessárias.

A tendência geral de pacientes com esquizofrenia tirarem conclusões precipitadas também está relacionada com o pensamento fora do contexto. Conforme indicado por observações e experimentos clínicos, os pacientes simplesmente não reúnem dados suficientes para chegar a conclusões razoáveis, possivelmente refletindo falta de motivação para fazer um esforço prolongado: esses pacientes "perdem o gás" e desistem, ao invés de analisarem mais dados. De maneira alternativa, como esses pacientes têm uma certeza forte, eles já confiam em suas conclusões em um estágio anterior ao que ocorre com outras pessoas. Outro erro cognitivo é o pensamento dicotômico (tudo ou nada), especialmente em situações emocionalmente carregadas. Talvez seja mais fácil pensar em termos extremos do que ponderar cuidadosamente os aspectos mitigadores ou moderadores da situação.

Chapman e Chapman (1973a) mostraram que os pacientes com esquizofrenia dão respostas inadequadas a instruções em testagens, selecionando as opções mais familiares, mas incorretas, ante a resposta menos saliente, mas correta. Quando devem escolher uma palavra que seja semelhante ao estímulo apresentado, por exemplo, são propensos a escolher incorretamente uma palavra que tenha uma associação forte, mas não seja semelhante ao estímulo. Por exemplo, podem selecionar uma associação comum (dominante), mas errada, como "peixe" em resposta ao estímulo "ouro" [peixinho dourado], em vez da associação mais fraca, mas correta, "aço". Eles parecem ter dificuldade em "não prestar atenção" em uma associação forte (comum), mas inadequada, quando são apresentadas várias alternativas de resposta. Os autores concluem que os pacientes com esquizofrenia apresentam uma acentuação de vieses normais, ou seja, pessoas normais podem cometer os mesmos erros (particularmente quando submetidos a uma carga cognitiva), mas em um grau muito menor. As respostas dos pacientes nesses experimentos também podem estar relacionadas com suas conclusões precipitadas – eles escolhem a primeira resposta que lhes vier à mente e não consideram o resto dos dados. Como esses pacientes evidentemente não refletem sobre a validade das suas respostas, eles, consequentemente, não as corrigem. De maneira alternativa, têm dificuldade para inibir a resposta fácil que pode ocorrer primeiro, mas que as pessoas normais corrigem rapidamente antes de darem sua resposta à questão. As conclusões precipitadas podem estar relacionadas com a pouca atenção – os pacientes podem ter dificuldade em manter as instruções em curso e procurar palavras alternativas (corretas) (Broome et al., 2007a).

Vistos em conjunto, os estudos clínicos e experimentais identificam os fatores envolvidos na tomada de decisões comprometida nesses pacientes. Nos experimentos, os pacientes portadores de esquizofrenia apresentam um "viés normal", como selecionar incorretamente as associações mais preponderantes. Porém, ao contrário dos normais, esses pacientes têm dificuldade para inibir essa resposta inicial espontânea. Suas respostas, experimentais e clínicas, podem ser atribuídas à "escassez de recursos". Nos experimentos, os pacientes não fazem o esforço necessário para inibir e examinar sua impressão inicial, levar em conta o contexto total e considerar alternativas. Todavia, com ajuda, os pacientes desenvolvem a capacidade de buscar uma resposta mais adequada.

Processamento cognitivo inadequado

A literatura mostra que os pacientes com esquizofrenia não processam informações adequadamente e também não corrigem interpretações errôneas. Conforme observam Gilbert e Gill (2000), existe uma tendência universal de fazer interpretações praticamente instantâneas, que, subsequentemente, são avaliadas e corrigidas se parecerem erradas – sem que os indivíduos estejam muito cientes da avaliação e correção. Todavia, esse processo normal de refutação (que Gilbert chama de "efeito Spinoza") é anulado sob uma carga cognitiva, de modo que uma interpretação errada permanece aceita (como se fosse verdade). Os pacientes com delírios reagem a situações cotidianas como pacientes normais sob carga cognitiva. As interpretações tendenciosas não são avaliadas e, portanto, são aceitas. Esses pacientes não conseguem integrar todas as informações relevantes de uma situação. Além disso, não têm recursos cognitivos suficientes para revisar uma resposta inicial errônea e processar informações adicionais relacionadas com o contexto e considerar explicações alternativas. Desse modo, as crenças delirantes hipersalientes tendem a fixar a atenção do indivíduo na interpretação delirante inicial. Esse fenômeno pode ser análogo à experiência de pacientes com transtorno de pânico, que podem considerar explicações alternativas para suas interpretações catastróficas com relativa facilidade, quando na segurança do consultório do terapeuta. Porém, em situações que desencadeiem ansiedade, sua atenção se fixa no perigo (ter um ataque cardíaco, perder o controle, desmaiar) e sua capacidade de considerar explicações alternativas para seus sintomas fica gravemente comprometida.

Outro fator que leva à aceitação de conclusões erradas é um "automonitor" defeituoso (Frith, 1987, 1992), pelo qual o paciente tem menos consciência de suas interpretações e ações. Apoiando essa possibilidade, um estudo experimental (Frith e Done, 1989a) observou que os pacientes com esquizofrenia tinham menor probabilidade de corrigir erros no teste "trilhas", sugerindo um comprometimento de sua capacidade de monitorar e modificar seus juizos.

Pensamento categórico

A imagem homogênea do "inimigo" reflete uma disposição mais geral para o pensamento categórico. Os pacientes criam uma categoria imaginária para definir os agentes persecutórios e depois a aplicam vigorosamente a indivíduos "suspeitos". A categoria paranoide pode ser ampla, com limites frouxos (a polícia da Filadélfia) ou restritos e definidos (os colegas de trabalho, os familiares). Todavia, depois que uma categoria é criada, as características individuais dos perseguidores identificados se fundem nela. O mesmo pensamento categórico se estende a entidades invisíveis como o diabo, espíritos ou parentes mortos. Quando a imagem da entidade definida foi criada, os pacientes a "enxergam" ou sentem sua influência invisível.

SISTEMAS DE CRENÇAS

Conforme indicado anteriormente, os pacientes com delírios paranoides têm uma orientação para "eles × eu", que se expressa no conteúdo dos seus delírios, suas explicações tendenciosas de acontecimentos específicos e geralmente inócuos, seu foco seletivo em fontes externas supostamente hostis, hipervigilância e desconfiança. As pessoas normalmente se relacionam com as situações por meio de um plano geral que significa "bom para mim" ou "ruim para mim" (Clark et al., 1999), mas, em estados paranoides, essa orientação se fixa na identificação incorreta de influências externas adversas (como na mania, os pacientes são orientados para a gratificação e, na depressão, para a perda). As representações internas do *self* e do outro consistem de crenças como "todos estão contra mim" ou "sou controlado por forças externas". Quando a crença é ativada, ela molda a interpretação dos estímulos conforme o seu conteúdo. Assim, a interpretação do paciente para um carro amarelo pode ser "a máfia está me seguindo".

As representações internas dos pacientes sobre o *self* pode variar de fraco, desamparado e impotente a poderoso (como em pacientes com paranoia grandiosa). Todavia, os pacientes que acreditam que suas mentes são permeáveis podem se sentir vulneráveis a qualquer pessoa, seja ela poderosa ou não. O denominador comum entre os delírios paranoides dos pacientes é a crença nas intenções negativas do agente externo *e* em sua própria vulnerabilidade. Como qualquer estímulo externo pode ser um sinal de ameaça, ele deve ser monitorado. Os falsos negativos são perigosos, e maximizar os falsos positivos, pela atenção exagerada aos detalhes e interpretação excessiva, minimiza os falsos negativos. No grau em que as crenças delirantes controlam o processamento de informações, elas direcionam o foco da atenção e fornecem aos pacientes explicações para sua experiência adversa. O foco externo resultante leva os pacientes a procurar e "descobrir" sinais que sejam coerentes com seus esquemas delirantes específicos – o *viés confirmatório*. A crença de que outras pessoas são hostis a eles, por exemplo, concentra sua atenção em estímulos indistintos, como as conversas das pessoas, quando os pacientes "ouvem" comentários depreciativos (viés autorreferente).

Essas ideias de referência aparentemente mantêm um *continuum* com as alucinações auditivas (Capítulo 4). As crenças mais fortemente carregadas são resistentes à mudança, mesmo quando são apresentadas evidências decisivas que as desconfirmem (viés antidesconfirmatório) (Woodward et al., 2006). As crenças hipersalientes também proporcionam as explicações (ou, na verdade, interpretações errôneas) para diversas experiências físicas, emocionais ou mentais indesejáveis, inesperadas ou involuntárias. A natureza exata das explicações depende, até um certo grau, do poder específico atribuído ao agente. O foco do paciente em suas sensações mentais e corporais mantém as explicações malévolas. Assim, cria-se um ciclo vicioso. Quanto mais a paciente se concentra em um suposto caroço em sua garganta, por exemplo, mais ela pensa que o agente está usando energia eletromagnética para produzir o caroço – levando, é claro, a uma atenção maior na sensação.

DESENVOLVIMENTO E FORMAÇÃO DE DELÍRIOS PERSECUTÓRIOS

Os delírios podem surgir por meio de diversos mecanismos diferentes. Primeiramente, um delírio persecutório pode representar a elaboração progressiva do medo de ser observado ou prejudicado de algum modo. A maioria dos delírios persecutórios se origina dessa forma. Em segundo lugar, o delírio pode representar a transformação da autoimagem desenvolvida antes do início da psicose franca. Um paciente que antes se considerava deficiente e fraco, por exemplo, desenvolveu o delírio de que era sub-humano. Por fim, um delírio de grandiosidade pode se desenvolver para compensar uma sensação subjacente de solidão, desvalia, maldade, incompetência ou impotência.

Muitos sinais clínicos e comportamentais podem ser visíveis antes do desenvolvimento de delírios persecutórios. As mudanças no comportamento, como o afastamento de outras pessoas e a evitação de certas situações, muitas vezes são uma manifestação da desconfiança crescente do paciente em relação às motivações dos outros e da suposição de que as pessoas, de algum modo, pretendem de prejudicá-lo.

Desconfiança

Detectar os primeiros sinais de intenções ruins nas pessoas é uma estratégia de sobrevivência crucial, que se torna exagerada em indivíduos desconfiados. Esses indivíduos conferem ativamente as expressões ou comportamentos dos outros em busca de sinais de má intenção, podem ler sinais de má vontade ou fingimento nas expressões agradáveis ou benignas dos outros, e podem até projetar uma imagem malévola pré-fabricada sobre seus rostos ou sobre toda a pessoa. A motivação para a desconfiança envolve uma preocupação intensa com ser diminuído, manipulado ou agredido fisicamente. Acompanhando essa previsão negativa, há uma vigilância agressiva para qualquer evidência de intenções hostis nos atos das pessoas.

Esses indivíduos também têm um viés confirmatório – isto é, eles procuram e integram evidências que confirmem sua crença nas intenções negativas das pessoas e ignoram ou rejeitam evidências contraditórias. Conforme observam Dudley e Over (2003), procurar sinais confirmatórios em vez de desconfirmatórios costuma ser a estratégia mais segura (e preferida) quando se enfrenta um perigo *real*. Contudo, os perigos imaginários evocam os mesmos vieses. A desconfiança crônica e a progressão final para o pensamento paranoide representam um exagero dessa estratégia para lidar com a percepção de malevolência.

Os indivíduos desconfiados podem ser diferenciados de indivíduos socialmente ansiosos, cujo principal temor é que suas supostas características inadequadas ou socialmente inaceitáveis sejam expostas. Assim, o principal foco de pessoas com fobias sociais é a sua presumida aparência pessoal inadequada, e seu objetivo é aliviar a sua ansiedade social. Se olham para os outros, é para procurar um rosto amigo, para *desconfirmar* que estão em risco de serem diminuídos de alguma forma.

De maneira semelhante, os obsessivos (com transtorno obsessivo-compulsivo) conferem repetidamente as coisas para desconfirmar que tenham cometido um erro sério, como ter deixado o forno aceso. Indivíduos com uma mente desconfiada, por outro lado, procuram sinais que *confirmem* a sua crença de que as pessoas são hostis para com eles. Acreditam que devem-se manter hipervigilantes, pois não enxergar os sinais da maldade os colocaria em risco. Embora as pessoas desconfiadas e socialmente ansiosas sejam hipersensíveis à *possibilidade* de serem observadas, depreciadas ou ridicularizadas, os indivíduos desconfiados podem estender a sua preocupação e temer agressões físicas. Consequentemente, as pessoas desconfiadas lidam com o suposto perigo preparando-se para se defender e possivelmente contra-atacar, ao passo que os indivíduos com ansiedade social tentam compensar ou disfarçar as suas supostas inadequações sociais (Quadro 3.1).

À medida que a desconfiança avança, ela pode progredir para um delírio paranoide. Os pacientes não pensam mais que as pessoas *podem* ter motivações hostis, agora *sabem* que elas têm tais motivações. O protótipo do outro malévolo pode incluir apenas alguns indivíduos (colegas de trabalho) ou pode se estender a todo um grupo (estrangeiros). A suspeita de ser observado, manipulado ou prejudicado pode se cristalizar em delírios de ser seguido, controlado ou perseguido.

Formação de um delírio persecutório

Embora possa ser difícil determinar os antecedentes remotos dos delírios persecutórios, muitas vezes podemos identificar os fatores proximais. A sequência geralmente começa com um medo ou preocupação. Um temor comum é a previsão de retaliação por ter fei-

QUADRO 3.1 Comparação entre desconfiança e ansiedade

	Desconfiança	Ansiedade social
Foco	Intenções dos outros	Aparência pessoal
Representação interna	Outro hostil	Eu inadequado
Vigilância	Sinais malévolos	Sinais de aceitação
Viés	Confirmar hostilidade	Desconfirmar hostilidade

to algo que possa ter ofendido outra pessoa ou grupo. Por exemplo, uma paciente contou às autoridades que havia assistido a uma partida de um jogo ilegal. Posteriormente, começou a ter o seguinte pensamento: "suponhamos que a máfia descubra que eu fiz a denúncia". Ela então começou a imaginar cenas da máfia atacando-a, e começou a procurar (e encontrar) evidências para corroborar essa noção. Ela decidiu que carros buzinando, pessoas com aparência obscura perto do seu apartamento e ruídos inexplicáveis em casa eram sinais da máfia, que estava atrás dela. Quando via um carro amarelo, significava, para ela, que a máfia considerava que ela havia "amarelado" (se acovardado). Suas ideias mudaram de "isso *pode* acontecer" para "isso *está* acontecendo".

Uma sequência semelhante foi estabelecida com mais precisão no caso de um homem que denunciou traficantes de drogas para a polícia. Depois disso, começou a ver matérias nos jornais implicando vários policiais como membros de um grupo de traficantes, e pensou: "os maus policiais podem ter contado [sobre mim] para os outros". Ele começou a especular que toda a força policial estava mancomunada com os traficantes, e a ficar cada vez mais preocupado com essa possibilidade, fixando-se nos carros de polícia para garantir se não o estavam seguindo. Ele fitava os policiais nos carros, que aparentemente o fitavam também. Se via a mesma pessoa em dois locais diferentes, achava que era um policial à paisana a observá-lo. Um dia, achou que tinha material confirmatório (supostamente) suficiente para formular uma teoria de conspiração. Nessa época, acreditava que muitos veículos comuns eram carros da polícia disfarçados.

As etapas na formação desse delírio podem ser enumeradas da seguinte maneira:

1. *Medo* de que a polícia faça alguma retaliação por ele denunciar os traficantes.
2. *Viés intencionalizante:* elaboração da teoria da conspiração depois da notícia de envolvimento de policiais com o tráfico de drogas; projeção da intenção hostil para toda a polícia.
3. *Viés de atenção:* foco seletivo em carros e indivíduos da polícia.
4. *Viés autorreferencial (personalizante):* acontecimentos irrelevantes interpretados como indicadores de animosidade da polícia.
5. *Viés confirmatório:* integrou cada suposto exemplo da polícia o seguir em sua teoria, ignorou o contexto e explicações alternativas (viés antidesconfirmatório).
6. *Capitalizar uma coincidência:* o paciente viu o mesmo indivíduo inicialmente ao parar no armazém e depois em uma cerimônia na igreja. Essa coincidência indicou para ele que a pessoa era um policial que o estava observando.
7. *Aumentar a semelhança dos "perseguidores":* à medida que o paciente desenvolvia uma representação mental dos "conspiradores", um número cada vez maior de indivíduos começou a se encaixar na imagem.
8. *"Ligar os pontos":* juntando todas essas evidências, o paciente se convenceu de que estava cercado por policiais que queriam incomodá-lo e, talvez, fazer mal a ele. O delírio se consolidou.

As diversas estratégias que os pacientes empregam para reduzir sua ansiedade – por exemplo, evitar "situações difíceis" que possam provocar seus temores – os privam da possibilidade de receber *feedback* corretivo. O fato de que neutralizar essas evitações (comportamentos de segurança) por meio da terapia pode reduzir substancialmente o pensamento delirante indica que esses pacientes têm uma certa capacidade de testar a realidade.

DELÍRIOS GRANDIOSOS

Ao contrário de pacientes com delírios persecutórios, os pacientes com delírios grandiosos concentram-se na *satisfação pessoal* e, na maior parte, buscam se distanciar das contribuições das outras pessoas, geralmente de forma solipsista. Alguns desses pacientes, porém, podem se sentir perseguidos quando as pessoas desafiam ou se recusam a aceitar suas reivindicações de terem um *status* especial. Ao invés da orientação defensiva de pacientes com delírios paranoides ("eles × eu"), esses pacientes estão voltados para o engrandecimento de sua autoestima (Smith, Freeman e Kuipers, 2005). O conteúdo das suas ideias autocentradas consiste de autoengrandecimento irrealista, do tipo: "sou o rei do universo"; "sou o homem mais rico do mundo"; "sou o maior cientista"; "tenho poder universal". Muitos desses pacientes estão tão envoltos em suas ideias grandiosas que ignoram o *feedback* negativo ou o reformulam como uma confirmação de seus delírios.

Geralmente, esses pacientes não processam as pistas do ambiente que não correspondem ao seu suposto *status* (Moritz e Woodward, 2006). Confrontados com tais discrepâncias, podem fazer uma racionalização aparentemente plausível. Um paciente, por exemplo, acreditava ser o homem mais rico de Nova York. Quando lhe perguntaram o que estava fazendo em um hospital mental, respondeu: "ora, sou o dono do hospital". Esses pacientes prestam atenção ao mundo externo até onde ele sustenta a sua crença grandiosa e frequentemente acreditam que as pessoas compartilham a mesma visão. Embora os pacientes com paranoia, de um modo geral, mantenham sua identidade pré-mórbida, os pacientes com delírios grandiosos muitas vezes assumem uma identidade grandiosa, que é o oposto do seu eu verdadeiro: onipotente no lugar de fraco; rico ao invés de pobre; popular em vez de isolado. Uma moradora de rua, por exemplo, acreditava que era uma princesa. Um contador tímido e retraído acreditava ser um famoso astro do *rock*. Um paciente com retardo mental se enxergava como um grande matemático. As novas identidades muitas vezes são bizarras. Um homem afro-americano pensava que era o presidente Carter. Uma mulher acreditava que era Jesus.

Em muitos casos, a nova identidade parece ser a expressão de uma fantasia autoconfirmatória. Um devaneio pré-psicótico no estilo do personagem Walter Mitty é expandido e refinado: um homem pobre se imagina rico. O devaneio ou imagem gradualmente se transforma em delírio à medida que o paciente acredita cada vez mais em sua realidade. Às vezes, um delírio grandioso pode progredir de um *pensamento* que o paciente considera tranquilizante ou gratificante para uma *crença* que mantém esse grau de alívio. Um paciente tinha o seguinte pensamento: "eu sofri muito" (doloroso), "portanto, eu *sou* Jesus" (satisfatório). A progressão "eu penso, portanto, eu sou" era automática, sem reflexão. O paciente se mantinha indiferente à ausência de plausibilidade nessa noção. O conteúdo dos delírios costuma refletir as crenças pré-delirantes dos pacientes. A crença em fenômenos paranormais, por exemplo, leva a delírios sobre ler a mente, telepatia e possessão por alienígenas. Da mesma forma, crenças religiosas fortemente estabelecidas proporcionam o substrato para delírios sobre Deus e o diabo. Um paciente, Simon, por exemplo, inicialmente tinha uma fantasia gratificante de ser o Bom Pastor, como forma de aliviar sua sensação de culpa por "pecados" passados e também para compensar a sensação de impotência total. Ele começou a materializar a fantasia, a aceitá-la como a realidade. Desse modo, a fantasia ou devaneio original se tornou um delírio.

A formulação dos estágios no desenvolvimento do delírio grandioso, na maior parte, baseia-se em relatos retrospectivos dos pacientes. Geralmente, o precursor do delírio é a formação da autoimagem do paciente como socialmente indesejável, humilhado, impotente. É claro, o desenvolvimento dessa imagem pode ser facilitado pela resposta negativa do grupo social do paciente ao seu distanciamento atípico e comportamento peculiar. Depois disso, o paciente começa a ter devaneios gratificantes de ser o extremo oposto de como se percebe. Ele atribui muito valor a ser poderoso, admirado e perfeito. Assim, o indivíduo que se considerava deficiente, rejeitado e impotente começa a devanear que é perfeito, universalmente adorado e onipotente – digamos, Deus ou Jesus. Por causa da tendência desses indivíduos a tratar seus sonhos e fantasias como reais, a autoimagem idealizada se torna a realidade para eles.

Muitos dos delírios são tão grandiosos que parecem separar os pacientes do resto do seu grupo social. De maneira interessante, essas autoimagens extravagantes de ser Deus, Jesus, uma princesa ou o presidente dos Estados Unidos não costumam ser acompanhadas pelos sentimentos de excitação ou poder que seriam gerados por um *status* tão elevado. De fato, um questionamento leve normalmente revela sentimentos de solidão e perturbação.

Considere a seguinte entrevista condensada com Simon:

TERAPEUTA: Pode me dizer seu nome?

PACIENTE: Sou o Senhor, o rei do universo.

TERAPEUTA: Como o senhor se sente – sendo Deus?

PACIENTE: Bastante poderoso, acho.

TERAPEUTA: Algum lado negativo em ser Deus?

PACIENTE: Acho que sou tão importante, que não tenho com quem conversar.

TERAPEUTA: Como isso o faz se sentir?

PACIENTE: Um pouco solitário, eu acho.

TERAPEUTA: Há quanto tempo o senhor se sente solitário?

PACIENTE: Creio que – por toda a minha vida.

Embora os delírios do paciente possam advir de crenças que são aceitas em sua própria subcultura, os outros membros do grupo geralmente rotulam o pensamento como delirante por causa do seu egocentrismo exagerado e aspectos idiossincráticos, bem como da totalidade do comportamento do paciente, que é considerado estranho ou esquisito. Embora os membros do grupo do paciente possam acreditar firmemente em Deus ou no diabo, eles consideram a afirmação do paciente de que é Deus um sinal de que a pessoa está "louca".

Não é de surpreender que alguns pacientes que aumentam sua sensação de poder ou importância por meio de delírios grandiosos considerem que as outras pessoas não demonstram o tipo de respeito a que acreditam ter direito, ou possam até se opor à sua influência. Geralmente, esses pacientes têm fantasias de criar grandes obras de poesia ou arte, inventar inovações importantes, ou adquirir grande *status*. Quando não recebem o *feedback* positivo que esperam, sua autoestima abalada é ameaçada, e eles são levados a procurar explicações para essas rejeições. Se estão esperando admiração, podem se ater à noção de que certos indivíduos têm ciúmes deles e, por exemplo, estão espalhando mentiras maldosas sobre eles, ou podem concluir que um determinado indivíduo ou grupo de indivíduos roubou suas ideias. Com certeza, quanto mais acusam os outros de conspirar contra eles, mais são chamados de "malucos" ou "loucos". Essa resposta negativa, é claro, apenas confirma sua crença de que os outros estão conspirando contra eles. Às vezes, as explicações têm um elemento bizarro. Kingdon e Turkington (1994) descrevem um paciente que não foi escolhido para uma promoção e que concluiu que outros empregados haviam conspirado para influenciá-lo enviando raios de um satélite.

EXPERIÊNCIAS ANÔMALAS E DELÍRIOS DE CONTROLE

Os sintomas anômalos da psicose, como a inserção de pensamentos, a captura de pensamentos e a transmissão de pensamentos, costumam ser considerados aspectos patognômicos da esquizofrenia (American Psychiatric Association, 2000). Outras crenças relacionadas com o controle externo do corpo ou da mente (delírios de controle ou passividade) também estão relacionadas com esse grupo de sintomas (American Psychiatric Association). As alucinações, que são incluídas no grupo de sintomas de primeira ordem (Schneider, 1959) e compartilham muitas características com sintomas anômalos, são tratadas em detalhe no Capítulo 4. Em particular, as alucinações parecem formar um *continuum* com a inserção de pensamento. Em reconhecimento aos aspectos comuns dos sintomas anômalos, Linney e Peters (2007) atribuíram-lhes o rótulo de *sintomas de interferência* – a influência imaginada de fenômenos paranormais sobre o funcionamento da mente. Eles também incluem a leitura da mente, que não faz parte da lista de Schneider. Os sintomas de interferência também compreendem a crença de que uma inibição ou ato da fala se deve a influências externas.

Maher (1988) considera que esses sintomas são produtos das tentativas dos pacientes de entender as experiências mentais anômalas, como o bloqueio de pensamentos, e explica esses sintomas como resultados de *explicações normais para experiências anômalas*. Uma formulação diferente baseia-se na tese de que esses sintomas resultam da *interpretação anômala de experiências normais*. Os pacientes dão explicações paranormais para explicar experiências mentais, emocionais ou físicas, indesejadas, inesperadas ou confusas.

Na inserção de pensamento, um dos fenômenos de interferência mais comuns, um dado pensamento parece ter qualidade e conteúdo diferentes do fluxo de consciência usual do paciente e, assim, é percebido como alienígena. Esses pacientes costumam ter diversos pensamentos intrusivos estranhos (Linney e Peters, 2007) e, às vezes, acreditam que as intrusões se originam em outros locais. O pensamento muitas vezes é semelhante às obsessões do transtorno obsessivo-compulsivo. Nesse transtorno, porém, a intrusão é reconhecida como gerada internamente. Já na esquizofrenia, como o pensamento é intrusivo – ou seja, aparentemente *forçado* nas mentes dos pacientes e muitas vezes com um conteúdo incomum ou aversivo ("eu jamais teria pensamentos como esse") – uma explicação externa é dada (uma invasão de uma fonte externa). De maneira semelhante, o bloqueio do pensamento, que ocorre quando existe interferência no fluxo de ideias, pode parecer estranho e, consequentemente, ser atribuído à "captura de pensamentos" por indivíduos ou forças obscuras externas. A leitura da mente, ou projeção de pensamentos, pode ocorrer quando o paciente ouve outra pessoa dizer algo semelhante àquilo que ele vinha pensando (uma palavra, um assunto, um tema). Como esses pacientes parecem predispostos a fazer conexões entre acontecimentos aleatórios, eles interpretam as coincidências como algo que tem significado especial – nesse caso, que a outra pessoa lê seus pensamentos. De maneira alternativa, os pacientes podem concluir que outras pessoas colocam pensamentos em sua cabeça ou que eles projetaram seus pensamentos para a cabeça de outras pessoas.

Um denominador comum desses sintomas anômalos parece ser a experiência de que, quando se sentem constrangidos e/ou socialmente ansiosos, esses pacientes não se sentem apenas vulneráveis, mas também expostos: seus pensamentos parecem ser identificados pelos outros ou transmitidos para eles. Alguns pacientes acreditam que os outros podem ler suas mentes em qualquer situação. Um paciente, por exemplo, ria quando os médicos o questionavam. Acreditava que eles estavam jogando um jogo com ele, pois, "obviamente", sabiam o que estava pensando sem terem que perguntar. Os pacientes provavelmente terão os sintomas quando estiverem em situações que considerem ameaçadoras. Um paciente, por exemplo, acreditava que as pessoas podiam ler a sua mente apenas quando ele estivesse em locais cheios, como o metrô, onde sentia que estava sendo observado. Os pacientes são especialmente vulneráveis quando seus recursos estão baixos, por dormir pouco, por estresse ou ansiedade. Uma série de dificuldades sérias pode produzir o mesmo efeito. Assim, a soma de estressores ou a exposição a uma situação que afeta uma vulnerabilidade particularmente sensível pode ser suficiente para ativar esses sintomas.

Um mecanismo importante na geração da maioria dos sintomas anômalos é o crédito que o paciente dá aos estados subjetivos (ou "sinais internos") na determinação do significado e da origem de sentimentos, pensamentos e ações. Se uma sensação (de despersonalização ou um sentimento de depressão ou ansiedade) ou um pensamento parece estranho, desconhecido ou indesejado, ele não é reconhecido como "meu" e, portanto, deve ter-se originado em outra parte. É como se o limiar para identificar uma experiência como "não eu" ou "não meu" fosse muito baixo. De maneira semelhante, se um comportamento dá a sensação de não ser voluntário, não é considerado como seu.

Muitos desses pacientes costumam ter um "lócus externo de controle", mostrando-se propensos a se basear em crenças de controle externo para explicar movimentos involuntários ou aparentemente indesejados ("psicocinese"). Uma paciente, por exemplo, teve uma reação de choque quando a porta bateu. Ela atribuiu seu enrijecimento súbito à força de alguma pessoa escondida. Outra paciente que ficou irritada porque estava tendo dificuldade para se vestir a tempo para um compromisso importante teve o seguinte pensamento: "meu pai está me hipnotizando". De maneira semelhante, a falta de sensações positivas ou um surto de ansiedade podem ser atribuídos à manipulação deliberada de outros indivíduos. Sensações genitais espontâneas podem ser atribuídas às investidas sexuais de um indivíduo distante.

De um modo geral, pode-se considerar que os delírios de ser controlado compreendem os sintomas anômalos, sendo o denominador comum a propensão dos pacientes a atribuir a causa de experiências físicas subjetivas indesejadas ou desconhecidas às manipulações de outros indivíduos ou entidades. Às vezes, a suposta fonte de controle pode ser um grupo de indivíduos ou alguma entidade indefinida. Um paciente, por exemplo, atribuiu a sua resistência a comer e participar de atividades em grupo ao trabalho de um "mundo superior". Quando começou a comer novamente e ficar mais ativo, acreditava que isso se devia à intervenção do "mundo superior". Um possível mecanismo por trás dos fenômenos de controle/interferência pode ser a falta de correspondência entre a expectativa dos pacientes e sua experiência subjetiva. Segundo essa tese, presume-se que os pacientes têm expectativas rígidas de certas situações *não acontecerem* (inserções, movimentos "involuntários" ou prejudicados, alucinações, bloqueio mental). Quando vivencia uma discrepância entre essa "expectativa nula" e a sensação subjetiva (talvez uma sensação de surpresa ou confusão), o paciente considera que a experiência discrepante tenha vindo de fora (Blakemore, Wolpert e Frith, 2000).

Certos vieses que ocorrem em explicações de paranormalidade são essencialmente os mesmos que em outros tipos de pensamento delirante:

1. O *viés do egocentrismo*: os pacientes acreditam que a atenção dos outros está concentrada neles.
2. O *viés externalizante* ou *atributivo:* os pacientes acreditam que certas experiências são causadas por forças externas. Assim, os pensamentos intrusivos e o bloqueio de pensamentos são atribuídos à influência de estranhos. Os supostos mecanismos são a inserção de pensamentos e a captura de pensamentos.
3. O *viés intencionalizante* está presente nos delírios de controle, mas nem sempre na leitura da mente. Esse viés explicativo externo é tão forte nesses casos que desconsidera (desloca) explicações mais normais (internas). Além disso, o teste da realidade é deficiente para as ideias hipersalientes.

A origem dos delírios anômalos

Esses pacientes têm a tendência de explicar certas experiências, como a perda do fluxo do pensamento, bloqueio mental ou simples coincidências em termos de processos paranormais, em detrimento das explicações normais mais óbvias. Algumas dessas explicações paranormais (leitura da mente, psicocinese) baseiam-se em crenças aceitas por um segmento significativo da população (Lawrence e Peters, 2004). Outras parecem ser idiossincráticas em pacientes com esquizofrenia (captura de pensamentos). Muitos dos sintomas anômalos são simples explicações tiradas do repertório pré-mórbido de crenças e superstições paranormais do paciente. As crenças paranormais mais populares são citadas na lista de crenças "mágicas" (Eckblad e Chapman, 1983) ou "delírios" (Peters, Joseph e Garety, 1999; Stefanis et al., 2002).

Indivíduos que recebem o diagnóstico de "esquizotípico positivo" (têm diversos sintomas positivos da esquizofrenia em forma atenuada) dizem ter uma grande porcentagem dessas crenças mágicas ou paranormais. Como várias delas avançam para a psicose (Kwapil, Miller, Zinser, Chapman e Chapman, 1997), esse grupo de indivíduos pode proporcionar uma noção da relação entre as ideias paranormais e os delírios. As crenças mágicas e paranormais são comuns entre indivíduos esquizotípicos e, quando caem na psicose, eles se baseiam nessas crenças para explicar o que lhes parece ser aberrações mentais ou físicas – e o fazem da mesma maneira lógica em que outras pessoas podem dar uma explicação psicológica ou médica. Esses indivíduos têm muitas características em comum com pacientes com psicose que apresentam sintomas anômalos ou de controle. Fazem conexões causais entre acontecimentos aleatórios e coincidências, apresentam afrouxamento de associações semelhante em testes distintos e parecem ter uma predileção por procurar significados ocultos em acontecimentos aleatórios. A característica comum crucial é que esses significados se referem a eles mesmos. A fixação nas explicações paranormais apresenta pensamento autorreferente, vulnerabilidade e explicações externalizadas.

É provável que não haja uma linha divisória clara entre o pensamento paranormal de indivíduos com transtorno da personalidade esquizotípica e indivíduos que avançaram para a esquizofrenia. Os pacientes com esquizofrenia não têm *insight* ou consciência de que essas explicações são irracionais, e, assim, aderem a elas apesar do confronto com explicações normais para suas vivências. Suas explicações paranormais têm um impacto adverso em seus comportamentos e emoções. Essas interpretações ocorrem com muito mais frequência e causam mais preocupação em pacientes com esquizofrenia do que no grupo esquizotípico, e costumam estar entremeadas com delírio de perseguição. Os pacientes recorrem a comportamentos de segurança, como evitar as situações provocativas ou se engajam em comportamento ritualístico, para evitar as influências de forças paranormais ou místicas. Exemplos de crenças de interferência são apresentadas no Quadro 3.2.

A autorrepresentação subjacente dos pacientes é a imagem de ser o objeto vulnerável das intrusões, controle e interferência de indivíduos ou forças externas. O paciente costuma pensar que essas entidades externas estão invadindo as suas funções vitais *intencionalmente*. Porém, às vezes, como na leitura mental, a suposta transparência do pensamento dos pacientes pode ser suficiente para expô-los aos circundantes. Um exemplo é o paciente que acredita que os outros passageiros do metrô sabem o que ele está pensando.

Linney e Peters (2007) observam que pacientes com esquizofrenia com um ou mais desses sintomas de interferência tinham mais sintomas do que outros pacientes com psicose que não vivenciavam interferência: mais intrusões cognitivas, mais interpretações negativas de intrusões cognitivas e menos controle cognitivo. Além disso, a interferência no pensamento estava significativamente associada a interpretações relacionadas com a permeabilidade da mente e conspirações. Os pacientes com interferência no pensamento também tiveram maior probabilidade de atribuir palavras autogeradas a uma fonte externa do que pacientes com psicose, mas sem interferência no pensamento.

Freeman, Garety, McGuire e Kuipers (2005) analisaram crenças paranormais no contexto de vieses na tomada de decisões. Em um estudo análogo com estudantes universitários, observaram que indivíduos que apresentavam um estilo de confirmação em vez de desconfirmação para chegar à solução de um problema de aritmética também tinham pressa para juntar os dados (conclusões precipitadas), levavam menos em consideração soluções alternativas e apresentavam *maior aceitação de crenças paranormais*. Um estudo recente de Broome e colaboradores (2007a) mostrou que o estilo de tirar conclusões precipitadas estava associado a comprometimento da atenção. Brugger

QUADRO 3.2 Exemplos de explicações para delírios anômalos e de controle

Acontecimento	Explicação
Pensamento: "você é uma farsa"	"Alguém inseriu o pensamento"
Bloqueio mental	"Estão mexendo com a minha mente"
Pensa em uma palavra e alguém a diz	"Ele está lendo a minha mente"
Dificuldade para levantar um objeto pesado	"Espíritos extraíram a minha força"
Disforia súbita	"Eles acabaram com o meu prazer"
Sente-se ansioso	"Estão controlando meus sentimentos"

(2001) analisou o pensamento paranormal em um contexto mais amplo, incorporando disfunções fisiológicas. Em primeiro lugar, atribuiu a tendência dos seres humanos a enxergar ordem onde, na verdade, há desordem (ou aleatoriedade) a um viés do sistema perceptivo-cognitivo. O autor demonstrou que as tendências exageradas de enxergar padrões onde não existem e de aceitar crenças paranormais são características de indivíduos que chamou de "crentes", que também têm maior probabilidade do que os controles de atribuir causação paranormal a coincidências. Finalmente, atribuiu a detecção de padrões com significado a uma assimetria funcional das funções cerebrais, especialmente no hemisfério direito. Além disso, também observou que o pensamento associativo frouxo característico de viés do hemisfério direito está presente em um nível maior nas falas de indivíduos que acreditam na paranormalidade e em indivíduos com esquizofrenia aguda.

Como documentação clínica para sua teoria, Brugger (2001) cita as experiências psicóticas do escritor e roteirista sueco August Strindberg. Já no começo dos delírios persecutórios, Strindberg enxergava conexões significativas entre a disposição de móveis em um quarto de hotel, de palitos e galhos no chão, e em ouvir um trovão ou ler a palavra *trovão* em um trecho da Bíblia. Os pacientes podem perceber essas conexões ou coincidências como reflexos de alguma influência mística, surreal ou sobrenatural. Finalmente, Brugger atribui as associações frouxas do transtorno do pensamento ao hiperfuncionamento do hemisfério direito, que é responsável pelo processamento bruto, bem como pelo pensamento criativo. (O hemisfério esquerdo, por outro lado, tem especialização funcional para o processamento linguístico.) Seguindo o raciocínio de Brugger, as crenças e atribuições paranormais, conexões implausíveis, associações frouxas e desinibidas, bem como a perda dos limites do ego se enquadrariam como correlatos das disfunções.

Experiências anômalas são relatadas não apenas por pacientes com psicose, mas também por indivíduos que não procuram ajuda profissional. Brett e colaboradores (2007) analisaram os relatos de entrevistas de pacientes com esquizofrenia e de um grupo que tinha experiências anômalas por pelo menos cinco anos, mas que não havia procurado ou precisado de tratamento. Esse grupo não clínico apresentou a mesma frequência de experiências anômalas que o grupo clínico, mas com menos frequência ou intensidade. Um fator fundamental na diferenciação foi que os pacientes atribuíam suas experiências à interferência de agentes externos, ao passo que os indivíduos não clínicos entendiam suas experiências como parte de um sistema espiritual que tinha significado.

RESUMO

Apresentamos um modelo cognitivo dos delírios baseado em uma análise fenomenológica das características dos delírios esquizofrênicos e seu desenvolvimento. Delineamos os vieses do processamento de informações e o conteúdo de sistemas de crenças antecedentes, que podem agir em conjunto para aumentar a vulnerabilidade psicológica ao desenvolvimento de paranoia e delírios de natureza compensatória. Interpretar os delírios dentro de um modelo cognitivo permite que sejam compreendidos em termos de conceitos familiares, como crenças disfuncionais, distorções cognitivas e viés de atenção. Essa conceituação proporciona um tipo de entendimento que facilita intervenções psicoterápicas e também pode se estender à explicação de outros delírios, como transmissão ou inserção de pensamentos e crenças ainda mais bizarras, como aquelas compreendidas nos delírios de Capgras e Cotard (Ramachandran e Blakeslee, 1998).

Outros estudos sistemáticos da fenomenologia dos delírios, bem como abordagens experimentais, são necessários para expandir (e validar) as formulações cognitivas apresentadas neste capítulo. Por exemplo, com que frequência ocorrem determinados vieses (de egocentrismo, externalizantes e intencionalizantes)? Qual é a história natural do desenvolvimento dos delírios? Os delírios grandiosos sempre começam com um devaneio voltado para a satisfação de um desejo? São necessários testes para avaliar diversos vieses e também para analisar o teste da realidade deficiente, com material psicologicamente significativo.

4

A Conceituação Cognitiva das Alucinações Auditivas

Um homem branco de 28 anos foi encaminhado para tratamento após ter tido duas hospitalizações. No momento da admissão, ele estava moderadamente deprimido e reclamava de ouvir vozes por meio da ventilação do consultório. O período que antecedeu à sua psicose foi marcado por dois episódios depressivos graves, durante os quais estava suicida e necessitou de hospitalização. Durante um desses episódios, pensou ter ouvido a voz do seu pai criticando-o e chamando-o de *bicha* e *veado*. Posteriormente, começou a ouvir vozes onde quer que fosse, e elas gradualmente se transformaram nas vozes de duas crianças, de 12 e 6 anos. Essas vozes comentavam entre si sobre como ele era fraco e também continuavam a chamá-lo de *fruta*, *bicha* e *veado*. Alguns sinais da origem do conteúdo das vozes estavam evidentes em seu histórico passado. Seu pai, que era bastante forte e atlético, o depreciava por causa da sua falta de capacidade atlética. Ele mesmo criticava o seu desajeitamento e inaptidão geral. Quando tinha aproximadamente 6 anos, um primo ficou com a tarefa de cuidar dele. Nesse momento, o garoto maior o seduziu. Essa experiência aparentemente fixou na mente do menino que ele era homossexual, embora não tivesse sentimentos ou desejos homossexuais verdadeiros. Nas alucinações, a voz de 12 anos e a de 6 se uniam para depreciar o paciente. Ele acreditava que esses indivíduos desconhecidos tinham controle sobre a sua mente, podiam ler seus pensamentos e controlar os seus atos, e também observou que quanto mais tentasse combater as vozes, mais fortes elas se tornavam.

Esse paciente ilustra como os acontecimentos traumáticos no início da vida podem ser integrados de maneira a aparecer na forma de alucinações. Ele desenvolveu uma autoimagem negativa, baseada nas críticas do seu pai, de que era inferior, inadequado e fraco. Sua experiência traumática com o primo fixou essa noção (e sensação de desamparo). Sua visão negativa de si mesmo era expressada em ideias autodepreciativas de ser um "bicha" e um "veado". Esses pensamentos se tornaram percepcionalizados – ou seja, cruzaram o limiar auditivo (conforme descrito mais adiante neste capítulo). O terapeuta usou uma variedade de estratégias para ajudar o paciente a lidar com as vozes (conforme descrito no Capítulo 10). Uma técnica era demonstrar que as vozes não são onipotentes e são controláveis. O terapeuta também demonstrou como o conteúdo das vozes refletia os próprios pensamentos do paciente e podia ser tratado de maneira semelhante aos "pensamentos automáticos" da depressão.

As alucinações foram consideradas um sinal de doença mental apenas nos últimos 200 anos. Antes disso, eram consideradas mensagens de Deus (intervenção divina) ou do diabo (possessão demoníaca). De maneira interessante, muitos pacientes contemporâneos com esquizofrenia também as consideram comunicações de uma dessas entidades sobrenaturais. As alucinações, de um modo geral, são definidas como experiências perceptivas na ausência de estimulação externa, que ocorrem no estado de vigília (diferente de sonhos) e não estão sob controle voluntário (diferente de devaneios). Elas costumam estar associadas ao uso de psicoestimulantes ou transtornos mentais diversos. As alucinações auditivas associadas à esquizofrenia são distintas das alucinações "normais" de pacientes com crenças delirantes, quanto à sua origem (um agente externo ou um dispositivo implantado no cérebro).

Uma compreensão plena desse fenômeno deve lidar com a diversidade de opiniões relacionadas com sua natureza e causas. As alucinações que ocorrem tanto em um contexto normal quanto anormal podem envolver qualquer uma das modalidades sensoriais: audição, visão, tato, olfato e paladar. As alucinações auditivas na esquizofrenia têm sido estudadas extensivamente a partir de perspectivas diversas: culturais, genéticas, anatômicas, neuroquímicas e psicológicas. Com os enormes avanços na neuroquímica e na neuroimagem, adquirimos novas visões da natureza biológica das alucinações (Capítulo 2). A revolução nas abordagens biológicas à esquizofrenia trouxe um novo entendimento da sua neuroquímica básica. Todavia, além desses avanços, houve uma *revolução silenciosa* nas abordagens cognitivas à fenomenologia da esquizofrenia. O sucesso das intervenções cognitivas, de fato, proporcionou um grande estímulo para entender os mecanismos cognitivos envolvidos na produção de alucinações.

Neste capítulo, usamos a literatura neuropsicológica atual, bem como as explicações fenomenológicas de pacientes em psicoterapia como base para formular um modelo cognitivo para as alucinações auditivas. A primeira parte do capítulo concentra-se nos aspectos fenomenológicos das alucinações. A seguir, elucidamos os precursores e fatores que contribuem para a formação de alucinações. Por fim, apresentamos os fatores cognitivos que contribuem para a sua persistência.

CONTINUIDADE DAS ALUCINAÇÕES: DO NORMAL PARA ANORMAL

De 4 a 25% da população afirmam ter tido alucinações auditivas em algum ponto de suas vidas (Johns, Nazroo, Bebbington e Kuipers, 2002; Slade e Bentall, 1988; Tien, 1991; West, 1948). Estudos mostram que a variação estatística se deve, em parte, à maneira como as questões são formuladas e à severidade da definição. A maioria das pessoas que têm alucinações auditivas não seria considerada psiquiatricamente doente, por si mesmas ou outras pessoas. Romme e Escher (1989) observaram que uma proporção considerável (39%) de pessoas que dizem ter alucinações auditivas não estava fazendo tratamento para elas. Existem evidências de que a prevalência das alucinações varia de acordo com os grupos étnicos. Johns e colaboradores (2002, p.176) relataram que 4% da amostra da população geral da Inglaterra e País de Gales disseram "ouvir ou ver coisas que as outras pessoas não ouviam ou viam", mas os relatos de alucinações foram 2,5 vezes maiores em uma amostra caribenha do que em uma amostra de norte-americanos brancos, e meia vez mais comuns na amostra do sul da Ásia. Entre os indivíduos que relataram ter experiências alucinatórias, apenas 25% satisfizeram os critérios para psicose. O estudo da amostra britânica contrasta com os dados do ECA (Epidemiological Catchment Area), do Instituto Nacional de Saúde Mental americano, que mostrou uma prevalência de alucinações ao longo da vida de 10% para os homens e 15% para as mulheres, ambas em uma amostra de residentes da comunidade (Tien, 1991). As diferenças podem estar relacionadas com a formulação das questões sobre a frequência das vozes.

Estudos com estudantes universitários mostram que de 30 a 71% dizem ter tido alucinações (Barrett, 1992; Posey e Losch, 1983). De maneira interessante, vários estudos mostram que uma proporção substancial de estudantes relata a experiência de ouvir uma voz dizendo seus pensamentos em voz alta (Bentall e Slade, 1985; Young, Bentall, Slade e Dewey, 1987). A atribuição das vozes a uma entidade paranormal ou sobrenatural condiz totalmente com a observação de que uma proporção relativamente grande de adolescentes e adultos jovens acredita na leitura mental, telepatia e bruxaria (van Os, Verdoux, Bijl e Ravelli, 1999). Eles também têm ideias mais grandiosas, mas não têm mais ideias de uma relação pessoal com Deus do que o observado em outras faixas etárias.

Ouvir vozes é o sintoma mais comum da esquizofrenia, ocorrendo em aproximadamente 73% dos pacientes com o diagnóstico (World Health Organization, 1973). Uma conhecida classificação dessas alucinações inclui aquelas descritas por Kurt Schneider (1959) como sintomas de "primeira ordem" da esquizofrenia. O autor distinguiu três tipos de alucinações: (1) os pacientes ouvem comentários contínuos sobre o seu comportamento na segunda pessoa, (2) os pacientes ouvem vozes que falam sobre eles na terceira pessoa e (3) os pacientes ouvem seus próprios pensamentos falados em voz alta. Ao contrário da crença popular, as alucinações não são específicas do diagnóstico de esquizofrenia. Essas experiências ocorrem em uma ampla variedade de transtornos, incluindo a depressão psicótica, o transtorno bipolar e o transtorno de estresse pós-traumático. As alucinações auditivas também foram observadas em uma grande variedade de condições orgânicas, incluindo transtornos neurológicos, perda auditiva, surdez e zumbido no ouvido. Os pacientes com zumbido geralmente dizem que suas alucinações são uma repetição de memórias passadas (Johns, Hemsley e Kuipers, 2002).

Existem, evidentemente, diferenças culturais substanciais na experiência de alucinações, tanto em termos da frequência com que são relatadas por pessoas que se consideram normais quanto na modalidade específica (auditiva ou visual), conforme relatos de clínicos em vários países (Satorius et al., 1986). Além disso, as alucinações foram descritas em uma ampla variedade de situações sem relação com a psicose. Uma pesquisa com viúvas e viúvos que haviam perdido seu cônjuge recentemente mostrou uma incidência elevada anormal de alucinações visuais ou auditivas com a pessoa falecida (Rees, 1971). Perto da metade dos sujeitos do estudo disse ter tido alucinações de forma visual ou auditiva, ou ambas, e por volta de 10% disseram ter tido conversas com a pessoa falecida. Rees não conseguiu encontrar nenhuma indicação de que os sujeitos estivessem sofrendo de algum transtorno psiquiátrico, como a depressão. Ensink (1992) estudou perto de 100 mulheres sobreviventes de incesto. A autora relatou que 28% dessas pacientes tinham alucinações auditivas e que 25% tinham alucinações visuais, com ou sem alucinações auditivas.

Uma comparação de não pacientes que ouviam vozes e pacientes psiquiátricos indica uma similaridade notável nas características físicas das vozes. Essa observação sugere que as alucinações podem estar em um *continuum* com a experiência normal. As principais características que as diferenciam são que as alucinações psicóticas tendem a ser mais negativas, costumam ser atribuídas a fontes externas, e seu conteúdo é compreendido literalmente, apesar de evidências do contrário ("você é o diabo"). Escher, Romme, Buiks, Delespaul e van Os (2002a) observaram que, embora muitos adolescentes ouvissem vozes, apenas aqueles que as atribuíssem a uma entidade externa eram propensos a desenvolver psicose posteriormente.

Qualidade vocal e conteúdo das alucinações

As alucinações auditivas podem ter uma ampla variedade de características. Geralmente, os pacientes dizem ouvir vozes faladas, mas alguns experimentam alucinações não verbais, na forma de uma variedade de sons: zumbidos, tinidos, batidas e, às vezes, até música. As palavras faladas que os pacientes descrevem consistem de uma ampla série de comentários, críticas, ordens, ruminações, preocupações e perguntas. Muitos pacientes dizem ouvir apenas palavras isoladas, geralmente com conteúdo depreciativo, como "babaca", "fracassado" ou "inútil". As frases com duas palavras costumam ter uma qualidade de comando, como "faça isso", "morra, vagabunda" ou "inútil, você". Certas alucinações podem ser contínuas no decorrer do dia e parecer ruminações. Um paciente, por exemplo, recebia ordens como "pegue o livro" e "escreva uma canção para mim", que persistiam continuamente. Esses comandos podem variar de instruções inócuas como "vá caminhar" a ordens instruindo a pessoa a violar a lei, machucar a si mesma ou outras pessoas. Outros pacientes podem ouvir um comentário repetido sobre o seu comportamento.

A voz também pode fazer uma pergunta. Quando começava o dia, um paciente ouvia a seguinte pergunta: "tem certeza de que você é quem diz ser?" e se sentia compelido a olhar no espelho. Outro ouvia a tranquilizante voz do seu médico dizendo: "se você está bem, eu estou bem". As vozes são na segunda pessoa ("você é ótimo") ou na terceira ("ele não sabe o que está fazendo"), mas não na primeira. Pode haver uma "conversa" envolvendo várias vozes diferentes, que podem se comunicar entre si com relação ao paciente. As vozes na terceira pessoa têm maior probabilidade de ocorrer em pacientes que têm fortes ideias de referência, que progridem para alucinações. Também são observadas em pacientes com tendência a ruminar ou a ter pensamentos obsessivos. Muitos pacientes dizem que somente ouvem vozes quando estão se sentindo mal. As vozes variam no volume e tom. Às vezes, podem ser pouco audíveis e, em outras, tão fortes que toda a atenção do paciente se concentra nelas. Um paciente contou que "a voz era tão alta que era como se estivesse gritando no meu ouvido. Eu tinha certeza de que as pessoas na sala ao lado tinham ouvido". O tom pode variar – por exemplo, de baixo, como uma voz de homem, a alto, como de mulher.

A frequência varia consideravelmente, mesmo para um único paciente. As alucinações podem continuar ao longo de um dia e aparecer pouco ou estar ausentes no outro. Alguns pacientes descrevem ouvir ruídos incessantes vindo pela parede (na ausência de evidências positivas) ou podem magnificar os sons (e sua significância) que são ouvidos normalmente entre apartamentos com paredes finas. Muitas vezes, os sons são atribuídos a incomodação de vizinhos. Um paciente ouvia ruídos vindo do apartamento do vizinho quando esfregava as mãos. Ele interpretava essa "intrusão" como um ataque deliberado em sua capacidade de desfrutar das sensações positivas que esperava ter ao esfregar as mãos. Alguns pacientes dizem ouvir sons de uma máquina supostamente operada por aqueles que o atormentam. Às vezes, os pacientes interpretam os ruídos feitos por outras pessoas como sinais com algum significado e, em outras ocasiões, os ruídos são transformados em vozes. Uma paciente, por exemplo, interpretava as risadas ou grunhidos de outras pessoas como mensagens depreciativas. Em outros momentos, ela percebia o mesmo tipo de sons não verbais como vozes dizendo "sua vagabunda".

Em outros casos, os pacientes ouvem vozes que fazem comentários ou críticas que costumam ouvir em suas vidas cotidianas. Uma paciente ouvia as vozes de diferentes médicos dizendo para ela "pare de trabalhar" antes de algumas sessões de terapia. Na realidade, os médicos haviam recomendado que ela largasse um trabalho temporário pelo estresse que criava em sua vida. O *agente* da voz, às vezes, é diferente das pessoas que fazem os comentários verdadeiros. Por exemplo, uma paciente ouvia uma voz desconhecida repetindo a frase "sua vagabunda", mas não sabia quem era o agente da voz. Ao entender o contexto da voz, observou que seu namorado a havia atacado verbalmente com a mesma frase. Outra paciente ouviu a voz de um general chinês dizendo "você é inútil" e "você é fraca" – os mesmos comentários críticos que ouviu de seu pai a vida inteira. Desse modo, as vozes podem refletir o conteúdo de uma memória remota ou um pensamento automático atual que o paciente tenha sobre si mesmo. O conteúdo da voz costuma ser semelhantes aos pensamentos automáticos que são observados em outros transtornos psiquiátricos, como a depressão, mania e fobia social. As vozes podem ser semelhantes aos pensamentos intrusivos observados no transtorno obsessivo-compulsivo (Baker e Morrison, 1998). Assim como o conteúdo das vozes pode variar de preocupações passadas a presentes, a origem temporal das vozes varia do passado distante à experiência mais imediata. Observamos que parece haver um *continuum* dos pensamentos intrusivos atribuídos a um agente externo às vozes. O conteúdo dessas "inserções de pensamentos" costuma ser semelhante ao das alucinações e pode ter o mesmo impacto nos sentimentos e comportamentos dos pacientes.

Ocorrência inicial e reativação das vozes

Na pesquisa sobre o grupo heterogêneo de indivíduos que tiveram experiências com alucinações auditivas, Romme e Escher (1989) observaram que as pessoas que ouviram vozes relatam que a experiência começa subitamente, em um momento que lembram bem. Esse acontecimento costuma ser chocante e provocar ansiedade. Um indivíduo relata o seguinte:

> Em uma manhã de domingo, às 10 horas, de repente foi como se eu recebesse um golpe forte e totalmente inesperado na cabeça. Eu estava sozinho e recebi uma mensagem – uma mensagem à qual até os cachorros torceriam o nariz. Fiquei instantaneamente em pânico e não consegui impedir que coisas horríveis acontecessem. Minha primeira reação foi: o que diabos está acontecendo? A segunda foi: provavelmente, estou apenas imaginando coisas. Então, pensei: não, você não está imaginando, você deve levar isso a sério. (p. 210)

Outra pessoa contou: "eles diziam todo tipo de coisas e faziam eu parecer ridículo. Eu estava no meio de uma guerra, mas estava determinado a vencer e continuei ignorando aquilo tudo" (p. 212). Nessa pesquisa, apenas 33% dos entrevistados conseguiram ignorar as vozes.

Assim como outros sintomas psiquiátricos, as alucinações podem ocorrer após estressores agudos. Muitos pacientes dizem que, na primeira vez, ouviram uma voz ou vozes depois de uma experiência traumática. O impacto imediato das vozes varia. Alguns indivíduos consideram as vozes úteis – pois ocorrem durante um período tranquilo "depois de um momento horrível" (Romme e Escher, 1989, p. 211). Para outros indivíduos, um tipo análogo de trauma evocou vozes que eram agressivas e hostis desde o início. Eles relatam que as vozes causavam um caos mental e chamavam tanta atenção que "mal conseguiam se comunicar com o mundo externo" (Romme e Escher, p. 211). As vozes podem se originar na infância e continuar até a idade adulta. Um de nossos pacientes ouviu a voz de seu avô pela primeira vez na infância, e continuou a ouvir a sua voz muito depois de o avô morrer. Com frequência, as vozes se originam na infância em resposta a traumas. Por exemplo, um paciente teve alucinações pela primeira vez aos 9 anos, quando estava sendo agredido por outros alunos no pátio da escola. Enquanto estava lá deitado no chão, viu uma imagem e ouviu a voz de um anjo da guarda, que lhe dizia: "você ficará bem e será protegido para sempre". Um paciente cujo irmão o chamava de "bobo" durante toda a infância ouviu a voz de seu irmão (ausente) dizendo "você é bobo". Outro paciente sofreu abuso sexual aos 6 anos, por um primo de 12 que cuidava dele. Quinze anos depois, ouvia duas vozes falando dele de maneira depreciativa.

As alucinações têm maior probabilidade de reocorrer em populações de pacientes e não pacientes durante períodos de estresse. De fato, qualquer uma das circunstâncias adversas que geram disforia, ansiedade ou exacerbação de sintomas presentes em indivíduos não psicóticos pode aumentar a probabilidade de que os pacientes psicóticos tenham alucinações. Certas situações específicas têm a probabilidade de ativar alucinações auditivas em pacientes com esquizofrenia. Depois da experiência alucinatória inicial, as vozes podem permanecer latentes por períodos variados de tempo, e se tornarem ativas novamente durante períodos de estresse. Dependendo das vulnerabilidades específicas do paciente, os incidentes desencadeadores podem variar, desde conflitos com familiares ou vizinhos, passando por problemas financeiros ou residenciais, a problemas na escola ou no trabalho. Delespaul, deVries e van Os (2002) usaram o *método da amostragem de experiência* para determinar as circunstâncias gerais que eram mais prováveis de desencadear as vozes. Entre elas, estar na presença de um grande número de pessoas (geralmente mais de duas ou três) ou, ao contrário, ficar sozinho. Estar só ou assistir televisão, por exemplo, promove a atenção em experiências internas, especificamente no fluxo de pensamentos. Como existe pouca distração do exterior para competir com os estímulos internos, a atenção do paciente se concentra em pensamentos, a ponto de se tornarem audíveis.

A exposição a uma situação grupal pode produzir uma sensação de vulnerabilidade a ser rejeitado, humilhado ou atacado. A interação específica entre a vulnerabilidade aos gatilhos e experiências da vida é semelhante à sequência observada em pacientes que sofrem de transtornos de ansiedade, de pânico, depressivo ou obsessivo-compulsivo. O medo de ser depreciado pode ativar vozes quando o paciente prevê que entrará em uma situação em que pode potencialmente ser observado. Evitando a situação, o paciente pode ter alívio das vozes críticas. Quando indivíduos que sofrem alucinações contemplam a ideia de estar em situações em que já ouviram vozes antes, sua recordação pode ativar a alucinação. Por exemplo, um paciente ficou ansioso quando foi a um *shopping center* onde havia ouvido vozes que lhe diziam para roubar. Enquanto caminhava pelo *shopping*, a visão das mercadorias ativou o sintoma anterior, e ele ouviu a voz novamente, ordenando que roubasse uma roupa de uma das prateleiras. Outro paciente ouviu vozes ameaçadoras durante um ataque de pânico, enquanto estava no metrô. Ele ouviu uma voz dizendo: "você vai morrer". Quando se aproximava da entrada daquela estação do metrô específica em outra ocasião, ouviu a mesma voz.

Comunicação e comunicador

Como as vozes são consideradas comunicações, o paciente em geral (mas nem sempre) infere *intenção* nelas, sejam benevolentes ou malévolas (Chadwick et al., 1996). A suposta fonte das alucinações pode variar de pessoas conhecidas, desconhecidas ou mortas, entidades sobrenaturais, como Deus, o diabo, ou um anjo da guarda, a máquinas, como rádios ou satélites, ou ainda ideias esotéricas, como um *chip* implantado na cabeça ou algo que cresceu no dedo. Em alguns casos minoritários, os pacientes não tentam identificar um comunicador. A voz normalmente se parece com a de alguém familiar para o paciente: um parente, vivo ou morto; um inimigo; um ex-namorado; um estranho. Alguns pacientes identificam a voz como sendo de ancestrais, outros, de supostos conspiradores no local de trabalho. Os pacientes podem atribuir as comunicações a uma entidade mítica ou sobrenatural. Quando reconhecem a voz de uma pessoa conhecida, a mensagem costuma condizer com o que se lembram de ouvir a pessoa dizer no passado. Um paciente ouviu uma voz que o repreendia: "as crianças não devem fazer barulho" e "não fale até que falem com você". A voz era de uma tia, agora morta, que o disciplinava quando criança. Um paciente pode não identificar o comunicador da voz inicialmente, mas pode descobrir a sua origem ao explorá-la com um terapeuta. Mesmo quando se descobrem os antecedentes históricos da voz, a pessoa ou as pessoas que falam podem permanecer anônimas.

O conteúdo das vozes pode ser rastreado a episódios traumáticos remotos, como *bullying*, estupro ou outras formas de abuso. Um paciente, por exemplo, era chamado de "mongoloide" por alguns alunos na escola. Quando ficava psicótico, ouvia as vozes de seus colegas chamando-o de "estúpido", "fracassado", "mongoloide" e também um comando: "mate-se". Nem sempre existe correspondência entre a voz da suposta pessoa e o tipo de afirmações que o indivíduo faria na vida real. Por exemplo, um paciente ouvia a voz do seu pai dizendo "você é um vagabundo", mas ficava surpreso, pois seu pai nunca falava assim com ele. Para alguns pacientes, o agente da voz é anônimo. Embora a maioria dos pacientes tente identificar o comunicador e possa formar um delírio elaborado a respeito, outros podem questionar a sua identidade: "quem estaria dizendo essas coisas sobre mim?". Com o tempo, a experiência alucinatória pode se tornar mais complexa. Em outros casos, o paciente ouve as vozes e forma um relacionamento pessoal e tem conversas com elas (Nayani e David, 1996).

TEORIAS PSICOLÓGICAS DAS ALUCINAÇÕES

As três principais teorias dos mecanismos psicológicos da formação de alucinações giram em torno de (1) imagens auditivas, (2) monitoramento da fonte e (3) o circuito fonológico. Mintz e Alpert (1972) e Young e colaboradores (1987) relatam que os indivíduos que têm alucinações respondem de maneira anormal a sugestões acerca dos eventos auditivos. Porém, a observação de imagens muito vívidas nesses indivíduos não foi consubstanciada por outros autores. Frith e Done (1989b) propuseram que as alucinações auditivas resultam de um mecanismo neuropsicológico deficiente associado ao monitoramento da fala. Todavia, as pesquisas que sustentam esse déficit se aplicam a pacientes com psicose em geral, e não exclusivamente àqueles com alucinações auditivas. Bentall (1990) propôs que as alucinações estão relacionadas com problemas no monitoramento da fonte do material verbal. O conceito de monitoramento da fonte deriva da literatura psicológica (Johnson, Hashtroudi e Lindsay, 1993) e pode ser aplicado à discriminação da realidade dos acontecimentos externos (públicos) e experiências internas (privadas). Embora os experimentos pareçam confirmar a aplicação dessa teoria às alucinações, outras interpretações teóricas parecem mais parcimoniosas.

Tem sido dada bastante atenção para os mecanismos da "fala interna". Baddeley (1986) sugere que a fala interna consiste de dois subcomponentes distintos da memória de trabalho: um estoque de *input* fonológico capaz de representar a fala por um período breve, e um circuito articulatório, por meio do qual as informações no estoque fonológico podem ser atualizadas antes de desvanecerem. Entretanto, testes dessa aplicação teórica às alucinações, realizados por Haddock, Slade, Prasaad e Bentall (1996), não sustentam essa hipótese.

QUADRO 4.1 Alucinações: precursores, formação e manutenção

- Precursores
  - Predisposição a imagens auditivas
  - Esquemas cognitivos hiperativos
  - Perceptualização
- Fixação inicial
  - Conclusão prematura
  - Confiança exagerada
  - Viés externalizante
  - Teste da realidade deficiente
- Manutenção
  - Crenças delirantes sobre agente
  - Crenças sobre vozes
  - Expectativas
  - Relacionamento com as vozes
  - Comportamentos de segurança
  - Estressores externos
  - Vieses de raciocínio

UM MODELO COGNITIVO DAS ALUCINAÇÕES

Como alternativa às teorias unitárias apresentadas, que não se mostraram adequadas para explicar os fenômenos alucinatórios, propomos um modelo cognitivo abrangente da formação inicial e manutenção de alucinações auditivas. Os componentes desse modelo são listados no Quadro 4.1.

- *Predisposição a imagens auditivas*: os pacientes que sofrem alucinações têm um limiar baixo para a geração de imagens mentais não intencionadas, conforme indicado por seu histórico de imagens auditivas (e visuais) que pareciam reais ou quase reais.
- *Crenças e cognições hiperativas*: esquemas (formados com frequência, mas não, necessariamente, em resposta aos acontecimentos de vida) geram "cognições quentes", algumas das quais são transformadas em imagens auditivas.
- *Perceptualização*: algumas dessas cognições hipervalentes excedem o limiar para o imaginário involuntário e são vivenciadas como sendo idênticas a sons externos.
- *Desinibição*: os controles normais do imaginário involuntário são fracos e, consequentemente, facilitam o processo de perceptualização.
- *Viés externalizante*: a tendência de atribuir experiências psicológicas incomuns a um agente externo reforça a crença na origem externa.

- *Teste da realidade deficiente*: falhas na detecção e correção de erros, confiança exagerada no juízo e ausência de reavaliação permitem que a crença inicial nas origens externas das vozes permaneça sem ser corrigida (por padrão).
- *Vieses de raciocínio*: raciocínio circular e conclusões derivadas de raciocínio emocional e somático sustentam a crença na origem externa.
- *Progressão da cognição quente para vozes*: os pensamentos automáticos negativos ativados na depressão e os pensamentos intrusivos no transtorno obsessivo-compulsivo são o tipo de cognições quentes que se transformam facilmente em alucinações.

Predisposição a imagens mentais auditivas

É evidente que os indivíduos que sofrem alucinações têm uma predileção especial por imagens mentais auditivas *involuntárias*, principalmente as indesejadas. Contudo, a literatura relacionada com as imagens mentais auditivas *volitivas* é inconsistente. Alguns estudos (discutidos a seguir) indicam que esses indivíduos tendem mais que os normais a produzir imagens auditivas vívidas quando ativados para tal, enquanto outros estudos contradizem essas observações. De qualquer forma, por todas as definições, os indivíduos que sofrem alucinações estão sujeitos a ter imagens auditivas involuntárias – mesmo que não sejam especialmente adeptos de imagens auditivas intencionais. Além disso, estudos (discutidos a seguir) mostram uma tendência incomum para as imagens mentais involuntárias nas modalidades auditiva e visual nesses indivíduos.

Experimentos com imaginário auditivo volitivo realizados por Barber e Calverly (1964) proporcionam o protótipo para estudos posteriores com grupos patológicos. Os autores instruíram estudantes de secretariado a imaginar um disco tocando "White Christmas" e observaram que 5% dos sujeitos acreditaram que a música realmente vinha do toca-disco. Mintz e Alpert (1972) repetiram o experimento com pessoas com esquizofrenia, com e sem alucinações, e observaram que 95% dos indivíduos com alucinações disseram ter pelo menos uma "impressão vaga" do disco tocando, comparados com 50% dos indivíduos que não tinham alucinações. De particular interesse, 10% dos indivíduos com alucinações (e nenhum dos que não tinham) acreditavam que o disco havia tocado realmente.

Young e colaboradores (1987) repetiram o estudo de Mintz e Alpert (1972) com uma amostra não clínica, usando "Jingle Bells" como a canção ouvida. A Laudnay-Slade Hallucinations Scales (LSHS) foi usada em vários estudos como medida da predisposição a alucinações. Dentre os itens da escala, estão: "às vezes, meus pensamentos parecem tão reais quanto os acontecimentos verdadeiros da minha vida" e "com frequência, escuto uma voz falando meus pensamentos em voz alta". Os autores pediram para os sujeitos imaginarem que estavam ouvindo uma gravação da canção em um fone de ouvido real, conectado a um gravador que ficava desligado durante o experimento. No primeiro experimento, 5% dos indivíduos com os escores mais altos na LSHS relataram que ouviram música, comparados com 0% dos indivíduos com escores mais baixos. Os indivíduos com os maiores escores também obtiveram escores mais altos em vários testes de sugestividade. Os autores repetiram esse experimento com pacientes com esquizofrenia, com e sem alucinações. Embora os indivíduos com alucinações tenham apresentado um grau significativamente maior de imagens mentais (30% comparado com 0%) do que os indivíduos sem alucinações, o estudo de Young e colaboradores não foi tão notável quanto o experimento de Mintz e Alpert com "White Christmas". Os indivíduos que sofriam de alucinações também tiveram escores significativamente mais altos em um teste de sugestionabilidade.

Apesar dessas observações vigorosas, vários estudos mais recentes não consubstanciaram a noção de que os indivíduos propensos a ter alucinações auditivas ou pacientes com alucinações teriam imagens auditivas mais nítidas (volitivas). Por exemplo, Slade (1976) observou que, embora os pacientes psicóticos tenham relatado imaginário mais vívido do que um grupo controle, não houve diferenças entre pacientes com e sem alucinações. Brett e Starker (1977) também não encontraram diferenças significativas em diversas medidas do imaginário volitivo entre grupos de pacientes esquizofrênicos com alucinações, pacientes esquizofrênicos sem alucinações e controles. De maneira interessante, os pacientes com alucinações apresentaram escores de nitidez significativamente *mais baixos* para questões interpessoais emocionais e controlabilidade significativamente menor, em comparação com os outros dois grupos. Starker e Jolin (1982) não encontraram evidências de maior nitidez no imaginário auditivo volitivo em pacientes esquizofrênicos com alucinações, mas observaram imagens mentais *menos* nítidas nesse grupo para questões com conteúdo imagístico neutro. Outras evidências desconfirmatórias foram publicadas por Böcker, Hijman, Kahn e de Haan (2000) e Aleman, Böcker e de Haan (2001). Em resumo, os indicadores precoces da maior nitidez em alucinações auditivas produzidas *voluntariamente* não foram observados em estudos posteriores.

Todavia, como as alucinações da psicose são não intencionais, é mais adequado estudar alucinações involuntárias do que alucinações volitivas. É mais produtivo, por exemplo, abordar a questão de se as alucinações *não intencionais* podem ser evocadas em indivíduos propensos a alucinar e indivíduos que têm alucinações em experimentos laboratoriais, dado que as alucinações involuntárias ativadas se aproximariam mais dos fenômenos vivenciados pelo paciente. Diversos estudos sustentam a hipótese de que os sujeitos propensos a alucinações e os pacientes com alucinações têm uma tendência incomum a apresentar *imagens mentais involuntárias* ou não intencionais nos domínios auditivo e visual. Bentall e Slade (1985) administraram um teste de detecção de sinais auditivos, usando ruído branco e intrusões periódicas de uma voz em indivíduos com escores elevados e baixos na LSHS, e observaram que os indivíduos com escore elevado tinham significativamente maior probabilidade de perceber uma voz que não existia (falso alarme). O mesmo experimento, administrado a pessoas com e sem alucinações, mostrou que os indivíduos com alucinações apresentaram significativamente mais percepções errôneas de uma voz do que os que não têm alucinações. Um estudo semelhante publicado por Rankin e O'Carroll (1995) também mostrou que sujeitos com escores altos com tendências à alucinação (medida pela LSHS) superestimaram a presença de um sinal verbal. Um estudo de Margo, Hemsley e Slade (1981) indicou que os indivíduos propensos a ter alucinações tinham maior probabilidade que os controles de experimentar alucinações auditivas espontâneas quando expostos a ruído branco. Em uma linha um pouco diferente, Feelgood e Rantzen (1994) observaram que os indivíduos propensos a ter alucinações tinham maior probabilidade que os controles de perceber palavras distorcidas como palavras reais.

Em suma, esses estudos indicam que, comparados com os indivíduos que não desenvolvem alucinações, os pacientes predispostos a alucinar são propensos a responder com alucinações auditivas a estímulos auditivos ambíguos. Como os indivíduos com alucinações têm a tendência de se concentrarem excessivamente em estímulos auditivos, sua hipervigilância pode refletir na expectativa de ocorrência de uma voz. Essa expectativa pode fazê-los interpretar os sons incorretamente como vozes. Além disso, o foco dirigido para estímulos auditivos ambíguos, sejam vozes ou sons não vocais, pode estimular o imaginário suficientemente para exceder o limiar da percepção auditiva verbal. Por outro lado, a exposição a "ruído branco" pode reduzir o limiar para o imaginário auditivo, eliminando outros estímulos que possam distrair – como em experimentos com isolamento. Os pacientes parecem entrar em um "modo de escuta" antes de uma situação em que esperam ouvir vozes. Um paciente, por exemplo, previa que seus vizinhos começariam a falar dele quando voltasse de sua caminhada. Ele começava a procurar vozes naquele momento, e começava a ouvi-las. Esse exemplo ilustra como a hipervigilância e as expectativas se combinam para ativar as vozes (ver Arieti, 1974).

Os indivíduos que sofrem alucinações são especialmente susceptíveis a ter alucinações auditivas quando privados de estímulo auditivo externo. Starker e Jolin (1983) obtiveram exemplos de pensamentos de pacientes que foram deixados a devanear com estímulos externos limitados (ficavam em uma sala silenciosa, sentados de frente para uma parede branca) por 15 minutos. Os pesquisadores observaram uma ocorrência maior de imagens mentais auditivas em pacientes esquizofrênicos com alucinações (em comparação com pacientes sem alucinações), mas nenhuma evidência de que seu imaginário fosse mais nítido do que o dos pacientes sem alucinações. Esse experimento apoia a noção de que a ausência de estímulos competidores abaixa o limiar de percepção auditiva de estímulos internos.

Estudos também mostram a relação entre a fala interna e as alucinações. Gould (1950) e Inouye e Shimizu (1970) demonstraram uma relação entre as alucinações e a ativação do órgão de produção da fala encoberta. McGuigan (1978) encontrou os mesmos resultados para o pensamento normal. O fato de que os testes verbais podem bloquear a subvocalização e as alucinações auditivas foi demonstrado por Margo e colaboradores (1981) e depois por Gallagher, Dinan e Baker (1994).

Aleman (2001) sugere que o imaginário e a percepção estejam intimamente relacionados em sujeitos propensos a ter alucinações e, assim, são mais difíceis de serem distinguidos. O autor também apresentou evidências de que, quando o imaginário volitivo é mais saliente do que uma percepção real, o paciente tem maior probabilidade de ter alucinações ativamente. Por isso, é o equilíbrio relativo entre o imaginário e a percepção que contribui para a formação das alucinações. As observações de que o imaginário auditivo baseia-se nas áreas auditivas do lobo temporal e que os estudos de alucinações com neuroimagem mostram atividade nessas áreas condizem com a tese de que os processos do imaginário desempenham um papel importante na formação das alucinações. Kosslyn (1994) também observou que o imaginário e a percepção basicamente compartilham as mesmas estruturas de processamento no cérebro. A sobreposição funcional do imaginário e da percepção aumenta a possibilidade de que, em certas condições, uma imagem mental possa ser confundida com uma percepção.

Também foi demonstrada a relação fisiológica entre o imaginário volitivo e as alucinações não intencionais. Shergill, Cameron e Brammer (2001) utilizaram neuroimagem funcional com pacientes com alucinações e concluíram que as alucinações auditivas podem ser mediadas por redes distribuídas em áreas corticais e subcorticais. Eles também afirmam que o padrão de ativação observado durante as alucinações auditivas era notavelmente semelhante ao observado quando voluntários saudáveis imaginam outra pessoa falando com eles (imaginário verbal auditivo). Essa observação dá apoio à hipótese de que as alucinações auditivas são uma expressão da "fala interna". Os autores também mostram que não ocorre ativação da área suplementar motora durante as alucinações auditivas, especulando que essa falta de ativação pode estar relacionada com a falta de consciência de que foi gerada fala interna.

Esquemas cognitivos hiperativos

Para entender os mecanismos envolvidos na formação de alucinações, deve-se considerar o papel da organização cognitiva em prover a matriz para os fenômenos. A organização cognitiva, de um modo geral, consiste de suborganizações de representações embutidas nos esquemas cognitivos que dizem respeito às relações dos indivíduos com o mundo exterior e consigo mesmos (Beck, 1996). O conteúdo dos esquemas varia da representação concreta (uma pessoa) para a abstrata (justiça) e envolve memórias episódicas e procedurais e sistemas de fórmulas e regras. As representações de orientação externa extraem dados relevantes sobre as relações dos indivíduos e os integram em informações significativas. Em comparação, as representações internas fornecem dados essenciais relevantes para as relações dos pacientes consigo mesmos. Quando um dos esquemas (representações) é ativado, ele evoca uma cognição derivativa: uma memória, uma regra, uma expectativa. As cognições de orientação externa apresentam-se como medos, previsões e projeções das avaliações das outras pessoas. Já as cognições internas assumem a forma de autoavaliações, autocontrole, ordens e proibições, autocríticas e elogios. Esses tipos de cognições ocorrem normalmente nos indivíduos, mas tendem a ser acentuados em pessoas com psicopatologia. Além disso, também proporcionam o conteúdo das alucinações.

Quando ativados, os esquemas conferem significado às experiências. Quando hiperativos, podem apropriar-se do processamento central de informações e gerar interpretações (cognições) congruentes com o seu próprio conteúdo, em vez da realidade exterior. Quando existe psicopatologia, certos esquemas idiossincráticos se tornam dominantes e causam as cognições típicas dos transtornos: cognições autodepreciativas acompanham a depressão; cognições autoengrandecedoras, a mania; cognições relacionadas com o perigo, a ansiedade; cognições relacionadas com perigos específicos, as fobias; cognições persecutórias, a paranoia; advertências e dúvidas, o transtorno obsessivo-compulsivo; *flashbacks*, o transtorno de estresse pós-traumático. Essas cognições específicas costumam ser proeminentes na psicose, bem como nos transtornos não psicóticos. Sejam normais ou anormais, os esquemas também podem conter memórias ou fragmentos de memórias. O comunicador percebido pelo paciente pode ser extraído de um esquema da memória remota ou de uma entidade contemporânea.

As regras específicas que os pacientes aplicam a si mesmos também podem influenciar o conteúdo específico das vozes. Uma paciente seguia a rígida regra: "se não estiver perfeito, você fracassou". Sempre que percebia um erro no que fazia, vozes críticas eram desencadeadas, dizendo: "você não faz nada direito" e "você é um completo fracasso". Outro paciente, que tinha a seguinte regra: "não é aceitável decepcionar seus pais", ouvia as vozes de parentes mortos, reprimindo-o sempre que se lembrava de ter faltado à aula ou usado drogas.

Determinados acontecimentos desencadeiam os esquemas típicos de um transtorno específico e levam ao tipo de cognições descrito. Todavia, mesmo na ausência de gatilhos, certos esquemas permanecem hiperativos e guiam o conteúdo do fluxo de consciência. Assim, muitos pacientes deprimidos continuam a ruminar sobre seus fracassos, ao passo que os pacientes ansiosos mantêm seus medos e preocupações. Cognições menos dramáticas, como comandos, avaliações e reflexões, também são derivadas de esquemas ativados. Todos esses tipos de cognições podem ser transformados em percepções na forma de alucinações verbais. Com alguma frequência, vários esquemas ativados, que normalmente pareceriam um diálogo interno, são perceptualizados: um aspecto como um pensamento, outro como uma voz. Os pacientes podem vivenciar suas auto-observações como um comentário audível a seu respeito. A característica crucial das cognições alucinadas é que o eu é percebido como o objeto (receptor) em vez de gerador da voz. Como a mensagem é voltada para o paciente, ela assume a forma da segunda ou terceira pessoa: *tu/você* ou *ele/ela*.

A progressão de cognições quentes para vozes

Um considerável corpo de observações clínicas, bem como resultados experimentais, indica que as alucinações são representativas da "voz interior", pensamentos que ocorrem no fluxo de consciência, "saltam" espontaneamente, ou são respostas a situações estimuladoras – e se tornam audíveis. Os pacientes propensos a ter alucinações podem ter a mesma sequência de pensamentos que outras pessoas, mas seu pensamento ou conclusão final pode se transformar em uma voz externa. Uma mulher, por exemplo, estava fazendo um trabalho manual e ficou frustrada quando teve dificuldades. Ela pensou: "não consigo fazer nada direito. Sou estúpida". Depois dessa cognição carregada, ela ouviu uma voz dizendo: "você não consegue fazer nada direito". Como esses pensamentos desencadeiam uma resposta emocional, eles são rotulados como *cognições quentes*.

Os *pensamentos* na primeira pessoa ("sou um derrotado") podem progredir para uma *voz* na segunda pessoa ("você é um derrotado"), mas os pensamentos automáticos críticos costumam já ser formulados na segunda pessoa. Muitos pensamentos automáticos são dirigidos ao paciente como objeto: por exemplo, "você é um burro". As vozes na terceira pessoa costumam se desenvolver a partir de ideias de referência. Um paciente que observou pessoas olhando para ele pensou: "elas estão falando de mim", e depois ouviu vozes dizendo: "ele é preguiçoso". Ele projetou nelas o que *ele* pensava que estavam pensado dele. Uma alucinação pode evoluir a partir de um medo. Um paciente tinha medo de que outras pessoas pensassem que ele era homossexual e ouvia uma voz dizendo: "ele é bicha". As vozes na terceira pessoa também podem consistir de observações triviais sobre o paciente: "agora ele está se vestindo... lavando o rosto... escovando os dentes". Esse tipo de alucinação tende a ocorrer em indivíduos ruminantes obsessivos e reflete suas observações automáticas sobre si mesmos.

Às vezes, uma cognição específica é experimentada como um pensamento automático e, às vezes, como uma alucinação. Se a cognição está particularmente saliente no momento ou o limiar de perceptualização é baixo, pode-se formar uma alucinação. Também se deve observar que certas ideias ocorrem apenas como alucinações e parecem estranhas e incompreensíveis para o paciente. Um homem com alucinação, por exemplo, às vezes ouvia uma garotinha chorando e, em outras, ouvia a voz de um adolescente chamando-o de "tarado" ou "bicha". O conteúdo de ambas alucinações era derivado de esquemas da memória que incorporavam experiências traumáticas anteriores (assistir a uma garotinha sofrer abuso e não intervir; sofrer abuso verbal de colegas da classe). Na maioria dos casos, o conteúdo das vozes e pensamentos automáticos é semelhante, exceto pela transformação da primeira pessoa para a segunda ou terceira. Porém, embora o conteúdo das cognições e vozes possa ser semelhante ou mesmo idêntico, a experiência dos pensamentos automáticos e das alucinações é totalmente diferente. Não apenas a qualidade sonora é diferente, como as vozes são experimentadas como acontecimentos reais, externos a si mesmo.

Quando os pacientes têm um debate ou diálogo interno, o lado mais forte pode se transformar em uma alucinação. Em um tipo de diálogo interno, a "voz de autoridade", na forma de ordens, críticas ou avaliações, normalmente prevalece e pode se tornar audível. Um paciente que se aproximava de uma máquina de venda de bebidas pensou: "devo comprar um refrigerante ou água?" e ouviu a seguinte ordem: "compre a água". Em outras ocasiões, a resposta autoindulgente pode ser vocalizada. Às vezes, a cognição mais permissiva é dominante. O mesmo paciente, sentado na sala de grupo, pensou: "eu não devo comer outro lanche" e depois ouviu a voz indulgente dizer: "pode comer o lanche".

Com frequência, as dificuldades cotidianas dos pacientes desencadeiam respostas críticas. Uma paciente estava apurando para se aprontar para a escola e ficando cada vez mais estressada, quando pensou: "vou me atrasar e minhas amigas vão ficar decepcionadas". Então, ouviu uma voz dizendo: "você pensa demais... você é rígida demais". Desencorajada, ela se retraiu, ligou o aparelho de som, e foi para a cama. Outros pacientes, ao contrário, têm alucinações de grandiosidade quando confrontados com problemas acerca da sua adequação ou desejabilidade social. Um estudante, frustrado em seu esforço para resolver um problema de aritmética, pensou: "nunca vou conseguir". Então, ouviu uma voz: "mas você é um gênio". A imagem positiva evidentemente foi uma compensação por sua sensação de fracasso. Se os pacientes estão deprimidos, o fluxo de pensamentos na psicose pode ser semelhante a cognições depressivas (Beck, 1976), por exemplo: "você não presta", "ninguém gosta de você", "você é um completo fracasso". Um estudo relevante de Waters, Badcock, Mayberry e Michie (2004) indica uma elevada correspondência entre alucinações depressotípicas e a presença de depressão.

Essas vozes muitas vezes fazem afirmações que seguem um *continuum* temático com os comentários de outras pessoas, assim como os pensamentos automáticos consequentes. Uma paciente, por exemplo, estava dando uma caminhada com o seu pai, quando ele disse: "você não está doente, você só é frágil". Seus pensamentos automáticos eram "não consigo fazer nada direito" e "sou tão fraca". Ela começou a se sentir triste e impotente. Quando retornou para casa, ela se isolou em seu quarto e ouviu a voz dizer (identificada como sendo a voz de seu pai): "você está sempre doente", "você é ingrata" e "você é um fardo". Nesse momento, a combinação do abaixamento do limiar de perceptualização (discutido na próxima seção) como resultado do isolamento social e a recordação hiperativada da crítica do seu pai coalesceram na formação da alucinação. Muitos pacientes, especialmente se estiverem com humor deprimido, ouvem vozes quando estão sós e ruminando. Um jovem que recentemente havia perdido o pai ficava na cama, pensando sobre seu pai e sentindo muito a sua falta. Pensava: "o papai fez tanta coisa por mim, mas eu estava doente e não pude dar nada em retorno". Quando pensou para si mesmo: "sou completamente inútil", ouviu a voz do pai dizer "você me abandonou". Mais uma vez, o limiar reduzido, devido ao seu isolamento, permitiu que a cognição altamente carregada se transformasse em uma alucinação.

O conteúdo das vozes pode ser semelhante aos pensamentos encontrados em outros transtornos psiquiátricos. Pensamentos repulsivos, profanos e alheios ao ego, como aqueles encontrados no transtorno obsessivo-compulsivo, podem assumir uma forma alucinatória em pacientes com esquizofrenia, como "durma com a sua mãe", "Deus não existe" e "limpe o banheiro". Pacientes com uma tendência mais paranoide podem ter pensamentos agressivos que ativam vozes expressando medo de retaliação. Um paciente que caminhava por uma ciclovia viu uma bicicleta se aproximando e teve o seguinte pensamento sobre o ciclista: "se você não sair da frente, vou lhe dar um tapa na cara". Então, ouviu a voz de um homem dizendo alto: "Você quer me dar um tapa na cara?". Pacientes com características de fobia social podem ter pensamentos automáticos semelhantes aos de pacientes não psicóticos com fobias sociais, podendo ter alucinações que parecem transmitir os pensamentos desfavoráveis de outras pessoas sobre o paciente: "você é estranho", "você parece estúpido", "você não sabe que faz todo mundo se sentir desconfortável?", e coisas do gênero. Pacientes submetidos a traumas precoces, como *bullying* ou estupro, podem manter uma memória audível das declarações do seu agressor. Um paciente, por exemplo, ouvia as vozes de seus atacantes chamando-o de "esquisito", e continuou a ter pensamentos com o mesmo conteúdo das alucinações depois que elas desapareceram com a farmacoterapia.

Perceptualização

A perceptualização auditiva e visual costuma ser vista como um processo complexo, que converte ondas sonoras ou luminosas de origem externa e recebidas pelos órgãos sensoriais em imagens mentais. Todavia, uma percepção não é um espelho fiel da realidade externa. O que percebemos como real pode ser uma distorção grosseira dos padrões reais de estímulos externos. Certos processos mentais podem imitar os sinais que normalmente são transmitidos para os órgãos da sensação. As alucinações, por exemplo, são experimentadas como se fossem devidas à estimulação sensorial por fontes externas. É óbvio que a formação de uma percepção não depende necessariamente da estimulação dos órgãos sensoriais.

Como podem fenômenos com origem interna ser experimentados como idênticos a fenômenos derivados externamente? As respostas parecem apontar para algum tipo de sistema de processamento central, que é receptivo não apenas aos sinais dos sentidos, mas também de fontes puramente endógenas. O reconhecimento de objetos externos, por exemplo, exige não apenas o estímulo do objeto, como uma correspondência com a representação (esquema) relevante nas organizações cognitivas. Se um determinado esquema está hiperativo, ele pode intrometer-se no sistema de processamento e gerar uma correspondência falsa. Se, por exemplo, espero receber um telefonema, posso ouvir o telefone tocar, mesmo que não toque. A percepção representa uma correspondência com a expectativa, e não com o estímulo externo.

Em casos clínicos, podemos observar uma progressão de uma pseudocorrespondência esporádica para as distorções mais sérias. Pacientes com ideias de referência podem perceber incorretamente a fala de outras pessoas (e outros sons, como tosse ou espirro) como um comentário a seu respeito. A representação verbal interior de "o que as pessoas pensam de mim" supera o estímulo externo real e produz uma imagem mental auditiva ("ele é um derrotado") tão real quanto a transmissão de sons verdadeiros. Quando as representações internas cooptam o sistema de processamento cognitivo, elas criam uma reprodução falsa do mundo externo da visão e do som – uma alucinação visual ou auditiva.

A característica mais intrigante das alucinações auditivas dos pacientes não é seu conteúdo, que geralmente é extraído da memória ou do fluxo de consciência, mas a qualidade e a identidade das vozes. Eles identificam essas vozes, que raramente se parecem com as suas próprias vozes, como familiares ou desconhecidas, masculinas ou femininas (ou ambas) individuais ou múltiplas, jovens ou velhas, ou sobrenaturais (demônios, Satã, Deus). Em um certo grau, a mesma criatividade manifestada nos sonhos se expressa na formação de alucinações. Na maioria dos casos, os pacientes identificam a pessoa que fala como contemporânea ou do passado, mas, em alguns casos, sua identidade é totalmente desconhecida. A versatilidade na identidade das vozes pode ser comparada com a originalidade na escolha dos personagens e da ação em um sonho.

Seikmeier e Hoffman (2002) apresentaram evidências persuasivas de que a conectividade neural é reduzida na esquizofrenia por conta da poda excessiva de neurônios durante a adolescência em indivíduos propensos a ter esquizofrenia. Eles postulam que a hipersaliência neural que resulta em alucinações pode ser consequência da redução na conectividade. Hoffman e Cavus (2002) e R. E. Hoffman (comunicação pessoal, 26 de agosto de 2002) também apresentam (Hampson, Anderson, Gore e Hoffman, 2002) evidências preliminares de que

> as áreas de Broca e de Wernicke estão excessivamente pareadas em indivíduos que ouvem vozes (i.e., que o curso temporal de suas ativações está mais altamente correlacionado do que em indivíduos normais). É como se essas duas áreas cerebrais estivessem se alimentando reciprocamente de informações e fizessem menos uso dos *inputs* de outras partes do cérebro – em essência, que elas compõem um circuito (semi)autônomo ... [Especulamos] que a área de Broca (como uma área produtora da linguagem) está "despejando" representações linguísticas na área de Wernicke, como uma área de percepção da fala [auditiva], criando assim percepções alucinatórias de linguagem falada. (R. E. Hoffman, comunicação pessoal, 26 de agosto de 2002)

É concebível que a hiperativação proposta por Hoffman e seu grupo possa ser mediada por transmissões excessivas de dopamina (além de outras substâncias neuroquímicas). Kapur (2003, p. 16) apresenta evidências de que a "saliência anormal das representações internas de percepções e memórias" pode ser resultado da transmissão excessiva de dopamina. Em apoio a essa tese, observa que a redução da produção de dopamina é um dos mecanismos que medeia a efetividade dos antipsicóticos. A saliência anormal que Kapur descreve é bastante semelhante às cognições hipersalientes (quentes) descritas neste capítulo.

A variabilidade na experiência de alucinações sugere uma variabilidade correspondente no *limiar* de perceptualização. Os pacientes não descrevem uma transformação gradual perfeita dos pensamentos em alucinações. O aparente caráter intermitente das vozes sugere o funcionamento de um limiar de perceptualização, que pode variar consideravelmente, dependendo de fatores endógenos ou exógenos. O limiar é reduzido, por exemplo, por fadiga, estresse, redução na estimulação externa e fatores emocionais, como a ansiedade, raiva e depressão (Slade e Bentall, 1988). A outra contribuição importante para a perceptualização das cognições é a pressão das cognições hipersalientes. Assim, a combinação de um baixo limiar para a perceptualização e uma ativação maior das crenças subjacentes pode fazer com que uma cognição hipersaliente "cruze a barreira do som".

Desinibição

Conforme apontado por Behrendt (1998), os estímulos externos normalmente impõem uma barreira a essas percepções falsas. Todavia, quando um indivíduo está dormindo, essas barreiras estão ausentes, e as representações internas assumem o controle do sistema perceptivo. A formação dos sonhos compartilha semelhanças com a produção de alucinações no estado de vigília. Os sonhos demonstram que o indivíduo vivencia os eventos endógenos como se estivessem ocorrendo verdadeiramente no mundo real. Além disso, também mostram a versatilidade dos processos perceptivos para criar novas imagens mentais auditivas e visuais. As alucinações, contudo, são mais restritas e repetitivas, ao passo que os sonhos são ilimitados em seu uso criativo de imagens e narrativas.

Os pacientes com esquizofrenia também apresentam deficiências na capacidade de inibir diversos processos mentais adequadamente. Esse fenômeno foi observado clinicamente, mas também foi demonstrado de forma experimental. Evidentemente, nesses pacientes há um déficit tanto na inibição consciente quanto na automática (Badcock, Waters, Maybery e Michie, 2005; Waters, Badcock, Michie e Maybery, 2006). Em um artigo produtivo, Frith (1979) propõe que a inibição cognitiva deficiente leva a uma "hiperconsciência", que se manifesta em alucinações e delírios. Esse artigo, combinado com outros estudos relevantes para a esquizofrenia em geral, indica uma vulnerabilidade especial aos processos desinibitórios em indivíduos propensos a ter alucinações. Gray e colaboradores (1991, p. 3) propuseram um modelo mais complexo, que envolve a "incapacidade de inibir a intrusão de material da memória de longa duração". Os autores sugerem uma anormalidade da transmissão de dopamina nesse processo. Weinberger (1996) propõe que uma anormalidade no desenvolvimento neurológico leva ao comprometimento do controle inibitório do sistema de dopamina mesolímbico envolvido na gratificação e punição, resultando em sintomas hipersalientes. Essa teoria é significativa, posto que o conteúdo das alucinações geralmente é ou gratificante ou aversivo.

Badcock e colaboradores (2005) e Waters e colaboradores (2006) demonstraram uma falta significativa de inibição intencional em pacientes com esquizofrenia que tinham alucinações auditivas. Esse déficit foi avaliado por dois testes diferentes: o primeiro envolvia suprimir a resposta plausível em um teste de completar sentenças, e o segundo, inibir uma memória adequada em um teste da memória. Os pacientes tiveram desempenho significativamente pior que os controles normais e também apresentaram correlações positivas significativas entre um índice de gravidade de alucinações auditivas e os erros nos dois testes. Um aumento na gravidade das alucinações auditivas foi associado a comprometimento maior do controle inibitório. Essas observações, que podem ser características da esquizofrenia em geral (como os autores não incluíram um grupo esquizofrênico sem alucinações, essa é uma possibilidade), podem indicar uma dificuldade geral em executar tarefas com esforço específicas relacionadas com o processamento não automático (ou secundário).

Braff (1993) propôs que a incapacidade de "canalizar" informações sensoriais leva a uma sobrecarga sensorial e à incapacidade de filtrar as informações que chegam. A anormalidade na canalização sensorial em pacientes com esquizofrenia é uma forma específica de deficiência inibitória. Ela se refere à inibição pré-pulso: isto é, a capacidade da pessoa de inibir uma resposta de susto a um estímulo sensorial forte (um som alto) na presença de um estímulo pré-pulso fraco precedente. Peters e colaboradores (2000) encontraram um déficit na ativação negativa; ou seja, pacientes com esquizofrenia não apresentaram a inibição automática normal de estímulos previamente ativados após uma exposição subsequente. Esses pacientes também apresentaram uma deficiência em inibir a ativação de significados que eram irrelevantes para o contexto de um teste de decisão lexical (Lecardeur et al., 2007).

Em suma, dois processos podem ser identificados na formação das alucinações: *excitação* e *desinibição*. Em primeiro lugar, certas representações (crenças) internas, expressadas na forma de pensamentos automáticos, memórias ou imagens visuais, são hiperativadas. Depois disso, as limitações usuais na formação da perceptualização endógena são diminuídas (desinibidas). As combinações desses fatores subvertem o funcionamento normal dos sistemas de processamento interno e levam a alucinações.

Viés externalizante

Embora as alucinações sejam relativamente comuns em adolescentes jovens, elas geralmente não progridem para as alucinações típicas observadas na esquizofrenia. Conforme apontado por Escher e colaboradores (2002a), o fator crucial que prevê o desenvolvimento posterior de esquizofrenia é a atribuição das vozes a um agente externo. Esse tipo de atribuição sugere a formação inicial de um delírio paranoide, que se cristaliza em um delírio pleno mais adiante. A atribuição de certas experiências internas a uma origem externa é característica do transtorno esquizofrênico paranoide e também se aplica ao fenômeno das inserções de pensamentos, captura de pensamentos e controle de pensamentos: a crença de que os próprios pensamentos são inseridos, tirados ou controlados por um agente externo (geralmente incluídos juntamente com as alucinações na formulação de sintomas primários de Schneider, em 1959). A tendência de atribuir experiências mentais perturbadoras ou inusitadas a um agente externo é a expressão de um viés externalizante. De maneira semelhante, os delírios paranoides e ideias de referência baseiam-se em um foco externo de atenção. O mesmo sistema de processamento de informações tendencioso que opera no pensamento paranoide reforça a conclusão obstinada do paciente de que as vozes são, de fato, externas.

Esse viés externalizante foi bastante documentado em pacientes com delírios paranoides (Bentall, 1990; Young et al., 1987; Beck e Rector, 2002), e esse viés nas atribuições das alucinações foi demonstrado por Johns e colaboradores (2001), que observaram que os indivíduos que sofrem alucinações têm a tendência de atribuir o *feedback* de sua própria voz a uma fonte externa. Outros estudos de Rankin e O'Carroll (1995) e de Morrison e colaboradores (Morrison e Haddock, 1997; Baker e Morrison, 1998) observaram que os indivíduos esquizofrênicos com alucinações, comparados com indivíduos esquizofrênicos sem alucinações, tinham significativamente maior probabilidade de atribuir incorretamente a fonte da fala autogerada a uma fonte externa. Além disso, a experiência persistente de alucinações pode condicionar os pacientes a atribuir um lócus de controle externo, fora de si mesmos, para determinados pensamentos hipersalientes.

Esse viés específico pode ser uma manifestação do *erro de atribuição fundamental* (Heider, 1958). Descrito detalhadamente por Gilbert e Malone (1995) como o *viés de correspondência*, esse mecanismo consiste de uma atribuição externa automática à causa de uma experiência desagradável. Segundo esse conceito, um indivíduo pode interpretar no princípio um estímulo interno como tendo origem externa. Normalmente, a pessoa detectaria e corrigiria uma atribuição interna incorreta. Contudo, sob estresse, mesmo pessoas normais podem não fazer a correção. Indivíduos como os portadores de esquizofrenia, que já estão sob estresse, não apenas são especialmente susceptíveis a esse viés, como o mantêm por causa da sua deficiência na capacidade de testar a realidade. Consequentemente, quando o mecanismo de correção está inativo, o processamento psicológico permanece preso à condição padrão – a de fazer atribuições externalizantes.

Diversos estudos (Brébion, Smith e Gorman, 1996; Franck et al., 2000; Morrison e Haddock, 1997) demonstraram a tendência dos indivíduos com alucinações de atribuir algumas das palavras que falam ao pesquisador. Os pacientes também tinham a tendência de classificar palavras que tinham lido em silêncio como se tivessem lido em voz alta (Franck et al., 2000), e tinham a tendência de recordar certas categorias (p. ex., frutas) que lhes haviam sido apresentadas anteriormente na forma verbal como se tivessem sido apresentadas em forma pictórica (Brébion et al., 1996). Com base em Johnson e colaboradores (1993), os autores desses vários estudos propuseram um monitoramento defeituoso da fonte como a causa dos erros.

A proposta do defeito no monitoramento da fonte como a explicação principal para o erro de atribuição nas alucinações é problemática, por várias razões. Primeiramente, a maioria dos estudos em que se baseia envolve a atribuição unidirecional exclusiva de acontecimentos *internos* a fontes *externas*. Não houve evidências de que os sujeitos atribuíssem estímulos externos a fontes internas. Logicamente, as deficiências em um determinado mecanismo mental, como o monitoramento das fontes, deve causar incerteza no paciente, ou pelo menos inconsistência, quanto às suas atribuições. Em segundo lugar, as situações experimentais descritas nos estudos são muito diferentes dos fenômenos clínicos que tentam explicar. A leitura voluntária de palavras, por exemplo, é diferente da produção involuntária de alucinações. Em terceiro lugar, o conteúdo dos estímulos é muito distante do conteúdo dramático das vozes ("morra, vagabunda!"). Em quarto, a utilização da metodologia de recordação não corresponde à experiência imediata de alucinações. Em quinto lugar, e talvez mais importante, esses experimentos envolvem a estimulação auditiva, ao passo que a condição básica para uma alucinação é que não haja estimulação sensorial. Finalmente, um estudo de Vermissen e colaboradores (2007) não confirmou essas observações anteriores. Os pesquisadores propõem que os estudos demonstram um viés de processamento *top-down* em vez de automonitoramento defeituoso.

Se desconsiderarmos os problemas e discrepâncias experimentais, podemos propor uma explicação mais parcimoniosa para os resultados, qual seja, que esses pacientes têm um *viés* para atribuir certos acontecimentos gerados internamente a fontes externas. Assim, a atribuição incorreta de suas próprias palavras ao pesquisador, por exemplo, reflete seu processamento cognitivo, que induz a sua recordação a atribuições externas. Além disso, a atribuição de palavras lidas como palavras faladas talvez possa se dever a uma tendência de formar imagens mentais auditivas das palavras lidas e, consequentemente, a lembrança das imagens em vez das palavras. De maneira semelhante, a conversão incorreta (quando da recordação) de palavras produzidas verbalmente em imagens pictóricas pode ser explicada como uma manifestação da tendência de criar imagens visuais de exemplares (uma maçã) e, consequentemente, de recordar a imagem em vez da categoria apresentada verbalmente. Essa explicação condiz com a predileção singular dos pacientes por imagens mentais visuais (além de auditivas). Como esse tipo de perceptualização implica uma fonte externa, a tendência dos pacientes de imaginar os estímulos apresentados converge em sua tendência externalizante. Como não contribuem para corrigir suas atribuições errôneas, por causa de seus critérios frouxos para tomar decisões relacionadas com a fonte de suas experiências alucinatórias, isso contribui para as distorções (ver perturbações no monitoramento da fonte; Johnson et al., 1993).

O problema técnico representado pela dependência da recordação de estímulos gerados internamente ou externamente foi remediado em um estudo de Johns e colaboradores (2001), que observaram que pacientes com esquizofrenia tendiam a atribuir o *feedback* distorcido de sua própria voz a uma fonte externa. Essa observação também condiz com o conceito de viés externalizante em pacientes com alucinações ou delírios. Além disso, os indivíduos com alucinações mostraram-se particularmente propensos a cometer erros em resposta a palavras negativas distorcidas. A utilização de palavras negativas torna o estudo mais condizente com as observações clínicas da predominância de cognições negativas nesses pacientes. Bentall, Baker e Havers (1991) observaram que os indivíduos com alucinações atribuíam mais palavras próprias com elevado esforço cognitivo ao pesquisador do que os controles psiquiátricos ou normais. Esse resultado condiz com a hipótese de que, quando os recursos cognitivos estão sob pressão, esses pacientes apresentam um viés para atribuir certas percepções a uma fonte externa.

Teste da realidade deficiente

Ao avaliar o significado dos acontecimentos, os indivíduos enfrentam uma ampla variedade de possibilidades. Um sorriso pode representar alegria, sarcasmo ou descrença. Muitas vezes, optamos por um significado e depois o revisamos rapidamente, quando temos evidências que o contradigam. Por exemplo, ao sentir certas sensações, podemos atribuir significados errôneos – uma dor de cabeça = tumor cerebral; dor no peito = ataque cardíaco; sensação de tontura = derrame. Certas crenças ou fórmulas hiperativas distorcem o tipo de interpretação que fazemos. Sob estresse, é muito difícil reconsiderar a interpretação inicial, ou, se a crença é particularmente saliente, hiperfocamo-nos em sensações normais e, como resultado, experimentamos uma descarga fisiológica maior – sentimo-nos fracos, tontos e suados, o que tende a confirmar em nossas mentes a suposta patologia (ataque cardíaco, derrame). Os pacientes com psicose não apenas atribuem significados errôneos a suas experiências, como têm a deficiência adicional de ter funções relacionadas com o teste da realidade mais fracas que os controles normais (talvez por hipoconectividade, conforme descrito por Hoffman e Cavus, 2002). Para piorar as coisas, as mesmas deficiências de recursos que enfraquecem o teste da realidade também favorecem métodos "fáceis" (porém, errôneos) de processar informações. Conforme mostrado por Chapman e Chapman (1973a), esses pacientes escolhem respostas fáceis para os problemas, mesmo que o contexto claramente exija uma resposta diferente, mas mais difícil. Consequentemente, os pacientes são atraídos aos tipos de raciocínio que não exigem energia, descritos a seguir (raciocínio baseado nas emoções). Para superar o viés da "solução fácil", precisa-se não apenas de esforço extra, mas de formas sofisticadas de autocorreção – estratégias que são pouco desenvolvidas em pacientes com esquizofrenia. Outras funções relacionadas com o teste da realidade, como a capacidade de considerar explicações alternativas, suspender o juízo até obter mais informações, desviar a atenção das alucinações e delírios e considerar os vieses do raciocínio de forma objetiva, também são fracas.

Essas funções de realidade não estão totalmente ausentes, mas estão hipoativas durante episódios psicóticos acentuados e, especificamente, quando os pacientes se encontram em situações estressantes. Quando seus episódios psicóticos passaram, os pacientes muitas vezes reconhecem que suas alucinações eram geradas internamente – na verdade, que eram seus próprios pensamentos. Todavia, mesmo em períodos de remissão total, a capacidade de testar a realidade funciona com uma margem de segurança reduzida. As situações estressantes não apenas podem exacerbar os sintomas, como também sobrecarregar os recursos necessários para testar a realidade efetivamente (Capítulo 14). Felizmente, a terapia cognitiva mostrou-se efetiva em reforçar a capacidade de testar a realidade. De fato, ela parece ser particularmente efetiva com pacientes relativamente novos, que nunca desenvolveram boas habilidades cognitivas (reunir todos os dados, suspender o juízo, dar explicações alternativas).

As pessoas geralmente se surpreendem com experiências sensoriais extraordinárias, como ouvir música ou vozes quando não existe uma fonte aparente. Quando não encontram evidências de que a música ou vozes tinham origem externa, elas as atribuem à sua imaginação ou a algum problema médico. Se ouvem a voz de um parente distante ou falecido, concluem que estão imaginando coisas e desconsideram a experiência. Conforme observam Johns, Hemsley e colaboradores (2002), as pessoas que ouvem sons como uma manifestação de tinido ou ouvem música ou vozes relacionadas com o processo de envelhecimento podem conferir o rádio ou a televisão ou verificar suas percepções com outras pessoas. Nesse estudo, quando pacientes com tinido não encontraram uma causa externa para suas alucinações musicais, questionaram sua origem e, na maior parte, conseguiram encontrar uma explicação médica fácil, pois já sabiam que tinham um transtorno médico. Por outro lado, os pacientes com esquizofrenia não testaram a realidade das suas crenças acerca das vozes e, assim, mantiveram suas convicções sobre as origens externas. Também de importância é o viés cognitivo de pacientes com sintomas "anômalos", como as inserções de pensamentos e o roubo de pensamentos, em atribuir suas experiências mentais confusas a um agente externo. Desse modo, eles já têm uma explicação pronta para essas experiências, como resultado de seus vieses cognitivos (Capítulo 3). Além disso, os pacientes com psicose têm propensão para aceitar, sem questionar, a *realidade* de uma experiência inusitada, como ouvir vozes, e geralmente não conferem ou buscam a opinião dos outros quanto à validade da sua interpretação. Se a voz *parece* ser real (de um agente externo), então ela *é* real (não se origina internamente). Esses pacientes parecem não ter a tendência normal para questionar a realidade dessas experiências e, de fato, têm dificuldade para questionar a veracidade das vozes, mesmo no nível hipotético. Eles, muitas vezes, têm a tendência de não considerar explicações alternativas para a fonte das vozes, devido ao significado negativo para eles se as vozes não forem reais. Essa resistência pode ser ilustrada pela seguinte afirmação de um paciente (irônica, na perspectiva psiquiátrica): "se as vozes não são reais, isso significa que estou louco". Essa ideia – com todas as suas implicações de estar fora do controle, alienado da raça humana, e assim por diante – é intolerável.

Quando o conteúdo das vozes está pareado com a qualidade vocal de uma pessoa falecida, o paciente identifica a voz como sendo dessa pessoa e não tenta avaliar como poderia estar recebendo uma mensagem do túmulo. Um paciente que acreditava ter ouvido a sua mãe morta dizer "eu falei que você não devia casar com ela" explicou que "é o que ela sempre dizia ... e, além disso, reconheci a voz dela". Ele não questionou a incongruência dessa explicação com a sua descrença na vida após a morte. Outro dos nossos pacientes ouvia diversas vozes diferentes de familiares falecidos, incluindo o seu avô, um tio e uma tia. Questionado como sabia que eram reais, explicou: "as vozes *são* reais – elas são idênticas às dos meus parentes mortos". Ele raciocinou que, como havia ouvido suas vozes quando estavam vivos, e as vozes não tinham mudado depois de morrerem, elas eram consistentes ao longo do tempo e tinham que ser reais. Além disso, como ele havia ouvido as vozes durante celebrações na igreja que costumava frequentar com os parentes, as vozes deviam ser reais. Nesses dois exemplos, a semelhança das vozes superou a falta de plausibilidade da explicação.

Viés de raciocínio

Os pacientes com esquizofrenia apresentam uma variedade de processos ilógicos para tirar conclusões sobre a fonte das vozes e aceitam suas conclusões como um fato inegável. Com frequência, os pacientes usam *raciocínio circular* para explicar ou justificar a sua crença na veracidade das vozes. Por exemplo, um paciente ouviu uma voz dizer: "Deus é um pateta". Como reconheceu a voz como sendo a de um vizinho, concluiu que o vizinho era um pecador por ter dito tal coisa. Desse modo, como ele era um pecador, era lógico que ele fosse a fonte da blasfêmia. Outro paciente, Hank, ouvia vozes que atribuía aos cavaleiros da távola redonda do rei Artur. Como essas vozes vinham do passado, inferiu que ele também devia ter vivido no passado. Consequentemente, como tinha vivido no passado, podia ter certeza de que as vozes vinham de pessoas do passado e eram reais.

O paciente pode adotar o raciocínio circular acerca das circunstâncias para proporcionar mais amparo para a crença sobre a voz. Por exemplo, um dos nossos pacientes em internação domiciliar acreditava que seus vizinhos estavam sempre ridicularizando-o e conspirando para que ele fosse expulso do prédio de apartamentos. Pouco antes de retornarem do trabalho para casa, ele entrava em "modo de escuta". Quando eles entravam no prédio, ouvia os ruídos nas escadas e começava a ouvir as vozes que o perseguiam. Questionado em uma sessão sobre como sabia que as vozes depreciativas eram de seus vizinhos, disse que, como somente ouvia as vozes quando os vizinhos voltavam para casa, as vozes tinham que ser reais. Além disso, o volume extraordinário das vozes era visto como prova de que eram externas. Na realidade, havia várias paredes sólidas separando os seus aposentos e os dos vizinhos.

As *consequências* emocionais e comportamentais específicas das vozes servem não apenas para validar as crenças sobre as vozes, mas para moldar a relação que o paciente tem com elas. Alguns pacientes usam um tipo de *raciocínio baseado em emoções* para confirmar a veracidade das vozes: a ocorrência de uma resposta emocional à voz indica que a voz é real. Hank respondia às "vozes amigas" dos antigos cavaleiros e seus ancestrais com uma sensação de conforto e relaxamento. O fato de que as vozes o faziam se sentir tão bem provava que elas eram reais, e, ao mesmo tempo, demonstrava que era melhor ele viver no passado do que no presente. As emoções criadas pelas vozes também serviam para reforçar as suas crenças sobre as vozes se originarem no passado. Como as vozes muitas vezes falavam com ele quando estava só, dando conforto e amizade, os sentimentos positivos criados por elas validavam sua crença de que o passado era um lugar melhor para estar e que ele deveria continuar a procurar e aceitar as vozes. Jack ficava com muita raiva quando ouvia seu velho amigo da escola chamando-o de nomes feios. Ele acreditava que não poderia ficar bravo se a mensagem não fosse real. Outra paciente, que sentia uma sensação boa de calor quando ouvia vozes confortantes, explicava: "eu não me sentiria assim se as vozes não fossem reais". Essas inferências baseadas em emoções são exemplos do *raciocínio consequencial* – o valor verdadeiro de uma inferência é baseado (pelos pacientes) nas consequências de uma vivência. Arntz, Rauner e van den Hout (1995) demonstraram a tendência a esse tipo de raciocínio de forma experimental.

Como suas imagens auditivas são especialmente nítidas e parecem idênticas às vozes reais, os pacientes são especialmente propensos a considerá-las verdadeiras, isto é, com origem externa. Além disso, as vozes se repetem com frequência, e os comandos, críticas e comentários são do tipo que se esperaria de uma fonte externa. Tom estava convencido da realidade das vozes de seus parentes mortos, pois podia "senti-los em meu coração" quando falavam. O contexto das vozes também proporcionava evidências confirmatórias convincentes. As vozes tinham que ser reais, pois ele "as ouvia na igreja", um lugar onde costumava passar tempo com seus parentes.

Para validar as suas interpretações e expectativas, os pacientes podem não se basear apenas em suas reações emocionais, mas também em suas sensações somáticas. Um paciente acreditava que ouvia a voz de um anjo da guarda. Quando ouvia a voz, ele também sentia uma sensação agradável de afeto no peito. Esses sentimentos, por sua vez, eram compreendidos como evidência de que devia ser a voz de um anjo da guarda, pois somente um anjo conseguiria influenciar as suas sensações corporais. Em um exemplo mais dramático, uma paciente disse ouvir a voz de Deus como forma de punição por suas fantasias sexuais. Ela contou que, às vezes, sentia que lhe davam "tapas, chutes, e espancavam" quando as vozes eram ativadas. Como essas sensações somente ocorriam quando a voz estava ativada, e como somente Deus conhecia seus pensamentos interiores, concluiu que isso era uma evidência direta de que Deus estava falando com ela.

Mesmo as disfunções mentais podem ser tomadas como evidência de que as vozes são reais. Uma paciente ouviu uma voz, que reconheceu como sendo de outro planeta, dizendo-lhe: "faremos você esquecer". Ela resolveu que suas dificuldades com a concentração e a memória eram evidências diretas da veracidade e intenção da voz. Outro paciente interpretou alucinações olfativas e táteis dolorosas como sinais de que devia obedecer às alucinações de comando. Ele interpretou essas sensações como evidência de que as vozes o estavam torturando e o matariam se não obedecesse a suas ordens de roubar certos objetos da loja onde trabalhava. Ele seguiu as ordens para garantir o objetivo de salvar sua vida, e considerou justificado esse comportamento ilegal, pois os riscos eram claramente muito altos.

Como esses pacientes são susceptíveis a fazer uma *conclusão prematura* em suas avaliações, eles se prendem à crença de que as vozes são "reais", isto é, que têm origem externa. Seguem a rota mais fácil de aceitar percepções que pareçam reais como verídicas, em vez de se engajarem na tarefa mais difícil de reconsiderar a experiência e, possivelmente, rejeitar sua realidade. Todavia, mesmo quando não identificam um agente específico, acreditam que as vozes estão vindo "de algum lugar". A crença na origem externa das vozes se fortalece à medida que começam a acumular evidências em seu favor (raciocínio consequencial). Por exemplo, uma paciente ouvia uma alucinação de comando que dizia para ela fazer certas coisas, ou se arrependeria. Se não obedecia, ouvia a voz reprimindo-a e se sentia mal e realmente se arrependia de não obedecer. Se obedecia, a voz a elogiava, reforçando assim a noção de que a voz devia ser real. Além disso, a simples repetição das experiências dava a impressão de que elas deviam ser reais e deviam ser levadas a sério. Ademais, se uma experiência é "real", não existe razão para questioná-la – é um esforço inútil.

Alguns pacientes podem validar a realidade das vozes, baseados no fato de que certas pessoas agem como se ouvissem as mesmas vozes. Um paciente, Jim, ouviu uma voz que o chamava de "coitado" enquanto estava na fila no teatro. Ele observou que outras pessoas viraram a cabeça e olharam para ele, indicando que haviam ouvido a voz e sabiam que era dirigida a ele. Em outros momentos, acreditava que podia ouvir seus pensamentos críticos, que assumiam a forma de vozes.

Pode causar perplexidade o fato de que, embora as vozes pareçam refletir os pensamentos dos pacientes, elas não soem como suas próprias vozes para eles. Parece que muitos dos indivíduos que têm alucinações experimentam uma ativação da memória armazenada das vozes das outras pessoas – vozes de pessoas com quem tiveram contato. Em certos casos, podem reconhecer a voz como da pessoa que falou originalmente com eles. Mesmo quando o conteúdo é diferente das frases ditas por esses indivíduos, a percepção de fidelidade da reprodução vocal indica ao paciente que são reais.

Close e Garety (1998) postulam que o conteúdo negativo das alucinações tende a produzir uma autodepreciação que se manifesta na autoestima baixa. Propomos uma hipótese alternativa, qual seja, de que os pacientes já têm crenças negativas quanto a si mesmos, e são essas crenças que são refletidas nas alucinações negativas. Como o conteúdo das alucinações negativas (punitivas e persecutórias) é levado a sério, como se fosse dito por uma autoridade onisciente, ele tende a depreciar a autoestima da pessoa ainda mais (um ciclo vicioso).

Devemos abordar uma questão importante e relevante para a *formação* das alucinações: o que caracteriza os pensamentos que normalmente são percebidos como originados internamente (pensamentos automáticos positivos ou negativos e pensamentos intrusivos), mas que se tornam audíveis e são percebidos como de origem indiscutivelmente externa? Quando entrevistamos um paciente com depressão ou transtorno obsessivo-compulsivo, por exemplo, tentamos evocar as cognições salientes ou quentes que são desencadeadas externamente por qualquer acontecimento que afete a sua vulnerabilidade específica. Geralmente, essas cognições são uma interpretação extrema ou distorcida da situação e influenciam o afeto e o comportamento do paciente. De maneira semelhante, os pacientes com esquizofrenia geralmente podem identificar uma sequência razoavelmente coerente de pensamentos, que também culmina em um conteúdo extremo ou distorcido. Exemplos desses pensamentos salientes são as autoavaliações, autocríticas ou congratulações, imperativos (deveres, obrigações), medos, *flashbacks* e outras memórias significativas. Essas cognições têm em comum as características de serem automáticas, fortes e aparentemente plausíveis e realistas para o paciente. Sob certas circunstâncias, os mesmos tipos de cognições apresentadas por indivíduos com tendência a alucinar adquirem suficiente força (ou carga) para desencadear o mecanismo da perceptualização.

Embora o processo de transformação em imagens auditivas possa ser descrito em termos de mecanismos neurofisiológicos, uma análise no nível fenomenológico pode proporcionar *insights* valiosos. Embora apenas uma proporção das cognições quentes se transforme em alucinações auditivas, a vocalização do pensamento pode ser desencadeada por uma cognição intensamente forte e também por uma mudança qualitativa de conteúdo. Um *salto* de um pensamento automático negativo ("arruinei esta comida") para uma condenação forte ("você não presta pra nada") ou uma *mudança* de uma avaliação negativa ("sou um derrotado") para o seu oposto ("você é um gênio") podem ser suficientes para ativar a perceptualização, de modo que o segundo pensamento é experimentado como uma voz. Às vezes, as alucinações podem ser transformadas em um pensamento intrusivo negativo ("Deus não presta") ou uma expectativa assustadora ("eles estão pensando 'ele é um coitado'"). De fato, qualquer cognição quente pode, em certas circunstâncias, desencadear o mecanismo e ser imaginada no domínio auditivo.

A fixação dos pacientes na ativação potencial das vozes pode ter um efeito semelhante. Certas condições tendem a gerar ou intensificar cognições salientes (ser observado por um grupo grande) e, assim, amplificá-las acima do limiar perceptivo. Também se deve observar que vários sons não verbais podem ser alucinados como vozes. Os pacientes dizem ouvir vozes que emanam dos sons produzidos por motores de automóveis e outros sons do trânsito, ventiladores elétricos ou mesmo o som de passos na escada. Por exemplo, um dos nossos pacientes acreditava que os ruídos de carros em sua rua representavam diferentes vozes, e podia ouvi-los falar com ele quando passavam. O som de um motor, por exemplo, era ouvido como a voz de um homem descontente.

Além dos dados clínicos, vêm se avolumando estudos empíricos sobre a correspondência entre o conteúdo dos pensamentos automáticos e das alucinações. Csipke e Kinderman (2002), por exemplo, observaram que um questionário de autoavaliação consistindo de questões relevantes para os pensamentos depressivos, conscientes e hostis (Automatic Thoughts Questionnaire – ATQ) pode ser convertido razoavelmente em um questionário relacionado com o conteúdo das alucinações, mudando a forma da questão da primeira para a segunda pessoa (ATQ-V). Assim, a questão-padrão "sou um derrotado" para o ATQ seria representada no ATQ-V como "você é um derrotado". Os pesquisadores observaram uma correlação significativa entre os escores no ATQ e no ATQ-V, que também teve correlação significativa com o diagnóstico clínico de alucinações. Uma limitação do estudo foi a falta de questões relevantes para os pensamentos automáticos positivos e alucinações positivas. De interesse tangencial, há a observação da relação significativa entre as vozes positivas e a grandiosidade e entre as vozes negativas e a depressão.

Close e Garety (1998) mostraram a correspondência entre o conteúdo das alucinações e a autoestima do paciente. Uma porcentagem significativa das alucinações negativas foi associada a crenças negativas sobre si mesmo, confirmando assim a continuidade entre as crenças e o conteúdo das alucinações. Parece que, nos casos em que existem alucinações com palavras negativas, há uma crença nuclear sobre si mesmo que corresponde às alucinações ("você é um inútil", "você é um gordo preguiçoso").

As crenças nucleares e pressupostos sobre o *self* influenciam o conteúdo e a avaliação das vozes. Uma crença subjacente sobre si mesmo como alguém inútil, por exemplo, pode levar a pensamentos automáticos de ser um fracasso e alucinações depreciativas em resposta a um fracasso na escola ou no trabalho. Muitos pacientes que ouvem comentários críticos, depreciativos e insultuosos dizem ter pensamentos automáticos semelhantes relacionados com a sua inutilidade. Por exemplo, o conteúdo dos pensamentos automáticos de uma paciente que se considerava incompetente, "não faço nada direito", repetia o da sua voz crítica, "você não faz nada direito". Outra paciente, que tinha pais superprotetores, considerava-se "dependente" e "fraca". Suas vozes se ativavam quando sentia medo, ou se se percebia fracassando em uma tarefa. O conteúdo da voz refletia diretamente a sua visão de si mesma como fraca e vulnerável: "você tem medo de tudo" e "você não consegue dar conta de si mesma, que dirá do problema".

Os pacientes que relatam ouvir vozes que refletem sua percepção de inadequação interpessoal muitas vezes acreditam que não merecem ou não são dignos de ser amados. Por exemplo, quando passava por casais na rua, uma paciente ouvia uma voz que dizia "você sempre viverá sozinha". Outro paciente, que acreditava que não era atraente, ouvia uma voz crítica dizer "por que ela se interessaria por você? Você é um vagabundo" quando via uma mulher bonita. Às vezes, o conteúdo positivo da voz parece compensar visões excessivamente negativas de si mesmo. Por exemplo, a paciente que se considerava feia e socialmente inadequada ouvia vozes afirmando "você está muito além" e "eles não perdem por esperar", sempre que via casais juntos.

A MANUTENÇÃO DAS ALUCINAÇÕES

A persistência das alucinações e a crença de que são causadas externamente são facilitadas por diversos fatores, que também foram apresentados no Quadro 4.1. A formação de crenças delirantes sobre o suposto agente entrelaça a experiência alucinatória no sistema de crenças delirantes. Além disso, a interação entre as *crenças disfuncionais* subjacentes e os estressores externos ajuda a ativar cognições hipersalientes, que se transformam em vozes. As *crenças desadaptativas acerca das vozes*, afirmando que são onipotentes e oniscientes, aumentam a sua credibilidade e, consequentemente, sua durabilidade. Os comportamentos de *enfrentamento disfuncional* e outros "comportamentos de segurança" confirmam (para o paciente) a veracidade das alucinações. A relação com as vozes e as *expectativas* em relação a elas promove a vigilância para qualquer indicação de seu aparecimento. Se as vozes são percebidas como amigáveis, os pacientes provavelmente tentarão se relacionar com elas. Esses processos tendem a fixar a atenção nos precursores das alucinações e, consequentemente, ativá-los.

Crenças sobre vozes

Os pacientes têm uma série de crenças relacionadas com a natureza das vozes, o suposto comunicador e a natureza da sua relação com elas. A importância dessas crenças é documentada em um estudo de Escher e colaboradores (2002a). Conforme já mencionado, esses autores mostram que a experiência das alucinações em si não costuma levar à psicose, mas o desenvolvimento de *delírios* sobre as alucinações (atribuí-las a uma fonte externa e atribuir significado pessoal a elas) prevê o desenvolvimento de psicose. Essas crenças também são responsáveis pela manutenção das vozes. Chadwick e colaboradores (1996) sugerem que o conteúdo dessas crenças, que costumam ser de natureza delirante, pode ter um impacto maior no afeto e comportamento do que no conteúdo das alucinações. A ativação das vozes desencadeia essas crenças, que então intensificam a importância das vozes. As crenças específicas ativadas pelas vozes não são necessariamente evidentes no conteúdo das vozes. O conteúdo, por exemplo, pode ser negativo ("você sempre estraga tudo") e, mesmo assim, como os pacientes têm uma crença benevolente sobre as vozes, podem atribuir um viés positivo a elas: "a voz quer me ajudar". Está claro que *tanto* o conteúdo das vozes quanto as crenças sobre elas influenciam o afeto e o comportamento.

Vaughan e Fowler (2004) refinaram estudos anteriores de Birchwood e Chadwick (1997) em um estudo que investigou especificamente a relação entre o estilo dominante da voz e as percepções dos pacientes sobre a malevolência e a força da voz. Os autores observaram que a forma como os pacientes percebiam a dominância da voz se relacionava mais com o seu nível de sofrimento do que com suas crenças sobre a malevolência da voz. Especificamente, quanto mais a voz era percebida como dominante, mais perturbado sentia-se o paciente. Além disso, estudos anteriores sobre a relação entre a percepção de força da voz e o sofrimento do paciente foram aperfeiçoados pela nova noção de que a maneira como o indivíduo percebe que a voz *usa* a sua força é mais importante. Finalmente, os autores observaram que, ao contrário das expectativas, houve uma correlação negativa entre a submissão dos pacientes à voz e seu sofrimento. Especificamente, quanto mais perturbadora era a experiência de ouvir a voz, menor a probabilidade de que a relação do paciente com a voz fosse de submissão.

Quando as vozes são frequentes, particularmente intrusivas, ou desagradáveis, os pacientes podem reagir a elas como faria com qualquer sintoma contínuo ou incômodo, como dor ou falta de ar. Crenças como "não consigo lidar com elas", "não aguento isso" e "elas estão arruinando a minha vida" são ativadas e podem gerar ansiedade, raiva ou depressão. Esses pacientes também têm crenças sobre o comunicador (ou agente) que podem assumir uma forma paranoide ("eles querem me pegar"), uma forma depressiva ("Deus não está contente comigo"), ou uma forma de temor ("os médicos querem me envenenar"). Como em muitos outros aspectos das alucinações, essas crenças levam o paciente a se concentrar nas vozes, na tentativa de bloqueá-las ou abafá-las. Todavia, essa atenção maior às vozes tende a acentuar a sua força e frequência e, consequentemente, a confirmar a validade da crença de que são intoleráveis.

A experiência de ouvir vozes instiga outras crenças perturbadoras. Como os pacientes acreditam que as vozes não podem ser controladas, pressupõem que também não têm controle sobre suas próprias vidas. Além da perturbação causada por essa crença, as ameaças ou críticas contidas nas vozes podem gerar ansiedade, raiva e tristeza. Outra preocupação evocada pelas vozes é o pensamento "vou enlouquecer". Essa preocupação abrange todas as consequências presumidas de ser considerado louco: a internação em um hospital, a prescrição de medicamentos com efeitos colaterais problemáticos, a separação da família, estigma e possivelmente ostracismo.

O nível em que os pacientes avaliam a atividade da voz em si como um sinal de perigo iminente, distração ou interferência está diretamente associado ao nível da perturbação experimentada após a sua ativação. Morrison e Baker (Baker e Morrison, 1998; Morrison e Baker, 2000) analisaram se pacientes com alucinações têm uma tendência maior do que pacientes sem alucinações de experimentar seus produtos cognitivos como indesejados e inaceitáveis. Morrison e Baker (2000) observaram que, em comparação com pacientes com esquizofrenia, mas sem alucinações, e controles não psiquiátricos, os pacientes que ouvem vozes relatam ter mais pensamentos intrusivos, e experimentam esses pensamentos intrusivos como mais perturbadores, incontroláveis e inaceitáveis do que os participantes dos grupos de comparação. Os pacientes que ouvem vozes tendem a avaliar as vozes da mesma forma que o paciente obsessivo avalia os pensamentos intrusivos: como um sinal de perigo e risco futuro. Esse processo de avaliação contribui para as reações emocionais e comportamentais às vozes, e, possivelmente, para a manutenção da atividade da voz – assim como avaliações semelhantes mantêm a perturbação associada aos pensamentos intrusivos no paciente obsessivo.

Baker e Morrison (1998) observaram que os indivíduos que sofrem alucinações podem ser distinguidos de pacientes psiquiátricos sem alucinações com base em suas crenças relacionadas com seus pensamentos automáticos. Especificamente, os indivíduos com alucinações apresentam uma percepção maior de falta de controle e de perigo em seus pensamentos automáticos. Em uma continuação desse estudo, Morrison e Baker (2000) relataram que os indivíduos com alucinações têm um número maior de pensamentos intrusivos, que percebem como mais perturbadores, incontroláveis e inaceitáveis, em comparação com controles psiquiátricos sem alucinações e controles normais. Lowens, Haddock e Bentall (2007) administraram o Inventory of Beliefs Regarding Obsessions (IBRO; Freeston, Ladouceur, Gagon e Thibodeau, 1993), um instrumento que mede uma série de crenças relacionadas com os pensamentos automáticos, como o seu grau de intrusividade, o grau de responsabilidade do paciente por eles e uma variedade de métodos para contra-atacar esses pensamentos intrusivos. Os autores observaram que os pacientes com alucinações tiveram escores tão elevados na medida quanto os pacientes obsessivo-compulsivos, e significativamente mais elevados do que os controles normais.

Os pacientes com crenças de paranormalidade fortes interpretam as vozes segundo o modelo dessas crenças, que então formam um sistema delirante. Por exemplo, um dos nossos pacientes começou a ouvir vozes depois de assistir a um programa de televisão sobre poderes telepáticos. Depois de um período de seis meses em casa em reclusão total, o paciente começou a ouvir vozes masculinas e femininas fazendo comentários contínuos sobre seus movimentos diários. Ele interpretou as vozes emergentes como "telepatas" do programa. De maneira semelhante, uma professora tinha um grande interesse na paranormalidade e consultava semanalmente um vidente. Posteriormente, começou a ouvir as vozes dos seus alunos e interpretar essas vozes como a capacidade dos alunos de se comunicar com ela por telepatia. As crenças delirantes sobre as vozes não apenas acentuaram a sua importância, como serviram para proporcionar uma prova da sua validade para a paciente.

Pesquisas de Chadwick e Birchwood (Birchwood e Chadwick, 1997; Chadwick e Birchwood, 1994) sugerem que as crenças idiossincráticas de uma pessoa sobre a força e a autoridade das vozes, bem como as consequências de não seguir seus pedidos ou ordens, são especialmente importantes. Por exemplo, Chadwick e Birchwood (1994) observaram que os pacientes geralmente resistem a comandos graves (aqueles que insistem em comportamento perigoso), ao passo que sua obediência a comandos leves era influenciada principalmente pela natureza de suas crenças sobre as vozes. Os pacientes tinham maior probabilidade de obedecer a vozes que os mandavam se ferir ou recusar a medicação do que ferir outras pessoas. Beck-Sander, Birchwood e Chadwick (1997) dividiram as alucinações de comando em imperativos curtos ("cale-se!"), instruções cotidianas ("faça um chá"), comandos antissociais ("grite com o Fred"), ordens de cometer pequenas infrações, ordens de cometer grandes crimes e ordens de automutilação. As observações importantes foram que os pacientes tinham maior probabilidade de obedecer às vozes que acreditavam ser benevolentes, ao passo que mais provavelmente iriam resistir às vozes que consideravam malévolas. Os pacientes que acreditavam que tinham controle subjetivo sobre as vozes tinham menor probabilidade de agir segundo suas ordens.

Alguns pacientes obedecem certos comandos para "acalmar" as vozes por terem transgredido outros comandos (Beck-Sander et al., 1997). Por exemplo, uma paciente observou que, para "agradar a Deus", cuja voz acreditava ter ordenado que ela batesse em outros pacientes, ela "cantava em Seu louvor, pedia-Lhe perdão e prometia obedecê-Lo depois". Outro paciente que acreditava ter ouvido uma voz dizendo para que não cozinhasse tentava acalmar a voz cozinhando sua comida apenas parcialmente, para que a comida mantivesse um sabor desagradável.

Os pacientes têm maior disposição a obedecer ordens de prejudicar a si mesmos do que ordens de agredir os outros. Os atos de pacificação muitas vezes envolvem incidentes de automutilação. Um paciente cortou os pulsos esperando satisfazer a voz do diabo, que lhe dizia para atacar uma pessoa da equipe médica. Outro paciente tentou acalmar uma voz que lhe dizia para fazer sexo oral à força com uma paciente, contra a sua vontade, engolindo verniz e chumbo de pescaria (Beck-Sander et al., 1997).

A "relação" com a voz

Os pacientes podem construir uma relação com as vozes, assim como fariam com qualquer outra pessoa: uma relação positiva, ambivalente ou negativa (Benjamin, 1989). As vozes parecem assumir vida própria – como se fossem inteiramente autônomas e separadas dos pacientes, que então reclamam para as vozes que elas os obrigam a fazer coisas que não querem. Porém, alguns pacientes gostam das vozes ("elas são meus únicos amigos") e as consideram divertidas e interessantes. Às vezes, as vozes parecem "dar bons conselhos". Um paciente, por exemplo, afirmou que "a voz está me mantendo são". Certos pacientes formam uma relação íntima com as vozes, assim como fariam com outra pessoa, e interagem com as vozes como fariam em uma conversa normal. Podem usar métodos para ativar as vozes, de modo a preencher o vazio em suas vidas, mas a relação não é necessariamente gratificante ou satisfatória.

Os pacientes muitas vezes têm expectativas positivas baseadas no conteúdo das vozes, e sofrem desilusões. Por exemplo, as vozes podem fazer promessas que não cumprem, fazendo os pacientes sentirem que não podem mais confiar nelas. Contudo, os pacientes também podem racionalizar uma "promessa" frustrada. Um paciente ouviu das vozes que ele mudaria para uma moradia melhor em uma data específica. Quando isso não ocorreu, decidiu que algo importante tinha intervido (Chadwick et al., 1996).

Enfrentamento desadaptativo e comportamentos de segurança

Os pacientes que ouvem vozes também têm comportamentos que visam reduzir a ativação das vozes, neutralizar as consequências desagradáveis do fato de ouvirem vozes e/ou acalmar o agente percebido dessas vozes. Assim como o paciente com transtorno de pânico evita fazer exercícios rigorosos por medo de gerar sintomas de excitação autonômica que pareçam sensações de pânico, ou o fóbico social senta na última fila do auditório para não chamar a atenção para si, os pacientes que ouvem vozes perturbadoras têm comportamentos explícitos ou ocultos que acreditam ajudar no controle dessas vozes e reduzir o estresse que vem com elas. Como essas ações visam evitar a antecipação do perigo e a ansiedade, Morrison (2001) se referiu a elas como "comportamentos de segurança". Análogo ao paciente fóbico social, por fazer uso de estratégias de segurança, indivíduos que têm alucinações tendem a mantê-las.

Os pacientes que ouvem vozes dizem que se afastam de locais públicos e se mantêm ocupados com tarefas domésticas como forma de minimizá-las (Romme e Escher, 1989). Um paciente podia prever que suas vozes piorariam à tardinha todos os dias, então, marcou um cochilo para aquela hora. Um paciente, um músico, tocava violão para não ouvir as vozes. Outro pulou de uma ponte para fugir das vozes que o atormentavam, cujo comportamento não representou um desejo suicida, mas a tentativa de escapar da presença ameaçadora das vozes. Em seu estudo, Romme e Escher observaram que aproximadamente dois terços das pessoas que ouvem vozes não têm êxito em suas tentativas de escapar ou ignorá-las. Infelizmente, o esforço gasto para evitar ou neutralizar as vozes restringe as opções de atividades dos pacientes – o que, por sua vez, leva a isolamento social e a um aumento paradoxal na atividade da voz.

Os pacientes que têm alucinações podem usar o mesmo tipo de estratégias que os pacientes obsessivos para lidar com suas obsessões. Por exemplo, um paciente cujas vozes faziam comentários profanos tentava ter pensamentos positivos ou rezar para anular ou neutralizar as consequências temidas de ofender Deus. De maneira semelhante, outro paciente respondia a essas vozes "rudes" fazendo "afirmações positivas", dizendo para si mesmo que "as pessoas são boas e tudo está bem". No começo das alucinações, outro paciente simplesmente ligava para a telefonista, pressupondo que ela poderia fazer as vozes desaparecerem. Outro de nossos pacientes, que conseguia prever as vozes quando voltava para casa, dizia em voz alta: "você não pode fazer isso comigo" como um meio de bloquear as vozes. As tentativas de suprimir a consciência das vozes podem levar ao mesmo efeito rebote que foi demonstrado quando pessoas tentam suprimir pensamentos comuns (Wegner, Schneider, Carter e White, 1987). Como um exemplo de comportamentos de segurança em resposta às crenças sobre as vozes, um de nossos pacientes colocava uma fita na cabeça quando as vozes eram ativadas, pois acreditava que a fita não apenas acabaria com as vozes, como também lhe daria "força mental", que as vozes ameaçavam tirar-lhe se ele não obedecesse a suas ordens.

Os pacientes também se envolvem em atenção seletiva e hipervigilância como um meio de responder a suas vozes. Um dos nossos pacientes respondeu à ativação das vozes isolando-se e concentrando-se nas vozes, para "descobrir o que as vozes queriam". Outros pacientes concentram sua atenção nas vozes, como outras pessoas fariam quando enfrentam uma mensagem ou estímulo perigoso. Alguns concentram sua atenção nas vozes positivas como meio de desviar a atenção das vozes mais malévolas e perturbadoras (Romme e Escher, 1989). É significativo o achado de que esses comportamentos de enfrentamento impedem que os pacientes rejeitem as avaliações negativas desconfirmadoras acerca das consequências de ouvir as vozes ("se eu não tivesse obedecido à ordem, Deus teria me matado"). Além disso, as estratégias de segurança privam os pacientes da oportunidade de determinar se sua crença sobre a fonte das vozes é verdadeira. Bloqueando o processo de testar a realidade, os comportamentos podem piorar a experiência de ouvir vozes. Esses diversos comportamentos de segurança são análogos aos empregados por pacientes com transtorno de pânico, transtorno obsessivo-compulsivo e fobias em geral: podem proporcionar alívio temporário, mas também mantêm o transtorno.

Um fator biológico que contribui para as alucinações desses pacientes é a *hipoconectividade* em seu cérebro, que resulta da ativação excessiva de neurônios durante a adolescência. A poda neuronal reduz os recursos disponíveis para o funcionamento cognitivo superior e reduz as capacidades dos pacientes de testar a realidade de interpretações delirantes. Em vez disso, eles fazem uso de estratégias de raciocínio inferiores e disfuncionais. Um outro fator biológico, a inundação cerebral com dopamina e outros transmissores (possivelmente em reação à perda de neurônios), "hiperativa" as cognições salientes (de autoavaliação, intrusivas ou obsessivas) até que passem do limiar perceptual para a alucinação.

RESUMO

As alucinações auditivas em pacientes com esquizofrenia podem ser compreendidas segundo um modelo cognitivo que incorpora constructos biológicos relevantes. A formação, fixação e manutenção das alucinações depende de diversos determinantes:

1. Os pacientes têm um baixo limiar para a perceptualização, que é exacerbado pelo estresse, isolamento ou fadiga.
2. Cognições hipervalentes (quentes) de energia suficiente excedem o limiar perceptual e, consequentemente, transformam-se em alucinações.
3. Um viés externalizante reforça a suposta origem externa das vozes.
4. As estratégias de não utilizar os recursos e diminuição do teste de realidade (detectar e corrigir erros, suspender o juízo, coletar mais dados, reavaliar e proporcionar explicações alternativas) fortalecem esse viés.

A manutenção das alucinações, por sua vez, é determinada por uma variedade de crenças: delírios relacionados com um agente externo, crenças nucleares subjacentes e a percepção do "relacionamento" com as vozes. Certas respostas de enfrentamento e comportamentos de segurança também tendem a manter as crenças errôneas.

5

A Conceituação Cognitiva dos Sintomas Negativos

Um paciente com histórico de má higiene chega para a consulta com seu terapeuta parecendo sujo. Ao ser questionado a respeito, o paciente, Mike, é rápido em explicar que sua mãe machucara a mão, impedindo-a de fazer as tarefas domésticas, incluindo, de forma importante, lavar a roupa dele. A seguir, Mike descreve uma consulta recente, no qual o psiquiatra perguntou como ele, no lugar da mãe, poderia lavar a roupa. Esse questionamento fez Mike explicar que precisava recuperar a saúde e a inteligência (por meio de um procedimento obscuro), para que pudesse conseguir uma garota que fizesse isso para ele. O psiquiatra, então, perguntou a Mike se ele ainda estava tomando a sua medicação. Depois, Mike confidenciou ao terapeuta que preferiu não dizer ao psiquiatra que, na verdade, planejava conseguir duas namoradas quando se curasse.

Mike é um norte-americano de origem irlandesa, de 40 e poucos anos, que desenvolveu esquizofrenia durante o ensino médio. Aderido a sua bem prescrita farmacoterapia, Mike tem grande estima por seu psiquiatra. Em testes da atenção, memória e funcionamento executivo, Mike tem escores de pelo menos dois desvios padrão abaixo da média da amostra de controles saudáveis, sugerindo um comprometimento cognitivo razoavelmente significativo. Essa média pode significar que ele é incapaz de lavar a própria roupa por não conseguir mobilizar os recursos cognitivos necessários para a tarefa? Ao ser questionado, Mike explica: "eu não gosto de lavar roupa". Não é necessário perguntar muito ("você alguma vez já lavou a sua roupa? Como você sabe se gosta de algo sem nunca experimentar?") antes de ele dizer: "não sei operar a máquina". Todavia, como nunca tentou lavar a roupa, e como já operou outros aparelhos de complexidade equivalente à de uma máquina de lavar (videocassete, aparelho de som e fogão), sugere-se uma alternativa plausível ao comprometimento cognitivo: Mike tem expectativas derrotistas com relação à sua capacidade de realizar tarefas novas, por um lado, e padrões de desempenho perfeccionistas, por outro. Essas crenças o protegem da frustração e percepção de fracasso e criam a impressão errônea de que uma grande variedade de tarefas cotidianas exige mais esforço do que ele é capaz de fazer.

Pacientes como Mike, que manifestam sintomas negativos proeminentes, evidenciam uma atenuação notável, se não uma ausência total, das respostas comportamentais e experiências internas que tipificam os indivíduos saudáveis. A patologia nuclear consiste de redução da expressividade verbal e não verbal, bem como um envolvimento limitado em atividades construtivas, prazerosas e sociais (Kirkpatrick et al., 2006). Embora o terapeuta deva se basear na autoavaliação e inferências para avaliar as alucinações e delírios, os sintomas negativos são observados diretamente no repertório comportamental dos pacientes. Desse modo, o *afeto embotado* é visto no exterior inexpressivo e na ausência de humor; a *alogia*, na fala insignificante espontânea; a *avolição*, na passividade de passar dias sem nenhuma atividade; a *anedonia*, na falta de envolvimento em algo prazeroso; e a *associalidade*, no isolamento interpessoal (McGlashan et al., 1990). Não são observados nesses pacientes os estados psicológicos que acompanham a diminuição comportamental e expressiva. O que podem estar pensando e sentindo esses indivíduos tão retraídos e sem reação? McGlashan e colaboradores especulam que a falta de manifestação explícita de seus pacientes é refletida pela mesma diminuição das vivências interiores de motivação, emoção e pensamento: os pacientes são descritos como "sem motivação ou propósito", sem "criatividade e iniciativa", e têm uma realidade simplificada. Os sintomas negativos, por fim, caracterizam-se como estados estáveis de defeito ou déficit, que formam a base sobre a qual os sintomas "agudos, fragmentados e plenos" (psicóticos e de desorganização) da esquizofrenia se sobrepõem.

Observados em pacientes há mais de 150 anos (Berrios, 1985), os sintomas negativos eram centrais às primeiras definições do conceito de esquizofrenia (Capítulo 1). Desse modo, Kraepelin (1971, p. 74) propôs o "enfraquecimento da mola principal da volição" e "a destruição da personalidade" como os dois processos fundamentais subjacentes à *dementia praecox*. Bleuler (1911/1950), em concordância, sugeriu que a "deterioração emocional está no primeiro plano do quadro clínico. (...) Muitos (...) vagam pelas instituições onde são confinados com rostos inexpressivos, encurvados, a imagem da indiferença" (p. 40). Ainda assim, apesar de quase 100 anos de centralidade, os sintomas negativos foram negligenciados durante as décadas intermediárias do século XX. Foi sugerido (Carpenter, 2006) que o surgimento dos medicamentos antipsicóticos efetivos, combinado com a popularidade da formulação de Schneider sobre os sintomas de primeira ordem, produziu um conceito redefinido de esquizofrenia, que enfatizava o rompimento episódico da realidade em uma deterioração emocional e comportamental estável.

Na década de 1980, Tim Crow, Nancy Andreasen e outros pesquisadores lideraram um renascimento do conceito de sintomas negativos na esquizofrenia (Brown e Pluck, 2000). Como vimos no Capítulo 1, a esquizofrenia do tipo II de Crow (1980) (caracterizada por sintomas negativos, pouca resposta ao tratamento, início insidioso, prognóstico desfavorável no longo prazo e anormalidade cerebral estrutural) colocou os sintomas negativos no primeiro plano e reafirmou a formulação central de Hughlings Jackson (1931) e outros, de que uma encefalopatologia estável está subjacente aos déficits comportamentais estáveis dos sintomas negativos. De forma correspondente, Andreasen desenvolveu uma escala operacionalizada, a Scale for the Assessment of Negative Symptoms – SANS (Andreasen, 1984b), especificando os sintomas negativos em termos observáveis. Escalas como a SANS, e mais adiante, a Positive and Negative Symptom Scale – PANSS (Kay et al., 1987), permitiram fazer avaliações fidedignas dos sintomas negativos ao longo do tempo e do espaço e, assim, aperfeiçoaram a avaliação dos sintomas negativos (Andreasen, 1990a, 1990b).

RESULTADOS DE PESQUISA

Validade, prognóstico e curso

Nas duas décadas seguintes, houve um considerável progresso no entendimento dos sintomas negativos. Primeiramente, embora não mais patognômicos do que os sintomas positivos (Brown e Pluck, 2000), os sintomas negativos têm validade de constructo na esquizofrenia (Earnst e Kring, 1997): estudos de análise fatorial realizados em várias culturas avaliam consistentemente um fator unitário e distinto de sintomas negativos, além de fatores de psicose e de desorganização (Andreasen et al., 1995; Andreasen et al., 2005; Barnes e Liddle, 1990; John et al., 2003). Embora a dimensão dos sintomas negativos da esquizofrenia possa ser decomposta ainda mais (Kimhy, Yale, Goetz, McFarr e Malaspina, 2006), o fator singular aparece como se tivesse uma relação diferencial, em comparação com os outros dois fatores, com variáveis relacionadas com o curso e o prognóstico, bem como a disfunção neurobiológica e cognitiva. Isso garante a validade dos sintomas negativos na esquizofrenia.

Em termos de desfecho, os estudos longitudinais mostram que o grau de sintomatologia negativa é um indicador prognóstico de empobrecimento do funcionamento social e ocupacional, bem como de qualidade de vida inferior (Fuller et al., 2003). Por exemplo, Andreasen e colaboradores relatam que a gravidade dos sintomas negativos – não positivos ou de desorganização – na entrevista inicial prevê uma qualidade de vida inferior dois anos depois (Ho, Nopoulos, Flaum, Arndt e Andreasen, 1998) e pior funcionamento social sete anos depois (Milev, Ho, Arndt e Andreasen, 2005). Outros grupos de pesquisa observaram uma relação semelhante entre os sintomas negativos e o desfecho (Breier, Schreiber, Dyer e Pickard, 1991; Wieselgren, Lindstrom e Lindstrom, 1996). Os estudos de longo prazo também identificam os sintomas negativos como um preditor significativo de funcionamento pobre (Bromet, Naz, Fochtmann, Carlson e Tanenberg-Karant, 2005).

A relação diferencial com o desfecho sugere um curso diferencial – e, de fato, estudos epidemiológicos mostram que os sintomas negativos diferem das dimensões psicótica e desorganizada ao longo do tempo. A pesquisa confirma, em concordância com os primeiros teóricos, que os sintomas negativos são relativamente semelhantes a traços. Níveis estáveis de sintomas negativos foram observados de maneira prospectiva, por exemplo, em um seguimento de dois anos (Arndt, Andreasen, Flaum, Miller e Nopoulos, 1995). Além disso, um grande estudo alemão sobre o primeiro episódio também observou estabilidade de sintomas negativos ao longo de cinco anos (Hafner, 2003). Os fatores psicóticos e de desorganização não eram tão estáveis e, consoantemente, não eram preditores de desfecho em nenhum desses estudos. Um estudo recente de indivíduos cronicamente institucionalizados sugere que os sintomas negativos tendem a permanecer estáveis ou a aumentar no curso da vida, ao passo que os sintomas positivos tendem a diminuir, sendo o melhor preditor de sintomas negativos elevados o início dos sintomas antes da idade de 25 anos (Mancevski et al., 2007). Resultados como esses levaram vários autores a concluir que, para uma grande proporção de pacientes, a esquizofrenia se caracteriza por sintomas negativos relativamente resistentes, ressaltada uma exacerbação psicótica periódica (Andreasen et al., 1995; American Psychiatric Association, 2000).

Carpenter e colaboradores identificaram um subconjunto de pacientes com esquizofrenia (15-20%) que apresentavam uma notável estabilidade em uma constelação de sintomas negativos nucleares (Carpenter et al., 1988). Para ser classificados como "síndrome de déficit", os pacientes devem, por um período de doze meses, ter sintomas negativos acentuados (pelo menos dois dos seguintes: afeto restrito, faixa emocional reduzida, pobreza da fala, limitação de interesses, senso diminuído de propósito, motivação social diminuída) que não sejam secundários a fatores relacionados com a doença, como sintomas positivos, medicações, déficits cognitivos, ansiedade ou depressão (Kirkpatrick, Buchanan, McKenny, Alphs e Carpenter, 1989). Um estudo de pacientes em primeiro episódio ilustra a estabilidade da síndrome de déficit: pacientes com déficits apresentaram mais consistentemente sintomas negativos elevados em comparação com pacientes sem déficits, no curso de um período de dois anos (Ventura et al., 2004).

Além da estabilidade, os sintomas negativos também têm precedência temporal com relação às outras dimensões dos sintomas. Estudos retrospectivos trazem evidências de que os sintomas negativos tendem a emergir antes do primeiro início da psicose (Cannon, Tarrant, Huttunen e Jones, 2003; Peralta, Cuesta e de Leon, 1991). Em um desenho prospectivo envolvendo um grande número de recrutas israelenses, os sintomas do tipo negativo (falta de amigos) foram os melhores preditores de esquizofrenia futura (Davidson et al., 1999). De maneira semelhante, indivíduos identificados com risco elevado de desenvolver esquizofrenia tendem a ser caracterizados por uma significativa elevação da sintomatologia do tipo negativa, e uma relativa ausência de sintomatologia positiva (Lencz, Smith, Auther, Correll e Cornblatt, 2004).

O fato de que alguns sintomas negativos emergem antes das outras dimensões levou alguns autores a concluir que, de acordo com Bleuler (1911/1950) e Kraepelin (1971), os sintomas negativos são primários, ao invés de aspectos secundários da esquizofrenia (Hafner e an der Heiden, 2003). Além disso, a conjunção de uma relativa estabilidade ao aparecimento precoce de sintomas tem sido interpretada como reflexo de um processo cerebral subjacente estável nos sintomas negativos. De fato, as primeiras neuroimagens cerebrais mostraram alargamento do ventrículo lateral na esquizofrenia (Moore et al., 1935), sugerindo volume cerebral reduzido, um achado que está correlacionado com os sintomas negativos, segundo pesquisas posteriores (Johnstone e Ownes, 2004). Além disso, a neuroimagem funcional revela pouca ativação do córtex frontal na esquizofrenia (Liddle e Pantelis, 2003; Stolar, 2004), que também tem correlação com os sintomas negativos (Wong e Van Tol, 2003). Vistas em conjunto, essas linhas de pesquisas epidemiológicas e de neuroimagem nos levam de volta a Hughlings Jackson e Crow. Independentemente de o mecanismo ser o volume reduzido de uma determinada região do cérebro ou a hipoativação de uma determinada área, os pesquisadores afirmam haver um isomorfismo entre a deterioração comportamental observada e a disfunção cerebral postulada.

Comprometimento neurocognitivo

Conforme já vimos (Capítulos 1 e 2), as tarefas da vida cotidiana que envolvem o processamento de informações representam desafios para pacientes com esquizofrenia: eles apresentam uma capacidade reduzida de selecionar informações do ambiente, bem como uma capacidade comprometida de manter a concentração. Eles se distraem facilmente com estímulos internos e externos e têm dificuldade para gerar e implementar planos. Além disso, também têm dificuldade para resolver problemas cuja solução não é claramente visível (Goldberg et al., 2003). Heinrichs (2005) relata resultados de uma metanálise mostrando que o desempenho dos pacientes em testes da atenção, memória e funcionamento executivo varia, em relação aos controles saudáveis, em um desvio padrão na direção do desempenho inferior. De maneira importante, os déficits cognitivos tendem a estar mais associados a sintomas negativos do que a dimensões de sintomas psicóticos ou de desorganização (Keefe e Eesley, 2006; van Os e Verdoux, 2003). Por exemplo, em um estudo transversal, O'Leary e colaboradores (2000) observaram que, ao passo que os sintomas psicóticos não tinham relação com medidas cognitivas e os sintomas desorganizados estavam relacionados com uma única medida cognitiva, os sintomas negativos estavam relacionados com o desempenho em vários testes envolvendo a memória, a atenção e as habilidades motoras. Resultados semelhantes foram publicados por vários grupos internacionais (Greenwood, Landau e Wykes, 2005; Muller, Sartory e Bender, 2004; Velligan et al., 1997).

As medidas do desempenho cognitivo não apenas estão correlacionadas com os sintomas negativos como, não é de surpreender, com o desfecho. De fato, vários pesquisadores observam que as medidas cognitivas são os melhores preditores de um desfecho desfavorável (Green, 1996; Harvey et al., 1998; Velligan et al., 1997), embora resultados nulos tenham sido publicados (Addington, Saeedi e Addington, 2005). Por exemplo, o desempenho basal dos pacientes em testes neurocognitivos prevê o desfecho em estudos de seguimento realizados em cinco anos (Robinston et al., 2004) e sete anos (Milev et al., 2005). Green e colaboradores (2000), em uma metanálise bastante citada, encontraram tamanhos de efeito pequenos a médios quando as medidas de desfecho funcional foram relacionadas com testes de funcionamento executivo, memória verbal secundária (a recordação posterior de uma lista de palavras), recordação verbal imediata e atenção prolongada.

O modelo da diátese-estresse dos sintomas negativos

O emergente *corpus* de pesquisas dá apoio à formulação diátese-estresse da esquizofrenia (Strauss, Carpenter e Bartko, 1975). Condizente com as pesquisas revisadas, a contribuição genética para a emergência dos sintomas negativos é maior do que a dos sintomas positivos, e as complicações obstétricas parecem também estar mais associadas aos sintomas negativos (Cannon, Mednick e Parnas, 1990). Desse modo, certos indivíduos se tornam susceptíveis a desenvolver sintomas negativos durante a adolescência, devido a uma mistura complexa de fatores de risco genéticos e ambientais. Os fatores genéticos e obstétricos parecem resultar em anormalidades estruturais, como ventrículos cerebrais alargados (Vita et al., 2000). De acordo com essa visão, Walker, Lewine e Neumann (1996) associaram a morfologia cerebral a anormalidades motoras infantis. Parece provável que o alargamento ventricular anteceda o início da psicose (Foerster, Lewis e Murray, 1991). A neuropatologia, na forma de migração celular anormal, a morte celular programada durante a gestação (Bunney e Bunney, 1999) e a poda neuronal anormal durante a adolescência (Feinberg, 1983) podem estar por trás da anormalidade ventricular. A conectividade entre diversas regiões cerebrais pode ser comprometida por essas lesões neuronais, levando a deficiências no funcionamento integrativo do cérebro (McGlashan e Hoffman, 2000) que, por sua vez, impõem limites ao desempenho neurocognitivo e aos recursos do processamento. De fato, os estressores do desenvolvimento, como fracassos sociais e acadêmicos (Lencz et al., 2004) relacionados com déficits cognitivos e a escassez de recursos de processamento, podem comprometer a vulnerabilidade proximal aos sintomas negativos (ver Capítulo 14, para uma elaboração maior dessas ideias).

Parece claro que déficits neurobiológicos e neurocognitivos estão implicados na patogênese dos sintomas negativos. Ainda assim, apesar dos relevantes achados sobre os substratos biocognitivos dos sintomas negativos, os aspectos psicológicos desses sintomas permanecem relativamente inexplorados (Morrison, Renton, Dunn, Williams e Bentall, 2004). Essa pobreza de teorização psicológica talvez se deva, em parte, a um suposto isomorfismo entre a falta de comportamento e a falta de pensamento. Nancy Andreasen (1984a) descreveu o famoso caso do paciente com sintomas negativos como "uma casca vazia" que "não consegue pensar" e que, consequentemente, perdeu a capacidade de sofrer e ter esperança. Segundo essa visão, a neuropatologia na base é que sacramenta o paciente, limitando seu envolvimento em atividades construtivas e na produção de respostas de expressão e comunicação.

PSICOLOGIA DOS SINTOMAS NEGATIVOS

Relatos na primeira pessoa[1]

As autoavaliações de indivíduos afetados proporcionam um ponto de partida para articular a psicologia dos sintomas negativos – e diferenciam-se de maneira bastante pungente da suposta "casca vazia". A descrição a seguir é de um homem de 25 anos, um ano depois do início da sua psicose:

> Não consigo controlar meus pensamentos. Não consigo manter meus pensamentos. Acontece automaticamente. ... Perco o controle em conversas, então eu suo e tremo todo. ... Posso ouvir o que eles estão dizendo, o difícil é lembrar no segundo seguinte o que disseram – simplesmente foge da minha cabeça. ... Tento dizer algo razoável e adequado, mas é difícil. ... Falo o mínimo para prevenir o aparecimento desses ataques. (Chapman, 1966, p. 237)

O paciente tem uma sensação de que a memória e a fala estão fora do controle, o que torna particularmente difícil conversar com outras pessoas. O comprometimento cognitivo e o transtorno do pensamento estão evidentemente relacionados com a alogia e o retraimento social do paciente. Todavia, o efeito não é direto; o desejo de satisfazer expectativas sociais de interlocutores, combinado com a sensibilidade aguçada à rejeição, além da possível supergeneralização de sua dificuldade de comunicar-se, motivam a aversão social desse paciente e, por fim, a sua associalidade. Outra relação com a dificuldade social ocorre por meio dos desafios representados por questões ocupacionais e monetárias:

> Muitas pessoas aprendem a viver com pouco dinheiro, ou sem dinheiro, de vez em quando. Isso quase sempre afeta os nossos relacionamentos. Se perdemos o emprego. ... é difícil manter o autorrespeito e os relacionamentos com aqueles que amamos, não importa qual seja o tipo de relacionamento. (Seckinger, 1994, p. 20)

Não ser capaz de manter um emprego ou a autonomia monetária é algo que tem um impacto negativo considerável sobre os relacionamentos do paciente com seus familiares, bem como com potenciais amigos e parceiros. O paciente pode antecipar que receberá críticas dos outros e decidir evitá-los para reduzir o seu sofrimento. Assim, o fator psicológico da sua própria autoimagem negativa é que influencia a relação entre a dificuldade vocacional e o retraimento social. Warner (2004) apresentou dados consideráveis mapeando o impacto do desemprego sobre a recuperação e a qualidade de vida na esquizofrenia – dados que sugerem que a experiência desse paciente é uma ocorrência comum.

A percepção do paciente sobre a sua própria capacidade de funcionar em situações sociais pode ter muito a ver com o fato de se envolver ou não em atividades sociais:

> O maior problema que eu enfrento – acho que é o básico – é a intensidade e variedade

[1] Essas narrativas pessoais da esquizofrenia foram coletadas por Davidson e Stayner (1997).

> dos meus sentimentos, e o meu limiar baixo para suportar os sentimentos intensos dos outros, principalmente os negativos. ... Comecei a ter medo das pessoas, da minha família e dos meus amigos; não pelo que eles representam ..., mas por causa da minha incapacidade de lidar com contatos humanos normais. (Hatfield e Lefley, 1993, p. 55)

É notável, na narrativa desse paciente, os termos absolutos com que ele descreve a sua habilidade social. Ele considera que simplesmente não tem capacidade de lidar com interações sociais na vida cotidiana. Porém, mesmo sentindo empatia pela sensação de ineficácia do paciente, também parece provável que ele subestime a sua capacidade de aprender a lidar com as pessoas. Esse fato é digno de menção, por causa do resultado ambivalente que o retraimento do envolvimento social apresenta. O paciente se protege de experiências sociais adversas, mas ao custo do isolamento e solidão aguda. Outro paciente escreveu: "não consigo controlar o que as palavras fazem comigo. Minha fisiologia chora. Eu me odeio. Sou fraco demais para me desculpar por agredir o mundo. Quero amar. Tenho inveja das pessoas que conseguem se relacionar bem" (Bouricius, 1989, p. 205). Além da sensação de inadequação social, o estigma social e a ameaça de rejeição também podem contribuir para a dificuldade do paciente com as outras pessoas e, ao fim, para seu isolamento profundo:

> Para agravar a questão ainda mais, existe o doloroso conhecimento de que não se pode falar com ninguém sobre essas coisas. Não apenas essas coisas são difíceis de falar, bem como se você admitir que tem algum desses problemas, provavelmente receberá olhares de perplexidade ou terá que encarar uma rejeição imediata e final. (Weingarten, 1994, p. 374)

O paciente com sintomas negativos proeminentes pode se sentir "emparedado" dos outros em um nível fundamental. No mesmo grau que o paciente percebe a separação social como algo irrevogável, ele pode estar em risco de apresentar comportamento suicida.

Usando esses autorrelatos como ponto de partida e integrando resultados de pesquisas relevantes, as seções seguintes articulam uma psicologia dos sintomas negativos, na qual crenças disfuncionais e negativas fazem o paciente evitar atividades construtivas e prazerosas. Os fatores relevantes que contribuem para a perda da motivação e a evitação são expectativas baixas de prazer ("não vou gostar"), expectativas baixas de sucesso em tarefas sociais e não sociais ("não serei bom o suficiente"), expectativas baixas de aceitação social ("o que você estava esperando? Sou doente mental") e crenças derrotistas relacionadas com o desempenho ("se não tiver certeza de que terei sucesso, não há porque tentar"). As crenças negativas e excessivamente gerais impedem o início da ação (incluindo a fala e a expressão emocional) e, desse modo, agem como mediadores nas cadeias causais que relacionam o comprometimento cognitivo, os sintomas negativos e o funcionamento deficiente na esquizofrenia.

Crenças negativas ativadas por sintomas positivos

Os sintomas positivos e negativos se sobrepõem e interagem em um grau considerável. O paciente que ouve vozes depreciativas na multidão, por exemplo, prefere não sociabilizar, pois teme que os outros ouçam os insultos. Da mesma forma, um paciente que vivencia delírios de influência somática prefere passar o dia na cama para minimizar a dor que os atos dos seus atormentadores causam em seu corpo. Esses efeitos são chamados sintomas negativos secundários. Ventura e colaboradores (2004) demonstraram, corroborando relatos informais, que as exacerbações de sintomas negativos tendem a ser simultâneas às exacerbações de alucinações e delírios, em um nível maior do que seria esperado pelo acaso.

Essas respostas comportamentais "secundárias" costumam ser mediadas por crenças e posturas negativas. Por exemplo, as crenças delirantes idiossincráticas relacionadas com a onipotência, incontrolabilidade e infalibilidade das vozes determinam se o paciente se envolve com as vozes ou, de maneira alternativa, se desconecta e se retrai (Beck e Rector, 2003). Além disso, os sintomas negativos podem ter uma função protetora e compensatória para o paciente que enfrenta delírios e alucinações ameaçadores. Por exemplo, um paciente passava todo o dia na cama para aliviar seus temores de ser monitorado por funcionários do governo do lado de fora da sua casa. Outra paciente se afastou da família e dos amigos porque tinha medo de cometer erros que desencadeariam uma voz dizendo "você não vale nada". As crenças delirantes idiossincráticas também podem levar a sintomas negativos. Um paciente temia que tivesse uma ereção ao falar com outras pessoas e, por isso, falava pouquíssimo (refletindo alogia). Sua preocupação com controlar a excitação era tal que ele mantinha todas as atividades ao mínimo e passava a maior parte do tempo tentando controlar seus pensamentos (refletindo anergia e isolamento).

Aversão social

Evidências do papel das atitudes negativas para com o envolvimento social na esquizofrenia podem ser encontradas na Social Anhedonia Scale (Chapman, Chapman e Miller, 1982; Chapman, Chapman e Raulin, 1976) e sua revisão, a Revised Social Anhedonia Scale (Eckbald, Chapman, Chapman e Mishlove, 1982). Os valores e preferências detalhados nas questões dessa escala parecem relacionados com o retraimento social: por exemplo, "atribuo pouquíssima importância a ter amigos íntimos", "as pessoas, às vezes, pensam que sou tímido, quando tudo o que quero é ficar só", e "prefiro passatempos e atividades de lazer que não envolvam outras pessoas". Essas posturas negativas para com a afiliação social parecem ser proeminentes em parentes biológicos de indivíduos diagnosticados com esquizofrenia (Kendler, Thacker e Walsh, 1996) e, dessa forma, também são características de indivíduos propensos a desenvolver psicose (Chapman, Chapman, Kwapil, Eckbald e Zinser, 1994; Miller et al., 2002). Além disso, Jack Blanchard e colaboradores observaram que os pacientes com esquizofrenia apresentam maior estabilidade em posturas negativas para com a afiliação social do que controles não psiquiátricos (Blanchard, Mueser e Bellack, 1998) ou indivíduos diagnosticados com transtorno depressivo maior (Blanchard, Horan e Brown, 2001).

Reunimos 15 questões da Revised Social Anhedonia Scale que melhor refletem a aversão social. Entre as questões, estão "prefiro assistir à televisão do que sair com outras pessoas", "sou independente demais para me envolver realmente com outras pessoas" e "eu ficaria feliz vivendo sozinho em uma cabana na floresta ou nas montanhas". O endosso dessas questões está relacionado com o desempenho em testes do funcionamento executivo, memória verbal, bem como de sintomas positivos, negativos e de desorganização. De fato, as posturas de aversão social parecem ser variáveis mediadoras (1) da relação entre os sintomas positivos e negativos, e (2) entre o comprometimento cognitivo e os sintomas negativos (Grant e Beck, 2008b). Esses resultados sugerem a utilidade terapêutica de evocar as posturas de aversão social em pessoas com sintomas negativos, pois as posturas podem ser tratadas diretamente no sentido de reduzir o retraimento social.

Crenças derrotistas sobre o desempenho

Rector (2004) observa que os pacientes com sintomas negativos são propensos a endossar crenças e posturas disfuncionais que revelem conclusões negativas excessivamente generalizadas relacionadas com o seu desempenho. As questões incluem "se eu fracassar parcialmente, será tão ruim quanto um fracasso total", "se você não consegue fazer algo bem, não há por que fazer" e "se fracassar no trabalho, serei um fracasso como pessoa". Todas essas questões implicam um modelo derrotista e foram denominadas "atitudes derrotistas sobre o desempenho" (Grant e Beck, 2009b). Rector encontrou evidências de que essas crenças alimentam a evitação, a apatia e a passividade, e o endosso de posturas derrotistas está correlacionado com os níveis de sintomas negativos, independentemente dos níveis de sintomas positivos ou depressivos. Em uma repetição e extensão do trabalho de Rector, Grant e Beck (2009b) relatam que pacientes que endossam crenças derrotistas apresentam mais comprometimento cognitivo em testes da abstração, memória e atenção, bem como piores sintomas negativos e funcionamento social e vocacional inferior. De maneira significativa, as crenças derrotistas influenciam a relação entre o comprometimento cognitivo e os sintomas negativos e o funcionamento, sugerindo um papel causal no afastamento de atividades construtivas, observado em indivíduos com sintomas negativos.

Barrowclough e colaboradores (2003) observaram uma significativa correlação negativa entre a avaliação dos pacientes sobre seus próprios atributos positivos e seu funcionamento em papéis sociais, por um lado, e seus níveis de sintomas negativos, por outro. Os supostos déficits parecem determinar as avaliações dos pacientes sobre seu valor pessoal: por exemplo, a percepção de sua falta de atratividade, inteligência e habilidades sociais, bem como deficiências percebidas em seu papel em diversos domínios (social, interpessoal, ocupacional). As posturas disfuncionais e inadequações pessoais e interpessoais percebidas podem convergir para direcionar os pacientes a um "ponto de segurança" que os isole socialmente.

Do ponto de vista do desenvolvimento, o distanciamento social, combinado com posturas negativas para com a afiliação social e posturas derrotistas para com o desempenho, pode potencializar os sintomas negativos, a ponto de dar início à doença. Em amparo a essa ideia, existem evidências preliminares de uma relação entre as crenças derrotistas e os sintomas negativos em indivíduos que têm um risco "ultra-alto" de desenvolver um transtorno psicótico (Perivoliotis, Morrison, Grant, French e Beck, 2008). De maneira mais geral, determinadas posturas e crenças influenciam o efeito do comprometimento cognitivo sobre os sintomas negativos e o funcionamento social e vocacional, exacerbando e mantendo o afastamento de atividades construtivas. A ênfase em crenças e expectativas de fracasso nos sintomas negativos condiz com conceituações do comportamento motivado (Eccles e Wigfield, 2002); crenças de eficácia, em particular, mostraram ser importantes mediadores entre os recursos disponíveis para tarefas e o envolvimento nas tarefas em sujeitos saudáveis (Llorens, Schaufeli, Bakker e Salanova, 2007).

Avaliação negativa de expectativas

Além das crenças derrotistas sociais e de desempenho, existe outro conjunto de fatores cognitivos que faz parte dos sintomas negativos, independentemente dos sintomas positivos. Especificamente, os pacientes avaliam a sua experiência futura com pouca expectativa de prazer, sucesso e aceitação. Além disso, percebem que não possuem os recursos cognitivos necessários para as tarefas da vida cotidiana (Rector, Beck e Stolar, 2005). A forma e o conteúdo de cada expectativa negativa serão considerados a seguir.

Poucas expectativas de prazer

As expectativas pessimistas e negativistas também são um marco da cognição dos pacientes relacionada com o envolvimento em atividades prazerosas. Como exemplo, considere o paciente que tende a passar muitas horas por dia deitado na cama. Em uma ocasião, ele decidiu pegar seu violão e começou a tocar alguns acordes. Em seguida, notou que as cordas precisavam ser afinadas, e logo pensou: "por que se incomodar? Dá mais trabalho do que vale a pena". Então, ligou a televisão. Dessa forma, os pacientes parecem prever que terão pouco prazer em troca de qualquer esforço que devam fazer. Além disso, sua atenção se fixa rigidamente em grandes expectativas de desprazer. DeVries e Delespaul (1989), usando metodologia de amostra com experiências ao longo do dia, observou que pacientes com esquizofrenia dizem sentir mais emoções negativas e menos emoções positivas em suas vidas cotidianas do que os controles saudáveis, observação essa que está de acordo com estudos baseados no uso de questionários (Berenbaum e Oltmanns, 1992; Burbridge e Barch, 2007) e pode ocorrer porque esses pacientes participam de menos atividades prazerosas.

Um contraste intrigante emergiu na literatura experimental, relacionado com a expressão e experiência de emoções na esquizofrenia. Os pacientes apresentam menos expressões faciais positivas e negativas, em comparação com controles não clínicos, em resposta a estímulos que evocam emoções (Kring e Neale, 1996), um efeito que é especialmente acentuado para pacientes com sintomas negativos duradouros (Earnst e Kring, 1999). Os relatos subjetivos dos pacientes sobre as emoções, pelo contrário, refletem toda a variedade, em termos de magnitude (nível de excitação) e valência (positivo e negativo), encontrada em controles não clínicos (Berenbaum e Oltmanns, 1992; Kring e Neale, 1996), mesmo quando os pacientes manifestam sintomas negativos crônicos e graves. A anedonia costuma ser definida como uma redução na capacidade de sentir prazer (Andreasen, 1984b; American Psychiatric Association, 2000); ainda assim, a literatura científica sugere que esses pacientes podem e sentem prazer em um grau equivalente ao dos controles saudáveis.

Ao invés de refletir um déficit da experiência emocional, a anedonia pode refletir expectativas incorretas com relação ao envolvimento em atividades prazerosas por parte de indivíduos diagnosticados com esquizofrenia (Germans e Kring, 2000). Essa formulação explica simultaneamente o menor prazer relatado e a equivalente capacidade de sentir prazer. Especificamente, se os pacientes não preveem que as atividades prazerosas realmente serão prazerosas, podem decidir não participar delas, levando a menos atividades prazerosas em suas vidas cotidianas. Em apoio a essa proposta, Gard e colaboradores (2007) observaram que os pacientes com esquizofrenia apresentam, em relação aos controles saudáveis, um escore inferior em uma escala que avalia a *antecipação* de prazer, enquanto têm escores equivalentes em uma escala que avalia a experiência real de prazer.

Apesar de sua pouca expectativa de prazer, os pacientes conseguem desfrutar das tarefas, depois que se envolvem nelas. Por exemplo, uma paciente, cuja rotina diária havia se reduzido a dormir, comer e ir a consultas com médicos, identificou uma lista de atividades em que costumava sentir prazer, mas previa não sentir mais, incluindo telefonar para a família, passar o aspirador de pó na casa, tomar banho, assistir à televisão e rezar. Embora as avaliações prévias de prazer *esperado* fossem perto de zero, ela posteriormente relatou sentir uma leve satisfação ao aspirar a casa, um prazer moderado durante o banho e ao assistir à televisão, e muito prazer ao falar no telefone com sua mãe. É importante obter avaliações na hora do acontecimento, pois, ao recordarem, os pacientes tendem a subestimar seu nível de prazer. É claro, as recordações com viés negativo servem para reforçar a visão negativa da situação e para minimizar o prazer que sentiram.

Pouca expectativa de sucesso

Os pacientes também têm vieses em suas baixas expectativas de sucesso para uma tarefa proposta. Muitas vezes, esperam fracassar em seus objetivos e, se os alcançam, tendem a considerar seu desempenho abaixo dos padrões, em comparação com o desempenho esperado. Essa perspectiva negativa afeta a sua motivação para iniciar e manter comportamentos direcionados para seus objetivos, especialmente quando estão sob estresse. O comprometimento do funcionamento executivo em manter pensamentos voltados para objetivos, especialmente em tarefas complexas, na esquizofrenia (Berman et al., 1997; Stolar, Berenbaum, Banich e Barch, 1994), não explica adequadamente por que os pacientes, às vezes, não concluem tarefas simples ou se esforçam para alcançar um determinado objetivo em um dia, mas não no outro. Além disso, quando suficientemente motivados, esses pacientes conseguem executar tarefas complexas que parecem além da sua capacidade.

Muitos pacientes apresentam expectativas negativas que interferem na motivação e na ação. Um paciente socialmente isolado, por exemplo, pegava o telefone para fazer uma ligação, mas logo desligava. Seu pensamento era: "posso não soar bem, e não ter nada a dizer". Então, reconheceu que tinha preocupações semelhantes relacionadas com o desempenho quando pensava em participar de grupos no hospital-dia ("vou demorar demais para conseguir falar tudo que quiser dizer"), ir à academia de ginástica ("não vou conseguir levantar todos os pesos") e jogar futebol ("não vou ser bom o suficiente"), áreas que listou no começo do tratamento como as que "não tinha motivação". Quando reconhecia esses impedimentos à ação, sentia motivação para ir atrás do objetivo em questão.

Como esses pacientes de fato relatam ter dificuldades maiores com a concentração, habilidades motoras finas e esforço prolongado para enxergar as coisas até o final, surge a questão: essa visão negativa do fracasso provável é correta? Uma dificuldade básica que contribui para a expectativa de desempenho negativo é que os pacientes se sentem frustrados e, consequentemente, decepcionados com seu desempenho. Além da frustração que vem após o fracasso em alcançar objetivos autodirigidos, os pacientes com sintomas negativos proeminentes também experimentam considerável culpa pela percepção de que não conseguem cumprir as expectativas atuais e passadas das outras pessoas para com eles. O duplo fardo do reconhecimento persistente do fracasso em cumprir as suas perspectivas e as dos outros consolida as crenças nucleares em torno de temas como "fracasso", "inútil", "imprestável", "vagabundo". Os pacientes se tornam hipervigilantes e sensíveis demais à percepção de crítica. Um paciente, incentivado por sua mãe a acordar e se vestir para uma consulta médica, disse que se sentiu incomodado quando pensou para si mesmo: "estão sempre me incomodando", "estou muito cansado" e "eles esperam demais de mim". Sua reação foi voltar para a cama.

Barrowclough e colaboradores (2003) observaram que o grau de percepção de comentários críticos de familiares previa a presença e a gravidade dos sintomas negativos, mas não dos positivos. Por outro lado, quando os parentes eram percebidos como carinhosos e aprovativos, os pacientes faziam uma avaliação mais positiva do seu próprio desempenho em seus papéis.

Poucas expectativas devido ao estigma

A sensação de derrota pode pairar sobre pacientes que têm sintomas negativos proeminentes. Esses pacientes podem dizer: "não tenho casa. Não tenho mulher. Não tenho carro. Não tenho amigos". Eles compreendem que não alcançaram os objetivos mais amplos da cultura – trabalhar, ter um parceiro e desfrutar de atividades prazerosas – ainda assim, não abandonaram seu desejo por esses objetivos. Os sintomas da esquizofrenia podem introduzir limitações reais, mas o fato de receber um *diagnóstico* de esquizofrenia é desmoralizante por si só. Os pacientes podem interpretar o diagnóstico como a confirmação das crenças negativas que têm sobre si mesmos. Por exemplo: "tenho esquizofrenia, e é por isso que sou incompetente, inútil e um fracasso". Para os pacientes, pode parecer natural enxergar o diagnóstico de esquizofrenia como uma "sentença de morte". Estigmas relacionados com a doença podem ser integrados às interpretações pessoais do paciente, aumentando a sua deficiência. Quando enfrentam esses desafios, essas interpretações podem ter um efeito deletério sobre a percepção de autoeficácia do paciente. Essas crenças se refletem em afirmações como "o que você espera, eu sou doente mental", ou "não importa o que eu faça, não vai mudar o fato de que eu sou apenas um esquizofrênico" ou "não há esperança para mim – tenho esquizofrenia".

Por exemplo, um paciente desenvolveu uma sensação de que estava sendo "julgado por ser louco" quando jogava basquetebol. O paciente explicou que sentia uma "sensação estranha" no estômago enquanto jogava, que deixava claro para ele que estava sendo criticado. Depois disso, começou a evitar jogar, algo que era muito prazeroso no passado. Quando tinha uma oportunidade, outro paciente dizia: "por que se incomodar? Já fiquei para trás. É como se eu tivesse uma listra amarela nas costas. Sou apenas um rótulo vivendo em uma bolha". Um terceiro paciente se considerava "emparedado" pelos outros por causa da sua condição, e cometeu suicídio.

Percepção de recursos limitados

As crenças relacionadas com a percepção do custo pessoal de gastar energia para fazer um esforço também contribuem para o padrão de passividade e evitação. Quando surge a oportunidade de participar de uma atividade que costumavam fazer e gostar, os pacientes com sintomas negativos proeminentes pensam: "não vale o esforço" (Grant e Beck, 2005). Por exemplo, um paciente encaminhado para tratamento reclamava de "pouca motivação e pouca energia", explicando que "precisava esforço demais" para levantar sua cabeça do travesseiro.

É provável que as percepções dos pacientes de terem poucos recursos tenham algo de verdade, conforme diversos estudos que documentam decréscimos no processamento na esquizofrenia (Keefe e Eesley, 2006). Os processos afetados incluem reduções na atenção prolongada, dificuldade para manter a concentração na tarefa e um nível abaixo do ideal de prontidão para o processamento (Nuechterlein e Dawson, 1985). Além disso, argumenta-se que o afeto embotado, a alogia, a apatia e o retraimento social podem resultar de reduções no conjunto geral de recursos cognitivos (Nuechterlein et al., 1986). Ainda assim, os pacientes com sintomas negativos proeminentes também se caracterizam por um modelo cognitivo derrotista, que os faz exagerar o nível de suas limitações cognitivas.

A evitação do envolvimento com esforço pode ser vista como uma estratégia para poupar recursos conscientemente, visando limitar prejuízos futuros. Quando enfrentam um desafio, os pacientes explicam que estão "despreparados", que seria "desconfortável demais" e que eles têm "pouca energia". Essas crenças protegem os pacientes de aumentar as expectativas dos outros. Todavia, o custo é alto, à medida que abandonam seus objetivos e ambições em nome do conforto interpessoal. De fato, existem evidências de que os pacientes com comprometimento cognitivo têm bastante possibilidade de endossar a seguinte afirmação: "se a pessoa evita problemas, os problemas tendem a passar" (Grant e Beck, 2008c, dados inéditos).

RESUMO

Pesquisas realizadas nos últimos 25 anos estabeleceram os sintomas negativos como aspectos relativamente estáveis da esquizofrenia, que são refratários ao tratamento e, portando, associados a considerável deficiência. Com base em relatos na primeira pessoa e na literatura científica existente, mapeamos um modelo cognitivo dos sintomas negativos, que faz uma ligação entre o comprometimento neurocognitivo e os déficits emocionais e comportamentais. Especificamente, identificamos vários fatores cognitivos que participam dos sintomas negativos: posturas de aversão social, crenças derrotistas sobre o desempenho, expectativas negativas de prazer e sucesso e a percepção de recursos cognitivos limitados. Como cada um dos fatores cognitivos pode ser avaliado e modificado por técnicas cognitivo-comportamentais (Capítulo 11), a atual conceituação dos sintomas negativos proporciona uma base para uma terapia cognitiva dos sintomas negativos, visando aumentar o envolvimento em atividades construtivas e prazerosas. Esse modelo dos sintomas negativos é elaborado e apresentado no Capítulo 14.

6

A Conceituação Cognitiva do Transtorno do Pensamento Formal

Bill é um ex-estudante universitário de 23 anos, solteiro e desempregado, que tem delírios de que escreveu novelas que foram publicadas, mas pelas quais não foi pago. Ele apresenta fala desorganizada, de modo que uma em cada três de suas frases não são compreensíveis em termos do significado pretendido. As sentenças fazem sentido gramaticalmente, mas usam palavras de maneiras peculiares. Um exemplo de uma resposta que foi pelo menos parcialmente compreensível é:

TERAPEUTA: O que você diria que quer da vida?
PACIENTE: Estruturalmente falando, quero me manter firme.

Questionado pelo terapeuta sobre o que achou da última sessão:

PACIENTE: Eu estava falando com um cara de cabelo castanho.

Outro exemplo, quando foi interrompido por um familiar:

PACIENTE: Você está pisando no meu pé.

O terapeuta entendeu que essa última afirmação queria dizer que ele estava incomodado por seu familiar o interromper, e perguntou se era esse o caso. Ele respondeu que estava incomodado, e o familiar o deixou continuar.

O terapeuta notou que a fala desorganizada de Bill piorava quando ficava bravo com alguma coisa. O terapeuta decidiu não continuar o tema quando a fala desorganizada piorasse, mas esperar um pouco. O terapeuta repetia as frases compreensíveis nas suas próprias palavras, e fazia perguntas sobre o significado, quando entendia apenas parcialmente. Por exemplo:

TERAPEUTA: Tudo bem se fizéssemos uma sessão com seus pais presentes?
PACIENTE: Quero ficar aqui em uma caixa.
TERAPEUTA: Você quer dizer que quer manter as sessões privadas, como se estivessem em uma caixa, ou quer dizer outra coisa?
PACIENTE: Sim.
TERAPEUTA: Você quer dizer que quer manter as sessões privadas?
PACIENTE: Sim.
TERAPEUTA: Ou quer dizer outra coisa?
PACIENTE: Não.

O uso repetido de perguntas, confirmações e mudança de assunto acaba por levar a uma compreensão maior entre o terapeuta e o paciente, com a análise subsequente dos pensamentos automáticos por trás da raiva de Bill em reação a certas situações. Ele conseguiu controlar melhor a sua raiva, que levou a menos momentos de transtorno do pensamento formal, mesmo fora da sessão.

O transtorno do pensamento formal faz parte de um conjunto maior de sintomas categorizados sob o termo *desorganização*, que também inclui afeto inadequado e comportamento bizarro. A desorganização é uma das três categorias que resultam da análise fatorial dos sintomas da esquizofrenia (Liddle, 1987), e as outras duas são a distorção da realidade (alucinações e delírios) e a pobreza psicomotora (os sintomas negativos). Bleuler (1911/1950) considerava o pensamento desorganizado como um sintoma fundamental da esquizofrenia, no sentido de que está presente em todo o curso do transtorno, e como um sintoma primário, pois os outros sintomas baseiam-se nele. A importância prática de investigar a natureza e a melhora potencial desse conjunto de sintomas é mostrada por sua correlação com o desempenho fraco atual e futuro no trabalho, na escola e em funções sociais (Harrow, Silverstein e Marengo, 1983; Liddle, 1987; Norman et al., 1999).

A maior parte do trabalho na terapia cognitiva para a esquizofrenia concentra-se nos delírios, alucinações e, mais recentemente, sintomas negativos. Apresentamos aqui um modelo cognitivo do transtorno do pensamento formal, tanto como um meio de conceituar esse conjunto de sintomas por meio do entendimento de seus fatores cognitivos como um meio de promover o uso da terapia cognitiva para a esquizofrenia, incluindo abordagens terapêuticas para controlar esses sintomas, além dos outros sintomas negativos e positivos. Descrições dos vários tipos de transtornos do pensamento formal precedem a apresentação do modelo cognitivo, e são seguidas por explicações de como os modelos do transtorno do pensamento segundo o processamento de informações são compatíveis com o modelo cognitivo. Por fim, apresentamos a aplicação dessas ideias na terapia cognitiva para o tratamento do transtorno do pensamento formal.

FENOMENOLOGIA DO TRANSTORNO DO PENSAMENTO FORMAL

O transtorno do pensamento formal se manifesta como um transtorno da linguagem. A linguagem (ou fala) supostamente reflete o pensamento desorganizado em termos de *processos* do pensamento, diferente do *conteúdo* do pensamento.

O transtorno do pensamento formal é composto de vários sintomas. Existem formas positivas, que se dividem em dois grupos – afrouxamento de associações e uso idiossincrático da linguagem (Andreasen e Grove, 1986; Peralta et al., 1992) – e existem formas negativas, como a pobreza da fala e o bloqueio do pensamento.

O afrouxamento de associações consiste de várias formas de perder o rumo do fluxo da conversa – daí o termo *descarrilamento*, preferido por Andreasen (1979). Exemplos dessa categoria (conforme definida por Andreasen, 1979) são:

- Descarrilamento (ou associações frouxas): "as ideias deslizam do trilho, mudando para uma ideia... obliquamente relacionada... ou sem relação" (p. 1.319).
- Tangencialidade: "responder a uma pergunta de maneira oblíqua, tangencial ou mesmo irrelevante" (p. 1.318).
- Perda do objetivo (ou deriva): "não seguir uma cadeia de pensamentos até sua conclusão natural" (p. 1.320).
- Incoerência (ou salada de palavras): "uma série de palavras ou expressões que parecem ser unidas arbitrária ou aleatoriamente" (p. 1.319).
- Ilogicidade: "chega-se a conclusões que não têm sequência lógica" (p. 1.320).

O uso idiossincrático da linguagem inclui:

- Neologismos: "formação de novas palavras" (p. 1.320).
- Aproximações de palavras: "palavras velhas são usadas de um novo... modo,

ou novas palavras que são desenvolvidas por regras convencionais de formação de palavras" (p. 1.320).

Os sintomas negativos do transtorno do pensamento que não fazem necessariamente parte da síndrome de pobreza psicomotora (a síndrome negativa) são:

- Bloqueio: "interrupção de um fluxo de fala antes que o pensamento ou ideia seja concluído" (p. 1.321).
- Pobreza do conteúdo da fala: "a fala ... transmite poucas informações. A linguagem tende a ser vaga, muitas vezes abstrata ou concreta demais, repetitiva e estereotipada" (p. 1.318). Isso inclui (Marengo, Harrow e Edell, 1994):
    - Concretude: "falta de generalização a partir de um estímulo imediato" (p. 29).
    - Perseveração: "a repetição persistente de palavras, ideias ou temas" (p. 29).
    - Sonorização: "os sons, em vez de relações significativas, parecem reger a escolha das palavras" (p. 29).
    - Ecolalia: "o paciente repete as palavras ou expressões do entrevistador" (p. 29).

Em suma, o transtorno do pensamento formal se divide em afrouxamento de associações, uso idiossincrático da linguagem, bloqueio de pensamentos e pobreza do conteúdo da fala.

UM MODELO COGNITIVO DO TRANSTORNO DO PENSAMENTO FORMAL

O modelo cognitivo básico preconiza que os acontecimentos (ou situações) estimulam os pensamentos automáticos (que adicionam significado psicológico aos acontecimentos), que então levam a respostas emocionais e comportamentais (Beck et al., 1979). Os pensamentos automáticos costumam conter ou ser guiados por crenças e premissas básicas. As emoções muitas vezes incluem respostas fisiológicas e a experiência consciente da emoção (o elemento cognitivo da emoção). Essas emoções e comportamentos podem se tornar estímulos para pensamentos automáticos (e outras reações emocionais e comportamentais). Por exemplo, uma pessoa com esquizofrenia é admoestada por seu cuidador por fazer bagunça (acontecimento). Essa experiência a leva a crer que um impostor substituiu seu cuidador (pensamento automático). Ela fica com raiva (emoção) por essa mudança percebida nas coisas e começa a gritar (comportamento), mas, ao ser questionada sobre por que está com raiva, diz que o impostor a hipnotizou e a fez gritar (pensamento automático).

Visto que as alucinações são acontecimentos que podem conter pensamentos automáticos, os delírios são crenças, e os comportamentos bizarros e sintomas negativos são respostas comportamentais (inatividade, no caso dos sintomas negativos), o transtorno do pensamento formal é considerado aqui como parte de uma resposta de estresse aos pensamentos automáticos evocados por diversos acontecimentos. O processo pode ser semelhante em certos aspectos à gagueira, em que situações estressantes exacerbam ambos tipos de sintomas (Blood, Wertz, Blood, Bennett e Simpson, 1997), e cujos fenômenos podem ocorrer em praticamente qualquer pessoa sob certas condições traumáticas. Todavia, indivíduos com os transtornos têm um limiar muito mais baixo para a ocorrência dos sintomas do que a população geral.

Existem evidências de que os sintomas do transtorno do pensamento formal pioram em indivíduos com esquizofrenia quando existe um estresse maior, como quando o tópico é emocionalmente saliente (Docherty, Cohen, Nienow, Dinzeo e Dangelmaier, 2003) ou quando a pessoa recebe críticas de seus familiares (Rosenfarb, Goldstein, Mintz e Nuechterlein, 1995). A falta de familiaridade com o entrevistador ou terapeuta, um tempo maior falando em uma determinada sessão e temas "quentes" podem contribuir para o aumento na gravidade dos sintomas.

Por exemplo, considere o caso de uma paciente que apresentou um forte transtorno do pensamento formal, que consistia de descarrilamento (afrouxamento de associações) e tangencialidade. Aparentemente, a paciente não conseguiu fazer a terapia por falta de foco no seu discurso. Ela vinha consultando com outro psiquiatra que prescrevia a medicação havia muitos anos, e relutou para aceitar que sua mãe a levasse ao novo terapeuta. Na sessão seguinte, seu transtorno do pensamento formal havia desaparecido, e se mantém latente há mais de quatro anos de terapia, que está focada em suas alucinações e delírios. Parece que o estresse da primeira sessão com o terapeuta contribuiu para a exacerbação do transtorno do pensamento formal.

O transtorno do pensamento formal de outra paciente não se tornava visível até o final das sessões de 15 minutos para controle da medicação. Cada nova sessão começava com discurso normal, mas evoluía para uma franca desorganização da fala após aproximadamente 10 minutos. Supostamente, havia um limite em quanto tempo a paciente conseguia manter seus pensamentos organizados de cada vez.

Para outro paciente, momentos curtos de transtorno do pensamento formal apareciam principalmente em sessões para as quais sua mãe havia sido convidada a participar e quando ele apresentava sinais de irritação em resposta a coisas que ela dizia.

Conforme implicam esses exemplos, o processo que gera a resposta de estresse tem significado psicológico. Esse significado pode ser determinado explorando os pensamentos automáticos que precedem o início ou a piora dos sintomas do transtorno do pensamento. A ocorrência ou exacerbação do transtorno do pensamento formal pode ser um sinal de que a questão sendo discutida (ou levantada pelo terapeuta) é importante, e provavelmente perturbadora, para o paciente. O descarrilamento pode ser um meio não intencional pelo qual os pacientes evitam certas questões desagradáveis.

Como na depressão e nos transtornos da ansiedade, determinados tipos de pensamentos automáticos e crenças distorcidas podem levar à ocorrência dos sintomas do transtorno do pensamento. Analisando-se os pensamentos perturbadores que a pessoa tem antes do momento da fala desorganizada, são desenvolvidas estratégias para a terapia cognitiva para essa pessoa, que podem ser aplicadas também a outros pacientes. Essa aplicação é importante, pois seria muito difícil acessar os pensamentos automáticos em casos mais graves de transtorno do pensamento formal. Pressupostos baseados na fala de pacientes mais compreensíveis facilitam o tratamento de indivíduos menos inteligíveis, até que a gravidade do transtorno do pensamento formal diminua a um ponto em que se possa iniciar uma terapia cognitiva formal e ter acesso aos seus pensamentos automáticos idiossincráticos. Até o momento, não existem estudos que explorem o conteúdo dos pensamentos automáticos relacionados especificamente com a presença e a gravidade do transtorno do pensamento formal*. Entre os pensamentos automáticos que podem ser particularmente prováveis de preceder a ativação do transtorno do pensamento formal, estão:

> "Não consigo lidar com o que está acontecendo agora".
>
> "Não sei o que dizer".
>
> "O que eu disser provavelmente estará errado".

---

* N. de R. T.: Talvez imaginando que já existam outros estudos explorando o conteúdo do pensamento automático.

Entrevistas e questionários podem ser usados para determinar se esses ou outros pensamentos automáticos são característicos de situações envolvendo o transtorno do pensamento formal.

Além de determinar os precipitantes cognitivos iniciais do transtorno do pensamento formal, também é util, em pacientes com transtorno do pensamento formal, explorar as respostas cognitivas às reações das outras pessoas (essas respostas podem piorar ou no mínimo perpetuar o transtorno do pensamento formal). Em particular, a incapacidade da maioria das pessoas de compreender o que uma pessoa com transtorno do pensamento formal está falando pode levar o paciente a pensar: "ninguém me entende", aumentando assim o estresse e piorando o transtorno do pensamento formal. Por outro lado, a ocorrência comum de pessoas fingirem que entendem a pessoa com o transtorno pode levar a pensamentos automáticos como "as pessoas me entendem [então eu posso continuar a falar como falo]". Esses cenários podem ocorrer, apesar do fato de que os pacientes com transtorno do pensamento formal não costumam estar cientes de sua fala desorganizada. O que observam é que as pessoas parecem entender ou não o que estão dizendo.

Embora o transtorno do pensamento é aqui considerado parte de uma resposta de estresse, o conteúdo do material expresso frequentemente tem significado psicológico. As pessoas costumam não entender esse significado, devido à dificuldade de compreensão. Um paciente que diz: "estou feliz de estar aqui, estou livre do trabalho, livre de casa e livre dos remédios" pode estar admitindo uma baixa adesão à medicação, mas a significância se perde na sucessão de frases irrelevantes. De fato, por outro lado, o verdadeiro problema para o paciente pode ser o desemprego.

Conforme ilustra esse exemplo, o conteúdo específico do transtorno do pensamento pode ser influenciado pela presença de cognições hipersalientes, que são pensamentos automáticos com uma relevância específica e oportuna para o paciente, e que tendem a ter valência emocional. A maioria das pessoas consegue inibir a expressão dessas cognições se o contexto exigir tal inibição. Em indivíduos com transtorno do pensamento, as cognições hipersalientes estão mais intrusivas no discurso – embora não de um modo claro e compreensível, mas por meio de associações frouxas ou do uso de palavras idiossincráticas.

MODELOS DE PROCESSAMENTO DE INFORMAÇÕES PARA O TRANSTORNO DO PENSAMENTO FORMAL

Propagação da ativação em redes semânticas

Como o transtorno do pensamento se manifesta na modalidade da fala (Salomé, Boyer e Fayol, 2002), é importante apresentar um modelo de produção da fala normal como padrão para examinar as perturbações que poderiam explicar o transtorno do pensamento. O modelo de Levelt (1989) da produção da fala postula um sistema em que os conceitos são o ponto de partida, e as palavras, o ponto final. Em essência, o modelo propõe uma formulação conceitual da mensagem pretendida, seguida por escolhas de palavras e planejamento gramatical e sintático, e finalmente por codificação fonológica, resultando em produção motora. Palavras nos níveis conceitual, sintático ou fonológico são conectadas com base no grau de similaridade (rima, aliteração, categorização) e associações pessoais aprendidas. As modificações que incorporam as ideias de Dell (1986) transformam esse modelo linear em um modelo com ciclos de realimentação, bem como mais interações e sobreposições temporais entre os diversos estágios do modelo de Levelt.

Como exemplo desses modelos, imagine que você quer contar a alguém o que aconteceu durante o seu dia. No nível conceitual, você pode decidir apresentar uma cronologia dos acontecimentos do dia ou fazer uma revisão dos acontecimentos mais importantes. A primeira opção implicaria uma busca na memória, envolvendo uma série de acontecimentos associados pelo tempo. A memória de um acontecimento da manhã se conectaria com o próximo acontecimento. Um modelo da sua rotina normal orientaria o processo de pensamento. O segundo caso poderia envolver uma busca mais categórica, possivelmente por conteúdo emocional, para recordar os acontecimentos significativos do dia. Depois que um acontecimento é selecionado, os conceitos gerais (possivelmente na forma imagética) estão prontos. Agora, os meios de expressar o conteúdo devem ser selecionados em termos da escolha de palavras e da gramática. Todavia, à medida que estão sendo selecionados, você pode editar partes do conceito geral do acontecimento (se você suspeitar que a pessoa que o ouve pode se ofender com certas partes da narrativa). Às vezes, você deve decidir em que ordem apresentará as informações, deixar o final como uma surpresa ou contar o final e depois explicar o que levou àquilo.

Nesses modelos, há muitos pontos em que se podem cometer erros de expressão. Em termos do transtorno do pensamento, muitos erros estão relacionados com a falta de progressão linear na fala. Levelt (1989), assim como Collins e Quillian (1969) e outros autores, descreve como a mente tem redes de itens relacionados, de modo que a ativação de um item pode levar à ativação (recordação) de outros itens associados. Essas redes operam nos diversos níveis de conceito, escolha de palavras, pronúncia, e assim por diante. Collins e Loftus (1975) mostram como diferentes itens (nós) se localizam em distâncias semânticas variadas entre si e, quando um é ativado, começa a propagação da ativação para os nós associados. A probabilidade de um nó associado ser ativado depende em parte da sua distância semântica do nó ativado inicialmente.

Como exemplo de como uma palavra pode ter associações múltiplas, considere como a palavra *rosa* pode ser associada à flor, à cor, a pessoas com esse nome, ao nome de uma canção, ao som da palavra, a outros significados da palavra, a palavras que rimem com ela (como ao escrever um poema). No transtorno do pensamento, existe pouco controle na escolha de palavras ou sentenças, de modo que o indivíduo segue caminhos relacionados, mas irrelevantes. Esses caminhos incluem o descarrilamento para um tema oblíquo, mas um pouco relacionado (afrouxamento de associações), uso de palavras que rimem (sonorização), repetição de palavras (perseveração), repetição do que outra pessoa disse (ecolalia), uso da versão literal de um conceito abstrato (concretude), e uso de palavras conceitualmente relacionadas que não sejam usadas convencionalmente dessa forma (neologismos). Em outras palavras, a maioria dos sintomas do transtorno do pensamento formal pode ser descrita como verbalizar um caminho associado nas redes descritas por Levelt. Talvez o termo "afrouxamento de associações" tenha sido escolhido, em vez de "não associações", porque provavelmente existe alguma conexão entre a palavra em questão e a palavra divergente, mesmo que essa conexão não seja clara para o ouvinte.

Retornando ao exemplo anterior, coisas relacionadas nos vêm à mente enquanto falamos sobre o nosso dia. Por exemplo, falar sobre o caminho de carro até a casa pode trazer pensamentos sobre problemas no carro, um *outdoor* anunciando um evento de interesse, o desejo de ir de bicicleta para o trabalho para perder peso, e coisas do gênero. Esses pensamentos associados variam no grau de ativação e, portanto, no grau em que o indivíduo está ciente de cada pensamento associado. Podemos estar totalmente cientes de um pensamento associado e decidir levar a conversa para aquela direção, ou o pensamento pode ser guardado na memória de trabalho para referência posterior, após terminar o tópico dos acontecimentos do dia. Uma terceira alternativa quando se está ciente do pensamento é rejeitar a sua expressão explícita. No transtorno do pensamento formal, não há inibição dessas ramificações, de modo que o indivíduo alterna os tópicos sem aviso, podendo estar associados de um modo tão frouxo ou idiossincrático, que o ouvinte não consegue fazer a conexão.

Por exemplo, uma paciente com esquizofrenia foi informada de que precisava de um inalador para uma doença respiratória. Ela respondeu dizendo "a modelo". Depois da confusão inicial, um membro da equipe de tratamento lembrou que, não muito tempo atrás, havia uma modelo que morreu enquanto usava um inalador. A paciente confirmou que era isso o que queria dizer. Sem essa informação, o comentário tangencial poderia ser considerado sem associação com o tema atual.

Na fala normal, ocorrem processos associativos e escolhas semelhantes nos níveis da escolha de palavras e sentenças e da pronúncia. Escolher uma palavra, expressão ou sentença ativa outras escolhas associadas em graus variados. A pessoa pode estar plenamente ciente de outra palavra que poderia ser usada no lugar da palavra escolhida. O *caminho* para o trabalho poderia ser a *rota* ou a *viagem*, com a mesma facilidade, mas a palavra escolhida foi *caminho*. No transtorno do pensamento formal, existe uma quebra na escolha das palavras, assim como ocorrem nos neologismos, em que palavras relacionadas são usadas em um significado que não costuma ser usado para aquele fim (*luva quente* para *luva de forno*) ou quando palavras concretas associadas são usadas no lugar das escolhas adequadas (dizer "eu à minha frente" no lugar de "meu reflexo no espelho"). No discurso normal, as pronúncias associadas são ativadas em um certo grau, conforme evidenciado pela ocorrência não incomum de atos falhos com palavras de pronúncia ou significado semelhantes aos da palavra original. No transtorno do pensamento formal, as pronúncias associadas podem assumir a forma de rimas entre palavras ("Fui à loja, soja, forja") ou aliterações ("Fui à loja, lota, cota, lontra").

As evidências do aumento da propagação da ativação ao longo dos nós em uma rede semântica já existiam desde antes desses termos começarem a ser usados. Payne (citado em McKenna e Oh, 2005) revisou duas vezes a literatura acerca de testes de *superinclusão*, um termo cunhado por Cameron (citado em Chapman e Chapman, 1973a), mas que depois saiu do uso comum, sendo substituído por *propagação da ativação aumentada*. Esses testes incluíam (1) separar cartas em categorias de palavras, na qual indivíduos com esquizofrenia cometiam erros de superinclusão como colocar legumes na categoria das frutas (Chapman e Taylor, 1957); (2) sublinhar palavras que fossem centrais para a descrição de certas palavras, na qual indivíduos com esquizofrenia incluíam palavras relacionadas, mas não essenciais, como *aeromoça* e *bagagem* (além das respostas corretas *asa* e *cabine*) como palavras que definem *avião* (Moran, 1953; Epstein, 1953). Hawks e Payne (1971) foram dois dos poucos pesquisadores da época a demonstrar a especificidade da superinclusão para o transtorno do pensamento formal. Eles observaram que a média de três testes distinguia os indivíduos com transtorno do pensamento de indivíduos com esquizofrenia, mas sem transtorno do pensamento formal (estes não diferiam significativamente dos controles).

Embora os futuros teóricos tenham abandonado o termo *superinclusão*, Maher

(1983) apresentou uma teoria semelhante aos princípios da superinclusão. McKenna e Oh (2005) reformularam a teoria de Maher, usando termos mais modernos, afirmando: "quando um processo cognitivo ativa um nó na memória semântica, isso aumenta a probabilidade de que alguns dos nós com ligações com ele também sejam ativados. Normalmente, a maioria dessas associações não entra na consciência" (McKenna e Oh, 2005, p. 156). No transtorno do pensamento formal, essa propagação da ativação não é inibida, de modo que associações irrelevantes ao tópico em questão se intrometem na fala. Conforme explicado por McKenna e Oh (2005, p. 157), "o problema não é de associações anormais, mas a intrusão inadequada de associações normais na fala". (Contudo, argumentamos aqui que algumas dessas associações podem, na verdade, ter alguma significância psicológica para o paciente.) Maher advertiu, porém, que a repetição de certas associações irrelevantes ao longo do tempo poderia se tornar mais solidificada, levando a associações idiossincráticas. (Mais uma vez, acrescentamos que o histórico pessoal do paciente pode levar mais rapidamente a associações idiossincráticas. Por exemplo, uma pessoa com transtorno do pensamento formal que pegava o trem quando criança para ir ao dentista pode dizer, quando adulta, ao procurar ajuda em uma estação para encontrar um determinado trem: "preciso encontrar o trem certo para arrancar o dente".)

Maher testou esse modelo usando um teste de decisão lexical, no qual o sujeito deve decidir se a palavra apresentada é uma palavra real ou não (Manschreck et al., 1988). Uma palavra ativadora precede a palavra-alvo. Nos controles, se a palavra ativadora é semanticamente relacionada com a palavra-alvo, o tempo de reação para decidir se a palavra-alvo é real ou não é reduzido. Esse efeito é chamado de ativação semântica, e proporciona evidências de propagação da ativação de nós para palavras associadas. A ideia é que a palavra ativadora cria uma propagação da ativação para palavras associadas. Quando o alvo é uma dessas palavras associadas, ela já terá sido ativada pelas palavras ativadoras. Assim, quando aparece na tela, o tempo de reação para a decisão lexical é reduzido. Em indivíduos com transtorno do pensamento formal, ocorre hiperativação – ou seja, tempos de reação ainda menores ocorrem devido à acentuação do efeito de ativação. Essa observação foi confirmada por outros autores (Spitzer, Braun, Hermle e Maier, 1993), mas estudos mostram resultados contraditórios, em parte devido à falta de uso de intervalos menores entre as palavras ativadoras e alvos (relacionado com o intervalo, no qual a importância do aumento na propagação da ativação seria mais proeminente). Uma metanálise (Pomarol-Clotet et al., citados em McKenna e Oh, 2005) controlou esse fator e mostra que ocorre um acionamento significativamente maior da ativação semântica em pacientes com transtorno do pensamento formal (tamanho de efeito = 0,55; IC = 0,36/0,73).

As palavras associadas usadas incorretamente na fala de indivíduos com transtorno do pensamento formal tendem a ser palavras que também são escolhidas predominantemente como palavras associadas por indivíduos sem esquizofrenia, quando não existem limitações contextuais (Chapman e Chapman, 1973a). Por exemplo, "pai, filho ..." seriam normalmente seguidas por "Espírito Santo" no caso da maioria dos controles, e também em indivíduos com esquizofrenia. Todavia, ao se fazer uma lista de coisas do lar começando com "pai, filho ...", não se continuaria com "Espírito Santo", como fez um dos pacientes de Bleuler (citado em Chapman e Chapman, 1973a). O contexto de listar o seu lar normalmente limitaria a escolha das palavras. Em uma série de estudos realizados por Chapman e colaboradores (Chapman e Chapman, 1973a), observa-se que as palavras associadas usadas por indivíduos com esquizofrenia tendem a não ser tão idiossincráticas quando são produto de uma "capitulação excessiva a vieses de resposta normal" (p. 119). Os vieses normais podem se basear na familiaridade, efeitos da recentidade, semelhança e outros fatores. As pessoas portadoras de esquizofrenia tendem a escolher palavras baseadas em vieses de resposta normal, mesmo se o contexto exigir a escolha de uma palavra com um viés de resposta normal mais fraco. Por exemplo, *bear* produziria um viés de resposta normal para um tipo de animal (urso), mas, em certos contextos, o significado de *carry* (aguentar) é a escolha correta. As pessoas com esquizofrenia tendem a escolher o animal, apesar da restrição contextual, que leva os controles não clínicos a escolher a opção aguentar.

Os estudos de Chapman e Chapman (1973a), de um modo geral, consistem de tarefas que exigem associar uma palavra-alvo a uma de três opções: a escolha correta (devido ao contexto ou exigências do teste), uma escolha associada ou uma escolha irrelevante. Os controles cometiam mais erros escolhendo palavras associadas do que escolhendo palavras irrelevantes, e o grau de erro aumentava com a dificuldade do teste. Esse viés de resposta foi acentuado para indivíduos com esquizofrenia (Chapman, 1958). Outros estudos desse grupo demonstraram que as pessoas com esquizofrenia escolhem significados de palavras que são os mesmos preferidos por controles não clínicos (Chapman e Chapman, 1965; Chapman, Chapman e Miller, 1964), corroborando a ideia de que a diferença fundamental é o grau de propagação da ativação, em vez dos nós específicos para os quais se espalha a ativação. Todavia, houve divergências em relação a essa observação geral, quando não havia um consenso forte entre os indivíduos não clínicos para os significados preferidos para as palavras. Em outras palavras, os indivíduos com esquizofrenia escolhiam significados não preferenciais para as palavras quando havia menos concordância entre as opções. Embora isso ainda não tenha sido testado, prevemos que, em casos específicos, indivíduos com transtorno do pensamento formal apresentam maior espalhamento da ativação para nós que se baseiam em associações mais pessoais, conforme explicado anteriormente. Entretanto, em média, as palavras associadas baseiam-se em associações presentes também na população geral.

Recursos da atenção

No discurso normal, um processo de atenção confere uma linearidade geral à conversa, de modo que se persegue um objetivo (permitindo um certo nível de divergência, mas geralmente com retorno ao caminho pretendido). A falta de inibição de palavras associadas (conceitual ou fonológica) no transtorno do pensamento formal, que leva ao discurso não linear, pode ser vista como um transtorno de atenção. (Essa dificuldade do transtorno do pensamento formal difere da dificuldade associada ao transtorno de déficit de atenção/hiperatividade, no sentido de que o primeiro envolve atenção para material cognitivo interno, como palavras, ao passo que, no segundo, as dificuldades ocorrem em relação a estímulos externos). Chapman e Chapman (1973) apresentam razões possíveis para suas observações, indicando uma acentuação em vieses de resposta normal, incluindo não prestar atenção em pistas contextuais e a incapacidade de "ignorar estímulos fortes" (Cromwell e Dokecki, citados em Chapman e Chapman, 1973a, p. 134). O apoio para o segundo processo ante o primeiro vem de um dos estudos do próprio Chapman (Chapman et al., 1964), no qual indivíduos com esquizofrenia identificaram corretamente significados não preferenciais, quando os significados preferidos foram excluídos das opções possíveis. A presença de um estímulo forte (preferido) cria a dificuldade de inibir a atenção para aquela opção. É possível que o processo de inibição nessas circunstâncias envolva usar adequadamente pistas contextuais para desviar a atenção dos vieses normais de resposta para as respostas corretas, mas atípicas.

Diversos modelos da atenção postulam que um sistema de supervisão da atenção (Norman e Shallice, 1980; Shallice, 1982) ou um executivo central (Baddeley, 1986, 1990, 1992; Cowan, 1988) "supervisiona" a seleção de palavras da memória ativada ou da memória de trabalho, para se tornarem os focos da atenção. Esses modelos têm o amparo de estudos neuropsicológicos e de neuroimagem que mostram o envolvimento do córtex pré-frontal dorsolateral em testes que exigem a atenção seletiva (Smith e Jonides, 2003). O sistema supervisor da atenção refreia os pensamentos associados na rede de desviar a direção do discurso de forma excessiva ou com frequência excessiva. No transtorno do pensamento, existe uma quebra desse sistema supervisor da atenção, de modo que itens associados podem desviar a conversa nos níveis conceitual, lexical e fonológico.

O executivo central é usado quando a tarefa é difícil ou nova, exige planejamento ou não pode ser realizada com respostas habituais e automáticas. A conversa satisfaria vários desses requisitos, no sentido de que mesmo uma conversa simples exige escolhas rápidas de opções múltiplas de palavras, expressões, sentenças e tópicos em uma infinidade de ordens possíveis. Enquanto fala, o indivíduo tem que escolher o que dizer, monitorar o que realmente diz, observar o *feedback* não verbal do ouvinte, e manter na memória o que o ouvinte já disse, tudo de maneira quase simultânea. Acrescente a essa tarefa complexa o estresse emocional de estar em uma situação social e que grande parte das conversas sociais envolve tópicos emocionais. Dados esses atributos, a conversa pode ser facilmente rompida devido a uma sobrecarga do executivo central, levando a uma capacidade menor de inibir os pensamentos associados divergentes e de manter um curso linear. A proeminência do transtorno do pensamento formal dentro da categoria sintomática da desorganização pode se dever em parte a esses aspectos da conversa que a tornam tão difícil, bem como à importância de conversar para o nosso funcionamento cotidiano.

Uma visão da etiologia cognitiva do transtorno do pensamento formal deriva do conceito de recursos da atenção limitados. Segundo essa teoria, a dificuldade do executivo central para manter a atenção se deve à limitação em recursos da atenção, ou à má alocação dos recursos disponíveis (Nuechterlein e Dawson, 1984). A filtragem deficiente de estímulos externos (filtragem sensorial; Braff, Saccuzzo e Geyer, 1991) e a incapacidade de inibir a propagação de associações semânticas e fonológicas (Spitzer et al., 1994) levam à inundação de informações que contribui para a depleção dos recursos da atenção, que o executivo central não consegue gerenciar. Com o transtorno do pensamento, o executivo central tem dificuldade para escolher a próxima palavra ou frase a falar entre um grande número de opções. No discurso normal, existe um número limitado de escolhas, pois as escolhas irrelevantes (palavras que rimam) são inibidas em um nível inferior, antes que se torne necessário o processamento pelo executivo central. O contexto dita o que é relevante – o contexto sendo o que os outros estão dizendo na conversa, bem como aquilo que o indivíduo já disse e está decidindo dizer. O uso do contexto para decidir a próxima palavra ou frase exige manter o contexto (a conversa e o que se acaba de dizer) na memória de trabalho, enquanto se escolhe entre várias palavras ou frases possíveis. Se o contexto for ignorado (como no caso da esquizofrenia, conforme explicado a seguir), as informações irrelevantes não são filtradas.

De maneira alternativa, em vez da falta primária de inibição que leva a uma sobrecarga causadora do esgotamento dos recursos, pode haver uma disfunção primária do sistema supervisor da atenção, que gera a atenuação da inibição das vias associadas. Ambos processos podem ocorrer de forma sinérgica, no sentido de que o aumento na ativação das vias associadas representa um ônus ainda maior em um sistema supervisor da atenção já enfraquecido. Depois que o processo começa em resposta a um estressor, inicia-se uma espiral descendente.

Os recursos limitados acionam esforços para poupar recursos, escolhendo vias mais fáceis para o discurso, como selecionar o concreto ante o abstrato, ignorar a necessidade de frases de transição e guias de referência (indicar a quem pronomes pessoais se referem), falar o próprio fluxo de consciência, em vez de relacionar isso com a conversa social, simplesmente repetir o que outra pessoa diz ou o que ele mesmo já disse, produzir rimas simples e aliterações, ou usar qualquer combinação de palavras que vier à mente, ante palavras convencionais que sejam difíceis de acessar no momento.

Para resumir o modelo do processamento de informações, (1) o sistema supervisor da atenção (ou executivo central) está funcionando inadequadamente, levando à inibição insuficiente de estímulos irrelevantes e à escolha inadequada de palavras, sentenças ou tópicos apropriados; (2) os recursos limitados da atenção contribuem para a (ou se devem a, ou ambos) redução na filtragem de estímulos externos e internos, esgotando assim o já sobrecarregado sistema supervisor da atenção; e (3) a preservação dos recursos, escolhendo caminhos discursivos de menor resistência, leva à manifestação dos sintomas do transtorno do pensamento formal.

Os resultados da testagem neuropsicológica de sujeitos com esquizofrenia corrobora o modelo descrito aqui. De um modo geral, o transtorno do pensamento apresenta maior correlação com déficits no funcionamento neuropsicológico, em comparação com os outros fatores da realidade distorcida e dos sintomas negativos, quando todos os três fatores são considerados (Bilder, Mukherjee, Rieder e Pandurangi, 1985). Essa observação é especialmente pertinente para as funções da linguagem e da memória. Em estudos que analisam apenas dois fatores (sintomas positivos e negativos), o transtorno do pensamento é o sintoma positivo mais associado ao desempenho em testes neuropsicológicos (Walker e Harvey, 1986). Esses estudos sustentam a noção de que o transtorno do pensamento formal está particularmente associado aos recursos limitados (embora os sintomas negativos também sejam associados a deficiências no funcionamento neuropsicológico).

Os déficits de desempenho específicos associados ao transtorno do pensamento formal podem ser encaixados em duas dificuldades básicas: a de (1) selecionar respostas competidoras e a de (2) descartar respostas inadequadas (Liddle, 2001). Essa condensação está de acordo com o modelo acima, que entende os erros do transtorno do pensamento como produtos das dificuldades do executivo central em escolher uma das opções para a próxima palavra ou frase – principalmente quando possibilidades inadequadas não são filtradas para restringir opções.

Déficits neuropsicológicos específios associados ao transtorno do pensamento incluem desempenho pobre na recordação de sequências de dígitos, especialmente com distratores (Oltmanns, 1978; Walker e Harvey, 1986); desempenho com distração (Harvey, Earle-Boyer e Levinson, 1988); desempenho no teste de Stroop (Liddle e Morris, 1991; Ngan e Liddle, 2000), trilhas B (Liddle e Morris, 1991); testes do tempo de reação com escolha (Ngan e Liddle, 2000); erros de comissão no teste de desempenho contínuo (Frith, Leary, Cahill e Johnstone, 1991); e fluência verbal (Liddle e Morris, 1991), com mais inclusões de palavras estranhas (Allen, Liddle e Frith, 1993; Frith et al., 1991).

Usando dois tipos de estudos, Cohen e colaboradores observaram que os fatores envolvidos em manter informações contextuais na memória de trabalho enquanto se escolhe o que é relevante entre diversas opções são aspectos pertinentes das dificuldades encontradas na esquizofrenia. Em um estudo usando modelos de computador dos déficits cognitivos da esquizofrenia (Cohen e Servan-Schreiber, 1992), mostrou-se que as variações dos testes que mais afetavam o desempenho eram aquelas que envolviam as intensidades relativas das respostas competidoras e o tempo entre os estímulos e a evocação da resposta. Em outras palavras, as pessoas com esquizofrenia se saíam pior se as opções de resposta fossem associações mais próximas e se houvesse um período prolongado durante o qual devessem recordar os estímulos antes de responder.

Cohen e colaboradores (Cohen, Barch, Carter e Servan-Schreiber, 1999) propuseram a hipótese de que existe uma única função por trás dessas duas dimensões: manter informações relevantes para a tarefa na memória de trabalho, enquanto se ignoram informações irrelevantes. Eles mostraram que manipular dimensões do teste de desempenho contínuo e do teste de Stroop ao longo das linhas desses dois fatores produzia uma correlação forte entre dificuldades com a inibição de respostas e dificuldades com a retenção de informações contextuais. As medidas de desempenho que combinam esses dois fatores apresentaram correlação elevada com a gravidade do transtorno do pensamento. Os dados neuropsicológicos sustentam a hipótese de que indivíduos com transtorno do pensamento formal têm poucos recursos de atenção, dificuldade para escolher entre respostas competidoras, dificuldade para descartar respostas inadequadas e dificuldade para manter na memória de trabalho as informações relevantes para a tarefa (incluindo o contexto), enquanto se suprimem as informações irrelevantes. Todas essas são funções do sistema supervisor da atenção, conforme descrito anteriormente. A sequência exata de acontecimentos e a principal fonte neuropsicológica das dificuldades ainda devem ser determinadas.

RESUMO

O transtorno do pensamento formal é um dos três tipos de sintomas que constituem a esquizofrenia. Ele consiste de formas variadas de uso de palavras incomuns, incluindo afrouxamento de associações, uso idiossincrático da linguagem, bloqueio de pensamentos (ausência de palavras) e pobreza no conteúdo da fala. O transtorno do pensamento se encaixa no modelo cognitivo como parte da resposta emocional e comportamental aos pensamentos automáticos. Não existem estudos formais de quais pensamentos automáticos são específicos da ocorrência do transtorno do pensamento formal, e é provável que haja muitos pensamentos automáticos gerais que contribuam para o início ou a exacerbação do transtorno do pensamento formal. O conteúdo do transtorno do pensamento formal pode consistir de trechos psicologicamente significativos, incluindo pensamentos automáticos, mas, para detectá-los, é preciso uma escuta cuidadosa, questionamento direto e pensamento criativo. As cognições hipersalientes, que têm relevância temporal e significado emocional, são mais prováveis de contribuir para a presença do transtorno do pensamento formal e podem ser codificadas no discurso desorganizado.

Levantamos a hipótese de que o transtorno do pensamento formal surge da falta de inibição adequada da propagação da ativação em nós associados, mas incongruentes com o contexto, em uma rede semântica. Essa inibição inadequada se deve ao funcionamento deficiente do executivo central, que fica então sobrecarregado ainda mais pela grande abundância de ativação não filtrada. Os recursos limitados da atenção, tanto absolutos quanto relativos à quantidade de informação ativada, levam a processos de preservação de recursos, como a concretude, sonorizacão, ecolalia, pobreza de conteúdo e falta de guias referenciais e sintáticos.

7

Avaliação

Para cumprir seu trabalho como detetive, cientista, político, engenheiro, arquiteto, ou quase qualquer outra profissão, é preciso antes reunir informações. Sem conhecer os fatos sobre a tarefa em questão, não se pode tentar resolver problemas ou fazer mudanças adequadamente. Na terapia cognitiva, existe uma forte ênfase em coletar dados – tanto do paciente para o terapeuta quanto do mundo exterior para o paciente. O questionamento socrático, o empirismo colaborativo e a descoberta guiada são marcas desse tipo de psicoterapia. Antes que se possa analisar a veracidade de um pensamento automático, ele deve ser identificado. Antes que a terapia possa começar verdadeiramente, faz-se necessário um processo de avaliação, durante o qual informações sobre a pessoa em terapia são obtidas de maneira colaborativa e sensível.

A avaliação pode incluir a coleta de informações de diversas maneiras e de fontes variadas. Os terapeutas podem usar entrevistas clínicas; escalas de avaliação clínica; registros do hospital, notas de evolução de terapias anteriores, resultados de exames laboratoriais e históricos escolares; consultas com assistentes sociais, psiquiatras, médicos de família, neurologistas e professores; entrevistas com pais, irmãos, filhos e cônjuges; e testes neuropsicológicos. Neste capítulo, iremos nos concentrar em entrevistas clínicas e escalas de avaliação clínica para a avaliação de pacientes durante a terapia cognitiva da esquizofrenia.

Embora a avaliação costume ser vista como um processo que ocorre antes de começar a terapia, é melhor pensar nela como um processo contínuo empregado no decorrer da terapia, e mesmo após a sua conclusão. Os estágios posteriores podem evocar informações importantes de um paciente (ou familiar) que não haviam sido reveladas durante a entrevista inicial. Talvez o terapeuta não tenha feito a pergunta certa, ou o paciente não tenha entendido a pergunta, tenha esquecido algo, relutado para admitir certos fatos antes de conhecer o terapeuta melhor, ou tenha sido restringido pela presença de psicose ou efeitos da medicação durante a entrevista inicial. A questão da precisão dos relatos dos pacientes sobre seus sintomas prejudica a pesquisa no campo da psicose, devendo-se considerar nesses estudos fatores que possam distorcer as respostas às questões da entrevista. Na terapia, existe a vantagem de ter uma relação ampla com o paciente: as informações podem vir à medida que a terapia avança.

Outra razão para considerar a avaliação como um processo contínuo durante a terapia e depois de sua conclusão é o valor (enfatizado também na terapia cognitiva) de avaliar o progresso durante e depois da terapia. A avaliação (1) monitora se a terapia está funcionando, (2) mostra ao paciente o valor de continuar a terapia (embora possa haver longos períodos de "progresso latente", em que as mudanças ainda não se manifestaram de maneira observável), (3) orienta o curso da terapia e (4) determina os efeitos dos acontecimentos externos que possam ocorrer no decorrer da terapia.

Nossa discussão sobre a avaliação se divide em entrevista inicial de avaliação e avaliação em cada sessão.

A ENTREVISTA INICIAL DE AVALIAÇÃO

A entrevista inicial de avaliação pode ocorrer antes ou depois da investigação de outras fontes de informação, como as entrevistas de admissão (em certas instituições); cônjuges, pais ou outros parentes; conselheiros escolares ou professores; terapeutas ou psiquiatras; registros hospitalares, escolares ou policiais; os meios de comunicação, e assim por diante. Existem opiniões variadas quanto a analisar outras informações antes de entrevistar o paciente. Alguns autores acreditam que é melhor não ter nenhum viés antes de ouvir as histórias diretamente dos pacientes; outros acreditam que os pacientes podem se ofender se tiverem de começar tudo de novo desde o começo, depois de acabarem de ter contado sua história na entrevista de admissão na semana anterior, ou mesmo naquele dia. Além disso, pode haver informações importantes em registros anteriores, que o paciente talvez não revele se não lhe pedirem. Nossa recomendação é analisar outras fontes de informações quando disponíveis, mas tenha a mente aberta e use a entrevista para elucidar dados de outras fontes. Lembre-se de que os diagnósticos anteriores podem estar incorretos ou precisar de alteração à medida que surgem novos sintomas. Além disso, as entrevistas anteriores podem conter comunicações errôneas. Também podemos abordar as discrepâncias entre a entrevista atual e uma entrevista passada, diretamente com o paciente e sem fazer acusações.

Geralmente, a entrevista inicial é o começo da terapia. Portanto, o começo do estabelecimento de *rapport* e da confiança ocorre aqui, de modo que técnicas terapêuticas básicas de empatia, escuta reflexiva e palavras de apoio não devem ser postergadas até que a "terapia de verdade" comece mais adiante. No ambiente terapêutico, o paciente deve se sentir seguro, ouvido e não julgado.

Embora, na entrevista inicial, o terapeuta possa reunir muitas informações úteis, há o perigo de fazer perguntas demais de uma só vez. Entre os possíveis resultados negativos de fazer perguntas demais, estão os seguintes: o paciente se sente oprimido ou paranoide (que pode não estar visível para o entrevistador) e reluta para dar informações; o paciente se sente fatigado (física e/ou mentalmente) e não consegue lembrar as coisas tão bem; o paciente cria o hábito de esperar passivamente que o terapeuta "conduza" a terapia e continua a fazê-lo ao longo da terapia. Algumas maneiras de evitar esses resultados negativos são (1) avaliar, pelo *feedback* verbal e não verbal, como o paciente está tolerando o processo de entrevista; (2) decompor a entrevista ao longo de várias sessões, se necessário (recomendado por Fowler et al., 1995); (3) discutir com o paciente o propósito, a duração e o conteúdo da entrevista (inclui permitir que o paciente se recuse a responder questões, que pode ocorrer até que se estabeleça *rapport*); (4) perguntar diretamente ao paciente sobre a necessidade de um intervalo e como ele se sente ao fornecer informações pessoais; (5) procurar sinais de que o paciente está pronto para avançar para a próxima questão ou deseja continuar na atual; (6) proporcionar *feedback* periódico para o paciente; e (7) usar questões abertas o máximo possível, seguidas por questões diretas, se ainda necessárias.

Um exemplo de como começar com questões abertas pode ser o seguinte: se o paciente diz ter surtos de depressão, em vez de vir com uma série de perguntas do tipo sim-não sobre problemas com o sono, apetite, motivação e coisas do gênero, experimente perguntar: "como você descreveria a sua depressão?" ou "como você sabe que está tendo uma crise de depressão?". Essa abordagem serve ao propósito duplo de (1) permitir que o paciente crie o hábito de expandir as respostas, em vez de dar respostas curtas e (2) mostrar quais sintomas são mais proeminentes na mente do paciente – sobre quais o paciente fala e em que ordem. Após uma resposta aberta, o terapeuta pode então perguntar sobre sintomas que não são citados espontaneamente e evocar detalhes sobre os citados.

As regras da confidencialidade devem ser discutidas no começo da entrevista, para estabelecer o consentimento informado antes que o paciente revele informações que possam precisar ser compartilhadas posteriormente com outras pessoas. Isso inclui material que (1) poderia prevenir diretamente um risco significativo para o paciente e/ou outras pessoas, (2) envolve abuso infantil, (3) deve ser revelado, conforme ordem judicial, (4) o paciente permite que seja revelado, ou (5) seria necessário em uma defesa se o paciente vier a processar o terapeuta.

A entrevista inicial com o paciente proporciona a oportunidade de perguntar por que ele procurou a terapia. Essa questão dá início ao processo colaborativo de estabelecer objetivos e a agenda. Muitas vezes, os pacientes com esquizofrenia não conseguem apresentar uma razão para fazer terapia. Eles podem ter sido coagidos por seus pais, profissionais ou pelo sistema legal para fazerem terapia. Essa coação pode então se tornar o problema para o paciente (David Fowler, comunicação pessoal, 23 de abril de 2004): "Meus pais querem que eu faça terapia, e eu não vejo por que precisaria". Às vezes, a questão inicial pode estar refletida no humor aparente do paciente. Se o paciente parecer irritado, o terapeuta pode dizer: "Você parece incomodado. Existe alguma coisa que o incomode neste momento?". Essa abordagem pode proporcionar empatia, além de levar à queixa principal. Todavia, não é necessário começar com o problema do paciente, pois alguns pacientes preferem começar com tópicos menos emocionais. Por outro lado, pode haver uma necessidade, antes que se faça qualquer avaliação completa, de abordar as emergências (suicidalidade séria, violência, surtos psicóticos) que ocorrerem, já no início.

Pode haver mais de uma razão para procurar a terapia. Pode-se desenvolver uma lista de problemas, priorizando questões com base na (1) importância para o paciente, (2) viabilidade de ser resolvido na terapia e (3) dependência da elucidação de outras questões prioritárias para resolver o problema do indivíduo (Morrison, Renton et al., 2004).

O próximo ponto analisado é o histórico da situação atual que levou o paciente a procurar (ou ser coagido a procurar) a terapia. Fowler e colaboradores (1995) sugerem começar com de 5 a 15 minutos de conversa não estruturada, permitindo que o paciente expresse suas preocupações atuais, enquanto o terapeuta diz palavras empáticas e faz resumos, mas principalmente escuta. O paciente pode de fato apreciar que alguém está ouvindo a história, em vez de apenas forçar o tratamento sem tentar conhecê-lo como pessoa antes.

A entrevista então continua com uma análise detalhada do que levou ao problema atual. Isso inclui acontecimentos, emoções, pensamentos e comportamentos que ocorreram pouco antes do início do problema principal, bem como acontecimentos históricos que parecem, ao paciente, ter levado ao problema atual. Terapeuta e paciente devem decidir, colaborativamente, o nível de detalhamento que devem buscar nesse momento sobre acontecimentos passados, e quanto devem retornar ao passado como padrão de uma sessão. Por exemplo, um paciente tinha o delírio de que os homens da sua igreja achavam que ele estava tentando ter um caso com suas esposas. O terapeuta poderia escolher investigar nesse momento questões sobre o histórico de seus relacionamentos para esclarecer as possíveis fontes dessa crença (falta de relacionamentos íntimos, um caso real) ou esperar para fazer essas perguntas durante a parte da entrevista que trata do histórico pessoal. Kingdon e Turkington (1994, 2005) afirmam que uma das vantagens de repassar uma história detalhada de todos os acontecimentos possíveis que levaram à atual situação é que o paciente pode então ver como o problema atual se desenvolveu e como os acontecimentos e estressores passados podem ter um impacto na formação das crenças e sintomas contemporâneos.

O Apêndice C traz uma lista abrangente de tópicos para a avaliação inicial, útil para psiquiatras, enfermeiros, psicólogos, assistentes sociais, conselheiros e supervisores de caso. Alguns itens foram derivados de outras revisões de avaliação (Fowler et al., 1995; Kingdon e Turkington, 1994, 2005; Morrison et al., 2004). Mais uma vez, nem todas as questões precisam ser analisadas na sessão inicial, pois algumas devem ser abordadas depois que se estabelece o *rapport*. Todavia, às vezes, é mais fácil proporcionar informações sobre temas delicados durante uma entrevista clínica considerada estéril com um terapeuta desconhecido do que fazê-lo posteriormente, quando as emoções podem estar elevadas, e possam ter-se desenvolvido inibições, como não querer decepcionar um terapeuta amigável. A possibilidade de que alguns sintomas piorem no curto prazo após a revelação de informações pessoais pode ser discutida e tratada com ênfase nos benefícios de longo prazo de abordar os problemas existentes. Usar uma abordagem individualizada que incorpore a colaboração com o paciente é uma boa regra prática para determinar a duração adequada para a entrevista.

Ao terminar a sessão inicial, é importante explicar o propósito, a teoria e a mecânica da terapia cognitiva. Alguns terapeutas preferem não dar uma explicação formal dessa abordagem, mas proporcionar informações no contexto das sessões, à medida que a terapia avança. Antes que a sessão inicial termine, é importante avaliar a segurança do paciente, certificando-se de fazer perguntas relacionadas com a atual suicidalidade e violência. Além disso, determinar se existem estratégias de enfrentamento e apoios sociais suficientes ou se devem ser ensinadas algumas estratégias fáceis durante a sessão inicial (Morrison et al., 2004).

ENTREVISTAS DIAGNÓSTICAS E ESCALAS DE AVALIAÇÃO

Embora usadas principalmente em lugares de pesquisa, as entrevistas diagnósticas e escalas de avaliação apresentadas aqui e em outras partes deste livro podem ser usadas em situações clínicas em sua forma original ou com modificações. Uma entrevista diagnóstica longa pode ser feita antes de começar a terapia formal, enquanto as escalas de avaliação, geralmente mais curtas, podem ser usadas a cada sessão para monitorar o progresso ou retrocessos na sintomatologia (Sajatovic e Ramirez, 2003). Kingdon e Turkington (1994, 2005) afirmam que as escalas de avaliação podem interferir no *rapport* e introduzir uma atmosfera mecânica demais. Portanto, recomendam seu uso apenas depois do estabelecimento da relação terapêutica. Outros autores usam escalas de avaliação já no começo para determinar a sintomatologia basal. Todavia, existe a possibilidade, já citada, de que o paciente não seja totalmente franco nesse estágio inicial, devido à falta de confiança estabelecida, vergonha, compreensão errônea das perguntas, e assim por diante.

Entrevistas diagnósticas

Exame do estado psíquico (Present State Examination, 9ª edição – PSE-9)

Essa entrevista estruturada de 140 questões foi desenvolvida por Wing, Cooper e Sartorius (1974) para a Organização Mundial da Saúde, em seu Estudo-Piloto Internacional da Esquizofrenia. Ela leva aproximadamente de 90 a 120 minutos para ser administrada, deve ser conduzida por um entrevistador treinado e tem excelente confiabilidade entre observadores e boa validade. Somente as respostas dos pacientes são usadas na avaliação (não se usam outras fontes, como a família), e são avaliados os sintomas que ocorrem durante o mês anterior da entrevista. Um ponto forte dessa avaliação é que se obtém uma grande quantidade de informações psicopatológicas. As questões incluem informações sobre preocupações ligadas à saúde, tensão, ansiedade autonômica, pensamento, humor depressivo, socialidade, apetite, libido, sono, retardo, irritabilidade, humor expansivo, fala, obsessões, despersonalização, transtornos da percepção, leitura de pensamentos, alucinações, delírios, sensório, memória, *insight*, abuso de drogas, afeto e humor.

Schedule for Affective Disorders and Schizophrenia (SADS)

Endicott e Spitzer (1978) desenvolveram essa entrevista semiestruturada como um meio de distinguir os transtornos do humor da esquizofrenia. Ela leva por volta de 60 minutos para ser administrada, deve ser conduzida por um entrevistador treinado e tem elevada confiabilidade entre observadores. Consiste de questões abertas. A parte I avalia a semana anterior à entrevista e a pior semana no ano anterior. A parte II aborda a história passada e o histórico de tratamentos.

Schedules for Clinical Assessment in Neuropsychiatry (SCAN)

Wing e colaboradores (1990) desenvolveram essa entrevista semiestruturada como parte de um projeto da Organização Mundial da Saúde e o Instituto Nacional de Saúde Mental, em seu Projeto Conjunto sobre Diagnósticos e Classificação de Transtornos Mentais, Álcool e Problemas Relacionados. É uma variação do PSE, mas é uma avaliação mais abrangente, permitindo o uso de outras fontes além do paciente, e avalia o estado e episódio atuais ou a presença dos sintomas ao longo da vida. Leva de 90 a 120 minutos para ser administrada, deve ser conduzida por um terapeuta, e tem um coeficiente de correlação intraclasse de 0,67 e confiabilidade geral para diagnóstico ao longo da vida de 0,60.

Structured Clinical Interview for Axis I DSM-IV Disorders (SCID)

Essa entrevista estruturada (First et al., 1995) leva de 60 a 90 minutos para ser administrada, deve ser conduzida por um entrevistador treinado e tem confiabilidade teste-reteste acima de 0,60. Tem uma seção de triagem antes de passar para os módulos adequados para cada classe diagnóstica.

Escalas de avaliação

Escala breve de avaliação psiquiátrica (Brief Psychiatric Rating Scale – BPRS)

Essa escala de avaliação de 18 questões e 7 pontos, desenvolvida por Overall e Gorham (1962), leva de 15 a 30 minutos para ser aplicada e tem coeficientes de confiabilidade de 0,56 a 0,87 (dependendo da versão). Os pontos fortes dessa avaliação incluem o fato de que ela é breve, facilmente administrada, amplamente usada e bastante estudada

(Lukoff, Nuechterlein e Ventura, 1986). Suas limitações são ter critérios um tanto ambíguos para diversos níveis de gravidade e a sobreposição potencial entre certas questões. As questões avaliam sintomas psicóticos e não psicóticos importantes, com alguns sintomas baseados em observações do entrevistador e outros por relato subjetivo. A faixa de sintomas coberta nesse instrumento compreende o retraimento emocional, a desorganização conceitual, tensão, maneirismos e posturas, retardo motor, indisposição a cooperar, afeto embotado, excitação, desorientação, preocupação somática, ansiedade, culpa, grandiosidade, humor depressivo, hostilidade, desconfiança, comportamento alucinatório e conteúdo do pensamento incomum.

Comprehensive Psychopathological Rating Scale (CPRS)

Essa escala de avaliação de 65 itens (sem incluir uma avaliação global e uma avaliação de confiabilidade pressuposta), cada um podendo obter até 4 pontos (mas permitindo meios pontos), foi desenvolvida por um grupo interdisciplinar (Asberg, Montgomery, Perris, Schalling e Sedvall, 1978) para ser usada para medir mudanças na psicopatologia ao longo do tempo. Leva de 45 a 60 minutos para ser administrada, deve ser conduzida em uma entrevista clínica e tem confiabilidade entre observadores de 0,78. Os pontos fortes dessa avaliação são a sensibilidade dos itens à mudança e as descrições claras dos mesmos. Suas desvantagens são o seu tempo relativamente longo de administração para uma escala de avaliação. Os itens exigem 40 relatos verbais (11 relacionados diretamente com a psicose) e 25 observações (5 relacionadas diretamente com a psicose).

Manchester Scale

Essa escala de avaliação de 8 itens e 5 pontos por item foi desenvolvida por Krawiecka, Goldberg e Vaughan (1977), leva de 10 a 15 minutos para ser administrada e deve ser conduzida por meio de uma entrevista clínica padronizada, por alguém que conheça o paciente bem, para monitorar alterações no estado clínico da psicose. Tem confiabilidade entre observadores de 0,65 a 0,87. Os pontos fortes dessa avaliação são a sua brevidade, suas diretrizes claras e sua facilidade de administração. As desvantagens são a falta de sensibilidade para certas pontuações de severidade e a exclusão da mania. Os itens envolvem depressão, afeto ansioso, embotado ou incongruente, retardo psicomotor, delírios expressados coerentemente, alucinações, incoerência ou irrelevância da fala e pobreza da fala ou mudez.

Positive and Negative Syndrome Scale for Schizophrenia (PANSS)

Essa escala de avaliação de 30 itens e 7 pontos (Kay et al., 1987; Kay, Opler e Lindenmayer, 1988), adaptada da BPRS, leva de 30 a 40 minutos para ser administrada e deve ser conduzida por um entrevistador experiente, usando uma entrevista clínica semiestruturada (a Structured Clinical Interview for the PANSS [SCI-PANSS]) para avaliar sintomas da semana anterior. Tem elevado coeficiente de correlação interna, homogeneidade entre as questões (0,73 a 0,83 para cada escala), boa confiabilidade para a escala de psicopatologia geral (0,80) e validade discriminante e convergente na avaliação dimensional de outras medidas (clínicas, psicométricas). Existem três subescalas com os itens patologia positiva, negativa e geral:

- Positiva – delírios, desorganização conceitual, comportamento alucinatório, excitação, grandiosidade, desconfiança e hostilidade.
- Negativa – afeto embotado, retraimento emocional, pouco *rapport*, isolamento social passivo/apático, dificuldade com

o pensamento abstrato, falta de espontaneidade e fluxo da conversa e pensamento estereotipados.

- Psicopatologia geral – preocupação somática, ansiedade, sentimentos de culpa, tensão, maneirismos e posturas, depressão, retardo motor, indisposição a cooperar, conteúdo incomum do pensamento, desorientação, pouca atenção, falta de juízo e *insight*, perturbação da volição, pouco controle dos impulsos, preocupação e evitação social ativa.

Scale for the Assessment of Negative Symptoms (SANS)

Essa escala de avaliação de 25 itens e 6 pontos, desenvolvida por Andreasen (1984b, 1989), leva de 15 a 20 minutos para ser administrada e deve ser conduzida por um avaliador treinado ou terapeuta, por meio de uma entrevista clínica padronizada, para medir o estado basal e as mudanças. Tem consistência interna (alfa de Cronbach – 0,67 a 0,90 para cinco subescalas) e boa correlação com questões sobre sintomas negativos da PANSS e BPRS. As classes de sintomas são alogia, afeto plano, avolição-apatia, anedonia-associalidade e atenção. Todos os itens, com exceção do último e do afeto inadequado, são usados em uma subescala designada como Sintomas Negativos. Os pontos fortes dessa escala são a sua relativa facilidade de administração e sua bastante bem pesquisada confiabilidade.

Scale for the Assessment of Positive Symptoms (SAPS)

Essa escala de avaliação de 34 itens e 6 pontos (Andreasen, 1984c) leva de 15 a 20 minutos para ser administrada e deve ser conduzida por um avaliador treinado ou um terapeuta, por meio de uma entrevista clínica padronizada, para medir o estado basal e as mudanças. Tem menos dados de confiabilidade do que a SANS, boa confiabilidade geral entre observadores e coeficientes Kappa ponderados de 0,7 a 1,00 para a maioria dos itens. As classes de sintomas são alucinações, delírios, comportamento bizarro e transtorno do pensamento formal. As duas primeiras formam o escore de psicoticismo, e as duas últimas, juntamente com o afeto inadequado da SANS, formam a subescala de desorganização.

Psychotic Symptoms Rating Scale (PSYRATS)

Essa escala de 11 itens e 5 pontos (Haddock, McCarron, Tarrier e Faragher, 1999) avalia diversas dimensões de alucinações (subescala AH – cinco itens) e delírios (subescala DS – seis itens). Tem excelente confiabilidade entre observadores, com ambas as subescalas apresentando estimativas não enviesadas acima de 0,9, com exceção dos itens de perturbação e do controle da subescala AH.

Beliefs about Voices Questionnaire – Revised (BAVQ-R)

Essa escala de 35 itens e 5 pontos cada um (Chadwick e Birchwood, 1995) avalia as crenças das pessoas acerca de suas vozes e suas respostas emocionais e comportamentais a elas. São cinco subescalas: três relacionadas com crenças (malevolência – seis itens; benevolência – seis; onipotência – seis), uma medindo a resistência (com cinco itens sobre emoção e quatro sobre comportamento), e uma medindo o envolvimento (com quatro itens sobre emoção e quatro sobre comportamento). O coeficiente alfa de Cronbach médio para as cinco subescalas foi de 0,86 (0,74 a 0,88).

Peters Delusions Inventory

Essa escala de 21 itens (Peters et al., 1999) avalia diversas dimensões de delírios e tem um coeficiente alfa de Cronbach de 0,82, correlações entre as questões e o todo de

0,35 a 0,60 e coeficientes de fidedignidade de teste-reteste de 0,78 a 0,81 para as diversas subescalas. O inventário apresenta maior poder discriminatório nas dimensões da preocupação, convicção e aflição.

Interpretation of Voices Inventory

Essa escala de autoavaliação de 26 itens com 4 pontos cada um (Morrison, Wells e Nothard, 2000) lista crenças que as pessoas têm sobre suas vozes. As crenças se dividem nas categorias de malevolência, aspectos positivos e perda do controle.

Outras medidas

Existem diversas escalas de avaliação, entrevistas estruturadas e testes para avaliar áreas como o *insight*, humor, funcionamento geral, esquemas/posturas e o funcionamento cognitivo. Essas escalas podem ajudar os terapeutas a determinar o funcionamento basal e o grau de melhora de pessoas que fazem terapia cognitiva. Alguns desses instrumentos de mensuração são referidos aqui:

- *Insight da doença.* Insight and Attitude Questionnaire (McEvoy et al., 1989), David Insight Scale (David, 1990; David, Buchanan, Reed e Almeida, 1992), Personal Beliefs about Illness Questionnaire (Birchwood, Mason, MacMillan e Healy, 1993).
- *Insight cognitivo.* Beck Cognitive Insight Scale (Beck et al., 2004).
- *Humor.* Beck Depression Inventory (Beck, Ward, Mendleson, Mock e Erbaugh, 1961; Beck, Steer e Brown, 1996), Beck Anxiety Inventory (Beck e Steer, 1990), Novaco Anger Scale (Novaco, 1994), State-Trait Anxiety Inventory (Spielberger, Gorusch, Lushene, Vagg e Jacobs, 1983).
- *Funcionamento geral.* Strauss-Carpenter Level of Functioning Scale (Strauss e Carpenter, 1972), Quality of Life Scale (Heinrichs, Hanlon e Carpenter, 1984).
- *Esquemas/posturas.* Dysfunctional Attitudes Scale (Weissman e Beck, 1978), Young Schema Questionnaire (Young e Brown, 1994), Personal Style Inventory (Robins et al., 1994), Meta-Cognitions Questionnaire (Cartwright-Hatton e Wells, 1997).
- *Testes da cognição.* Cognitive Estimations Test (Shallice e Evans, 1978), Probabilistic Reasoning Task (Huq, Garety e Hemsley, 1988), Schizophrenia Cognition Rating Scale (Keefe, Poe, Walker, Kang e Harvey, 2006).

AVALIAÇÃO NAS SESSÕES DE TERAPIA

A avaliação ocorre durante cada momento de cada sessão de terapia. As expressões faciais, as palavras usadas, as respostas ou sua falta, tudo que o paciente faz ou deixa de fazer na sessão, além de relatos de como foi a semana anterior são sinais potencialmente úteis de como o paciente está e como a terapia está (ou não está) progredindo. Nenhuma escala de avaliação ou entrevista diagnóstica pode substituir a arte de perceber as interações com o paciente a cada sessão e o que elas significam do ponto de vista clínico e pessoal para o indivíduo em questão.

Elaboração em vez de suposição

À medida que novos problemas ocorrem na vida do paciente no decorrer da terapia, surge a necessidade de avaliar as reações a cada situação pertinente. Embora seja provável que surjam padrões de reação, cada nova situação deve ser avaliada de forma independente das anteriores para evitar um viés que possa impedir que o terapeuta enxergue variações nas reações, incluindo sinais sutis de melhora e mudança. Os seres humanos têm a tendência de escutarem o que outra pessoa está dizendo enquanto, ao mesmo tempo, acrescentam seus próprios pensamentos (com base em expectativas, vieses e suposições) na história sem nem mesmo notarem. Se um amigo nos convida para ir ao *shopping* em um dia chuvoso, supomos que seja um *shopping* fechado e não levamos o guarda-chuva. A palavra *shopping* invoca a imagem de uma estrutura fechada climatizada. Da mesma forma, quando um paciente conta a história de ter ouvido os vizinhos através da parede, fazendo planos para atacá-lo, seria importante saber (e não pressupor) se o paciente mora em um apartamento ou em uma casa e, no segundo caso, qual a distância do vizinho mais próximo. Essas informações poderiam ajudar a determinar se existe interpretação incorreta de sons de pessoas falando ou alucinações com interpretações delirantes. Em outras palavras, a avaliação de cada problema ou situação é melhor alcançada reunindo-se um quadro detalhado do acontecimento e das reações do paciente, com base no que é *dito*, em vez do que se pressupõe. Tendemos a preencher as lacunas da história com o que nos é familiar ou faz sentido para nós. Um terapeuta deve aprender a reconhecer e resistir a esse hábito e, pelo contrário, assumir sua ignorância e pedir uma elaboração.

Por exemplo, Ruth contou a seu terapeuta que uma pessoa da equipe de seu programa habitacional a havia atacado sexualmente. O terapeuta perguntou onde isso havia acontecido. Ruth respondeu que havia sido quando ela estava na banheira da casa da sua mãe (onde a paciente passa os fins de semana). O terapeuta perguntou o que a paciente viu ou ouviu, e ela respondeu que não viu ou ouviu nada, que apenas sentiu que estava sendo violentada por aquela pessoa. Por ter aprendido na terapia a "reconsiderar" suas crenças, ela então falou: "acho que posso ter sentido que isso aconteceu. Não existem evidências de que aconteceu de verdade".

No exemplo anterior, o terapeuta pediu mais informações antes de chegar a qualquer conclusão sobre o que realmente tinha acontecido. A afirmação da paciente de que estava na casa da mãe, fora de seu programa habitacional, poderia levar o terapeuta a crer que era um delírio. Todavia, o terapeuta não parou por aí. O questionamento seguinte sobre o que a paciente havia visto ou ouvido a levou a admitir que a agressão podia ter sido imaginada. Se o terapeuta não tivesse perguntado sobre isso, podia permanecer a questão de se o membro da equipe havia realmente atacado a paciente em sua casa (talvez depois de deixá-la em uma casa vazia e voltado depois). As perguntas devem ser feitas sem nenhum viés e sem julgamentos, especialmente nesse exemplo, no qual, se tivesse havido de fato um ataque, a paciente podia ter voltado atrás em sua acusação, por vergonha ou desconforto, se sentisse falta de confiança da parte do terapeuta. Às vezes, é necessário obter informações colaborativas de familiares e outras pessoas para esclarecer a situação. Essa mesma paciente falava de ter relacionamentos com várias pessoas famosas, inclusive que tinha um tio que era um político conhecido. Sua mãe confirmou que havia uma conexão íntima com essa pessoa, a ponto de chamá-la de tio, mas não havia associações reais com outras pessoas famosas.

Avaliação cognitiva de eventos psicóticos

Logo depois que o paciente fala de um problema, o terapeuta pode conduzir uma avaliação minuciosa do acontecimento usando o modelo cognitivo. Os detalhes que compreendem a avaliação cognitiva dos diversos sintomas da esquizofrenia são apresentados em capítulos que lidam com cada sintoma. Aqui, apresentamos uma visão geral, usando um instrumento, o Cognitive Assessment of Psychosis Inventory (CAPI; ver Apêndice D), como guia para facilitar a entrevista. O CAPI concentra-se em três tipos de sintomas: alucinações, delírios e comportamento bizarro. Em primeiro lugar, o paciente descreve os acontecimentos em detalhe. A seguir, o terapeuta faz perguntas sobre a natureza do sintoma em termos de tipo, intensidade, frequência e conteúdo. O paciente então identifica pensamentos automáticos sobre o acontecimento e/ou sintoma e descreve suas reações emocionais e comportamentais a ele. O terapeuta deve procurar, e explicar, qualquer estratégia compensatória que o paciente use (evitação, uso de substâncias, parar de pensar). Algumas dessas estratégias podem se tornar outro acontecimento a analisar (recaída no uso de drogas ilícitas).

Uma abordagem semelhante para avaliar acontecimentos significativos é analisar os componentes do modelo de cinco sistemas (Greenberger e Padesky, 1995). Esse modelo foi aplicado especificamente à psicose por Morrison e colaboradores (2004). Os *cinco sistemas* referem-se aos domínios cognitivo, comportamental, afetivo, fisiológico e ambiental. Os componentes cognitivos incluem imagens e pensamentos automáticos negativos e as distorções cognitivas associadas a eles, avaliações de pensamentos automáticos e prioridades da atenção (quais pensamentos o paciente nota mais). Os componentes comportamentais são comportamentos de segurança – especialmente a evitação – e qualquer ação que preceda, acompanhe ou ocorra como consequência do acontecimento. Já os componentes afetivos e fisiológicos são as emoções e as reações corporais que precedem, acompanham ou ocorrem como consequência do acontecimento. O componente ambiental inclui gatilhos e mediadores das reações.

O CAPI ainda contém questões de investigação adicionais, como a compreensão dos sintomas em termos de um modelo de transtorno. Por fim, antecedentes históricos e crenças nucleares – possíveis progenitores dos sintomas – podem emergir, não necessariamente para cada análise de cada acontecimento, mas mais provavelmente em algum momento após diversas situações serem investigadas. Os antecedentes históricos podem abranger a educação, acontecimentos traumáticos e predisposições genéticas e perinatais. As crenças nucleares são visões gerais e duradouras sobre a tríade cognitiva do próprio indivíduo, do outro (o mundo) e do futuro.

Nesse inventário de avaliação, as alucinações são consideradas acontecimentos. Os pensamentos automáticos, crenças e pressupostos acerca das alucinações são explorados, incluindo as crenças em relação a suas origens. As alucinações também podem representar pensamentos automáticos. Para determinar isso, se for o caso, pode-se perguntar se os pacientes concordam com o que as vozes dizem. Caso a resposta seja positiva, as vozes podem ser consideradas pensamentos automáticos nesse momento, mas deve-se repetir a pergunta em outros momentos, mesmo se o conteúdo das vozes não mudar. Por exemplo, uma voz pode dizer ao paciente que a terapia é prejudicial. O paciente pode acreditar nisso a princípio, mas não posteriormente, apesar da persistência da voz.

Esse inventário considera os delírios como crenças. Nesse caso, é importante analisar os acontecimentos antes da ocorrência das crenças delirantes, na tentativa de determinar quais situações as ativaram. Todavia, os eventos evocativos podem não estar concatenados temporalmente com a crença delirante, especialmente no caso de delírios antigos. Pensar que se é membro da CIA pode ter relação com um filme assistido há muitos anos. Todavia, pode ser interessante conferir se certos acontecimentos desencadearam a recordação atual dessa crença.

O comportamento bizarro é uma reação comportamental, segundo esse inventário. Uma análise das crenças potenciais que levam ao comportamento pode ser esclarecedora; o fato de o indivíduo usar um capacete de alumínio pode ser secundário à crença de que alienígenas estão tentando ler os seus pensamentos e que o alumínio bloqueará as tentativas deles. Nessas circunstâncias, o foco pode mudar do comportamento em si para as crenças que motivam o comportamento, pois o comportamento pode ser uma consequência lógica de crenças ilógicas.

O terapeuta pode determinar as crenças nucleares (1) pelo questionamento direto ao paciente, (2) pela técnica da seta descendente (uma série de questões com o objetivo de verificar o significado pessoal subjacente aos pensamentos automáticos), ou (3) pela identificação de um padrão de pensamentos automáticos relacionados com diversas situações. O Apêndice E apresenta crenças nucleares possíveis para diversos tipos de delírio, organizadas pela tríade cognitiva. Alguns delírios têm crenças nucleares aparentes que podem estar disfarçadas atrás de crenças nucleares ocultas mais verdadeiras. Por exemplo, os delírios grandiosos têm a aparência de uma crença nuclear sobre o indivíduo, como "sou especial", enquanto uma análise mais aprofundada pode revelar uma crença nuclear de "sou inadequado", que é compensada pela manifestação da crença nuclear positiva. Os delírios paranoides podem parecer orientados por uma crença nuclear de que "sou vulnerável", escondendo a crença nuclear mais profunda de que "sou especial" (e, portanto, mereço ser seguido). Isso, por sua vez, pode ocultar uma crença nuclear subjacente de que "sou defeituoso", novamente levando à crença compensatória de ser importante o suficiente para ser seguido. As crenças nucleares elencadas são crenças potenciais que podem servir como um guia no questionamento aos pacientes sobre suas crenças verdadeiras.

Como um auxílio final à avaliação ao longo do curso da terapia, apresentamos, nos Apêndices F e G, listas de distorções cognitivas que podem ser encontradas na forma de delírios. O Apêndice F mostra distorções cognitivas encontradas normalmente no contexto de outros diagnósticos psiquiátricos, e o Apêndice G apresenta aquelas mais específicas de condições psicóticas, incluindo a esquizofrenia. Essas distorções são organizadas em cinco grupos: categorização/generalização, viés de seleção, atribuições de responsabilidade, inferência arbitrária e pressuposição.

Como acontece com o próprio processo da terapia, a avaliação correta depende de se enxergar o paciente como indivíduo. Um dos aspectos mais notáveis, quando encontramos alguém com esquizofrenia pela primeira vez, é quanto do indivíduo se compara com o estereótipo retratado em filmes e livros, bem como em relatos de jornais. Mesmo livros-texto de psiquiatra e psicologia pintam um quadro de um transtorno, ao passo que a pessoa verdadeira tem uma personalidade que pode vir em tantas formas quanto em indivíduos sem esquizofrenia. Tudo que apresentamos é um guia. Uma avaliação verdadeira exige conhecer a pessoa sentada à sua frente.

RESUMO E APLICAÇÃO CLÍNICA

O enorme número de escalas, entrevistas estruturadas e testes existentes pode ser de díficil escolha para o terapeuta típico. Os pesquisadores lutam para selecionar as medidas que são essenciais para um determinado estudo e quais devem ser abandonadas, de modo a não fatigar o sujeito e os assistentes de pesquisa e estudantes. Os terapeutas enfrentam o mesmo dilema da perfeição *versus* eficiência. A apresentação de diversas formas de avaliação não visa criar um sentido de obrigação por parte do terapeuta, mas fornecer opções para determinar o que funciona melhor para cada paciente, terapeuta e estágio de evolução da terapia, bem como outros possíveis fatores importantes. As seções sobre avaliação nos capítulos que dizem respeito a grupos de sintomas específicos focam questões essenciais relacionadas com a condução da terapia cognitiva. Nesses capítulos, as seções sobre a conceituação cognitiva explicam como reunir as diversas informações para criar uma formulação específica para cada paciente.

8

Engajamento e Promoção da Relação Terapêutica

Diversas equipes de pesquisa clínica que conduzem terapia cognitiva para a esquizofrenia chegaram a conclusões semelhantes sobre a natureza, o ritmo e o processo ideais das sessões. Existe uma ampla concordância de que a terapia cognitiva com indivíduos que têm delírios, vozes, sintomas negativos proeminentes, transtorno do pensamento e dificuldades comunicativas significativas, *insight* limitado e transtornos comórbidos potencialmente sobrepostas não difere de forma notável da terapia cognitiva com indivíduos que sofrem de ansiedade, depressão e uma série de outras condições psiquiátricas. Pelo contrário, os pressupostos básicos e as estratégias de intervenção, com alguma variação menor, baseiam-se diretamente nos tratamentos da terapia cognitiva para depressão (Beck et al., 1979) e ansiedade (Beck et al., 1985). Todavia, existem algumas considerações importantes, que exigem atenção antes de começar a terapia com essa população. O resto deste livro considera os detalhes de estratégias de envolvimento, avaliação, formulação e intervenção para as principais metas do tratamento. Este capítulo concentra-se em aspectos gerais da promoção da relação terapêutica e redução dos obstáculos ao engajamento. Sugerimos estratégias para promover a aliança terapêutica, mesmo na presença de obstáculos potencialmente significativos.

CONSTRUINDO A RELAÇÃO TERAPÊUTICA

A condição *sine qua non* para conduzir terapia cognitiva efetivamente é criar um clima terapêutico de respeito e confiança mútuos. A presença de uma relação terapêutica forte é absolutamente crucial ao se trabalhar com indivíduos que possam ser muito sensíveis a ter suas crenças questionadas e analisadas. Ao contrário dos indivíduos encaminhados para terapia cognitiva por ansiedade e depressão, que muitas vezes estão cientes e têm *insight* de suas dificuldades e da necessidade de procurar tratamento, os pacientes encaminhados para o tratamento dos sintomas da esquizofrenia podem não saber por que têm uma consulta marcada com um terapeuta, e podem não ter compreensão de suas dificuldades específicas relacionadas com os delírios, vozes ou sintomas negativos. Além disso, podem não ter nenhum interesse na terapia, ou pior ainda, sentir-se coagidos e/ou obrigados a participar, com os sentimentos consequentes e previsíveis de ressentimento e hostilidade.

Com cada uma dessas possibilidades, é imperativo que a relação terapêutica baseie-se no afeto e no interesse, pois a percepção do paciente de que tem apoio pode determinar a sua presença ou ausência nas primeiras sessões do tratamento. Em estágios subsequentes da terapia, uma relação terapêutica sólida permitirá explorar e testar crenças firmemente estabelecidas e com forte carga emocional. Finalmente, nos estágios finais do tratamento, quando o trabalho concentra-se em crenças nucleares duradouras e dolorosas e em experiências associadas, uma relação de afeto e cuidado será instrumental para proporcionar uma base alternativa para crenças ligadas à vulnerabilidade interpessoal e rejeição. Assim, antes de mais nada, o sucesso da terapia cognitiva para a esquizofrenia depende da continuidade de uma relação terapêutica de afeto, respeito, confiança, segurança e aceitação.

Para facilitar a relação terapêutica e o envolvimento inicial na terapia, as primeiras sessões geralmente são abertas e exploratórias, sem uma agenda fixa em questões clínicas. O terapeuta tenta se concentrar na pessoa, fazer contato emocional com o paciente e evitar procedimentos formais de avaliação e qualquer tipo de técnica ativa para mudar avaliações ou crenças. Desenvolvida por Kingdon e Turkington (1994), a fase inicial do tratamento concentra-se em "ficar amigo" do paciente, ou seja, tentar conectar-se com o paciente, na maneira como se faria com um colega ou vizinho novo. De maneira ideal, os tópicos para discussão são neutros no tom afetivo, mas também envolventes, pois refletem os interesses pessoais do paciente, como feriados sazonais, eventos futuros, ou passatempos e coisas do gênero. Embora todas as sessões sejam agendadas com um certo grau de flexibilidade, as primeiras sessões, particularmente, podem ser adaptadas (mais curtas ou mais longas) para facilitar a relação terapêutica. Por exemplo, o paciente que parece um pouco desconfortável com as demandas interpessoais da conversa a dois pode se beneficiar das tentativas do terapeuta de instilar um clima de leveza, mantendo as sessões de curta duração, informais e repletas de humor apropriado.

De maneira alternativa, para o paciente com interferência cognitiva significativa e perseveração prolongada, uma sessão com ritmo lento, com intervalos frequentes e tópicos limitados, pode ser o ideal. Em suma, nas primeiras sessões, o terapeuta deve ter especial cuidado para observar os estados do humor do paciente e exercer sintonização emocional, adaptando o conteúdo, o ritmo e a duração da sessão para se "encaixar" no estilo aparente do paciente. De um modo geral, os princípios orientadores e estratégias do empirismo colaborativo (Beck et al., 1979) servem como base para as primeiras sessões no tratamento da psicose.

Os componentes fundamentais do empirismo colaborativo são expressados em atitudes de igualdade, trabalho de equipe, responsabilidade compartilhada pela mudança, consideração positiva incondicional e imparcialidade. Talvez seja mais difícil manter o espírito e a abordagem de empirismo colaborativo quando o paciente está extremamente paranoide, com crenças delirantes mais bizarras, incoerente devido a um transtorno do pensamento substancial ou excessivamente reticente por causa de sintomas negativos fortes. A chave é o terapeuta manter uma postura de flexibilidade e paciência, e reconhecer que, embora possa ser difícil entender alguns aspectos do quadro do paciente, muitos outros aspectos serão facilmente compreensíveis, e que o entendimento aumenta com o tempo e a persistência. Também ajuda lembrar que a persistência do terapeuta ante a confusão e incompreensibilidade pode ajudar a instilar esperança no paciente.

ADEQUAÇÃO À TERAPIA COGNITIVA

Os pacientes tratados em ensaios clínicos de terapia cognitiva geralmente são selecionados para inclusão se estiverem vivenciando sintomas positivos perturbadores. Em nosso próprio trabalho, temos critérios de inclusão consideravelmente mais amplos para determinar a adequação de um paciente para a terapia cognitiva. Os pacientes que procuram, ou pelo menos estão abertos a receber ajuda para seus sintomas negativos, ansiedade comórbida, depressão ou sintomas relacionados com o uso de substâncias, bem como o controle geral do estresse, podem ser considerados para a terapia cognitiva. Além desse foco de tratamento, existem diversos fatores não específicos que podem tornar certos pacientes mais adequados para o tratamento do que outros. Os pacientes que têm uma consciência maior de seus pensamentos e conseguem entender facilmente as associações entre pensamentos, sentimentos e comportamentos talvez tenham maior probabilidade de aceitar e trabalhar dentro do modelo cognitivo. Pacientes que estejam dispostos a aceitar alguma responsabilidade por sua própria melhora e a fazer um esforço para cumprir as tarefas terapêuticas na sessão, como exercícios de exposição ou a redução de comportamentos de segurança, ou tarefas de casa entre as sessões, seriam ideais. Todavia, deve-se observar que, atualmente, temos pouca compreensão de quem mais provavelmente se beneficiará com a terapia cognitiva. Dessa forma, nossa perspectiva é de que qualquer paciente que esteja disposto a frequentar as sessões regularmente e tentar aprender a se beneficiar com a terapia cognitiva será um possível candidato para esse tratamento para a psicose. Em vez de considerar os fatores relacionados com o paciente como limitações *a priori* e uma razão para exclusão do tratamento, consideramos esses fatores como barreiras apenas ao engajamento, que podem ser abordadas e reduzidas ou removidas no processo da terapia cognitiva.

CONSTRUINDO A MOTIVAÇÃO

A terapia cognitiva, independentemente do foco específico do tratamento, funciona melhor quando o terapeuta e o paciente se engajam, compartilham a responsabilidade pelo progresso e se sentem motivados para trabalhar rumo a objetivos gerados mutuamente. Todavia, os clientes com esquizofrenia, particularmente aqueles na fase crônica da doença, muitas vezes estão lutando com uma grande variedade de sintomas e problemas e se sentem desmotivados e desmoralizados. Além disso, muitos pacientes já experimentaram numerosos medicamentos e conheceram vários terapeutas, com benefícios apenas modestos, ou, às vezes, nenhum. Alguns pacientes ficam com a ideia de que a sua doença é de natureza totalmente biológica, com pouca esperança de exercer alguma influência direta por meio de intervenções não médicas. Para muitos, o sucesso da terapia cognitiva dependerá de superar um certo grau da desesperança e desmoralização existentes.

O primeiro passo nesse processo é o desenvolvimento de um bom *rapport*, com demonstração de respeito, abertura e preocupação adequada. O terapeuta também constrói a motivação ao comunicar o raciocínio cognitivo, onde as melhoras previstas nos níveis de perturbação do paciente podem ocorrer à medida que ele começa a entender melhor as fontes de sua perturbação e os padrões de pensamento e comportamento ativados por acontecimentos importantes na vida. A motivação para o tratamento também é promovida pela disposição do terapeuta em ajudar de qualquer maneira possível, além dos alvos sintomáticos conhecidos. Por exemplo, auxiliar com a papelada para arranjar moradia ou encontrar-se com familiares para ajudar o paciente são coisas que demonstram a flexibilidade e boa vontade do terapeuta. Diversos fatores específicos relacionados com o terapeuta e o paciente podem representar obstáculos ao envolvimento e à motivação, e serão abordados separadamente.

OBSTÁCULOS DO TERAPEUTA

Um ponto de partida na conceituação e tratamento dos sintomas da esquizofrenia é que esses se dispõem em um *continuum*. Todavia, essa visão pode ser nova para muitos terapeutas com pouca experiência e experientes, podendo exigir uma mudança de perspectiva. Antes de começar a terapia cognitiva, o terapeuta deve estar ciente de suas próprias crenças, avaliações e expectativas, em relação a trabalhar com alguém com um diagnóstico do espectro da esquizofrenia. Será que os delírios e vozes da pessoa podem ser entendidos ou permanecerão incompreensíveis? Será que os sintomas da psicose podem ser entendidos como variações do comportamento normal? Será que os pacientes esperam melhorar com a terapia cognitiva – e manter os benefícios depois que a terapia for descontinuada? Se a esquizofrenia é uma doença biológica, como pode uma psicoterapia ter impacto sobre ela? A maneira como o terapeuta pensa sobre essas questões inevitavelmente afetará o processo terapêutico. Os terapeutas devem estar cientes de suas próprias crenças e preconceitos potenciais e ter um lugar (principalmente supervisão) onde possam falar sobre crenças capazes de atuarem como obstáculos ao envolvimento e ao processo terapêutico ao longo do tratamento. De um modo geral, o objetivo da terapia é enxergar o mundo da pessoa a partir do seu ponto de vista, entendendo como é manter suas crenças e lidar com as consequências emocionais e comportamentais que elas geram.

A terapia cognitiva da esquizofrenia muitas vezes pode ser um processo lento. Os terapeutas que têm experiência de tratar pessoas com transtornos do humor e da ansiedade talvez considerem que o ritmo é lento, que os pacientes exigem resumos mais frequentes do material abordado e, de um modo geral, que talvez tenham que adaptar suas expectativas para objetivos mais modestos e com foco, embora esse nem sempre seja o caso.

OBSTÁCULOS DO PACIENTE

Desconfiança/paranoia

É essencial estabelecer um grau elevado de confiança antes que se faça qualquer questionamento direto de crenças ou evidências obtidas a partir de crenças delirantes. Isso se aplica especialmente a pacientes com um grau elevado de desconfiança e que estejam vivenciando paranoia. Conforme sugerido, as primeiras sessões visam transmitir afeto, preocupação e aceitação sem julgamentos. À medida que o trabalho avança para um questionamento mais ativo e para a reestruturação cognitiva, o terapeuta segue, cuidadosamente, prestando atenção a mudanças em estados do humor que reflitam irritação, frustração, hostilidade e coisas do gênero. Talvez o terapeuta precise recuar e concentrar-se novamente nos aspectos relacionais que constroem a confiança e a segurança, muitas vezes envolvendo uma discussão de tópicos mais neutros. Em suma, o modelo é concentrar-se em construir a confiança e evitar desafios diretos ou discussões sobre crenças, por mais tentador que isso possa ser às vezes.

Outro objetivo importante no trabalho com pacientes muito desconfiados é evitar de se tornar parte da percepção de conspiração ou dar apoio involuntariamente ou fazer um conluio com a crença persecutória. Se o paciente suspeita que o terapeuta o está perseguindo, todo o trabalho de ir adiante e questionar e testar a crença delirante deve ser suspenso temporariamente, enquanto o terapeuta redireciona o trabalho para restabelecer a verdade e a segurança. Isso pode exigir comunicar abertamente o seu interesse pelo paciente e o desejo de ajudar com suas dificuldades. Além disso, o terapeuta deve evitar proporcionar qualquer apoio direto ou aceitação da crença delirante como a verdade. Pelo contrário, o terapeuta deve ter o cuidado de transmitir que não tem certeza se a crença é verdade ou não, mas que o objetivo é aprender mais sobre as circunstâncias da crença e trabalhar em conjunto para encontrar maneiras de ajudar o paciente a se sentir melhor em relação ao problema.

Sintomas negativos

No Capítulo 5, apresentamos um modelo cognitivo-comportamental dos sintomas negativos, detalhando como os sintomas negativos não se devem simplesmente a déficits biológicos subjacentes, mas representam uma interação mais complexa entre avaliações, expectativas e crenças, bem como estratégias de enfrentamento cognitivas e comportamentais. Também apresentamos um modelo para a avaliação e o tratamento de sintomas negativos, com base na conceituação cognitivo-comportamental desses sintomas, descrita no Capítulo 5. Especificamente, um modelo cognitivo caracterizado por poucas expectativas de prazer, sucesso, aceitação, juntamente com a percepção de limitações em recursos, é crucial para a geração de sintomas negativos – e provavelmente serão expressados em relação à terapia cognitiva. Quando os pacientes demonstram apatia, pouca motivação e falta de energia em suas vidas cotidianas, é provável que abordem o tratamento de terapia cognitiva de maneira semelhante. Por exemplo, com base no sucesso limitado de tratamentos anteriores, o paciente pode esperar poucos benefícios ao começar mais um tratamento. De maneira semelhante, o paciente pode relutar em abrir e revelar toda a natureza de seus pensamentos, crenças, sentimentos e experiências, por medo de ser considerado "louco" ou "esquisito", e coisas do gênero. Além disso, alguns pacientes podem relutar em se envolver no tratamento porque preveem que não conseguirão satisfazer suas expectativas pessoais.

Além disso, conforme revisado no Capítulo 5, os tipos de crenças disfuncionais que apresentam correlação com a presença de sintomas negativos também podem ter impacto no engajamento na terapia. Por exemplo, pacientes com sintomas negativos proeminentes tendem a endossar crenças como "mesmo correr um risco pequeno seria tolo, pois a perda provavelmente seria um desastre"; "se não faço algo bem, existe pouca razão para fazer"; e "os problemas desaparecem se você não fizer nada". O envolvimento terapêutico pode ser melhorado identificando e abordando essas crenças desde os primeiros estágios da terapia. De maneira importante, o pouco envolvimento e um esforço limitado na terapia cognitiva podem proporcionar material importante para tratar na sessão, com o terapeuta abordando as percepções negativas do paciente sobre um envolvimento maior no tratamento.

Transtorno do pensamento

Os terapeutas podem considerar particularmente difícil se engajar com pacientes que sejam menos compreensíveis e que apresentem tangencialidade significativa em seus pensamentos e comunicação. Conforme discutido no Capítulo 6, podem ser aplicadas estratégias para aumentar o foco da discussão. Primeiramente, os terapeutas podem ouvir cuidadosamente em busca de linhas de significado e fazer resumos frequentes na tentativa de colocar o paciente de volta no foco. Em segundo lugar, se o paciente estiver falando rápido demais, e for difícil falar uma palavra sequer, o terapeuta pode esperar cuidadosamente quando o paciente respirar e inserir perguntas curtas. Em terceiro, conforme revisado no

Capítulo 6, a pesquisa demonstra que os pacientes se tornam particularmente mais tangenciais e incompreensíveis quando discutem tópicos que sejam emocionalmente salientes. Os terapeutas devem escutar com muito cuidado em busca de qualquer alteração na velocidade da fala para entender melhor os temas de significância emocional para o paciente. O questionamento socrático voltado para esses temas "quentes" servirá para manter o paciente no foco. Em quarto lugar, como uma estratégia relacionada, os terapeutas podem se afastar de tópicos delicados para reduzir a estimulação e aumentar a compreensão, se for percebido que será difícil demais manter o foco em temas delicados. Finalmente, é importante observar que muitos pacientes com transtorno do pensamento dizem ter benefícios apenas em sentirem-se *ouvidos*. A escuta cuidadosa, com demonstrações de empatia e aceitação, já pode produzir melhoras diretas (Sensky et al., 2000).

Rigidez cognitiva

Um dos principais objetivos da terapia cognitiva para a psicose é apaziguar a perturbação associada às crenças delirantes, reduzindo a convicção e aumentando a flexibilidade associada a essas crenças. Alguns pacientes têm mais flexibilidade em suas crenças antes de começar o tratamento, e a experiência clínica sugere que esses pacientes podem ser comparativamente mais capazes de identificar e testar explicações alternativas para suas experiências do que pacientes com maior rigidez. Pesquisas anteriores sugerem que os delírios têm maior probabilidade de mudar naturalmente ao longo do tempo se os pacientes acreditarem que podem estar enganados sobre essas crenças (Brett-Jones, Garety e Hemsley, 1987). Outras pesquisas mostram que existe uma considerável interdependência entre a convicção delirante e a flexibilidade das crenças, com maior inflexibilidade relacionada com mais convicção delirante (Garety et al., 2005). Todavia, é importante observar que um número maior de pacientes parece obter benefícios da terapia cognitiva do que parece ter flexibilidade em suas crenças antes do tratamento. Por exemplo, aproximadamente 50% dos pacientes delirantes rejeitam a possibilidade de estarem enganados em relação a suas crenças antes de fazerem terapia cognitiva (Garety et al., 1997, 2005). E, embora a possibilidade de estar enganado sobre as crenças delirantes preveja o prognóstico final da terapia cognitiva (Garety et al., 1997), deve-se lembrar que existem diversos prognósticos terapêuticos possíveis, um dos quais é a redução da convicção delirante. Por exemplo, um objetivo paralelo é melhorar os prognósticos sociais e funcionais, independentemente do grau de convicção delirante, conforme discutido no Capítulo 9. Naquele capítulo, enfatizamos como o paciente pode continuar a manter 100% de sua convicção delirante, mas ainda assim fazer mudanças na maneira como age segundo sua crença, melhorando, assim, sua qualidade de vida. Conforme exemplificado, um paciente com uma antiga crença paranoide de que seus colegas queriam matá-lo conseguiu voltar ao trabalho e se manter empregado com a ajuda do terapeuta, da equipe médica móvel e de certos amigos e familiares, apesar de não ter mudanças em suas crenças delirantes.

Outros objetivos da terapia cognitiva são melhorar os sintomas negativos, reduzir o estresse, promover o enfrentamento, reduzir a ansiedade e a depressão, melhorar as habilidades interpessoais, e assim por diante. Em outras palavras, embora a inflexibilidade das crenças torne mais difícil mudar o paciente para crenças menos perturbadoras, essa postura não impede o progresso em outros domínios da vida da pessoa.

O PROCESSO DE TERAPIA

A estrutura geral da terapia

Um modelo genérico da intervenção de tratamento na terapia cognitiva pode ser encontrado no Quadro 8.1. Semelhante à terapia cognitiva para a depressão e a ansiedade, a terapia cognitiva para a psicose é ativa, estruturada de forma adequada, de tempo limitado (entre 6 e 9 meses, em média) e costuma ser administrada em um formato individual – embora a terapia cognitiva

QUADRO 8.1 Terapia cognitiva para a esquizofrenia

- Estabelecimento da aliança terapêutica
  - Aceitação, apoio, cooperação
- Desenvolvimento e priorização da lista de problemas
  - Sintomas (delírios, alucinações)
  - Objetivos de vida (trabalho, relacionamentos, moradia, educação)
- Psicoeducação e normalização dos sintomas da psicose
  - Discussão do papel do estresse na produção e persistência dos sintomas
  - Discussão dos aspectos biopsicossociais da doença
  - Reduzir o estigma por meio da educação
- Desenvolvimento de uma conceituação cognitiva
  - Identificação de associações entre pensamentos, sentimentos e comportamentos
  - Identificação dos temas subjacentes em sintomas e problemas
  - Compartilhar a formulação e o foco cognitivo com o paciente
- Implementação de técnicas cognitivas e comportamentais para tratar sintomas positivos e negativos
  - Questionamento socrático (técnica de Columbo)
  - Testar/reformular crenças
    - Ponderar as evidências
    - Considerar explicações alternativas
    - Realização de experimentos comportamentais
  - Hierarquia de medos/desconfianças
    - Envolvimento em exposições imaginárias
    - Envolvimento em atividades de exposição *in vivo*
    - Redução de comportamentos de segurança
  - Evocar crenças pessoais (fraco-forte, útil-inútil)
- Implementação de estratégias cognitivas e comportamentais para tratar depressão e ansiedade comórbidas
  - Adaptar estratégias da terapia cognitiva para ansiedade/depressão
  - Testar/reformular avaliações/crenças relacionadas com a ansiedade (perigo e vulnerabilidade) e depressão (inutilidade e desesperança)
  - Fazer exercícios de exposição e criar protocolos de atividades
  - Fazer experimentos comportamentais
  - Fazer retreinamento de relaxamento/exercício/respiração
- Ensinar estratégias de prevenção de recaídas
  - Identificar situações de alto risco
  - Proporcionar treinamento de habilidades
  - Estabelecer plano de ação por etapas para lidar com retrocessos

Obs. Adaptado de Rector e Beck (2002). Copyright 2002 Canadian Psychiatric Association. Adaptado sob permissão.

também possa ser administrada em formato de grupo para grupos com sintomas homogêneos, como pacientes que ouvem vozes. Conforme observado no Quadro 8.2, as sessões individuais da terapia cognitiva envolvem verificar o humor do paciente ao longo da semana anterior e identificar quaisquer dificuldades no uso da medicação. O terapeuta busca manter a continuidade entre as sessões, revisando as áreas importantes abordadas na sessão anterior e buscando atualizações da semana passada. Ele estabelece uma agenda estruturada, incluindo um foco mutuamente priorizado para a sessão (geralmente um problema da lista desenvolvida durante a fase de avaliação). Depois de implementar estratégias cognitivas e comportamentais a ser executadas na sessão, o terapeuta prescreve tarefas de casa para concentrar o paciente no monitoramento e testagem de suas crenças com experimentos comportamentais. Embora o formato da terapia cognitiva para a esquizofrenia seja semelhante ao de outras intervenções da terapia cognitiva, as sessões podem ter menor duração (15 a 45 minutos), ter intervalos, ter tarefas de casa mais focadas e limitadas e proporcionar maior flexibilidade em termos dos objetivos a cada sessão. Pacientes agitados e/ou confusos podem ter várias consultas ao invés de uma sessão comparativamente longa. Certos elementos da sessão de terapia cognitiva exigem comentários adicionais, como o estabelecimento da agenda, a verificação do humor, o ritmo, a prescrição e revisão das tarefas de casa.

Estruturação e ritmo da sessão de terapia

Fazendo a agenda

No tratamento da ansiedade e da depressão, o terapeuta cognitivo geralmente conecta a sessão anterior com a atual e estabelece uma série de objetivos específicos para trabalhar na sessão. Na terapia cognitiva da esquizofrenia, pode ser mais difícil estabelecer objetivos formais para, digamos, reduzir uma crença delirante ou abordar uma interpretação delirante de uma voz.

QUADRO 8.2 Sessão típica de terapia cognitiva (25 a 50 minutos)

- Evocar atualização do humor desde a última sessão
  - Preencher avaliações do humor
  - Verificar adesão à medicação
  - Atualização sobre o uso de outros serviços e o progresso
- Proporcionar ponte com a última sessão
  - Resumir sessão anterior e questões importantes abordadas
  - Identificar pontos possíveis para a agenda da sessão
- Estabelecer agenda estruturada
  - Foco em sintomas de psicose (estratégias cognitivas para delírios)
  - Foco em sintomas comórbidos (desenvolver hierarquia para gatilhos da ansiedade social)
  - Foco em problemas não sintomáticos (lidar com crise de moradia)
  - Prevenção de recaídas (desenvolver lista de recursos)
- Fazer resumo e plano para tarefas de casa
- Fazer resumo e evocar *feedback* do paciente na sessão
- Fazer síntese do plano de tratamento até a próxima sessão (horário de visitas ao ambulatório; encontro com agência de saúde; represcrição de medicamentos)

Obs. Adaptado de Rector e Beck (2002). Copyright 2002 Canadian Psychiatric Association. Adaptado sob permissão.

Ao passo que a agenda pode ser definida e priorizada *explicitamente* com certos pacientes, outros pacientes precisam de uma estruturação mais flexível e implícita da sessão. Ou seja, o formato padronizado de estabelecer uma lista rápida e priorizada de pontos da agenda, com tempo predeterminado para cada tópico, não é adequado para alguns pacientes. Por exemplo, o terapeuta pode ter decidido que o principal objetivo dessa sessão deve ser continuar onde pararam na semana anterior, e examinar as evidências de uma crença delirante central. Porém, se o paciente expressa irritação, agitação ou desinteresse, o terapeuta deve ajustar o foco para entender melhor e trabalhar com esses sentimentos atuais, mesmo que isso leve toda a sessão. Essa modificação não deve ser entendida como uma limitação: se o objetivo principal na terapia cognitiva é ajudar os pacientes a reconhecer que seus pensamentos, avaliações e crenças contribuem para as suas reações emocionais e comportamentais em relação às experiências da sua vida, qualquer sessão que permita uma oportunidade de construir o entendimento e estratégias do modelo cognitivo servirá a esse objetivo.

Verificação do humor

No começo de cada sessão, o terapeuta faz uma verificação do humor da maneira normal, embora, mais uma vez, provavelmente dedique mais tempo para abordar preocupações que tenham surgido ao longo da semana. O terapeuta também está atento a outros aspectos do tratamento que possam impactar os estados do humor do paciente, como a adesão à medicação e o uso de outros serviços de saúde importantes na semana anterior. A verificação do humor pode levar mais tempo na terapia cognitiva da psicose, pois uma parte do monitoramento pode envolver socializar e educar o paciente sobre a natureza dos humores e fatores que causam a sua flutuação. Além disso, se o paciente conseguir relacionar espontaneamente as alterações do humor com o fato de ter sintomas psicóticos, o terapeuta pode usar a oportunidade para aperfeiçoar a agenda para a sessão, retornando ao aspecto da vida do cliente que é uma fonte importante de preocupação.

Ritmo

O terapeuta também apresenta flexibilidade no ritmo da sessão. Particularmente para pacientes com sintomas negativos proeminentes, a terapia cognitiva pode ser um processo relativamente lento. O terapeuta deve prestar atenção na velocidade em que o paciente processa pensamentos e sentimentos e adaptar a sua própria velocidade de acordo com ela. Embora algumas sessões exijam considerável paciência da parte do terapeuta, uma desaceleração adequada servirá para melhorar a aliança. Por exemplo, muitos pacientes com sintomas negativos sentem que seus familiares e cuidadores os estão forçando a aumentar seu nível de atividade. Os pacientes sentem muita pressão por causa dessas demandas, que apenas servem para perpetuar o seu distanciamento, e podem sentir que o terapeuta também é controlador e exigente. O terapeuta que demonstra paciência e controle do ritmo está transmitindo aceitação e empatia para o paciente. Em comparação, o paciente que é extremamente falante e se distrai facilmente, e torna difícil o entendimento de sua fala, pode precisar de mais espaço para continuar com seu ritmo rápido. Todavia, conforme observado na seção anterior, o terapeuta deve interpor questões e resumos esclarecedores para manter a sessão no foco e rumo a algum objetivo clínico. Em suma, o ritmo da sessão é flexível e sempre está voltado para reduzir a perturbação e promover a relação terapêutica.

Definindo e revisando as tarefas de casa

Existe uma variabilidade considerável na quantidade e qualidade das tarefas de casa no tratamento da esquizofrenia com terapia cognitiva, assim como no tratamento de transtornos não psicóticos (Helbig e Fehm, 2004). Fatores comuns que interferem na adesão às tarefas de casa em pacientes com esquizofrenia são a baixa motivação, dificuldade para tomar a iniciativa, e falta de energia. Em uma pesquisa sobre o uso de tarefas de casa com pacientes com esquizofrenia, Deane, Glaser, Oades e Kazantzis (2005) observaram que os cinco principais obstáculos ao cumprimento das tarefas de casa eram: pouca motivação, tomada de decisões ineficiente, retraimento social, distratibilidade e dificuldade para iniciar atividades. Em um estudo que abordou a experiência e a perspectiva dos pacientes sobre as tarefas de casa na terapia cognitiva (Dunn, Morrison e Bentall, 2002), os fatores citados que afetam a adesão às tarefas de casa também incluíram a baixa motivação, protelar a tarefa e falta de esforço. Todavia, a terapia cognitiva pode contribuir para a redução dos sintomas negativos, ajudando os pacientes a aprender a identificar e reduzir os gatilhos para a ativação dos sintomas negativos e/ou desenvolver estratégias para aliviá-los depois que iniciam. Estratégias comuns são o uso de planilhas de atividades, tarefas graduais, treinamento em assertividade e registros de pensamento para abordar as expectativas negativas. Grande parte da evolução na redução dos sintomas negativos se dá por meio da realização de tarefas de casa entre as sessões (ver Capítulo 11).

O princípio básico de que as atividades entre as sessões facilitam a consolidação e a generalização das habilidades praticadas nas sessões é importante para os objetivos fundamentais da terapia cognitiva para a esquizofrenia: normalizar e reduzir os sintomas associados ao estigma, ajudar os pacientes a identificar e reformular crenças delirantes, questionar o conteúdo e as crenças delirantes secundárias relacionadas com as vozes, reduzir as expectativas negativas relacionadas com o envolvimento social e emocional e melhorar o prognóstico funcional.

As estratégias para aumentar a adesão às tarefas de casa são voltadas para o *estágio da prescrição* e o *estágio da revisão*. Com relação ao primeiro, estabeleça metas pequenas e administráveis e investigue as expectativas para o sucesso com a tarefa. Trabalhe com as avaliações e crenças distorcidas sobre a tarefa e busque uma perspectiva que torne a tarefa de casa uma proposição "infalível", na qual a tarefa é *tentar* em vez de conseguir (Tompkins, 2004). No estágio de revisão, é importante certificar-se, primeiro, de que *todas* as tarefas de casa sejam revisadas. Todos os esforços para fazer as tarefas devem ser generosamente recompensados com elogios e apoio. Além disso, as distorções cognitivas devem ser abordadas cuidadosamente durante o estágio de revisão, pois muitos pacientes tendem a minimizar seus esforços, realizações e prazer com a tarefa (Rector et al., 2005). Finalmente, como é importante que os pacientes não sintam pressão pelo desempenho em seu tratamento, o terapeuta também deve ser flexível e nunca fazê-los se sentir pressionados em relação às tarefas de casa.

Também existem fatores mais específicos do transtorno que podem reduzir a adesão às tarefas de casa: comprometimentos cognitivos que levam à atenção diminuída, poucas ou nenhuma estratégia organizacional e memória pobre (Nuechterlein e Dawson, 1984). Um estudo de Dunn e colaboradores (2002) observou que problemas com o funcionamento cognitivo e pouco *insight* podem tornar difícil para os pacientes recordarem corretamente, executarem e depois lembrarem dos resultados das tarefas de casa. Para aumentar a adesão frente a essas limitações reais, os terapeutas podem (1) dar instruções claras de como realizar a tarefa em questão, verificando com o paciente se ele entendeu a tarefa determinada para garantir que a realize; (2) fornecer ao paciente resumos por escrito ou gravados das instruções da tarefa; (3) explicar quando e onde a tarefa deve ser feita; (4) dar dicas de lembretes (em *post-it* autocolantes) a ser colocados na residência do paciente; (5) limitar a prescrição de tarefas que necessitem que o paciente escreva; e (6) quando possível, envolver outros cuidadores na realização da tarefa (Rector, 2007).

RESUMO

A base da terapia cognitiva efetiva da esquizofrenia é o desenvolvimento de uma relação terapêutica mutuamente respeitosa, confiante e sem julgamentos. Em vez de ser uma variável estática, a relação terapêutica exige atenção e promoção a cada sessão. Os obstáculos ao engajamento são semelhantes àqueles que costumam ser observados na terapia cognitiva de outros transtornos. Todavia, neste capítulo, citamos diversos obstáculos específicos do transtorno, que podem ser identificados e reduzidos. De um modo mais geral, discutimos possíveis modificações na definição da agenda, no ritmo das sessões e na prescrição e revisão das tarefas de casa, que podem melhorar a relação terapêutica e promover o engajamento.

9

Avaliação e Terapia Cognitivas para Delírios

Apesar da rigidez óbvia das crenças delirantes, atualmente existe uma ampla variedade de estratégias da terapia cognitiva que ajudam os pacientes a reduzir as suas interpretações delirantes e distorcidas e o estresse que as acompanha. Neste capítulo, descrevemos a avaliação e o tratamento dos delírios com base em evidências científicas. Conforme discutido no Capítulo 3, a base cognitiva para o desenvolvimento de crenças delirantes na idade adulta geralmente ocorre no período da adolescência. O conteúdo delirante das crenças costuma ser uma extensão de crenças anteriores ao início do delírio. Uma vez iniciadas, as distorções cognitivas, o pensamento categórico, o raciocínio emocional e somático e vieses do processamento de informações, como "tirar conclusões precipitadas" e não testar a realidade, servem para consolidar as crenças delirantes e atrapalhar as oportunidades de desconfirmação (Garety, Hemsley e Wessely, 1991). Além disso, as respostas comportamentais motivadas pelas crenças delirantes, como evitação, retraimento e outros comportamentos de segurança, contribuem significativamente para a perturbação e a manutenção dos delírios.

A terapia cognitiva dos delírios baseia-se nessa formulação cognitiva específica e concentra-se inicialmente em entender (1) fatores antecedentes no desenvolvimento das crenças, (2) evidências percebidas em favor das crenças, (3) interpretações errôneas e imediatas de acontecimentos cotidianos que contribuem para novas fontes de evidências percebidas e (4) perturbação momentânea. O tratamento também aborda os esquemas cognitivos não delirantes subjacentes que tornam o paciente vulnerável a recaídas e à recorrência das crenças delirantes. Além disso, o tratamento visa reduzir as respostas comportamentais desadaptativas, como o isolamento, evitação, busca de reasseguramento e outros comportamentos de segurança. Coletivamente, as estratégias de tratamento visam reduzir a rigidez delirante, a preocupação e a perturbação, ao mesmo tempo que ajudam o paciente a alcançar um funcionamento melhor.

Antes de intervir nas crenças delirantes, é importante fazer uma avaliação abrangente, identificando quando as crenças emergiram, as evidências críticas que parecem sustentar as crenças delirantes, e evidências que antes eram consideradas favoráveis, mas que foram rejeitadas. O impacto atual dos delírios no funcionamento do paciente pode ser avaliado formalmente com medidas padronizadas e realizando-se uma avaliação funcional. Como na terapia cognitiva de outras dificuldades emocionais, o terapeuta visa avaliar as contribuições evolutivas, incluindo experiências do início da vida e vulnerabilidades distais, que ocorreram antes do início do delírio.

Como se acredita que as crenças delirantes emergem a partir de crenças nucleares pessoais não delirantes, discutimos, a seguir, como o desenvolvimento da conceituação de caso pode reduzir o estigma de ter crenças inusitadas, promover o *insight* e facilitar mudanças nas crenças. Uma síntese da abordagem de tratamento para os delírios pode ser encontrada no Quadro 9.1.

AVALIAÇÃO

Avaliação de sintomas/cognições

A avaliação dos delírios ocorre durante as primeiras sessões de terapia, com o terapeuta usando descoberta guiada não diretiva para evocar informações sobre os problemas atuais. Alguns pacientes discutem a terapia cognitiva com seu terapeuta e che-

QUADRO 9.1 Avaliação e terapia cognitivas para delírios

Avaliação

- Avaliação de sintomas/cognições
  - Identificar o foco delirante
  - Avaliar distorções cognitivas
  - Analisar respostas emocionais e comportamentais a interpretações delirantes
  - Averiguar as evidências básicas usadas para comprovar os delírios
  - Avaliar esquemas cognitivos subjacentes às crenças e interpretações delirantes
- Avaliação funcional
  - Identificar gatilhos de delírios
  - Investigar avaliações delirantes específicas
  - Investigar respostas emocionais e comportamentais a avaliações delirantes
- Conceituação do caso
  - Sintetizar fatores distais e proximais que contribuem para o desenvolvimento e persistência atual dos delírios:
    - Fatores de predisposição
    - Fatores de precipitação
    - Fatores de perpetuação
    - Fatores de proteção

Tratamento

- Psicoeducação e normalização
  - Compartilhar a conceituação cognitiva das dificuldades atuais
  - Normalizar crenças delirantes
- Familiarizar o paciente ao modelo cognitivo
  - Desenvolver consciência da interação entre pensamentos, sentimentos e comportamentos relacionados com as interpretações delirantes
  - Testar e corrigir interpretações delirantes
- Aplicar abordagens cognitivas e comportamentais
  - Estratégias para questionar as evidências em favor das crenças delirantes
  - Construir crenças alternativas
  - Focar crenças nucleares não delirantes
  - Consolidar crenças alternativas
  - Usar experimentos comportamentais

gam na primeira sessão dispostos e prontos para abordar seus problemas mais difíceis, incluindo os delírios. Todavia, muitos pacientes chegam sem uma compreensão clara da razão para terem sido encaminhados e/ou apresentam delírios muito perturbadores e *insight* mínimo. Não é costumeiro começar discutindo os delírios, a menos que o paciente levante esse foco. Como a relação terapêutica é central para o sucesso do tratamento dos delírios, o terapeuta deve esperar para intervir diretamente neles até que tenha feito uma avaliação detalhada e estabelecido uma aliança terapêutica forte (Rector et al., 2002). O terapeuta começa a fase de avaliação ouvindo o paciente descrever as suas circunstâncias, dificuldades atuais e problemas sintomáticos, e identificando as áreas que pareçam evocar mais perturbação e as avaliações do paciente. O terapeuta tenta transmitir um tom imparcial de abertura, aceitação e curiosidade sobre o que o paciente está passando. Conforme observado no Capítulo 8, o principal objetivo durante as primeiras sessões de terapia é construir *rapport* e confiança com o paciente e identificar áreas de perturbação e problemas (Kingdon e Turkington, 1994).

O terapeuta também apresenta o modelo cognitivo ao paciente, enfatizando a relação entre os pensamentos, sentimentos e comportamentos em resposta a experiências e problemas, tanto externos quanto internos. Por exemplo, um paciente chegou para o tratamento com uma crença delirante de perseguição que tinha havia três anos, mas, nas primeiras sessões do tratamento, mostrou-se mais interessado em discutir seus problemas de moradia. Ele estava compartilhando uma residência e se incomodava seguidamente com a música alta e visitantes que não eram convidados. O terapeuta usou esse foco como oportunidade para entender melhor quais aspectos dessas experiências eram problemáticos para ele e para começar a identificar as suas avaliações, crenças e respostas comportamentais a esses problemas. O terapeuta mostrou empatia e afeto e validou a "frustração" que o paciente sentia durante esses momentos, além da "irritação" que o "desrespeito" das pessoas por ele provocava. Esse tópico também proporcionou uma oportunidade para o paciente e o terapeuta trabalharem juntos a solução de problemas, desenvolvendo opções para tentar em casa: para reduzir o barulho, as alternativas foram usar tampões nos ouvidos, pedir para abaixarem o volume da televisão antes de ficar com raiva, e, em relação aos visitantes, a opção foi desenvolver um horário para visitas e afixá-lo na cozinha. À medida que a confiança aumenta, o terapeuta pode passar para um foco maior nas crenças delirantes. Por exemplo, com esse paciente, o terapeuta conseguiu retornar ao tema de ser "desrespeitado" pelos outros como uma porta de entrada nas crenças delirantes mais pronunciadas.

Identificando o foco delirante

Existem muitas vias para discutir as crenças delirantes. Alguns pacientes querem discutir suas crenças delirantes desde o começo, ao passo que outros relutam. Em nossa experiência, consideramos mais efetivo permitir que os pacientes discutam os problemas de suas vidas amplamente, deixando que as crenças delirantes surjam durante a discussão aberta. Se o paciente tiver várias crenças delirantes, é provável que ele tangencie para discutir a crença que mais o perturba. Todavia, se houver crenças múltiplas e o terapeuta estiver em condição de escolher onde se concentrar, é melhor começar com as crenças delirantes mais periféricas, em vez das mais fortes. Por exemplo, uma paciente em terapia cognitiva tinha a crença de que certos períodos de tempo lhe eram "roubados", além de um delírio de Capgras de que sua mãe e pai eram impostores (American Psychiatric Association, 2000). A primeira crença era menos ameaçadora do que a segunda para ela, de modo que o tratamento se focou inicialmente na primeira.

Embora questões mais formais relacionadas com o conteúdo, duração e perturbação associada aos delírios possam ter sido abordadas com protocolos de entrevista psiquiátrica que proporcionam a oportunidade de avaliar a presença, gravidade, perturbação e impacto sobre a qualidade de vida, as primeiras sessões de terapia concentram-se em uma avaliação mais aprofundada de crenças delirantes passadas e atuais, particularmente se forem identificadas como um objetivo primário na lista de problemas. A meta é coletar informações suficientes para entender quando os delírios emergiram, o nível em que se tornaram elaborados com base em experiências negativas e preocupações e/ou medos anteriores ao início dos delírios.

Em alguns casos, é mais fácil começar discutindo as crenças delirantes mais imediatas e depois voltar no tempo para estabelecer as informações que foram usadas para fundamentá-las. Em outros casos, talvez seja mais fácil começar com uma discussão dos acontecimentos que precederam o início da doença e depois concentrar-se no período em que os problemas começaram. Independente do ponto de partida específico, é importante coletar o maior número possível de informações para completar a conceituação cognitiva. Devem-se fazer perguntas gerais, por exemplo, "quando você começou a ter dificuldades?" ou "você mencionou que estava no hospital em (data). Que tipo de problemas você estava tendo na época?". Dependendo do grau de abertura do paciente, questões mais específicas geralmente evocam informações mais detalhadas sobre as crenças delirantes. Por exemplo, "quando foi a primeira vez que você notou que tinha a capacidade de acabar com o mundo?". O terapeuta age cuidadosamente para identificar os períodos em que o paciente considera difícil lembrar memórias específicas. Quando isso ocorre, é melhor voltar a fazer perguntas mais gerais sobre coisas que estavam acontecendo na época de maior perturbação emocional.

Também é importante entender os aspectos conceituais relacionados com o desenvolvimento das crenças delirantes. Os delírios se desenvolvem lentamente com o tempo para muitos pacientes e, muitas vezes, é difícil identificar incidentes críticos que estejam relacionados com os temas dos delírios. Nesse caso, as questões podem enfocar "o que estava acontecendo na época da sua vida em que começou a sentir [medo, confusão, raiva, etc.]?" ou "aconteceu alguma coisa que o convenceu realmente de que [por exemplo, tinha o poder de acabar com o mundo?"]. Alguns pacientes, como no exemplo a seguir, conseguem se lembrar de acontecimentos vívidos que representam gatilhos proximais da emergência de seus delírios:

TERAPEUTA: Dna. Mary, quando a senhora começou a notar que as coisas estavam mudando para a senhora?

PACIENTE: Perdi a paz no dia do primeiro aniversário do 11 de setembro.

TERAPEUTA: Fale-me mais sobre por que perdeu a paz naquele dia.

PACIENTE: Eu vi a onda.

TERAPEUTA: Que onda a senhora viu, Dna. Mary?

PACIENTE: Eu vinha trabalhando há três dias no computador, sem uma hora de sono, e comecei a enxergar padrões no trabalho, que refletiam uma onda perfeita.

TERAPEUTA: E qual é a importância da onda perfeita?

PACIENTE: Fiquei apavorada. Eu sabia que era um sinal de que tudo iria ruir.

TERAPEUTA: A senhora quer dizer que descobriu uma pista de que a bolsa de valores iria ruir?

PACIENTE: Não, era muito maior que isso. Era uma mensagem para mim, de que o mundo acabaria.

TERAPEUTA: Entendo, então o padrão no seu trabalho, a onda perfeita, era um sinal para a senhora se preparar para o fim do mundo? A senhora tinha ideia de quem estava lhe enviando esse sinal?

PACIENTE: O diabo vinha me tentando há dias. Ele me enviava mensagens, mas eu conseguia ignorá-las. Para qualquer lugar que olhasse, havia sinais – o computador piscando, o cachorro latindo, no rádio, sentia frio e calor ...

TERAPEUTA: Então a onda perfeita pareceu o grande e último sinal, mesmo que tivesse havido sinais menores naqueles dias ... É isso?

PACIENTE: Havia uma batalha entre o bem e o mal, e o diabo estava me dizendo que o mal venceria e que o mundo acabaria. Liguei a televisão e o diabo estava na tela, rindo de mim – foi horrível.

Por volta de três dias depois, a sra. Mary conseguiu identificar com facilidade a ativação aguda de seu delírio paranoide religioso. Buscaram-se outras informações sobre a natureza das suas crenças em relação à razão para a batalha entre o bem e o mal, além dos sinais específicos (cães latindo significavam que a força do mal estava na casa).

Depois de identificado o período específico do início, o terapeuta volta no tempo para obter mais informações – crenças importantes, posturas, medos, etc. – sobre a fase pré-mórbida, bem como outros acontecimentos importantes na vida da paciente. O terapeuta também tenta seguir a crença delirante no tempo, coletando informações desde quando ela se desenvolveu e que possam prover evidências para seu fundamento.

Distorções cognitivas

O terapeuta avalia a presença, variedade e frequência das distorções cognitivas gerais relevantes para a interpretação incorreta dos acontecimentos atuais e de situações delicadas específicas que levem à interpretação incorreta e a supostas provas das crenças delirantes. Essas distorções cognitivas, como o pensamento do tipo tudo ou nada, abstração seletiva e catastrofização são tão importantes para a interpretação errônea dos fatos quanto para a experiência de outras dificuldades emocionais. Além disso, conforme discutido no Capítulo 3, certas distorções cognitivas são mais características de interpretações delirantes, em particular. Os terapeutas buscam identificar as interpretações específicas que refletem distorções cognitivas internalizantes, externalizantes e egocêntricas. Embora grande parte da terapia vise identificar, questionar e tentar reduzir as distorções cognitivas que alimentam estimativas exageradas da probabilidade percebida de que uma interpretação delirante esteja certa, também é importante que o terapeuta aborde as distorções cognitivas relacionadas com as *consequências* percebidas dos delírios. Com um paciente com ansiedade generalizada, por exemplo, pode ser rotina identificar as consequências, perguntando coisas como "o que seria ruim se você, de fato, perdesse o emprego?". No caso de um paciente delirante que acredita que está sendo perseguido pela gangue de motoqueiros Hells Angels, o terapeuta não faria a pergunta relacionada "o que seria ruim em ser perseguido pelos Hells Angels?", pois pareceria estar concordando com a interpretação delirante original e sugerindo que, de fato, acredita que o paciente está sendo perseguido pelos Hells Angels. Ao contrário, a estratégia alternativa é evocar as consequências negativas percebidas, propondo a noção inversa: "se, por acaso, você notasse que os Hells Angels *não* estão lhe perseguindo, de que maneiras as coisas mudariam?". A resposta poderia levar à identificação das consequências negativas atuais que poderiam melhorar – por exemplo, "então, eu poderia sair de casa e passear com o cachorro, fazer compras, comer fora de novo, e aproveitar a minha vida fora da casa" – e esse se tornaria o foco do tratamento.

Uma paciente com um histórico de 20 anos de delírios paranoides acreditava que pessoas em seu departamento estavam conspirando para tirá-la do seu trabalho. Quando suas interpretações delirantes começaram, ela acreditava 100% nelas e, entre as consequências, já havia duas tentativas de suicídio passivo e uma mais séria desde o início da psicose. No tratamento, ela conseguia identificar e reduzir suas interpretações delirantes em situações relacionadas com o trabalho, tornando-se ciente das distorções cognitivas ligadas a suas conclusões precipitadas, o pensamento tudo ou nada, e assim por diante. Além disso, o terapeuta conseguia manter o foco na percepção das consequências dos delírios, analisando as consequências catastróficas com a técnica da seta descendente. A paciente temia que suas colegas a desrespeitassem e que estivessem reunindo informações a seu respeito e agindo junto ao chefe de departamento para removê-la. Em um nível, ela se preocupava em "cair em desgraça". Todavia, a consequência que mais temia era perder sua sala se fosse tirada do departamento onde trabalhava. E, se perdesse a sala, ela não teria para onde ir e ninguém para ver. E, se ficasse isolada, ficaria deprimida e, ao final, "louca". E, se ficasse "louca", ela se mataria. A abordagem do terapeuta era não se concentrar em descatastrofizar as interpretações delirantes a cada momento ("qual é a pior coisa em suas colegas não respeitarem o seu trabalho?"). Pelo contrário, o terapeuta trabalhava com as consequências catastróficas de (1) perder o escritório, (2) não ter para onde ir e ninguém para ver, (3) ficar isolada e deprimida, (4) enlouquecer e (5) se matar. A cada etapa, o terapeuta tenta encontrar perspectivas alternativas e estratégias de enfrentamento. As consequências percebidas para essa paciente eram independentes do "valor verdadeiro" das suas crenças. O terapeuta conseguiu enfraquecer as consequências catastróficas percebidas, desviando-as do delírio, simplesmente confirmando que ela teria os mesmos medos se o departamento fechasse por cortes orçamentários.

Desse modo, o terapeuta abordou as consequências percebidas da seguinte maneira: discutiu com a paciente o que ela deveria fazer se perdesse a sala (conseguir outra sala no *campus*, estabelecer-se em uma mesa na biblioteca da faculdade). Juntos, listaram as conexões sociais que ela tinha fora do trabalho (a paciente tinha amigos que via pelo menos uma vez por mês, sentava no mesmo lugar na cafeteria com o jornal todos os dias e várias pessoas passavam para vê-la, ia à biblioteca rotineiramente, e pensava em fazer trabalho voluntário). Para descatastrofizar essa consequência percebida, o terapeuta ensinou estratégias de prevenção de recaída (identificar os gatilhos, desenvolver um plano de ação, identificar os momentos em que estava triste, mas não tentou cometer suicídio, identificar momentos em que estava triste, mas a intensidade delirante não se intensificou, e chamar a atenção para as evidências alternativas de que ela havia lidado bem com algumas dessas experiências e sem tentativas de suicídio por cinco anos). O terapeuta também discutiu a disponibilidade de novos recursos que a paciente não tinha no passado, mas que tinha agora – ou seja, uma equipe de profissionais de saúde mental que cuidavam dela e a apoiavam. Com o tempo, a paciente conseguiu reduzir suas interpretações delirantes após gatilhos situacionais, identificando distorções (conclusões precipitadas) e considerando explicações alternativas. E começou a tratar seu trabalho sem acreditar que "estava marcada" a cada dia.

Respostas emocionais e comportamentais a interpretações delirantes

A avaliação também analisa as consequências emocionais (medo) e comportamentais (evitação, comportamentos de segurança) específicas criadas pela ativação do delírio. As diversas estratégias que os pacientes usam para enfrentar o medo, embaraço, raiva, tristeza, etc., que as crenças delirantes criam muitas vezes servem para impedir o *feedback* corretivo. Assim como os pacientes com ansiedade evitam situações que desencadeiem medo, os pacientes com delírios evitam situações "quentes" que tenham probabilidade de provocar seus medos. Indivíduos com medo de perseguição evitam situações em que esperam ser depreciados ou agredidos, ao passo que pacientes com delírios religiosos podem fugir de situações que considerem imorais: por exemplo, uma conversa que contenha referências explícitas ao ato sexual. Os pacientes com delírios também apresentam evitações sutis ou estratégias semelhantes às observadas em pacientes com transtornos da ansiedade. Por exemplo, um paciente se recusou a retirar uma faixa da cabeça, porque acreditava que ela era responsável por segurar a sua cabeça. Mary, descrita anteriormente, tinha o comportamento excessivo e repetitivo de conferir as tendências da bolsa de valores na internet, a ponto de não conseguir lembrar o que realmente via.

A coleta de informações relacionadas com as crenças delirantes está entremeada no processo de envolvimento, com ênfase no questionamento gentil e prestando atenção e equilibrando o foco em áreas que pareçam evocar mais ou menos emoções. Muitas vezes, pacientes são encaminhados a um terapeuta cognitivo com o objetivo explícito de ajudá-los a abordar suas crenças delirantes. O terapeuta pode já saber, antes de começar a fase de avaliação, quais são os pontos quentes para o paciente – tópicos que, quando abordados, trazem o risco de evocar agitação e outros afetos negativos na sessão. De um modo geral, independentemente de quanto se sabe sobre o paciente antes de começar o tratamento, é importante que o terapeuta não force demais em busca de detalhes relacionados com as crenças delirantes, e se prepare para recuar e considerar outras áreas de foco, dependendo de sinais explícitos ou implícitos de agitação, perturbação, etc., na entrevista. O conteúdo específico das crenças delirantes pode corresponder a estados emocionais que o paciente possa sentir na sessão. Por exemplo, um paciente paranoide pode ter um risco comparativamente maior de ficar agitado, incomodado e defensivo, ao passo que um paciente com delírios religiosos pode sentir mais tristeza e culpa durante o questionamento. Uma compreensão precoce do significado associado às crenças delirantes pode alertar o terapeuta para prováveis pontos quentes que possam ocorrer durante as primeiras sessões.

É importante que o terapeuta evite usar rótulos como *delírios* ou *sintomas da esquizofrenia* ao discutir as crenças do paciente. Uma alternativa mais normalizante é referir-se às crenças delirantes simplesmente como *crenças* ou *ideias*, e coisas do gênero. Conforme detalhado por outros autores (Chadwick et al., 1996; Kingdon e Turkington, 2005; Nelson, 2005), a avaliação ocorre tentando-se assumir a perspectiva do paciente, o que leva a uma curiosidade natural sobre a experiência do paciente. Todavia, talvez seja mais difícil sentir empatia por alguns pacientes, devido à natureza inusitada ou bizarra das suas crenças ou outros aspectos do seu quadro. O problema de sentir empatia para com um paciente que apresenta uma crença bizarra, potencialmente ofensiva (p. ex., antissemita) ou totalmente errada, foi adequadamente denominado de "efeito da empatia efêmera", e exige especial atenção da parte do terapeuta para ser superado (Nelson, 2005). O objetivo é manter o foco em como deve ser para o paciente ter essas crenças e sofrer suas repercussões emocionais e comportamentais.

Averiguando as evidências básicas usadas para comprovar os delírios

À medida que o processo de avaliação avança, o terapeuta identifica a variedade de crenças delirantes atuais, bem como crenças delirantes passadas que o paciente não tenha mais. O terapeuta também tenta entender a inter-relação entre as crenças. Para cada crença, identifica quando se originou, quais eram as características do contexto quando ela se originou e o impacto imediato que ela tem na vida do paciente. Além disso, são avaliados acontecimentos e experiências que são entendidos como evidências em favor das crenças delirantes. Da mesma forma, é importante que o terapeuta obtenha avaliações da convicção para cada crença, e o nível em que cada evidência corrobora o delírio, de forma direta ou indireta. Alguns pacientes conseguem articular claramente a natureza das suas crenças e situações críticas distintas que acreditam proporcionar confirmação de suas ideias delirantes, ao passo que outros são menos capazes de fazer isso. Se o paciente demonstra ter dificuldade para recordar informações ou parece ter dificuldade para discutir os delírios, é importante ter cautela.

De maneira semelhante, não é produtivo concordar com as crenças delirantes do paciente para reduzir o estresse imediato. Quando o paciente pergunta diretamente ao terapeuta se suas crenças estão corretas ou não, ele geralmente está tentando ser entendido, mais do que estar "certo" (Chadwick et al., 1996, p. 54). Quando o terapeuta identifica a base atual e histórica das crenças delirantes, a avaliação avança para as interpretações delirantes dos acontecimentos cotidianos.

Avaliando crenças subjacentes a interpretações e crenças delirantes

Além de avaliar a convicção e globalidade das crenças delirantes e os pensamentos automáticos negativos delirantes, é essencial que o terapeuta identifique as crenças subjacentes relacionadas com o *self* e o outro, que abrem caminho para os temas das crenças delirantes. O conteúdo aparentemente bizarro dos delírios pode se tornar mais compreensível quando entendido dentro do contexto interpessoal da vida da pessoa. Os delírios parecem basear-se em uma organização de esquemas cognitivos delirantes que são formados gradualmente ao longo do tempo, começando na adolescência ou mesmo antes em alguns casos.

A compreensão das posturas e crenças disfuncionais do paciente proporciona pistas diretas para a formação e o conteúdo dos delírios. Por exemplo, observamos que delírios grandiosos podem se desenvolver como compensação para uma sensação subjacente de solidão, inutilidade ou impotência. Muitos dos pacientes com delírios grandiosos tiveram crises na vida caracterizadas por uma sensação de fracasso ou inutilidade e, posteriormente, começaram a pensar em si mesmos como indivíduos famosos, divinos ou todo-poderosos. Conforme já discutido (Capítulo 3), os antecedentes proximais de um delírio paranoide, por outro lado, podem incluir o medo de retaliação por ter feito algo que ofendeu outra pessoa ou grupo (Beck e Rector, 2002).

As crenças nucleares por trás dos delírios podem ser avaliadas diretamente durante a fase de avaliação clínica, usando o método da seta descendente, que pode revelar a extensão contínua de temas de crenças nucleares embutidos nas crenças delirantes ou, de maneira alternativa, mostrar como a crença delirante representa uma reação defensiva a um autoconceito de desvalorização, conforme revela o seguinte trecho:

TERAPEUTA: Dna. Susan, a senhora pode imaginar por um momento que não é uma poetisa laureada. Se, por acaso, isso fosse verdade – como se sentiria?

PACIENTE: Eu me sentiria vazia ... eu não teria honrado o nome da minha família.

TERAPEUTA: Ok, e se, por acaso, isso fosse verdade, diria alguma coisa para a senhora?

PACIENTE: Que eu não ganharia o selo de aprovação.

TERAPEUTA: E se não ganhar a aprovação dos outros, o que isso diria ao seu respeito?

PACIENTE: Que eu não valho nada.

Conforme discutido mais adiante neste capítulo, o tratamento de crenças delirantes também acarreta abordar diretamente as crenças nucleares não delirantes, de modo que é importante, durante a fase de avaliação, coletar informações e formular a natureza das crenças nucleares do paciente. Em pesquisas anteriores, observamos que grandes preocupações interpessoais (sociotrópicas), avaliadas pela Disfunctional Attitude Scale (DAS), tendem a estar associadas especialmente a maior desconfiança e delírios paranoides (Rector, 2004). Recomendamos que a avaliação clínica seja complementada com a administração da DAS (ou um instrumento afim) para identificar o papel das posturas e crenças disfuncionais no desenvolvimento e persistência das crenças delirantes.

Realizando uma avaliação funcional

A avaliação funcional permite uma análise mais detalhada de quais situações desencadeiam diferentes interpretações delirantes e quais fatores são centrais à manutenção e à perturbação causada pelas crenças delirantes, como distorções cognitivas, vigilância da atenção e respostas comportamentais voltadas para a evitação e o retraimento, ou comportamentos confrontacionais. Deve-se observar que, embora talvez menos comum que os comportamentos de evitação e de segurança, um número significativo de pacientes também apresenta comportamentos de tranquilização e estratégias de neutralização. Por exemplo, um paciente que tinha delírios de roubo de pensamentos acreditava que outras pessoas poderiam "roubar" a sua capacidade de sentir prazer. Quando passava por um estranho na rua e lhe ocorria que a pessoa poderia estar tentando "roubar" o seu prazer, ele neutralizava a probabilidade disso acontecer, dizendo que "amava música e cinema". Anunciando seus prazeres para a pessoa, ele acreditava que poderia impedir que ela tirasse o seu prazer.

Identificando gatilhos delirantes

As crenças delirantes costumam variar na intensidade e nível de perturbação, dependendo da presença ou ausência de diferentes gatilhos. Por exemplo, o paciente paranoide pode estar sempre apreensivo e desconfiado dos outros, embora apenas contextos específicos (certas pessoas, multidões, estar no trabalho ou em casa) desencadeiem interpretações delirantes e perturbação substancial. Durante a fase de avaliação da terapia cognitiva, o terapeuta evoca situações que foram interpretadas recentemente como favoráveis à crença delirante. É mais fácil concentrar-se em gatilhos da semana passada, embora, às vezes, os pacientes sejam mais capazes de discutir um acontecimento emocionalmente preponderante do passado recente. Como na avaliação funcional de outros problemas, o objetivo é identificar os gatilhos situacionais para a perturbação emocional sentida (tristeza, raiva, ansiedade). Se o paciente considera difícil identificar situações distintas que levam a interpretações delirantes, pode ser melhor, nas primeiras sessões, concentrar-se em educar o paciente sobre as diferentes emoções, ensinando-o a monitorar seu humor diariamente. O foco é entender as avaliações do paciente sobre os acontecimentos e experiências. Na terapia cognitiva dos transtornos emocionais, o objetivo seria identificar pensamentos automáticos negativos. De maneira semelhante, na avaliação dos delírios, o terapeuta tenta identificar pensamentos automáticos delirantes, interpretações incorretas e distorções das experiências atuais causadas pela presença de crenças delirantes. É importante preencher um registro de pensamentos disfuncionais na sessão, relacionado com antecedentes específicos da ativação do delírio (coletar informações sobre a natureza da situação, os humores do paciente e os pensamentos automáticos [delirantes]). Não é comum identificar crenças ou interpretações delirantes dessa forma, podendo-se referir aos pensamentos automáticos delirantes simplesmente como "pensamentos sobre a situação" ou "interpretações da situação" e registrá-los da maneira normal.

A avaliação funcional proporciona a oportunidade de coletar informações detalhadas sobre os aspectos idiossincráticos dos gatilhos situacionais, interpretações delirantes, respostas emocionais e comportamentais e comprometimentos funcionais criados pelos delírios.

Desenvolvendo a conceituação do caso

A conceituação cognitiva proporciona um modelo para entender como fatores do passado e do presente contribuem para o desenvolvimento e a persistência dos delírios do paciente. Como a organização de esquemas cognitivos disfuncionais tem raízes no começo da vida (na adolescência ou talvez antes), é importante avaliar experiências distais da vida durante essa época, que foram instrumentais para moldar a organização cognitiva da pessoa. A conceituação do caso deve levar às primeiras hipóteses sobre o papel de fatores ambientais distais que contribuem para a ativação do delírio, o conteúdo embutido nos delírios, bem como as situações, experiências e acontecimentos (internos e externos) característicos que provavelmente terão importância pessoal.

Veja, por exemplo, a conceituação dos delírios religiosos, grandiosos e persecutórios de uma paciente. Conforme detalhado em outro texto (Rector, 2007), Elizabeth era uma mulher solteira de 35 anos, que vivia sozinha em uma grande cidade. Dez anos antes, teve seu primeiro episódio psicótico, no qual ouviu vozes delirantes que falavam de temas religiosos, grandiosos e persecutórios. Os problemas psiquiátricos anteriores de Elizabeth eram sintomas positivos de psicose e dois episódios depressivos maiores. Antes de ser encaminhada, fazia tratamento com reuniões semanais com uma enfermeira clínica e tratamento-dia especializados, que frequentava de forma irregular.

Elizabeth havia tido considerável exposição a temas religiosos durante a sua criação, pois seus pais eram católicos praticantes. Ainda assim, desde muito cedo, havia apresentado resistência à sua religião. Por exemplo, em uma das primeiras sessões, Elizabeth lembrou-se de "fingir" rezar quando era criança, enquanto, de fato, tinha pensamentos profanos intencionais, incluindo "rezar para o diabo" como forma de rebeldia. Ela também explicou que, quando tinha 20 e poucos anos, passou por um período de rebeldia extrema contra a religião, durante o qual foi muito promíscua, e isso a fez sentir muita vergonha mais adiante em sua vida. Preocupava-se com a ideia de que havia "pecado" e que iria para o "inferno" por seu comportamento.

Mais perto do início da psicose, ela contou sobre o período de promiscuidade para seu namorado, que a chamou de "vagabunda" e rompeu o relacionamento. Ela teve um intenso espiral descendente de ruminações sobre os acontecimentos do passado, e começou a se enxergar como "má" e "ruim". Logo depois disso, Elizabeth começou a ouvir uma voz que a chamava de "vagabunda", que percebia ser a do namorado. Ela também ouvia uma voz que dizia "sei quem você realmente é", que interpretou como o diabo interceptando suas orações. Começou a acreditar que estava "possuída" e que era um "anjo caído", destinado a prejudicar as outras pessoas. Ela foi hospitalizada depois de aparecer em um lugar lotado de pessoas, onde incitou todos ao seu redor a se "salvarem". No primeiro encontro, mostrou crer que era um "anjo caído" (nível de crença: 100%) e que o "diabo estava me usando para prejudicar os outros" (nível de crença: 80%).

A estrutura religiosa dos delírios formou-se no ambiente em que Elizabeth cresceu. Depois das formulações anteriores de crenças grandiosas (Beck e Rector, 2002, 2005), o terapeuta levantou a hipótese de que a natureza grandiosa de seu sistema delirante funcionava para compensar a sua percepção de má, inútil e impotente.

A fase de avaliação proporciona a oportunidade de consolidar a relação terapêutica e de coletar diferentes fontes de informações para fazer uma conceituação de caso inicial, com a compreensão de quando as crenças delirantes surgiram, evidências passadas usadas em favor das crenças delirantes e as atuais fontes de interpretações errôneas que perpetuam a perturbação situacional e contribuem para a intensificação das crenças delirantes.

Também é importante ter uma compreensão dos fatores mais amplos que influenciam a vulnerabilidade e manutenção da psicose, incluindo os *fatores de predisposição* (histórico familiar de esquizofrenia, morar na rua por muito tempo, crenças esquizotípicas), *fatores de precipitação* (acontecimentos traumáticos, rejeição interpessoal, fracassos) e *fatores de perpetuação* (muita emoção expressada no ambiente doméstico, isolamento). Finalmente, além de detalhar os aspectos da vulnerabilidade e manutenção, é importante observar os pontos fortes ou *fatores de proteção* que podem ser mobilizados na terapia (a presença de relacionamentos positivos, habilidades e interesses) (Kingdon e Turkington, 2005).

O aspecto final da fase de avaliação é concordar com os objetivos prioritários do tratamento. Os pacientes apresentam graus variados de *insight* sobre suas crenças delirantes. Antes de começar a abordar diretamente as crenças delirantes a mudar na terapia, é essencial que os pacientes (1) reconheçam que suas interpretações delirantes contribuem para a perturbação e/ou comprometimento em suas vidas, ou pelo menos que o tema dos delírios é pertinente às dificuldades atuais em sua vida, e (2) estejam abertos para explorar as possibilidades de se sentir melhor, ou aprender a lidar melhor com suas crenças. Em casos em que os temas delirantes se concentram em temas de perseguição ou religiosos, a perturbação associada é clara, pelo menos para o terapeuta. Todavia, conforme apresentado no Capítulo 3, os delírios grandiosos podem servir para proteger a autoestima vulnerável, podendo promover uma sensação de bem-estar (Beck e Rector, 2002). Na terapia cognitiva, o objetivo não é reduzir as crenças de grandiosidade, mas revelar as crenças nucleares negativas subjacentes, em relação às quais a crença de grandiosidade serve como proteção.

TRATAMENTO

O tratamento dos delírios com terapia cognitiva concentra-se em reduzir a convicção, a globalidade e a perturbação associadas a crenças que causam sofrimento pessoal e comprometimento funcional. Com pacientes que apresentam crenças delirantes múltiplas com níveis variados de perturbação, é comum começar com crenças mais fracas antes de se concentrar naquelas mais centrais e mais firmes. Todavia, em muitos casos, a fase de avaliação terá identificado quais são as crenças delirantes importantes, e talvez o paciente deseje claramente se concentrar em uma crença delirante específica que, de fato, pode ser a mais central na patologia. O risco na avaliação de uma crença que o paciente tenha um grau elevado de convicção é que qualquer tentativa de mexer em suas fortalezas pode parecer ameaçadora e levar a reactância psicológica (Brehm, 1962). Isso, por sua vez, pode ter o efeito paradoxal de aumentar, ao invés de diminuir, a convicção do paciente na crença. O objetivo, portanto, é trabalhar com as *evidências* para a crença delirante em vez de confrontá-la diretamente. Independente de a crença ser central ou periférica, primária ou secundária, o objetivo inicial é trabalhar com evidências que sejam mais periféricas do que centrais, proporcionando a oportunidade de instilar um modo de questionamento com crenças que tenham menos carga emocional em um primeiro momento.

Embora o objetivo principal seja enfraquecer as crenças delirantes, criando perspectivas alternativas sobre os acontecimentos e experiências que foram entendidos como favoráveis às crenças, existem vários outros aspectos das crenças delirantes que o terapeuta deve abordar. Conforme articulado na abordagem cognitiva, as crenças delirantes parecem incorporar os temas de crenças não psicóticas. Já as crenças não psicóticas podem refletir temas socioculturais específicos relacionados com a aceitação de crenças sobrenaturais, tecnológicas ou religiosas. Por exemplo, um estudo realizado por Cox e Cowling (1989) mostra que uma porcentagem significativa da população acredita em fantasmas (25%), superstições (25%) e no diabo (23%). Nossa experiência é que os pacientes que desenvolvem delírios religiosos de serem possuídos ou punidos pelo diabo têm crenças duradouras e pré-delirantes sobre a existência de fenômenos como a possessão e o diabo dentro de suas crenças religiosas específicas. Como outro exemplo, o paciente que acredita que seus pensamentos estão sendo transmitidos por um *chip* de radar em seus cérebros provavelmente terá crenças básicas não psicóticas sobre os aspectos funcionais da tecnologia (computadores, equipamento digital, discos solares) que proporcionem a base para a crença delirante.

Além de questionar as evidências comprovadoras das crenças delirantes, um objetivo frequente do tratamento é abordar essas crenças não delirantes. Todavia, os terapeutas devem ter cautela quando abordam crenças socioculturais e religiosas professadas pelos grupos socioculturais e religiosos dos quais o paciente faz parte, pois isso pode afetar negativamente a sua identidade ou papel nesses grupos, se for modificado.

O caso de Elizabeth esclarece essa questão. Ela mantinha a crença delirante de que suas orações eram interpretadas pelo diabo e transformadas em desejos fatais em relação a outras pessoas. Uma parte desse delírio era uma crença de que essas orações equivocadas haviam levado a desastres naturais, tragédias e doenças ao redor do mundo. O objetivo do tratamento não era questionar a existência do diabo, mas o nível em que, dentro de sua fé religiosa, seria possível que o diabo interceptasse orações entre Elizabeth e seu Deus, bem como se seria possível que o diabo usasse as "boas orações" de forma indevida. Suas crenças delirantes, que giravam em torno de ser responsável pelo sofrimento do mundo, dependiam de uma compreensão não delirante do papel do diabo nas Escrituras religiosas durante a oração. No tratamento, o terapeuta e Elizabeth trabalharam juntos com um líder experiente e compreensivo da sua fé religiosa para esclarecer, dentro dos princípios do catolicismo, que as orações feitas a Deus não podem ser interceptadas pelo diabo.

Conforme elaborado no Capítulo 3, os temas das crenças não delirantes estão embutidos nos delírios e crenças e posturas disfuncionais do paciente. O tratamento visa modificar essas crenças, ou conjuntamente com as crenças delirantes, ou unicamente com o foco nos delírios. Em certos casos, as crenças nucleares negativas e as crenças disfuncionais podem ser evocadas primeiramente, pois fica claro que todo o sistema delirante está baseado em uma autoimagem negativa, e qualquer melhora enfraquecerá a crença delirante e levará a seu colapso total. Por exemplo, Elizabeth ouvia uma voz que a chamava de "vagabunda" e acreditava que esse insulto era uma punição justa por seu comportamento promíscuo. O objetivo no começo da terapia era abordar a culpa e a vergonha associadas a crenças subjacentes de ser "má" e "irresponsável" por ter sido promíscua aos 20 anos.

Finalmente, a terapia cognitiva visa reduzir ainda mais a convicção delirante e a perturbação, pela abordagem das interpretações cognitivas incorretas de novos acontecimentos e situações prevenindo a coleta de novas evidências que comprovem as crenças delirantes e reduzindo a perturbação situacional que tais interpretações causam.

Psicoeducação e normalização

A primeira meta para intervir e reduzir a perturbação associada às crenças delirantes é compartilhar a conceituação cognitiva das atuais dificuldades do paciente. Enfatizando-se a importância dos fatores situacionais e pessoais no desenvolvimento e persistência do delírio, o paciente desenvolve uma compreensão mais ampla dos fatores relevantes não apenas para reduzir a perturbação atual, mas também para reduzir a probabilidade de uma recaída. O compartilhamento da conceituação cognitiva também é o primeiro passo para normalizar a experiência dos delírios. Não é necessário compartilhar todos os aspectos da conceituação do caso com o paciente. Pelo contrário, devem ser compartilhados apenas os aspectos que sejam relevantes para ajudar o paciente a entender suas dificuldades dentro da perspectiva diátese-estresse. A maioria dos pacientes chega para o tratamento com uma visão internalizada de suas experiências como "estranhas", "loucas", "assustadoras", "malucas", etc., e de que o diagnóstico de esquizofrenia representa "insanidade", "perigo" e "um peso para a sociedade". Um objetivo importante é humanizar ou normalizar essas experiências, mostrando sua continuidade com as experiências comuns. Conforme proposto por Kingdon e Turkington (1994, 2005), a abordagem é esclarecer o papel do estresse em evocar experiências como as vozes e crenças delirantes. Por exemplo, certas circunstâncias podem levar à evolução natural de sintomas psicóticos, incluindo privação sensorial e do sono, situações traumáticas como abuso físico e sexual intenso, e estados orgânicos como *delirium*, intoxicação e abstinência de álcool e drogas ilícitas e períodos de luto.

Outro aspecto da abordagem de normalização é enfatizar para os pacientes como as suas experiências aparecem em um *continuum* de experiências relatadas pela população em geral (Kingdon e Turkington, 1991, 2005). A maioria das pessoas diz ter tido a experiência de ouvir uma campainha tocar enquanto esperava que alguém tocasse a campainha, ou que "ouviu" um grupo de pessoas falando com elas, quando, de fato, não havia, ou pensou que um ente querido seu havia tido um acidente porque a pessoa não chegou em casa na hora esperada. Embora sejam mais breves em sua duração e causem menos perturbação do que o observado em pessoas com delírios persistentes, essas experiências de perceber uma situação equivocadamente e sentir perturbação como resultado ocorrem com qualquer pessoa.

Usaremos o caso de Elizabeth novamente como exemplo. Elizabeth estava ciente de que precisava de ajuda com suas dificuldades, e seguia o tratamento à risca. De acordo com a perspectiva da conceituação de caso e os objetivos de normalizar a psicose (Kingdon e Turkington, 1994), a meta terapêutica era chegar a uma explicação aceitável para todos os sintomas. Embora os delírios e alucinações de Elizabeth lhe causassem muita perturbação, esse sistema de crenças lhe trazia uma variedade de benefícios. Por exemplo, sentir-se responsável pelo mundo permitia que ela se sentisse poderosa, em vez de desimportante. A crença de que era um anjo caído a fazia se sentir especial, em vez de insignificante. Era essencial determinar o que Elizabeth sentiria se essas crenças pudessem ser modificadas. O objetivo principal era explorar a compreensão de Elizabeth sobre seus sintomas, as evidências que pareciam corroborar suas crenças sobre ser um anjo caído e controlada pelo diabo, e a função das vozes que ouvia, de modo a obter uma compreensão compartilhada de seus problemas, que (1) normalizariam algumas dessas experiências, (2) reduziriam a culpa, enquanto (3) não necessariamente removeriam alguns dos benefícios percebidos do sistema delirante que fortalecia a sua autoestima.

Uma das metas da abordagem de normalização era validar a sua percepção da importância de Deus, do diabo, do céu, inferno, punição, pecado, etc., como questões essenciais de sua fé, compartilhadas por milhões de pessoas. O terapeuta também oferecia uma perspectiva normalizante sobre a perturbação de Elizabeth em torno das suas experiências quando os sintomas iniciaram (ela acreditava que o seu comportamento justificava a punição). Finalmente, Elizabeth e seu terapeuta compartilharam uma perspectiva normalizante em torno de suas tentativas razoáveis de entender a função das vozes que ouvia.

Familiarizando o paciente ao modelo cognitivo

A próxima fase da terapia familiariza o paciente ao modelo cognitivo, desenvolvendo uma consciência da inter-relação entre seus pensamentos, sentimentos e comportamentos, facilitada pelo preenchimento na sessão de um registro de pensamentos disfuncionais como parte da tarefa de casa. Por meio da descoberta guiada, o terapeuta começa a ajudar o paciente a identificar vieses e distorções cognitivas. Assim como as distorções cognitivas, como a tendência da pessoa deprimida de hipergeneralizar ou a tendência da pessoa ansiosa de catastrofizar, perpetuam os humores negativos, os vieses cognitivos servem para manter a sensação delirante de ameaça pessoal do paciente delirante. Conforme detalhado no Capítulo 3, o pensamento delirante apresenta vários vieses cognitivos comuns, incluindo um *viés egocêntrico*, pelo qual os pacientes se prendem a uma interpretação das informações como relevantes a si próprios quando não são; um *viés externalizante*, no qual sensações internas ou sintomas são atribuídos a agentes externos; e um *viés intencionalizante*, no qual os pacientes atribuem intenções malévolas e hostis ao comportamento das outras pessoas (Beck e Rector, 2002). Além disso, o estabelecimento de um modo de questionamento por meio da descoberta guiada estabelece as bases para uma exploração mais direta das distorções cognitivas, avaliações deficientes e crenças disfuncionais associadas a sintomas positivos e negativos. Os pensamentos e imagens que os pacientes têm antes de escapar de situações quentes são semelhantes aos relatados por pacientes com problemas de ansiedade social, particularmente a agorafobia. Por exemplo, quando Elizabeth fica ansiosa em situações em grupo, ela começa a pensar: "se ficar aqui, perderei o controle", "se perder o controle, as pessoas se aproveitarão de mim", ou "se eles me virem assim, pensarão que eu estou louca e tentarão me hospitalizar". Esses pensamentos eram o gatilho de seu impulso de fugir da sala.

Como outro exemplo, considere esta paciente, que tinha uma crença delirante paranoide por cinco anos, de que estava sendo perseguida por colar em um exame.

TERAPEUTA: Você pode me falar mais sobre essa situação da semana passada, quando começou a sentir medo?

PACIENTE: Eu estava sentada na sala de espera do consultório do dentista para minha consulta. Havia três revistas e livros para escolher, e eu peguei um e comecei a ler um artigo sobre alguém que havia fraudado o imposto de renda e sido pego (*pausa*). Fiquei muito incomodada.

TERAPEUTA: Então você se incomodou? O que estava pensando enquanto lia a história?

PACIENTE: Não sei, comecei a me sentir um fracasso.

TERAPEUTA: Jane, o que tinha na história que a fez começar a se sentir um fracasso?

PACIENTE: Não sei ... comecei a pensar sobre (*longa pausa*) quando colava na escola (*longa pausa*), e fiquei tão culpada ... então, comecei a pensar que meu dentista havia deixado a leitura ali para me dizer que sabia que eu colei e que ia me denunciar.

TERAPEUTA: Como você estava se sentindo naquele momento?

PACIENTE: Apavorada. Eu não consegui aguentar e fui embora.

TERAPEUTA: Se 100% é o mais apavorada que você já se sentiu e 0% é não se sentir nada apavorada, quanto você acha que ficou apavorada naquele momento?

PACIENTE: Perto do máximo, 90%.

O gatilho situacional e os pensamentos, humores e comportamentos que o acompanham são facilmente visíveis. Outro paciente que acreditava que estava sendo perseguido pela polícia por um crime que não cometera fazia interpretações delirantes quase a cada hora do dia. Gatilhos comuns eram carros da polícia passando, policiais nas ruas, a identificação de carros da polícia à paisana, o noticiário da noite envolvendo prisões, e coisas do gênero. Por exemplo, ele acordou uma noite e ouviu ruídos e três carros desconhecidos na rua. Seu pensamento automático foi: "eles estão organizando uma prisão", e a sua resposta emocional foi de medo (80%). O questionamento da interpretação delirante levou a evidências que pareciam sustentar a interpretação inicial: não é comum haver carros na frente do prédio à uma da manhã, e os carros pareciam ter se posicionado para impedir uma fuga da rua sem saída onde ele morava. Todavia, o paciente também conseguiu ter um distanciamento e avaliar as evidências que não sustentavam suas interpretações, reconhecendo que nenhum dos carros era da polícia, os motoristas eram jovens e vestiam camisetas, uma jovem que ele reconhecia como sua vizinha estava conversando com os homens do carro e rindo, sugerindo que se conheciam e, pensando um pouco, reconheceu que já tinha visto um dos carros trazendo essa mulher antes. A consideração dessas evidências levou à seguinte conclusão alternativa: "não aconteceu nada, são apenas jovens chegando em casa tarde", e seu medo caiu para 0%.

De maneira semelhante, Elizabeth começou a fazer progresso em identificar, testar e corrigir as suas interpretações delirantes. Por exemplo, quando uma pessoa da sua igreja adoeceu, um pensamento automático – "eu fiz isso acontecer" – emanou da crença delirante de que suas orações estavam sendo interceptadas pelo diabo e convertidas em desejos fatais. As evidências em favor da interpretação foram colocadas da mesma forma que a própria crença: "o diabo está interceptando minhas orações – muitas pessoas já foram prejudicadas". Todavia, Elizabeth conseguiu considerar outras evidências contrárias, incluindo o fato de que o homem já havia tido três derrames antes, tinha 88 anos de idade e estava já muito doente mesmo antes de ela o conhecer. Sua conclusão alternativa foi que "ele está doente, mas a culpa não é minha".

Abordagens cognitivas e comportamentais

Inicialmente, o terapeuta lida com interpretações e explicações que são periféricas a crenças mais centrais e mais fortes. Observe, por exemplo, uma paciente com um elaborado sistema delirante paranoide, que inclui uma companhia telefônica local, por causa de um desacordo com a conta a pagar. A paciente descreve os seguintes acontecimentos da semana anterior, que parecem sustentar a visão de que é perseguida pela empresa telefônica: o telefone tocou e parou de tocar antes que ela conseguisse atender; ela ouvia interferências na linha durante várias ligações; havia um caminhão de uma companhia de cabos telefônicos na frente da casa dois dias antes; e alguém "fingiu" ligar para seu número por engano. O terapeuta começou a avaliar a série de pensamentos automáticos (inferências delirantes) em resposta a cada um desses acontecimentos, juntamente a uma avaliação da convicção na crença. A paciente estava menos convencida da importância do incidente com o caminhão, e o terapeuta decidiu começar a descoberta guiada, com um questionamento socrático dessa informação:

> "O que a levou a crer que o caminhão estava lá por sua causa?"
> "Aconteceu mais alguma coisa naquele dia que a levou a questionar isso, por acaso?"
> "Aconteceu mais alguma coisa nos últimos dias que a levou a questionar isso?"
> "Existem outras explicações possíveis para o caminhão estar na sua rua naquele dia?"

Questionando a inferência, a paciente considera uma variedade de evidências alternativas: "Bem, o motorista do caminhão entrou e saiu da casa do vizinho – carregando equipamentos ... ele parecia bastante ocupado", "os vizinhos acabam de se mudar ... eles podem precisar de uma linha nova", e "ele nem sequer me notou quando eu saí – acho que se estivesse me seguindo, ele tentaria se esconder". O terapeuta ajuda a evocar uma explicação alternativa equilibrada para o acontecimento, e a paciente cede: "Talvez ele só estivesse instalando uma nova linha telefônica". Com a prática repetida de gerar explicações alternativas para a série de evidências na sessão e depois, cada vez mais, como parte das tarefas de casa, a paciente começa a enxergar suas interpretações e inferências como hipóteses a serem testadas, em vez de afirmações dos fatos (Watts, Powell e Austin, 1997).

Outras abordagens cognitivas empregadas rotineiramente para instilar uma perspectiva de questionamento são o método da pesquisa ("você pode perguntar a três amigas se elas têm problemas [números errados, pessoas que desligam, etc.] na linha telefônica?") e tabelas ("vamos resumir todas as razões possíveis para o telefone tocar e parar de tocar antes de você atender"). Pela técnica da seta descendente, o terapeuta também tenta revelar as crenças nucleares ("inútil" e "vulnerável") e pressupostos ("se eu não estiver 100% atenta, é provável que se aproveitem de mim"), que dão vazão a interpretações erradas das intenções e comportamentos dos outros.

No tratamento de Elizabeth, um dos objetivos era criar novas explicações para suas crenças sobre ser um anjo caído. Ela citou uma série de experiências como evidências para suas crenças: "pequei muito no passado" (referindo-se à promiscuidade); "minhas orações são interceptadas pelo diabo"; e "já estive no inferno", para mencionar algumas. As razões de Elizabeth para crer em seus delírios primários (que ela é um anjo caído e que é controlada pelo diabo) refletem *crenças delirantes secundárias* sobre ter poderes especiais e o diabo interceptar suas orações e *avaliações incorretas de experiências* (ir para o inferno). Elizabeth colocou a porcentagem do quanto acreditava nos itens que listou como evidências em favor das suas crenças, e a frase "já estive no inferno" foi identificada como a primeira a ser trabalhada à reestruturação cognitiva, pois era a mais fraca e a evidência mais periférica citada. Conforme discutido, parece que Elizabeth tinha tido um ataque de pânico e interpretado os sintomas normais da excitação autonômica, como se sentir quente e ruborizada, suor e contração, como sinais de que estava no inferno (crença prévia: 80%). O terapeuta apresentou uma perspectiva alternativa, compartilhando com ela as novas informações de que esses sentimentos são normais quando as pessoas ficam com medo ou ansiosas, e proporcionando psicoeducação sobre a natureza da resposta de luta ou fuga.

Elizabeth preencheu registros de pensamentos disfuncionais na sessão e como tarefa de casa para novas situações que desencadeassem as crenças delirantes que surgissem, para praticar a busca de evidências alternativas para suas crenças. Ao final dessa fase do tratamento, a convicção na crença de que era um anjo caído havia diminuído para 20%, piorando nos dias em que ela se sentia mais perturbada. Ela também melhorou no uso de registros de pensamentos para reduzir os ciclos de catastrofização e delírio.

Experimentos comportamentais

Além das estratégias verbais, o terapeuta cognitivo busca mudar o pensamento delirante, estabelecendo experimentos comportamentais para testar a precisão das diferentes interpretações. Por exemplo, um dos nossos pacientes tinha uma crença delirante paranoide há nove anos, de que, quando um grupo atingia uma massa crítica (que definia como 20 ou mais membros), era provável que se tornasse violento e o atacasse. Sempre que via grandes grupos de pessoas, logo escapava para um lugar calmo e seguro. A abordagem de tratamento incluía o paciente se concentrar nessa hipótese sobre grupos de 20 pessoas ou mais e observar o seu comportamento. Inicialmente, isso significaria assistir a grupos na televisão e no cinema, progredindo para a observação do comportamento em grupos grandes a partir de uma distância segura (cerca de 100 metros de uma grande aglomeração de pessoas assistindo a um jogo na faculdade). A consideração dessas evidências em relação à crença delirante de que "grupos grandes querem me pegar" proporcionou uma mudança suficiente, permitindo que o paciente participasse (com a ajuda do terapeuta) de situações onde houvesse grupos grandes reunidos.

Outra das nossas pacientes estava vivenciando delírios duradouros de referência e acreditava que, quando as pessoas cuspiam no chão, elas, na verdade, estavam cuspindo para transmitir a mensagem de que ela "não era bem-vinda ali". Depois de algumas sessões considerando explicações alternativas para esse comportamento, ela se dispôs a testar duas hipóteses: ou as pessoas realmente estavam cuspindo para transmitir uma mensagem a ela, ou as pessoas, às vezes, cospem, sem que isso signifique uma mensagem específica para ela. Seu experimento comportamental era ir até uma rua movimentada no centro, onde tinha o delírio seguidamente, e observar a frequência do comportamento, primeiro longe da calçada e depois novamente, caminhando na calçada. Ela e o terapeuta revisaram os dados gerados pelo experimento comportamental (a frequência do comportamento era a mesma quando ela estava presente ou ausente da calçada), e a paciente conseguiu admitir essa informação e mudar sua interpretação do comportamento.

Analisando crenças nucleares não delirantes

Para consolidar a evolução e reduzir o risco de recaída, é importante abordar as crenças e pressupostos subjacentes que são conceituados como algo que confere vulnerabilidade ao desenvolvimento de sintomas. Por exemplo, no tratamento de Elizabeth, um elemento desconhecido crítico era: por que Elizabeth rezaria intencionalmente para as pessoas se machucarem ou morrerem? Apesar da redução considerável em suas crenças delirantes sobre ser um anjo caído e ser controlada pelo diabo, havia o desafio de encontrar uma perspectiva alternativa sobre ser aceitável rezar e desejar intencionalmente que as pessoas morressem. Essa questão confundia tanto Elizabeth quanto o terapeuta.

Investigando e monitorando os gatilhos para suas orações, o terapeuta identificou que Elizabeth somente rezava para que as pessoas se machucassem quando se sentia *impotente*. Por exemplo, refletindo, Elizabeth conseguiu enxergar que, no passado, quando foi parada e "assediada" por um policial, ela rezou para que ele se machucasse por ter feito ela se sentir mal. Em outro exemplo, ela rezou para um homem em sua igreja adoecer, pois, na verdade, queria ter a sua posição na igreja e ganhar o respeito que ele parecia receber dos outros. Em um exemplo da semana anterior, ela desejou que algo ruim acontecesse com seu sobrinho, pois sentia que sua irmã havia conquistado tudo que ela nunca conseguiu. O terapeuta compartilhou essa formulação com Elizabeth – que rezar para os outros se machucarem não era um sinal de ser má, mas um sinal de se sentir vulnerável e impotente. Elizabeth aceitou totalmente essa formulação e também concordou que ela explicava as ocasiões em que havia rezado para o diabo quando era criança. O tratamento avançou, trabalhando com suas crenças nucleares ligadas à vulnerabilidade e à impotência. As estratégias foram o uso de registros de crenças nucleares, desenvolver mais habilidades orientadas para tarefas, bem como experimentos comportamentais.

Consolidação de crenças alternativas

Conforme mencionado, a redução das crenças delirantes ocorre em diferentes níveis de intervenção, conduzida muitas vezes de forma simultânea: questionar, testar e criar perspectivas alternativas usadas em favor das crenças; identificar a relação entre as crenças nucleares e seu papel na manutenção das crenças delirantes e interpretações delirantes; e de maneira semelhante, identificar interpretações delirantes que sejam alimentadas por distorções cognitivas e vieses que contribuam para a confirmação das crenças e não as desconfirmem. Todas essas estratégias podem ajudar a reduzir a crença e a perturbação que resulta das crenças delirantes. À medida que o terapeuta faz incursões para criar mais flexibilidade nas crenças e interpretações do paciente, a atenção muda para a construção de crenças alternativas para substituir as crenças delirantes anteriores. De fato, mesmo antes de intervir nos delírios, os terapeutas devem começar a identificar crenças alternativas prováveis que sejam substitutas razoáveis para as crenças delirantes anteriores.

Nossa experiência mostra que o desenvolvimento de crenças alternativas é menos necessário no tratamento de delírios paranoides. Pelo contrário, promover a redução da percepção de ameaças interpessoais e proporcionar explicações alternativas aceitáveis para as evidências aceitas anteriormente em favor das interpretações paranoides já é suficiente. Todavia, se o paciente acredita que é uma figura religiosa importante, um artista ou alguma entidade grandiosa, a investigação dessas crenças também pode representar uma ameaça à sua autoestima, pois é provável que essas crenças protejam uma autoestima vulnerável. Nelson (2005) discute, em considerável detalhe, o nível em que o terapeuta deve decidir no começo do tratamento se buscará uma redução total ou parcial da crença delirante, pois alguns aspectos da crença podem contribuir para a autoestima positiva, são aspectos importantes da identidade sociocultural e religiosa da pessoa, ou parecem ter pouca importância para a manutenção da crença. Por exemplo, que a redução total de uma crença delirante relacionada com ser perseguido pelo FBI levaria a prognósticos comparativamente melhores para a pessoa. Todavia, se o paciente acreditasse que tinha talentos ou capacidades especiais que fariam o FBI se interessar por ele, o terapeuta provavelmente não reduziria essas crenças, devido à sua função de manter um senso de *self* positivo para a pessoa.

Reduzindo as consequências adversas associadas às crenças delirantes

Para alguns pacientes, interromper a cadeia de suas crenças delirantes é algo insuperável. Ainda assim, é possível reduzir substancialmente a perturbação e a interferência do sistema de crenças se as consequências que emanam da crença forem reduzidas. Para pacientes com quem as estratégias cognitivas e comportamentais levam a mudanças mais modestas em suas crenças, uma abordagem alternativa pode ajudá-los a analisar as vantagens e desvantagens de agir segundo suas crenças delirantes. O objetivo é aumentar o repertório de respostas desses pacientes à presença de interpretações delirantes, com ênfase em melhorar o prognóstico funcional apesar da persistência dos delírios (Cather et al., 2005). Veja, por exemplo, o caso de um paciente que desenvolveu a crença delirante de que os colegas em seu trabalho estavam conspirando para matá-lo e se livrar do corpo, porque ele havia tido uma relação íntima com uma mulher que supostamente estaria envolvida com um dos colegas. Cada dia começava com a expectativa de ser assassinado ao final do turno. Apesar da ausência de qualquer ameaça indireta ou direta de seus colegas antes ou durante esse período, a crença se mantinha fixa, global e extremamente perturbadora. Depois de um período de 10 dias de estresse agudo, ele foi hospitalizado e permaneceu em um longo tratamento domiciliar, com pouca melhora. Posteriormente, foi encaminhado a um terapeuta cognitivo para trabalhar a crença delirante, com o objetivo de ajudá-lo a voltar ao trabalho. Ele gostava imensamente do trabalho e era reconhecido como um bom funcionário antes de começar o seu sistema delirante. Sentia que o trabalho era a melhor parte da vida e queria desesperadamente voltar, mas, ao mesmo tempo, sentia-se incapaz, pois temia por sua vida. Na fase inicial de avaliação, as tentativas de testar suas respostas a alternativas hipotéticas, para aferir a flexibilidade do sistema de crenças, levaram à rejeição inequívoca de todas as alternativas propostas.

Além disso, o trabalho para identificar e testar explicações alternativas para sua crença delirante sobre seus colegas também levou à rejeição de explicações alternativas viáveis. Todavia, o paciente conseguiu reconhecer que, se retornasse ao trabalho e ninguém o machucasse no primeiro mês, ele teria que concluir que seus colegas não o prejudicariam. Com essa cláusula, o tratamento mudou, de tentativas de reduzir sua crença delirante sobre ser agredido para preparar-se para controlar o medo e a volta gradual ao trabalho. O terapeuta combinou com o patrão acerca de escrever um documento sobre o interesse da empresa em ajudar em seu retorno ao trabalho, e a garantia da segurança em todos os momentos, proporcionando um mentor e mantendo uma política de tolerância zero para o assédio e/ou violência no local de trabalho, além de garantir o seu direito de portar um telefone celular para ligar para o terapeuta se se sentisse ameaçado a qualquer momento. O paciente conseguiu acreditar nas informações do patrão e sentiu-se preparado para retornar ao trabalho, particularmente porque o mentor era o único amigo em que confiava no trabalho, com quem havia mantido o contato. Ele e o patrão desenvolveram outras precauções de segurança para que o mentor estivesse presente com ele o tempo todo na fase inicial do retorno ao trabalho, e depois reduzir gradualmente a presença do mentor. Os aspectos restantes do tratamento focaram-se em ajudar o paciente a entender e lidar com a ansiedade e o medo, bem como o desenvolvimento de um plano de ação em etapas para cada dia. De maneira condizente com o objetivo de John Nash de se tornar "uma pessoa com pensamento influenciado por delírios, mas de comportamento relativamente moderado", o paciente conseguiu retornar e permanecer no trabalho, apesar de sua crença delirante (Nash, 2002, p. 10).

RESUMO

Conforme apresentado neste capítulo, a terapia cognitiva dos delírios coloca o foco no entendimento dos fatores antecedentes no desenvolvimento das crenças, considerar as evidências acumuladas ao longo do tempo que respaldam as crenças, e analisar interpretações incorretas de experiências e acontecimentos diários que contribuem para novas fontes de evidências e perturbação momentânea. Depois que o paciente conseguir questionar as fontes de evidências e desenvolver e testar explicações alternativas, o tratamento aborda os esquemas cognitivos não delirantes que parecem conferir vulnerabilidade a recaídas e reincidências nas crenças delirantes. Conforme discutido, diversas estratégias também visam reduzir as respostas comportamentais desadaptativas, como retraimento, evitação social e outros comportamentos de segurança que impedem as oportunidades de desconfirmar as crenças delirantes, bem como as crenças negativas sobre si mesmo. Em alguns casos, é mais difícil chegar à redução da intensidade e rigidez dos delírios, e o objetivo passa a focar-se em melhorar os prognósticos social e ocupacional, apesar da presença das crenças delirantes.

10

Avaliação e Terapia Cognitivas para Alucinações Auditivas

Os pacientes relatam uma série de fenômenos auditivos, incluindo material não verbal como música, campainhas, batidas e coisas do gênero, embora a terapia cognitiva busque especificamente ajudar pacientes com perturbações criadas pela experiência de ouvir vozes. Ainda que a abordagem da terapia cognitiva se concentre nas alucinações auditivas, as estratégias podem ser facilmente modificadas para tratar fenômenos alucinatórios em outras modalidades.

Neste capítulo, apresentamos estratégias para o tratamento cognitivo das alucinações na forma de vozes. A abordagem baseia-se na conceituação cognitiva apresentada no Capítulo 4. Conforme detalhado, as expectativas, avaliações, crenças e pressupostos cognitivos são cruciais para o desenvolvimento, a persistência e a natureza perturbadora das vozes. O modelo cognitivo conceitua as vozes como pensamentos automáticos externalizados. Desse modo, o conteúdo das vozes é composto essencialmente de pensamentos do fluxo de consciência que "saltam" e são vivenciados como vozes externas. O paciente desenvolve uma variedade de crenças não delirantes ("serei hospitalizado") e delirantes sobre as origens, o significado e o poder das vozes que, por sua vez, contribuem diretamente para a perturbação que ele sente. Além disso, as reações comportamentais à atividade das vozes também são importantes: comportamentos de evitação e/ou segurança podem exacerbar ou atenuar a perturbação associada às vozes. Embora a eliminação final da atividade das vozes possa não ser um objetivo alcançável para os pacientes, o principal objetivo da terapia cognitiva é reduzir a experiência do paciente de perturbação relacionada com as vozes e melhorar a sua qualidade de vida. A perturbação que resulta da experiência de ouvir vozes pode ser reduzida por quatro metas inter-relacionadas do tratamento: (1) reduzir a perturbação associada ao conteúdo das vozes, (2) reduzir a perturbação associada às crenças não delirantes sobre as vozes, (3) reduzir a perturbação associada às crenças delirantes sobre as vozes e (4) reduzir a perturbação associada às crenças autoavaliativas subjacentes associadas às vozes. Desse modo, a abordagem geral para as crenças relacionadas com as vozes assemelha-se à abordagem usada para tratar crenças delirantes, apresentada no Capítulo 9.

Antes da introdução de estratégias cognitivas, uma avaliação minuciosa estabelece a frequência, a duração, a intensidade e a variabilidade das vozes. Que situações ou circunstâncias são prováveis de desencadear as vozes? Existem circunstâncias em que os pacientes podem esperar *não* experimentar vozes e/ou se retrair na tentativa de atenuá-las? As situações estressantes são prováveis de desencadear as vozes. Por exemplo, os pacientes dizem ouvir vozes com mais frequência quando existem dificuldades interpessoais, problemas cotidianos e acontecimentos negativos em suas vidas (problemas financeiros, com moradia). Alguns gatilhos internos também podem desencadear as vozes, particularmente problemas emocionais. Como parte da fase inicial de avaliação, os pacientes aprendem a monitorar a relação entre os gatilhos situacionais, os estados do humor e a ativação das vozes, usando um registro de pensamento modificado. Todavia, mesmo antes de conduzir uma avaliação funcional detalhada da atividade das vozes, o terapeuta deve pensar em obter avaliações formais da interferência causada pelas vozes e da sua gravidade.

Os pacientes podem relutar em manter uma discussão franca e aberta com suas vozes, talvez por medo de que a discussão os faça piorar ou resulte em alguma forma de punição, controle ou manipulação por parte das vozes. Além das medidas apresentadas no Capítulo 8 para facilitar o envolvimento, é importante abordar a avaliação e o tratamento das vozes de um modo sensível com descoberta guiada. Todavia, o nível em que os terapeutas podem conduzir os pacientes a discutir sobre as vozes provavelmente determinará o grau de benefícios indiretos e diretos. Entre os benefícios indiretos e implícitos, estão: a comunicação de empatia e respeito do terapeuta por esse aspecto da experiência interior do paciente, a capacidade do paciente que pode advir da simples discussão das vozes, e o fortalecimento da aliança terapêutica, com o terapeuta estabelecendo um ambiente seguro e colaborativo para a discussão. Uma visão geral da abordagem terapêutica das vozes pode ser encontrada no Quadro 10.1.

AVALIAÇÃO

Avaliação de sintomas/cognições

A ampla variedade de instrumentos administrados pelo terapeuta descritos no Capítulo 7, que avaliam a presença e a gravidade dos sintomas da esquizofrenia, geralmente não dá uma oportunidade para fazer uma avaliação detalhada das vozes. A Psychotic Symptom Rating Scale (PSYRATS; Haddock et al., 1999), contudo, é uma medida confiável e válida das vozes (e delírios) que traz questões relacionadas com as propriedades físicas, o grau de perturbação e as crenças sobre as vozes, e parece apresentar a avaliação mais detalhada entre as medidas atualmente existentes. Como é um instrumento relativamente breve, recomendamos a sua administração para aferir a gravidade alucinatória e o progresso ao longo da terapia. Desse modo, o terapeuta deve administrar a PSYRATS, que oferece maior sensibilidade a mudanças nas vozes que ocorrem no decorrer da terapia cognitiva.

Também existe um instrumento autoaplicável, a Topography of Voices Rating Scale (Hustig e Hafner, 1990), que os terapeutas podem facilmente incorporar no protocolo de avaliação inicial, bem como na avaliação funcional, pois mede aspectos como a frequência, o volume, a clareza, a perturbação e a distratibilidade das vozes nos dias antecedentes.

Além do uso de medidas administradas pelo terapeuta e de medidas de autoavaliação, o terapeuta também faz uma avaliação aberta das características físicas das vozes, usando perguntas como as apresentadas no Quadro 10.2.

Avaliação das crenças sobre as vozes

Um componente explícito da abordagem cognitiva para tratar as alucinações auditivas na forma de vozes é a identificação e a

QUADRO 10.1 Avaliação e terapia cognitivas para alucinações auditivas

Avaliação

- Avaliação de sintomas/cognições
  - Propriedades físicas das vozes
  - Frequência e gravidade das vozes
  - Crenças sobre as vozes
- Avaliação funcional
  - Monitorar vozes
  - Identificar gatilhos para as vozes
  - Avaliar respostas emocionais e comportamentais às vozes
  - Identificar os antecedentes históricos do desenvolvimento das vozes e crenças/avaliações ao longo do tempo
- Conceituação do caso
  - Identificar fatores cognitivos que contribuem para o conteúdo específico das vozes e as crenças sobre a representação, significado, propósito e consequências das vozes

Tratamento

- Psicoeducação e normalização
  - Educar o paciente sobre o modelo da vulnerabilidade ao estresse para o desenvolvimento das vozes
- Familiarizar o paciente ao modelo cognitivo
  - Desenvolver a consciência do papel das avaliações e crenças na perturbação com as vozes
- Implementar abordagens cognitivas e comportamentais
  - Implementar estratégias comportamentais
  - Abordar o conteúdo das vozes
  - Abordar crenças delirantes sobre as vozes
  - Abordar crenças autoavaliativas associadas às vozes
  - Abordar os comportamentos de segurança

redução das crenças errôneas sobre as vozes. Um excelente instrumento para avaliar as crenças dos pacientes sobre o significado e o propósito das vozes é o Beliefs about Voices Questionnaire – Revised (BAVQ-R), que tem questões como "minha voz está me punindo por algo que eu fiz", "minha voz é má" e "minha voz quer me machucar". A escala apresenta confiabilidade aceitável e é sensível aos efeitos do tratamento com terapia cognitiva (Chadwick et al., 1996).

Como o objetivo da terapia cognitiva não é necessariamente reduzir a frequência da atividade das vozes, mas as crenças negativas do paciente e suas avaliações sobre as vozes, o BAVQ-R se torna um importante instrumento para avaliar o progresso. O terapeuta começa a coletar informações sobre a natureza precisa das avaliações e crenças sobre as vozes, fazendo perguntas como as apresentadas no Quadro 10.2.

Realização de uma avaliação funcional

Além da administração de instrumentos validados, aplicados pelo terapeuta ou de autoavaliação, o terapeuta cognitivo tenta obter relatos *literais* do que as vozes dizem. Geralmente, os pacientes dizem ouvir afirmações críticas em uma só palavra, como "babaca", "fracassado", ou coisas se-

QUADRO 10.2 Avaliação de vozes na entrevista clínica

Perguntas sobre características físicas

"Você ouve vozes que outras pessoas não ouvem?"
"Pode falar mais sobre isso?"
"O que a voz diz?"
"Há mais de uma voz?"
"Você reconhece a voz?"
"Quando você ouve a voz?"
"Qual o volume em que a voz fala?"
"Como você se sente quando ouve as vozes?"
(Se o paciente responder com sentimentos negativos apenas)
"A voz alguma vez o deixa feliz?"
(Se o paciente responder apenas com sentimentos positivos)
"A voz alguma vez o deixa perturbado?"
"O que você faz quando ouve a voz?
"De um modo geral, como a voz afeta a sua vida?

Perguntas sobre avaliações/crenças sobre as vozes

"Por que você acha que outras pessoas não conseguem ouvir suas vozes?"
"Como você se sente por ouvir vozes?"
"As vozes parecem muito poderosas?"
"Qual é o propósito das vozes?"
"As vozes o fazem se sentir exposto ou vulnerável?"
"A voz pode prejudicá-lo de algum modo?"
"A voz o instrui a fazer coisas que você não deseja fazer?"

melhantes ditas em poucas palavras: "você é imprestável", "vá em frente" e coisas do gênero. Em outras ocasiões, podem ser perguntas. Um paciente começava cada dia com as vozes, que perguntavam: "Tem certeza de que você é quem diz ser?". As vozes podem fazer um comentário sobre as atividades do paciente ou dar ordens, instruindo-o a fazer certas atividades, desde coisas comuns, como "Pegue aquelas roupas", a ordens mais perigosas e potencialmente violentas. Como parte da avaliação funcional, os pacientes devem monitorar entre as sessões o conteúdo das vozes que escutam. Embora os pacientes possam considerar essa tarefa incômoda, nossa experiência é que eles estarão mais abertos a manter registros semanais da atividade das vozes se os registros forem simples e exigirem escrever o mínimo, como no registro de monitoramento apresentado na Figura 10.1

Como apresentado, os pacientes registram o que estavam fazendo quando as vozes começaram. Muitas vezes, os pacientes não estão cientes dos gatilhos específicos que ativam as vozes. Entre os gatilhos, estão situações ou contextos que sejam pessoalmente ameaçadores para o paciente. Conforme já comentado, gatilhos frequentes podem ser o isolamento, grupos grandes, estresse e conflitos interpessoais, pressões por desempenho, além do uso de drogas e álcool. As vozes também podem ser desencadeadas por uma variedade de gatilhos internos, incluindo estados emocionais negativos, paranoia, fadiga e solidão, bem como certos estados internos associados a crenças delirantes. Por exemplo, um paciente com delírios religiosos encapsulados relacionados com temas sobre pecado sexual vivencia o gatilho da atividade das vozes em resposta à excitação sexual.

Ao monitorar a frequência e a duração das vozes, também é importante identificar se existem fatores situacionais específicos relacionados com a duração da atividade das vozes. É comum que a atividade das vozes surja durante períodos de isolamento, mas para quando a pessoa começa a conversar. A identificação de toda gama de possíveis fatores de desencadeamento é um prelúdio para ensinar ao paciente a aplicar estratégias terapêuticas no tratamento.

Finalmente, o terapeuta avalia as reações emocionais e comportamentais do paciente às vozes. A repetição frequente de críticas, insultos, ordens e outros comentários agres-

Data: ____________________

Na primeira coluna, anote o que estava fazendo quando a voz falou. Na segunda, anote o conteúdo da voz que ouviu. Na terceira, registre o volume da voz (0-10). Na quarta, avalie a quantidade de perturbação que sentiu (0-10). Na quinta, anote o que estava sentindo naquele momento. Na última, registre a maneira como você lidou com a voz.

Hora	O que estava fazendo?	O que as vozes disseram?	Qual era o volume da voz? (0-10)	Qual o seu grau de perturbação? (0-10)	Como estava se sentindo naquele momento?	O que fez para lidar com a voz?
8h - 9h						
9h - 10h						
11h - 12h						
12h - 13h						
13h - 14h						
14h - 15h						
15h - 16h						
16h - 17h						

FIGURA 10.1 Registro de monitoramento da atividade de vozes.

sivos pode levar a sentimentos de tristeza, desespero, raiva e desamparo. As respostas comportamentais dos pacientes podem ser gritar com as vozes e/ou fugir de situações para acabar com as vozes. Embora os pacientes respondam inicialmente às vozes com surpresa e choque, com o tempo eles tendem a estabelecer uma relação interpessoal com elas (Benjamin, 1989). Suas crenças sobre as vozes podem determinar sua reação emocional e respostas comportamentais. Por exemplo, se o paciente considera as vozes benevolentes, elas costumam ser seguidas por emoções positivas, e o paciente se envolve com elas, ao passo que, se forem malévolas, o paciente provavelmente terá uma variedade de emoções negativas e resistirá às vozes (Birchwood e Chadwick, 1997).

À medida que o terapeuta coleta informações *in vivo* da avaliação funcional, o objetivo é examinar quando as vozes ocorrem/não ocorrem; gatilhos específicos, como fadiga, isolamento, estresse ou uma memória emocionalmente saliente; a consciência do paciente sobre os gatilhos das vozes; e/ou as respostas emocionais variadas que os pacientes apresentam. Os pacientes podem ter muitas respostas às vozes, incluindo gritar ou discutir com elas (como mencionado antes), ou, no extremo oposto, escutar e tentar cooperar com elas. Chadwick e colaboradores (1996) sugerem que a maioria dos comportamentos em resposta às vozes pode ser categorizada como comportamentos de resistência ou de engajamento. A indiferença é uma resposta bastante atípica à presença de vozes. Romme e Escher (1994) descrevem como, ao longo do tempo, o paciente típico estabelece uma fase de estabilização, caracterizada por uma relação menos debilitante com as vozes.

O terapeuta também tenta evocar todas as crenças que o paciente tiver sobre suas vozes. Por exemplo, que agentes (Deus, o diabo, parentes falecidos) supostamente estão falando com o paciente? As crenças sobre as vozes podem variar de delírios bizarros a coisas comuns, e as fontes das vozes podem parecer pessoas conhecidas, desconhecidas ou falecidas, ou entidades sobrenaturais ou máquinas. Um número significativo de pacientes faz interpretações positivas de suas vozes, podendo ter emoções positivas quando elas ocorrem. O fato de receber uma comunicação direta de Deus, Jesus ou um cavaleiro da Távola Redonda diferencia a pessoa dos outros, sendo acompanhado por sentimentos de excitação e poder. O terapeuta tenta evocar como o paciente se sentiria na ausência das vozes, como um meio de desmascarar os sentimentos subjacentes de solidão e inadequação, para os quais as vozes podem estar proporcionando proteção compensatória. O terapeuta tenta identificar todas as crenças e registrar as evidências que o paciente acredita sustentarem essas crenças. É importante reconhecer que o conteúdo das vozes e as crenças sobre elas podem não ser congruentes. Em outras pesquisas, mais de dois terços dos pacientes ainda acreditavam que suas vozes eram malévolas, mesmo que o conteúdo fosse benigno. Por exemplo, um paciente percebia uma voz que dizia: "Hora de começar o dia", como se o ridicularizasse e criticasse por não trabalhar. Durante a fase de avaliação, à medida que a atenção avança do monitoramento das características físicas das vozes para uma discussão mais detalhada sobre avaliações e crenças, o terapeuta pode introduzir um segundo registro de monitoramento como tarefa de casa, como o apresentado na Figura 10.2, que proporciona uma oportunidade para o paciente listar suas avaliações/crenças associadas às vozes.

Situação	Voz	Avaliação da voz	Humor	Comportamento
Assistindo televisão tranquilamente	"Você não é quem pensa ser".	"Sou falso – e não uma pessoa real". "Estou perdendo a cabeça".	Medo Desesperança	Rumina mentalmente para descobrir o "verdadeiro eu"
Andando de ônibus	"Você é um tolo".	"Meu irmão continua a me punir".	Raiva Frustração	Grita "cala a boca"
Lendo sozinho	"Eles estão bem, você está bem".	"O médico está me tranquilizando".	Alívio, humor agradável	Continua a ler
Indo para a consulta médica	"Sua vagabunda".	"Sendo julgada por me afirmar – sendo colocada no meu lugar".	Medo Raiva Ressentimento	Retrai-se e isola-se
Tricotando tranquilamente	"Você é inútil e fraca".	"Sendo humilhada por uma falha de caráter".	Desestimulada Desamparada	Desiste do que estava fazendo

FIGURA 10.2 Monitoramento de avaliações/crenças associadas às vozes.

Antecedentes históricos do desenvolvimento das vozes e crenças/avaliações ao longo do tempo

Assim como na avaliação dos delírios, o terapeuta tenta identificar as circunstâncias de vida distais e proximais relacionadas ao início das vozes: isto é, que acontecimentos ocorreram pouco antes do seu início e como o conteúdo específico das vozes e as crenças do paciente sobre elas refletem seus temores, preocupações, fantasias e interesses pré-alucinatórios, e assim por diante. Para entender melhor os gatilhos idiossincráticos do paciente, o terapeuta avalia o padrão de atividade das vozes ao longo do tempo, observando períodos de maior atividade e períodos em que as vozes se encontram em remissão. O terapeuta também observa mudanças nas crenças sobre as vozes ao longo do tempo.

Desenvolvendo a conceituação do caso

Conforme introduzido no Capítulo 9, o desenvolvimento da conceituação do caso lança luz sobre o papel das experiências prévias da vida, crenças e fatores que precipitam o início das vozes de Elizabeth. Ela sentia culpa e remorso por desafiar seus pais e Deus. Suas crenças nucleares incluíam ser "má" e "ruim", entre outros atributos pejorativos. Os acontecimentos precipitantes foram namoros de uma noite, promiscuidade subsequente e vergonha por "fingir ser boa" para o novo namorado. O acontecimento precipitante proximal foi o rompimento com o namorado. A estrutura religiosa dos delírios parece se fundamentar nas crenças religiosas que ela mantinha ao longo da vida. O conteúdo das vozes parece refletir os seus próprios pensamentos automáticos negativos "quentes", que passavam da primeira pessoa ("sou uma vagabunda") para a segunda pessoa ("você é uma vagabunda") (Beck e Rector, 2003). Essa conceituação é apresentada na Figura 10.3.

TRATAMENTO

Psicoeducação e normalização

Conforme discutido amplamente por Kingdon e Turkington (1991), os pacientes variam no grau de necessidade de uma explicação para a ocorrência das vozes. Alguns pacientes explicam as vozes em função de terem esquizofrenia. Como parte do proces-

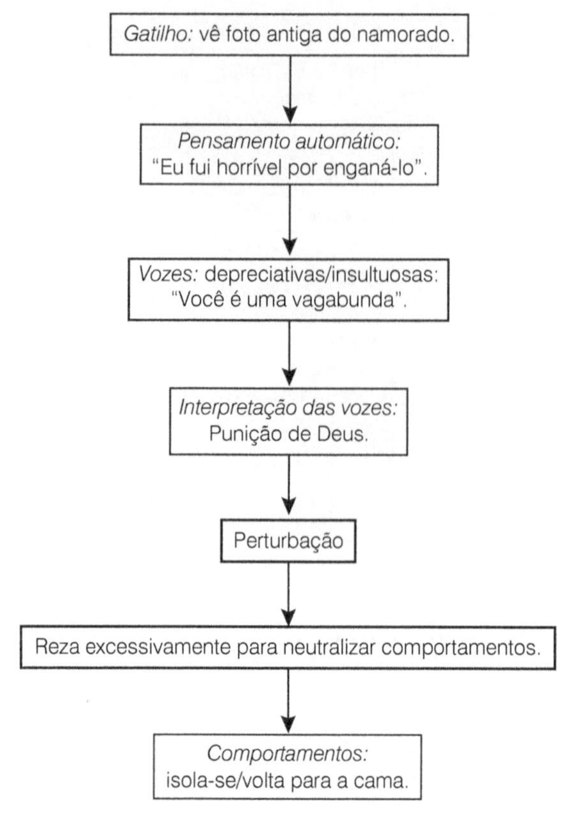

FIGURA 10.3 Conceituação do ciclo vicioso relacionado com as vozes.

so inicial de psicoeducação, os pacientes são familiarizados ao modelo da vulnerabilidade-estresse da psicose e da atividade alucinatória, em especial. Desse modo, explicações para aumentar o entendimento do papel dos fatores de vulnerabilidade podem envolver diversas variáveis biológicas (genética), psicológicas (experiências evolutivas) e sociais (isolamento e marginalização) críticas, que fazem sentido para o paciente em termos de compreensão e experiência. O papel dos acontecimentos traumáticos, acontecimentos interpessoais adversos, perdas e desafios da vida (sair de casa e ir para a universidade) são gatilhos potencialmente importantes que devem ser discutidos em relação ao início das vozes. Alguns pontos fundamentais que podem ser compartilhados com os pacientes de um modo claro e simples incluem:

- Cinco por cento da população dizem ouvir vozes em algum ponto da vida.
- Estudos com estudantes universitários mostram que mais de 30 a 40% dizem já ter ouvido vozes.
- A tortura e o confinamento solitário podem gerar vozes.
- A perda de um ente querido pode levar a alucinações durante o processo de luto.
- As pessoas que sentem perturbação e agitação emocional podem ouvir vozes (as vozes são observadas em pacientes com depressão psicótica, transtorno bipolar e transtorno de estresse pós-traumático [TEPT]).

A psicoeducação com uma abordagem "normalizante" também inicia um somatório de evidências que constroem explicações alternativas para as vozes, que é o componente básico do sucesso do tratamento.

Mais além dos fatores de predisposição, uma parte do processo de psicoeducação é ajudar os pacientes a identificar os precipitantes situacionais de suas vozes. Os gatilhos específicos do paciente para as vozes se tornarão mais claros durante o processo de avaliação e preenchimento dos registros de automonitoramento entre as sessões, mas, durante a fase de psicoeducação, podem-se discutir os gatilhos típicos. Isso também traz a oportunidade para o paciente discutir gatilhos familiares, como:

- Uso de álcool e drogas (LSD, cocaína)
- Abstinência de álcool
- Privação do sono
- Ansiedade
- Tristeza
- Desconfiança
- Fadiga
- Conflito interpessoal
- Situações com ruídos de fundo altos e monótonos
- Assistir a televisão

Conhecer os fatores psicológicos que contribuem para a persistência das vozes pode ajudar o paciente, como parte do processo de psicoeducação. Por exemplo, o terapeuta pode explicar o papel das expectativas (ouvir o telefone tocar enquanto espera uma ligação) e de confundir os seus pensamentos com os de outras pessoas (viés externalizante), como um modo de reduzir o estigma aparente associado às vozes e como um ponto de partida para apresentar o modelo cognitivo ao paciente. O terapeuta também pode discutir o papel de distorções cognitivas comuns no entendimento enviesado das experiências (tirar a conclusão precipitada de que uma dor no peito depois do jantar é sinal de um ataque cardíaco). Se parecer apropriado, também pode ser importante o terapeuta compartilhar as suas próprias experiências de distorção, para transmitir a ideia de que todos temos experiências "estranhas" de vez em quando. Além disso, conforme discutido por Nelson (2005), pode ser importante discutir que mesmo as crenças mais firmes podem estar erradas, discutindo crenças infantis comuns com relação ao Papai Noel e à fada dos dentes. Parte da discussão deve enfatizar o quanto é normal mudar essas crenças, quando reconhecemos que estão erradas.

Os pacientes preveem que serão considerados "loucos" ou julgados de um modo negativo por ouvirem vozes. Romme e Escher (1994) desenvolveram a Hearing Voices Network na Holanda, e essas comunidades na internet hoje existem em vários países. Muitas pessoas que ouvem vozes contam que o contato com a Network instila esperança e reduz o estigma e, assim, os pacientes são incentivados a procurar esses *sites*. Além disso, elas fornecem materiais escritos sobre a natureza das vozes. De um modo geral, um dos objetivos básicos do processo de psicoeducação é estabelecer a universalidade dos problemas que o paciente está passando e aumentar a sua dignidade e respeito.

Apresentando o modelo cognitivo ao paciente

Em nossa experiência clínica, os pacientes muitas vezes consideram mais fácil entender como o papel das avaliações e crenças contribui para sua experiência das vozes se tiverem desenvolvido uma compreensão do papel das avaliações e crenças em suas vidas cotidianas, em relação a suas experiências gerais. No começo da fase de avaliação e psicoeducação, o terapeuta tenta familiarizar o paciente à compreensão de como os pensamentos, sentimentos e comportamentos se conectam em torno das experiências na vida. A maioria dos pacientes chega às sessões com uma série de problemas, e o terapeuta pode começar a usar a abordagem do registro de pensamentos disfuncionais na sessão não apenas para ensinar o modelo cognitivo, mas tentar aliviar a perturbação por meio da reestruturação cognitiva. Isso serve como um "gancho" para o modelo cognitivo antes de se chegar a crenças mais rígidas e afetivas sobre as vozes.

Durante essa fase, o terapeuta ensina o paciente a identificar distorções, considerar evidências alternativas para chegar a conclusões mais equilibradas e considerar as vantagens e desvantagens de manter certas crenças. Pode-se usar uma lista de distorções cognitivas para introduzir o paciente ao papel das distorções cognitivas. De maneira importante, a abordagem é colaborativa e não confrontativa, e tenta colocar o paciente em um modo de questionamento. O momento exato para abordar as vozes, é claro, depende da sua posição na lista de problemas do paciente. Os benefícios dessa abordagem são familiarizar o paciente ao modo de questionamento, usar uma abordagem estruturada na sessão, usar registros de automonitoramento como tarefa de casa e desenvolver um conjunto de habilidades para identificar e testar o papel das avaliações antes de chegar a interpretações potencialmente mais ameaçadoras e delirantes. Em certos casos, a transição do uso do modelo cognitivo em uma situação problemática recente para o modelo cognitivo das vozes é fácil, conforme mostra o caso a seguir.

Abordagens cognitivas e comportamentais

Introduzindo estratégias comportamentais simples

Um ponto de partida simples para ajudar o paciente a lidar com as vozes é trabalhar com base no repertório preexistente de estratégias de enfrentamento (Tarrier, 1992). A maioria dos pacientes já terá desenvolvido suas próprias estratégias para lidar com as vozes e terá graus variados de sucesso com essas estratégias. Por exemplo, muitos pacientes descrevem que se isolam quando ouvem vozes, ao passo que outros usam diversos tipos de equipamentos de áudio (tampões de ouvido, rádio, *walkmans*, *discmans* e *iPods*). Além de refinar e praticar as estratégias disponíveis ao paciente para aumentar o seu uso regular e efetivo, o terapeuta pode introduzir outras estratégias comportamentais que se mostraram promissoras. Por exemplo, se o paciente ainda não experimentou usar um *walkman* ou tampões, esse pode ser um bom lugar para começar. Embora possa proporcionar apenas alívio de curto prazo, muitos pacientes têm reduções imediatas na frequência e/ou no volume das vozes com os tampões de ouvido, e alguns relatam efeitos mais duradouros – talvez por terem um sentido maior de controle sobre as vozes. Recomenda-se que os pacientes experimentem o tampão nos dois ouvidos e identifiquem qual parece produzir os maiores efeitos. Em casa ou em um local onde não seja perigoso fazê-lo, os pacientes também podem usar os tampões em ambos ouvidos ao mesmo tempo. Além disso, a grande maioria dos pacientes relata benefícios do uso de um *walkman*, em cujo caso os pacientes podem ser instruídos para ajustar o volume para corresponder ao patamar das vozes.

Além disso, a maioria dos pacientes diz usar técnicas de distração naturalmente como uma ferramenta efetiva para aumentar o controle sobre as vozes. Basicamente, qualquer atividade que desvie a atenção das vozes, como assistir à televisão, escutar música, conversar, ler ou jogar um *videogame*, pode ser potencialmente efetiva. Atividades mais laboriosas, incluindo a prática de esportes, exercícios ou simplesmente dar uma caminhada, também podem reduzir a atividade das vozes.

Como a maioria dos pacientes ouve as vozes durante estados de excitação ansiosa, comportamentos que reduzam a excitação – como tomar banho, ler em silêncio ou usar técnicas de relaxamento – podem levar à atenuação da atividade das vozes. Também existe considerável apoio para o uso da fala ou atividade subvocal para reduzir as vozes (Carter, Mackinnon e Copolov, 1996). Por exemplo, cantar melodias com os lábios fechados é algo que pode ajudar. Quando as vozes são ativadas, os pacientes podem experimentar isso, ou falar para si mesmos (ou cantar) baixinho para evitar embaraço.

Outra estratégia comportamental (Nelson, 2005) é introduzir a "hora da voz", um período em que o paciente pode intencionalmente gerar e focar na atividade da voz, mas deve concordar em não prestar atenção a ela em outros momentos do dia se, por acaso, a voz for ativada. Essa estratégia assemelha-se a prescrever a "hora da preocupação" para pacientes que se preocupam excessivamente. O estabelecimento de um parâmetro que determine quando se concentrar, ou não, nas operações cognitivas internas aumenta a percepção de controle sobre elas. Durante a hora da voz, o paciente deve se concentrar nas características físicas das vozes, em sua localização e em seu conteúdo específico.

As vozes podem ser perturbadoras demais para que certos pacientes se concentrem totalmente durante a hora da voz. Uma estratégia para garantir uma abordagem segura é ensinar o paciente a avaliar-se pela escala SUDS (Subjective Units Distress Scale), que varia de 0 a 100, e estabelecer um limite de comum acordo, a partir do qual o paciente deve encerrar o exercício de focar. Por exemplo, se a ansiedade gerada vai além de um nível confortável (70%), o paciente deve descontinuar o exercício. Todavia, como é o caso quando se usa essa estratégia com outras dificuldades emocionais, apenas o pedido para automonitorar as vozes com uma atitude de distanciamento já pode reduzir a frequência e a perturbação. Um último passo a ser considerado durante a hora da voz é que o paciente monitore a relação entre seus pensamentos e o conteúdo das vozes, solicitando-se que o paciente faça um registro de pensamentos para pensamentos automáticos negativos e outro registro de pensamentos para a narrativa literal do que a(s) voz(es) diz(em).

Finalmente, como certos pacientes têm o início das vozes em contextos que proporcionam estimulação excessiva (*shopping centers* barulhentos e ruidosos), outra estratégia comportamental que tem funcionado é sugerir que os pacientes se retirem do contexto perturbador.

Visão geral das avaliações e crenças a serem abordadas na terapia cognitiva

Conforme o Quadro 10.3, ao tratar as vozes, devemos considerar quatro domínios cognitivos principais: (1) abordar o conteúdo das vozes, (2) abordar as crenças não delirantes sobre as vozes, (3) abordar as crenças delirantes sobre as vozes e (4) abordar as crenças autoavaliativas subjacentes associadas às vozes. Também é importante tentar reduzir os comportamentos de evitação e segurança relacionados com cada um desses domínios cognitivos.

Focando o conteúdo das vozes

Independentemente das crenças sobre as vozes, muitos pacientes ficam extremamente perturbados com o seu conteúdo, que costuma ser pejorativo, insultuoso, depreciativo e crítico. O conteúdo das vozes pode refletir preocupações, acontecimentos importantes da vida, ou memórias do passado, podendo ser delirante ("Você é o filho do diabo") ou

QUADRO 10.3 Taxonomia das cognições relacionadas com as vozes

	Cognições relacionadas com as vozes	Equivalente não psicótico
Conteúdo da voz	• "Você não é quem pensa ser". • "Você é um inútil".	Pensamentos do fluxo da consciência Pensamentos automáticos negativos
Crenças não delirantes	• Crença de perda do controle • Crença de que será hospitalizado	Pensamentos automáticos negativos Pressupostos subjacentes
Crenças delirantes	• A voz é do diabo, e é uma punição por pensamentos sexuais. A voz é do avô falecido.	Nenhuma crença delirante, apenas crenças interpessoais relacionadas com a percepção de • Origem das vozes • Significado das vozes • Poder das vozes
Crenças autoavaliativas subjacentes às vozes	• Pensa em si como ruim, inútil e mau	Crenças nucleares • Autonomia • Sociotropia

não delirante ("Você é um tolo"). O objetivo é desacreditar e reduzir o impacto das vozes. A estratégia pode não levar ao fim das vozes, mas pode fazer o paciente se sentir menos perturbado, irritado, com raiva e medo das vozes. Em muitos casos, a frequência das vozes também diminui depois de intervenções cognitivas direcionadas a elas.

Basicamente, a abordagem é questionar a acurácia do conteúdo das vozes, assim como um pensamento automático negativo seria questionado, testado e corrigido por meio do diálogo socrático. Como o conteúdo da voz costuma ser entendido como evidência das crenças sobre as vozes ("Sei que é Deus, porque é o único que sabe que eu duvido dele"), abordar a veracidade percebida do conteúdo também pode servir para questionar a veracidade das crenças sobre as vozes ("um guerreiro chinês do século XV realmente falaria inglês?"). Mais uma vez, se o paciente tiver sido familiarizado ao modelo cognitivo e já estiver usando um registro de pensamentos disfuncionais como parte de suas tarefas de casa, essa transição pode ser bastante fácil.

Contudo, será necessário usar um registro de pensamento modificado, conforme mostrado na Figura 10.4. Para usar esse registro, os pacientes anotam literalmente o que as vozes dizem e depois analisam as evidências a favor e contra a veracidade da afirmação. Assim como na prática comum da terapia cognitiva, os pacientes relatam o nível em que acreditam no conteúdo das vozes antes e depois de coletarem evidências e gerarem explicações alternativas. Como o conteúdo cognitivo em outros transtornos psiquiátricos, o conteúdo das vozes geralmente reflete temas que têm alguma importância para o paciente – uma preocupação, crença, memória ou ideia ou tema importante. No exemplo da Figura 10.4, o gatilho para a voz que a paciente ouve é a sua percepção de que estava realizando uma tarefa de maneira incorreta. Seus pensamentos autocríticos iniciais se transformaram em vozes críticas. Conforme sugerido, o terapeuta começa ajudando a paciente a identificar distorções cognitivas nas afirmações da voz: "você não consegue fazer nada direito", refletindo um pensamento em preto e branco extremo, e "fracassada", refle-

Situação	Conteúdo da voz	Humor	Evidência a favor	Evidências contrárias	Pensamentos alternativos ou equilibrados	Avaliação do humor
Fazendo uma boneca e os pontos soltam	Pensamentos: "Não faço nada direito; sou uma tola". *Vozes*: "Você não faz nada direito"; "você é uma fracassada"; "você é inútil".	Tristeza: 70%	O artesanato é feio; a barriga não tem tamanho suficiente. "Cometi tantos erros". "Planejei isso por tanto tempo".	"Foi minha primeira tentativa". "Fiz o molde sozinha". "Talvez fique melhor no final". "Dá para reconhecer". "Tendo a querer que as coisas pareçam perfeitas na primeira vez". "Posso fazer mudanças".	"É minha primeira tentativa e vou continuar tentando."	Tristeza: 0%

FIGURA 10.4 Registro de pensamentos disfuncionais modificado para vozes.

tindo uma distorção de rotulação. A seguir, o terapeuta pergunta "que evidências você tem que sustentem a veracidade das afirmações feitas pelas vozes?". Com a prática repetida, a paciente aprende a identificar distorções cognitivas nos comentários das vozes e a gerar perspectivas alternativas sobre a veracidade ou precisão percebida nos comentários das vozes.

Não é incomum o conteúdo da voz refletir alguma ação pela qual o paciente sinta vergonha em relação ao passado. Por exemplo, uma paciente não apenas ouvia uma voz que a xingava, dizendo: "vagabunda", como também ouvia as tossidas, espirros e pigarros das pessoas como se dissessem "vagabunda". Apesar de anos ouvindo vozes com esse conteúdo, ela continuava a se magoar e entristecer cada vez que ocorria. O conteúdo da voz refletia uma crença que ela mantinha sobre si mesma, de que era uma "vagabunda" por ter sido promíscua durante um período problemático no final da adolescência. Aos 20 e poucos anos, ela se converteu ao cristianismo e passou a se sentir cada vez mais "enojada" consigo mesma por ter cometido tantos "pecados". Para reduzir a perturbação associada ao conteúdo da voz, seu terapeuta sabia que precisava mudar a crença que ela tinha sobre si mesma, de que era uma "vagabunda que iria para o inferno". Ao começar a terapia cognitiva com ela, o terapeuta considerou duas estratégias: (1) proporcionar psicoeducação e normalização da sexualidade adolescente e comportamentos de "atuação" após acontecimentos pessoalmente traumáticos, e/ou (2) envolver um sacerdote imparcial para transmitir uma mensagem de perdão e aceitação. Decidiu-se que as tentativas de construir uma perspectiva alternativa sobre seu comportamento passado seriam mais proveitosas se fossem condizentes com suas crenças religiosas. Suas discussões anteriores haviam indicado que o sacerdote era bondoso e moderado e seguidamente tentava mitigar a sua tendência de ser autocrítica e sentir culpa excessiva. Ao preparar para o encontro dela com o sacerdote, colocou-se a seguinte questão: "Que pergunta a senhora gostaria de fazer ao sacerdote para aprender mais sobre como seria vista pela sua igreja e fé?". A paciente respondeu que "minha promiscuidade é um sinal do diabo e eu vou para o inferno?". A resposta que ela recebeu do sacerdote foi bastante confortante e indicou que, como havia se arrependido de seus pecados, não seria punida. Embora esse *feedback* a tenha levado a sentir menos medo em relação a suas crenças religiosas, ela ainda tinha dificuldade para se aceitar pessoalmente. Nesse caso, o terapeuta concentrou-se em diferentes aspectos da vida adolescente e nos aspectos naturais da curiosidade sexual. O terapeuta também se concentrou em acontecimentos específicos que ocorreram na vida da paciente durante esse período (uma vida doméstica problemática, fracasso acadêmico, influência negativa de amigos) que poderiam impactar as suas decisões e vulnerabilidade pessoal.

Alguns pacientes acreditam que outras pessoas podem ouvir as suas vozes e sentem vergonha e embaraço quando estão ocorrendo. Conforme discutido por Kingdon e Turkington (2005), os pacientes podem fazer um levantamento para ver se outras pessoas em quem confiam conseguem ouvir suas vozes quando ocorrem ou, de maneira alternativa, se o paciente tiver a tendência de ouvir as vozes durante a sessão clínica, pode-se usar uma gravação da sessão para mostrar evidências alternativas de que as outras pessoas não podem ouvir as vozes.

Lidando com ameaças e comandos

O conteúdo das vozes pode ser ameaçador – dizendo, por exemplo, que elas (as vozes) irão agredir o paciente fisicamente se ele não agir de um determinado modo ou que farão o paciente se machucar. O primeiro passo do terapeuta é obter relatos literais das afirmações ou ameaças que as vozes estão fazendo. O segundo é avaliar se o paciente acredita que algum acontecimento do passado corrobora o poder das vozes para fazer acontecimentos adversos acontecerem na vida real. O terceiro é começar a avaliar as evidências em favor das consequências percebidas de desobedecer aos comandos. O quarto, enfatizar as vantagens de não obedecer às vozes e as desvantagens de obedecer. É importante reconhecer que a maioria dos comandos está embutida em crenças delirantes sobre o poder e as origens das vozes. Dessa forma, para reduzir o conteúdo ameaçador das vozes, pode ser necessário dedicar atenção imediata às crenças delirantes relacionadas com elas, particularmente o seu poder percebido. Alguns pacientes podem se sentir ameaçados demais para questionar a veracidade das vozes, pois acreditam que elas são poderosas e os punirão. Para esses pacientes, provavelmente seja melhor começar abordando as crenças sobre as vozes, ao contrário do seu conteúdo verdadeiro.

Depois de identificar o que as vozes estão pedindo para o paciente fazer, o terapeuta também obtém informações sobre como o paciente está lidando atualmente com esses comandos – em outras palavras, que estratégias o paciente desenvolveu para resistir e não executar os comandos? O próximo passo é avaliar as evidências que o paciente usa para sustentar o poder das vozes em causar certos acontecimentos no mundo físico. Por exemplo, uma paciente acreditava que suas vozes eram responsáveis pelas mortes de seis membros da sua organização religiosa. Dessa forma, a paciente acreditava que havia consideráveis razões do passado para o medo de desobedecer, e essas razões percebidas serviam para consolidar o medo de desobedecer às vozes atualmente. As vozes ameaçavam "matar" outros membros da igreja se ela resolvesse desobedecer às suas ordens. O questionamento revelou que os seis membros da igreja, de fato, haviam morrido durante um período de 18 meses. Porém, à medida que a paciente considerou as evidências sobre essas mortes, ela descobriu que, em cada caso, havia uma explicação alternativa – as pessoas haviam morrido de doenças, acidentes ou causas naturais.

Finalmente, é importante que o terapeuta ajude o paciente a identificar toda a variedade de desvantagens em obedecer às ameaças, para si mesma (remorso, hospitalização, possíveis consequências legais) e para outras pessoas (prejudicar e fazer sofrer), além de questionar qualquer vantagem percebida (menos perturbação, sensação de paz). Além de mobilizar uma mudança cognitiva, de modo que o paciente possa manter em vista as desvantagens de obedecer às vozes ameaçadoras, também é importante que o paciente tenha em mãos um plano comportamental, com alguma ação alternativa a adotar, como telefonar para alguém, assistir à televisão, e assim por diante. O paciente deve monitorar todos os seus "sucessos", os momentos em que não agiu conforme as instruções das vozes, como um meio de desenvolver autoeficácia em relação a não obedecer às vozes. Depois de coletadas todas as evidências possíveis para questionar a veracidade das vozes, elas devem ser registradas, com um acesso fácil, como um "cartão de enfrentamento", para que o paciente possa utilizá-lo na próxima vez que as vozes forem ativadas e ele estiver se sentindo perturbado.

Abordando crenças não delirantes sobre as vozes

É comum os pacientes terem crenças não delirantes sobre as vozes, além das suas crenças delirantes. Os terapeutas devem incentivar os pacientes a falar sobre todas as suas crenças relacionadas com as vozes, passadas e presentes. Para começar, pode-se perguntar ao paciente: "O que você pensou sobre a voz na primeira vez em que ocorreu?" ou "O que você pensa sobre as vozes agora?". Embora o terapeuta possa ter uma noção de algumas das crenças do paciente sobre as vozes depois da administração do BAVQ, ele deve fazer perguntas mais específicas sobre a representação percebida ("Você consegue reconhecer a voz – sabe de quem é?"), o propósito ("Que explicações você tem para estar ouvindo vozes?), o perigo ("Você tem algum medo associado a ouvir as vozes?") e as consequências das vozes ("Você se preocupa em sua vida ser afetada se continuar a ouvir as vozes?"). O nível em que os pacientes avaliam a atividade das vozes como sinal de perigo iminente, distração ou interferência está diretamente associado ao nível de perturbação após a sua ativação (Baker e Morrison, 1998).

Com frequência, as crenças não delirantes sobre as vozes se focam nas implicações de ouvir vozes como, por exemplo, um indício de "estar enlouquecendo", "perder o controle", "recaída" e "provável hospitalização". Uma de nossas pacientes acreditava que o início da atividade das vozes era sinal de que perderia a cabeça e seria hospitalizada. Na primeira vez, sete anos antes, a experiência de ouvir vozes frequentes e perturbadoras levou a uma hospitalização prolongada. Desde então, ela continuou a ouvir vozes persistentes periodicamente e, embora certamente fossem perturbadoras, nunca levaram a uma piora significativa ou hospitalização. A abordagem foi ajudá-la a identificar e analisar seus medos acerca das vozes diretamente, considerando as evidências. Apesar da possibilidade de que o aumento na atividade das vozes precipitasse uma piora maior, isso jamais ocorreu nos últimos sete anos. Depois de uma análise das evidências, o terapeuta e a paciente revisaram as distorções cognitivas de tirar conclusões precipitadas, catastrofização e raciocínio emocional.

Finalmente, o terapeuta proporcionou empatia e apoio para a dor e o medo associados à primeira hospitalização. Subsequentemente, a paciente começou a carregar um cartão de enfrentamento e, sempre que as vozes começavam, usava-o para quebrar o ciclo do medo de perder o controle e precisar de hospitalização. Paradoxalmente, a redução do medo agudo sobre os perigos associados às vozes levou à sua atenuação, proporcionando-lhe maior controle sobre elas.

Abordando crenças delirantes sobre as vozes

Embora alguns pacientes não tenham crenças ou explicações para suas vozes, a vasta maioria dos pacientes desenvolve crenças sobre as vozes como uma tentativa de entendê-las e reduzir a ansiedade que as acompanha. Conforme revisado no Capítulo 3, a importância das crenças delirantes sobre as vozes é demonstrada à medida que a experiência de alucinações, por si só, não leva à psicose, mas o desenvolvimento de delírios sobre as vozes, particularmente sobre sua significância especial, prevê o desenvolvimento de uma psicose (Van Os e Krabbendam, 2002). Chadwick e colaboradores (1996) sugerem que as crenças delirantes sobre as vozes podem ter um impacto maior sobre as emoções e reações comportamentais do que o conteúdo das alucinações. Os pacientes muitas vezes identificam o conteúdo da voz como evidência em favor das crenças delirantes que têm sobre as vozes. Se o paciente já vinha trabalhando em desafiar suas interpretações do conteúdo das vozes, as crenças relacionadas com as vozes podem ser menos rígidas e impenetráveis. Além disso, conforme já discutido, embora às vezes seja necessário começar com o conteúdo das vozes ou as crenças delirantes sobre elas, muitas vezes esses aspectos são abordados simultaneamente no tratamento.

As crenças delirantes relacionadas com as vozes muitas vezes refletem as origens percebidas da voz, quem ela representa (Deus, o diabo, parentes falecidos), e a percepção de poder e controle da voz (Chadwick et al., 1996). A perturbação causada pelas vozes não envolve apenas o que foi dito, mas a sua origem percebida. Por exemplo, um paciente que ouve uma voz dizer que "você é o filho do diabo" tem maior probabilidade de sentir perturbação se acreditar que ela vem do diabo do que de um desafeto seu. Desse modo, gerar explicações alternativas para as origens das vozes pode levar a reduções significativas na perturbação. Todavia, em casos em que as origens percebidas das vozes criam bem-estar positivo para o paciente – por exemplo, acreditar que as vozes emanam de Deus, ou de um ente querido falecido, ou um velho amigo –, o terapeuta talvez prefira não abordar as crenças delirantes sobre as origens das vozes, à luz desses benefícios. Todavia, uma abordagem é perguntar como o paciente se sentiria se as vozes não estivessem presentes, como forma de revelar os sentimentos subjacentes de solidão e impotência, para os quais as vozes podem estar proporcionando proteção compensatória.

Uma origem comum para as vozes é a experiência de traumas: assim como os acontecimentos traumáticos levam muitas pessoas a reviver suas experiências em *flashbacks* e intrusões visuais, 50% dos temas do conteúdo e das crenças relacionadas com as vozes dizem respeito à experiência do paciente com traumas no passado (Hardy et al., 2005). Depois da normalização da explicação do paciente para a voz, uma maneira de criar evidências alternativas para reduzir a aparente nitidez da voz é discutir o papel da perturbação psicológica extrema e de intrusões e memórias traumáticas. Depois de tentar entender as explicações do paciente para suas vozes, e de tentar normalizar a experiências das vozes, o terapeuta começa a empregar questionamento suavemente para evocar perspectivas alternativas sobre as crenças. Primeiramente, o terapeuta pergunta diretamente se o paciente considerou explicações alternativas para as vozes que ouve. Depois disso, por meio de um questionamento socrático das evidências, o terapeuta tenta levantar dúvida e perplexidade em torno do suposto agente, para ajudar o paciente a chegar à conclusão de que, embora a crença seja compreensível, ela é incorreta, e as explicações alternativas são mais válidas.

A prescrição de experimentos comportamentais para testar interpretações delirantes e não delirantes é especialmente útil para criar interpretações alternativas e menos perturbadoras. Por exemplo, um paciente acreditava que seus vizinhos estavam conspirando para despejá-lo de seu apartamento, e que os ouvia falando dele diariamente (Rector e Beck, 2002; Rector, 2004). Quando os vizinhos chegavam do trabalho e subiam a escada, os rangidos dos degraus ativavam as vozes do paciente. Questionado, na sessão, sobre como sabia que as vozes eram dos seus vizinhos, ele citou a semelhança e nitidez das vozes: "Elas soam exatamente como meus vizinhos". Para gerar explicações alternativas, o terapeuta perguntou: "Existem outras explicações possíveis? Alguma vez você ouviu o rangido da escada e não ouviu as vozes? Alguma vez ouviu o rangido da escala e as vozes e pensou que eram seus vizinhos, mas olhou para fora da porta e não eram os vizinhos passando? Se isso ocorresse uma vez, ou mesmo repetidamente, mudaria sua visão sobre a origem das vozes?".

Conforme discutido no Capítulo 4, as crenças relacionadas com a onipotência, onisciência e incontrolabilidade das vozes são especialmente importantes e podem ser aliviadas por diversas estratégias cognitivas e comportamentais. Crenças relacionadas com a falta de controle podem ser abordadas demonstrando para os pacientes que eles podem iniciar, diminuir ou terminar as vozes (Chadwick et al., 1996). Por exemplo, com base no conhecimento adquirido com a análise funcional das vozes do paciente, o terapeuta pode mostrar coisas que ativam as vozes, como discutir um tópico de importância emocional, e direcionar o paciente para uma atividade que acabe com as vozes, como discutir os passatempos do paciente ou sair do consultório para dar uma caminhada. Essa estratégia produz evidências alternativas, que enfraquecem a crença de que as vozes são incontroláveis. De maneira semelhante, montar experimentos para demonstrar que o paciente pode ignorar as ordens das vozes e que as consequências previstas não ocorrem é uma forma de abordar as crenças relacionadas com a onipotência e a onisciência.

Abordando crenças autoavaliativas subjacentes associadas às vozes

Conforme discutido no Capítulo 4, uma premissa fundamental do modelo cognitivo das vozes é que os esquemas, uma vez ativados por situações congruentes, levam a pensamentos automáticos negativos, autoavaliações, autocomandos, autocríticas e proibições, como levariam, digamos, na depressão, mas se tornam perceptualizados na forma de alucinações em pessoas que sofrem de psicose. Além de abordar o conteúdo das vozes e as crenças não delirantes e delirantes a seu respeito, é importante que o terapeuta identifique as crenças nucleares que moldam os temas do conteúdo e as crenças. Por exemplo, o grau de crença em torno do poder percebido e da natureza controladora das vozes parece semelhante ao próprio grau percebido de impotência e vulnerabilidade do paciente. Não é incomum se identificar a crença nuclear rapidamente a partir do que as vozes dizem, como no caso anterior, onde a paciente ouvia vozes que a chamavam de "inútil" e "fracassada". Conforme discutido para o tratamento dos delírios no Capítulo 9, podem-se empregar estratégias padronizadas para identificar, testar e criar crenças nucleares alternativas subjacentes às crenças sobre as vozes, como usar registros de crenças nucleares e conduzir experimentos comportamentais para desenvolver o apoio configuracional para novas crenças nucleares alternativas.

Focando comportamentos de segurança

Conforme discutido no Capítulo 4, os pacientes que ouvem vozes também têm comportamentos que visam mitigar a ativação das vozes, neutralizar as consequências negativas de ouvi-las e/ou apaziguar o seu agente – todos chamados de comportamentos de segurança (Morrison, 2001). Infelizmente, o esforço gasto para evitar e neutralizar as vozes leva a um envolvimento menor em atividades e socialização, deixando a pessoa mais isolada, o que, por sua vez, pode desencadear um aumento na atividade da voz. Esse ciclo vicioso perpetua as alucinações e não permite que o paciente teste maneiras alternativas e mais adaptativas de lidar com as vozes, e também impede que o paciente tenha experiências que levariam a evidências desconfirmando algumas das crenças sobre as vozes. Como no tratamento do transtorno de pânico, da fobia social e de outros transtornos de ansiedade, o terapeuta identifica a grande variedade de comportamentos de segurança que o paciente usa atualmente para prevenir a ativação ou a continuação das vozes. De maneira semelhante, o terapeuta identifica os comportamentos de segurança específicos que o paciente usa para neutralizar as crenças (delirantes) sobre as vozes, e organiza esses comportamentos em uma hierarquia baseada na percepção da ansiedade que viria se o comportamento fosse eliminado. Depois disso, o terapeuta tenta ajudar o paciente a desenvolver estratégias mais funcionais, de modo que os comportamentos de segurança podem ser reduzidos sistematicamente. Como no tratamento de condições ansiosas e fóbicas, uma hierarquia gradual é mais efetiva quando o paciente abandona comportamentos de segurança que levam a níveis leves a moderados de ansiedade antes de proceder a eliminação de níveis altos de ansiedade. Como os comportamentos de evitação e segurança estão inexoravelmente ligados às avaliações cognitivas e crenças relacionadas com as vozes, sua redução deve ocorrer juntamente com os exercícios de reestruturação cognitiva. Por exemplo, quando o foco é abordar o conteúdo das vozes, o terapeuta também trata dos comportamentos de evitação e segurança relacionados com o conteúdo. De maneira semelhante, esse trabalho com os comportamentos de evitação e segurança relacionados com as crenças sobre as vozes deve ocorrer no momento em que se trabalha para mudar as crenças.

RESUMO

A perturbação e a interferência associadas à experiência de alucinações auditivas podem ser significativamente reduzidas por meio de diversas estratégias cognitivo-comportamentais efetivas. Além do uso de métodos de distração, as abordagens cognitivo-comportamentais concentram-se em reduzir a perturbação associada à atividade das vozes, ajudando o paciente a questionar e finalmente desenvolver uma postura crítica para com o que as vozes dizem, identificando distorções cognitivas e outras imprecisões em suas afirmações. A abordagem também se concentra na percepção de medo e perigo associada a ouvir vozes e nas crenças delirantes que se formam relacionadas com a percepção das origens, significado e poder das vozes. O tratamento das alucinações auditivas na forma de vozes inclui a atenção para as crenças nucleares subjacentes da pessoa, que tantas vezes refletem temas de desamparo, impotência, inutilidade e coisas do gênero, e que moldam o conteúdo, as crenças e as reações específicas às vozes. Por fim, discutimos a importância de controlar os comportamentos de evitação e segurança.

11

Avaliação e Terapia Cognitivas para Sintomas Negativos

Do ponto de vista histórico, os aspectos característicos dos sintomas negativos, como a baixa motivação, pouca energia, restrições na expressividade emocional e verbal, e distanciamento social são interpretados como "déficits" que não são passíveis de mudança com intervenções psicológicas. Ainda assim, sabemos que os sintomas negativos vêm e vão para a grande maioria dos pacientes que os têm. Gatilhos internos (ouvir vozes) e externos (hospitalização) são associados ao seu início, e mudanças internas (menos desesperança) e externos (conseguir um emprego) foram observadas em relação à sua redução. Essas observações sugerem que os tratamentos psicológicos podem contribuir para a redução dos sintomas negativos, ajudando os pacientes a aprender a identificar e reduzir os gatilhos da sua ativação e/ou desenvolver estratégias para aliviá-los depois de iniciarem. No Capítulo 5, apresentamos um modelo cognitivo-comportamental dos sintomas negativos, detalhando como eles não se devem apenas a déficits biológicos subjacentes, mas representam uma inter-relação mais complexa entre avaliações, expectativas e crenças, bem como estratégias cognitivas e comportamentais características. Neste capítulo, apresentamos um modelo detalhado para a avaliação e tratamento de sintomas negativos, com base na conceituação cognitivo-comportamental desses sintomas, descrita no Capítulo 5.

Alpert e colaboradores (Alpert, Shaw, Pouget e Lim, 2002) observam, que, ao contrário das avaliações *bottom-up* ["da base para o topo"] ou da parte para o todo, as avaliações dos terapeutas sobre os sintomas negativos derivam de uma impressão global indiferenciada. Essa falta de diferenciação pode refletir o quadro clínico, que, em certos casos, pode incluir a presença de todos os sintomas negativos de maneira sindrômica. Para outros pacientes, somente os sintomas seletivos alcançam o patamar clínico. Em um estudo clínico concluído recentemente por um dos autores, pacientes responderam à entrevista PANSS antes do início do tratamento e apresentaram considerável variabilidade em seu quadro de sintomas negativos. O paciente médio apresentou entre três e quatro sintomas negativos de significância clínica (Rector, Seeman e Segal, 2003). Uma avaliação cuidadosa dos sintomas negativos inclui considerações diagnósticas, uma análise funcional completa, uma investigação das avaliações cognitivas e crenças relacionadas com os sintomas, uma compreensão do curso dos sintomas, com atenção para fatores distais e proximais envolvidos em sua precipitação, e sua formulação explícita dentro da conceituação de caso cognitiva. Uma síntese da abordagem de tratamento para os sintomas negativos pode ser encontrada no Quadro 11.1.

QUADRO 11.1 Avaliação e terapia cognitivas para sintomas negativos

Avaliação

- Avaliação de sintomas/cognições
  - Efeitos colaterais da medicação
  - Superestimulação/subestimulação ambiental
  - Sintomas negativos secundários associados a transtornos do humor ou de ansiedade
  - Sintomas negativos secundários a sintomas positivos
  - Avaliação diagnóstica
- Avaliação funcional
  - Avaliação de crenças e avaliações associadas aos sintomas negativos
  - Continuidade e descontinuidade dos sintomas ao longo do tempo
- Conceituação do caso
  - Foco em crenças disfuncionais sobre o desempenho e avaliações negativas do desenvolvimento e persistência dos sintomas negativos

Tratamento

- Psicoeducação e normalização
  - Compartilhar uma conceituação dos sintomas negativos segundo o modelo estresse-vulnerabilidade
  - Formular os sintomas negativos do paciente como resposta a ameaças e estresse
- Familiarizar o paciente ao modelo cognitivo
  - Desenvolver a consciência da interação entre pensamentos, sentimentos e comportamentos
- Implementar abordagens cognitivas e comportamentais
  - Abordar sintomas negativos secundários
  - Abordar sintomas negativos primários
  - Abordar baixas expectativas de prazer
  - Abordar baixas expectativas de sucesso
  - Abordar o impacto do estigma
  - Abordar a percepção de poucos recursos

AVALIAÇÃO

Avaliação de sintomas/cognições

Muitas vezes, os sintomas negativos emergem como a consequência secundária dos efeitos colaterais de medicamentos, alucinações e delírios, transtornos de ansiedade e do humor, e pouca estimulação ambiental (American Psychiatric Association, 2000, p. 301).

Efeitos colaterais da medicação

Como todos os medicamentos neurolépticos têm efeitos sedativos, alguns pacientes podem parecer indiferentes, insensíveis e desmotivados, como consequência secundária de seus medicamentos. Particularmente para pacientes no momento da primeira aparição dos sintomas, pode ser difícil negociar um equilíbrio entre alcançar uma dose suficiente de medicação para reduzir os sintomas positivos, como delírios e alucinações, mas não causar sedação exagerada e os efeitos previsíveis da letargia, apatia e desmotivação. A conhecida síndrome de déficit induzida por neurolépticos pode ser mais visível (e identificável) quando os sintomas negativos do paciente emergem ou pioram logo após a introdução ou mudanças na medicação, ou, de maneira alternativa, quando os medicamentos do paciente são diminuídos e os sintomas negativos parecem estar melhorando.

Superestimulação/subestimulação (institucionalização)

Alguns pacientes lançam mão do retraimento e isolamento como um meio de lidar com um ambiente superestimulante. No ambiente doméstico, a atividade das preparações matinais ou barulho noturno, com telefones tocando, a televisão à toda e, em residências grupais, entradas e saídas frequentes dos quartos, pode levar a uma sensação de "sobrecarga de estímulos". Além disso, o distanciamento pode ter uma função protetora em lares onde seguidamente existem brigas, conflitos e expressão emocional elevada. Em comparação, o ato de se "apagar" em resposta à subestimulação ambiental, incluindo a institucionalização, foi descrito há décadas (Strauss, Rakfeldt, Harding e Lieberman, 1989). Os terapeutas devem considerar o nível de empobrecimento ambiental e sua associação com a apatia, o afeto plano e a baixa motivação.

Sintomas negativos secundários a transtornos do humor ou de ansiedade

Conforme observado no Capítulo 5, as elevadas taxas de depressão e ansiedade comórbidas na esquizofrenia podem levar a um quadro clínico que, em alguns sentidos, assemelha-se a um quadro de sintomas negativos seletivos. Por exemplo, a depressão pode resultar em apatia, afeto plano, pouca motivação e retraimento social. Além disso, a evitação comportamental ligada aos transtornos de ansiedade pode estar associada a sintomas negativos secundários. Por exemplo, um paciente que sente sintomas significativos de pânico pode evitar o trânsito no caminho para a consulta, o uso de elevadores ou sequer sair de casa, por medo de ter um ataque de pânico. Um paciente com fobia social secundária pode ter dificuldade com o contato visual, falar de si mesmo e a intimidade interpessoal exigida na maioria dos tratamentos. Dessa forma, os comportamentos ativos de evitação e segurança usados para lidar com a excitação ansiosa podem ser interpretados incorretamente como falta de energia ou distanciamento emocional.

Sintomas negativos secundários a sintomas positivos

Os sintomas negativos que ocorrem em relação a sintomas positivos agudos muitas vezes refletem estratégias compensatórias que servem como forma de proteção de ameaças pessoais e/ou sociais. Um paciente com um delírio paranoide contido passava o dia todo na cama para impedir a ativação das sensações de medo, que acompanham a percepção de estar sendo monitorado por agentes do governo, se saísse de casa. Outro paciente se mostrava o mais "frio" possível, por medo de que, se expressasse sua felicidade, as pessoas tentariam "roubar" esses sentimentos. As interações sociais (Chadwick e Birchwood, 1994) muitas vezes desencadeiam a atividade das vozes e, por isso, muitos pacientes se retraem e isolam para reduzir o medo e a confusão que acompanha essa experiência. Outros pacientes evitam determinadas situações em que preveem que as vozes serão desencadeadas. Por exemplo, uma paciente evitava ir a lojas por medo de ouvir uma voz que a mandava roubar, enquanto outra evitava pegar o metrô porque os rangidos ativavam uma voz crítica estridente. Além de usar o retraimento e isolamento como proteção de uma ameaça social, outros pacientes podem apresentar uma forma semelhante de distanciamento para passar mais tempo com suas vozes (Chadwick e Birchwood, 1994).

Avaliação diagnóstica

Existem diversos instrumentos de avaliação administrados pelo terapeuta, que são confiáveis e têm validade, para determinar a presença, a gravidade e o grau de interferência dos sintomas negativos. Essas medidas foram apresentadas no Capítulo 5. As entrevistas administradas pelo terapeuta para avaliar os sintomas negativos, por exemplo a SANS ou a PANSS, têm avaliações dimensionais relacionadas com a ausência comparativa de expressão afetiva, fala, motivação e outros sintomas que compreendem a dimensão dos sintomas negativos. A avaliação clínica dos sintomas negativos pode ser feita de forma rápida e eficiente, devendo o terapeuta obter avaliações clínicas objetivas antes do tratamento, por várias razões. Em primeiro lugar, a melhor maneira de saber se o seu tratamento teve impacto nos sintomas negativos será avaliar mudanças em indicadores comportamentais antes e depois do tratamento, do tipo usado em escalas padronizadas de sintomas negativos. Em segundo, como poucos pacientes consideram seus sintomas negativos centrais para suas dificuldades, é importante que o terapeuta julgue explicitamente a significância clínica desses sintomas, com o objetivo de adicioná-los à lista de problemas, se for indicado. Em terceiro lugar, os pacientes podem citar uma variedade de problemas que refletem sintomas negativos, mas que podem não ser identificados se não for feita uma avaliação formal, pois a linguagem que o paciente usa geralmente não reflete a descrição real dos sintomas. Por exemplo, os pacientes muitas vezes afirmam que não gostam de falar de seus problemas, mas raramente dizem espontaneamente que sua tendência de dar respostas breves e lacônicas às perguntas feitas (alogia) os incomode.

Realização de uma avaliação funcional

Além de coletar avaliações padronizadas de sintomas negativos, uma avaliação completa envolve chegar a uma compreensão dos aspectos cognitivos, comportamentais e situacionais peculiares associados à sua ativação e persistência. O ponto de partida da análise funcional é determinar o nível de entendimento e *insight* do paciente sobre a presença e os gatilhos de seus sintomas negativos. Perguntas como "o que você gosta de fazer?", "o que não gosta de fazer?" e "existem momentos em que você considera difícil se expressar em palavras?" ajudam a evocar os gatilhos idiográficos dos sintomas da pessoa. Uma variedade de perguntas possíveis para identificar fatores situacionais pode ser encontrada no Quadro 11.2.

Alguns pacientes indicam que sentem menos energia desde que os medicamentos foram mudados, ou que suas vozes estão "mais fortes" e preferiam que os deixassem em paz. Em nossa experiência clínica, os gatilhos ambientais proximais para sintomas negativos incluem situações percebidas como pessoalmente ameaçadoras, como interações sociais, avaliações de desempenho, conflitos em relacionamentos, consultas com profissionais, situações que exijam muito esforço e a perturbação considerável causada pelas hospitalizações. Ao contrário dos gatilhos situacionais que costumam ser contíguos à expressão de ansiedade e depressão, em muitos casos os sintomas negativos são ativados por acontecimentos negativos reais ou percebidos que ocorreram dias, semanas, meses ou mesmo anos antes.

Para alguns pacientes, particularmente aqueles na fase crônica do transtorno, seus sintomas negativos podem parecer cada vez menos conectados com gatilhos situacionais específicos. Além disso, também podem parecer se incomodar menos, pois criam uma "zona de segurança", caracterizada pela evitação e retraimento de situações desencadeantes. Eles podem ter pouco *insight* de seu comportamento e/ou sentimentos. Conforme descrito antes, alguns pacientes com sintomas negativos simplesmente parecem

QUADRO 11.2 Perguntas para a avaliação funcional de sintomas negativos segundo o DSM-IV

Afeto embotado
"Que coisas lhe interessam?"
"Existem situações em que você se interessa por algo, mas é difícil demonstrar?"
"Existem situações em que você tenta ocultar seus sentimentos?"
"Alguma vez você estava se sentindo bastante positivo por dentro, mas as pessoas comentaram que parecia deprimido? Como isso fez você se sentir?"
"A maneira como você expressa seus sentimentos alguma vez causou dificuldades em sua vida?"
"Outras pessoas já comentaram isso?"
Alogia
"Existem situações em que você considera difícil expressar o que quer dizer?"
"No caso positivo, tem alguma ideia do que causa essa dificuldade?"
"Existem situações em que você prefere ficar quieto e falar pouco?"
"Existem tópicos que prefere não discutir?"
"Como você se sente quando esses tópicos surgem? O que faz?"
"E o oposto – sobre o que você gosta de falar?"
"Existem momentos em que você sente que é muito importante usar as palavras exatas?"
Avolição
"Que tipos de coisas você gosta de fazer?"
"Existem coisas que sente pressão para fazer, mas que não gostaria de fazer realmente?"
"Existem coisas que gostaria de fazer, mas que considera difícil se motivar para fazer?"
"Quais são seus atuais objetivos?"
"Existem coisas que, às vezes, atrapalham seus objetivos?"
Anedonia
"Em que tipo de coisas você sente prazer?"
"Existem momentos em que é difícil sentir prazer? Existem situações/momentos específicos em que isso é mais provável de ocorrer?"
"Existem coisas de que você gostava no passado, mas que não consegue gostar agora?"
"A capacidade de sentir prazer é importante para você? Se não gosta das coisas como esperava gostar, como reage? O que sente?"

presos a um "modo" negativo, caracterizado pelo desengajamento crônico, com pouco interesse ou sensibilidade às pessoas que os rodeiam. De maneira importante, a avaliação funcional também proporciona a oportunidade de avaliar toda a gama de atividades que o paciente participa e determinar atividades e objetivos importantes que estão ausentes. A terapia cognitiva, em parte, foca-se em ajudar pacientes que têm uma variedade de atividades a continuar mantendo esses objetivos ante retrocessos, percepções de fracassos e outras avaliações negativas que podem ativar espirais descendentes de retraimento emocional e social. Para outros pacientes, que apresentem comprometimento mais significativo da motivação e busca de objetivos, a terapia cognitiva é usada para ajudá-los a restabelecer objetivos significativos na vida, seja mobilizando velhos objetivos considerados perdidos, ou criando novos objetivos que possam ser buscados e mantidos no futuro. Para verificar o espectro atual de atividades, interesses e objetivos do paciente, o automonitoramento das atividades pode ser feito com uma planilha de atividades-padrão. A planilha de atividades fornece informações imediatas sobre a frequência dos acontecimentos, contatos interpessoais, "tempo perdido" e outros aspectos da vida cotidiana da pessoa.

Avaliação de crenças e avaliações relacionadas com os sintomas negativos

Anteriormente (Capítulo 5), discutimos as avaliações de expectativas negativas nucleares identificadas com o início e a persistência dos sintomas negativos. É importante avaliar a presença de avaliações cognitivas negativas como parte da avaliação *in vivo* de planilhas de atividades e dos comentários espontâneos dos pacientes na terapia. Os terapeutas podem obter informações sobre as avaliações negativas relacionadas com a experiência de sintomas negativos, investigando diretamente a sua presença: "Como o senhor acha que estava hoje no grupo de tratamento-dia?" ou "Quando você começou a considerar [um programa de treinamento profissional], o que passou pela sua cabeça?" ou "Na semana passada, você jantou com seus pais, como foi? Em algum momento, você se sentiu desconfortável?". Certos pacientes são menos capazes de identificar e comunicar a natureza de seus pensamentos e avaliações relacionados com diferentes situações. Questões ligadas a avaliações negativas podem resultar em respostas breves e fechadas, como "não sei" e coisas do gênero. É importante que o terapeuta não pressione na exploração desses pensamentos durante a fase inicial de avaliação, se o paciente tiver dificuldade para identificar pensamentos e atribuições, parecer se confundir facilmente ou simplesmente não estiver interessado em falar de seus pensamentos. Em nossa experiência clínica, a ênfase em mudanças comportamentais via prescrição de tarefas graduais e atividades de domínio e prazer, e outras atividades afins, trará gradativamente para a "superfície" as avaliações e crenças cognitivas do paciente relacionadas com os sintomas, para serem revistas e discutidas no tratamento.

As posturas e crenças disfuncionais relacionadas com temas de autonomia e sociotropia estão associadas a diferentes quadros sintomáticos na esquizofrenia, especialmente os sintomas negativos (Rector, 2004; Rector et al., 2005). Como as crenças disfuncionais relacionadas com o desempenho e a autonomia estão mais associadas aos sintomas negativos, a administração de escalas para avaliar essas crenças, como a DAS (Weissman e Beck, 1978), pode fornecer informações valiosas para a conceituação cognitiva desses sintomas.

Avaliação da continuidade e descontinuidade de sintomas ao longo do tempo

Como a maioria dos pacientes experimenta um aumento e redução de seus sintomas negativos no decorrer da doença, é importante mapear o padrão de sintomas negativos ao longo do tempo para entender melhor os fatores distais e proximais relacionados com a sua expressão e para entender melhor como os sintomas negativos se conectam com a narrativa de vida mais ampla do paciente. De maneira inevitável, a investigação dos sintomas negativos geralmente conduz à fase pré-mórbida, antes da primeira ocorrência do transtorno. Embora se costume considerar que os sintomas negativos emergem durante a fase crônica do transtorno, pesquisas recentes apontam para a emergência do retraimento emocional e social como sendo o aspecto característico da fase pré-mórbida (Lencz et al., 2004; Miller et al., 2002). Como na avaliação de episódios depressivos passados, consideramos importante mapear o curso temporal dos sintomas negativos desde a fase pré-mórbida até o momento da avaliação, conforme a Figura 11.1.

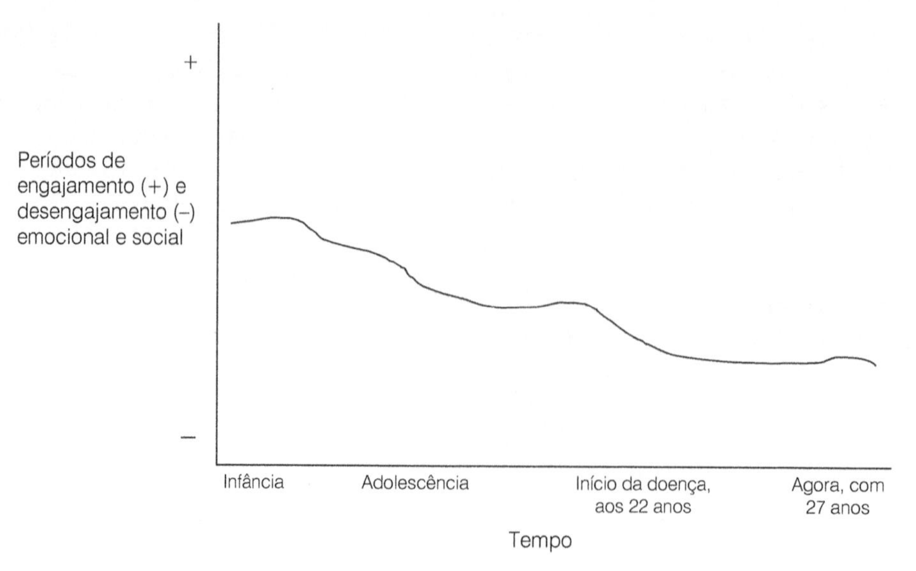

FIGURA 11.1 Mapeamento da linha do tempo para períodos de engajamento e desengajamento.

Como é difícil para a maioria dos pacientes descrever problemas relacionados com o afeto embotado, a pobreza da fala e a falta de motivação e interesse em atividades cotidianas, é importante mapear os períodos em que o paciente se sentia conectado com objetivos importantes, e os períodos em que ele abandonou esses objetivos. Veja, por exemplo, a avaliação de Jim, que descreve um histórico de 25 anos de psicose, com o desenvolvimento de sintomas negativos somente após o abandono de certos objetivos nos últimos anos:

TERAPEUTA: Você havia me dito que existem muitas coisas que gostava de fazer antes.

PACIENTE: Eu fazia judô. Tinha um emprego de meio turno. Jogava bilhar, e tocava violão. Eu era bastante ocupado. Sim, eu conseguia fazer tudo isso quando estava bem.

TERAPEUTA: Mesmo que já tenha tido dificuldade por alguns anos, parece que você fazia todas essas coisas há poucos anos.

PACIENTE: É, eu achava que o único jeito de vencer a esquizofrenia era me manter ocupado e forçar minha saída dela. Bem, não funcionou, é claro, mas é o que eu achava. E então eu continuei indo à academia, fazia karatê e andava de bicicleta.

TERAPEUTA: E quando as coisas mudaram para você?

PACIENTE: Você sabe que é difícil. Especialmente, com a esquizofrenia, você sabe que não se tem emoções ou sentimentos que sabe que pode ... ficou difícil e eu decidi que era melhor desistir e seguir o meu destino.

TERAPEUTA: Como você se sente ao dizer isso?

PACIENTE: Um pouco mal, mas não muito. Apenas ... eu já espero isso porque sou esquizofrênico, não é?

A resignação em "desistir" foi um importante gatilho proximal para o início da apatia, retraimento e anergia que esse paciente apresentava. Embora tenha continuado a tentar por 22 dos 25 anos, apesar das limitações claras que o transtorno lhe impunha, ele permaneceu envolvido em atividades prazerosas, pois o esforço tinha significado dentro da *narrativa* da sua vida.

Desenvolvendo a conceituação do caso

A conceituação cognitiva proporciona o modelo para entender como fatores do presente e do passado contribuem para o desenvolvimento e a persistência dos problemas atuais da pessoa. Embora a avaliação diagnóstica e funcional forneça informações importantes sobre quais sintomas negativos estão presentes e os possíveis fatores cognitivos e comportamentais relacionados com a expressão do paciente, também é importante avaliar o papel das primeiras experiências de aprendizagem, incidentes críticos, o momento e a natureza da formação de crenças e pressupostos disfuncionais, e os comportamentos desenvolvidos ao longo do tempo para lidar com estressores e a doença, em particular. A conceituação do caso deve levar a (1) uma hipótese inicial sobre o papel de fatores ambientais distais que contribuem para a vulnerabilidade para evitação e distanciamento (*bullying*, rejeição, poucos amigos, fracassos acadêmicos, pouca oportunidade para desenvolver habilidades sociais, ambiente familiar turbulento e difícil), bem como (2) consolidação de posturas negativas para com a afiliação social e (3) crenças disfuncionais negativas relacionadas com o desempenho.

Também é importante avaliar cuidadosamente a emergência precoce de sintomas negativos durante a fase pré-mórbida e/ou durante a primeira ocorrência de psicose. Considere estas questões:

Havia um padrão crescente de isolamento emocional e social antes do desenvolvimento dos sintomas positivos, ou os sintomas negativos emergiram principalmente após o desenvolvimento de outros aspectos do transtorno, incluindo os delírios e alucinações?

Na emergência inicial do transtorno, até que ponto os objetivos foram interrompidos – houve perda de trabalho ou de relacionamentos, por exemplo?

Qual é a narrativa do paciente sobre como reagiu ao começo da doença?

Desde o início do transtorno, alguns sintomas negativos apresentaram um curso estável?

Quando ocorrem exacerbações? Isto é, quais sintomas específicos parecem se intensificar em resposta a quais estressores específicos (incluindo a ausência de estresse e desafios)?

De que modo a visão da pessoa sobre si mesma, os outros e o mundo moldam as respostas específicas que podem intensificar ou atenuar os sintomas negativos?

Por fim, a conceituação do caso deve direcionar o terapeuta para formular a lista de problemas para a terapia e o lugar dos sintomas negativos dentro dessa lista.

Inicialmente, a terapia cognitiva para os sintomas de psicose buscava selecionar para o tratamento pacientes que dissessem ter perturbações relacionadas com seus sintomas positivos, especificamente delírios e vozes. Todavia, esses pacientes geralmente apresentam uma faixa ampla de problemas clínicos, muitos dos quais têm muita afinidade com os sintomas negativos, especialmente problemas com ser isolado socialmente, solitário, sem rumo; pensar que a vida não tem sentido; e sentir-se estigmatizado, pressionado pelas pessoas, sem esperança. Poucos pacientes procuram tratamento com o objetivo de reduzir a pobreza da fala ou o afeto embotado em si, mas se os sintomas forem conceituados como parte de um padrão mais amplo de desengajamento emocional com seus correlatos cognitivos, então não é especialmente importante ter um sintoma específico como alvo.

Desse modo, o tratamento dos sintomas negativos pode ocorrer de várias maneiras diferentes. Primeiramente, o objetivo terapêutico pode ser reduzir os sintomas negativos indiretamente, reduzindo os fatores que levam à sua ativação secundária. Por exemplo, o tratamento pode começar reduzindo os sintomas negativos (isolamento social, desengajamento emocional) que emergem em resposta à presença de delírios e vozes. Em segundo lugar, os sintomas negativos podem ser abordados diretamente na lista de problemas. Por exemplo, uma paciente com delírios religiosos leves a moderados preferiu trabalhar com objetivos relacionados com seu isolamento social e falta de "sentido" na vida. Seus objetivos prioritários para o tratamento eram (1) passar mais tempo com suas sobrinhas, (2) ir à igreja semanalmente, (3) passar mais tempo com duas amigas específicas do passado, (4) envolver-se em atividades divertidas e (5) fazer compras com sua mãe todas as semanas. Finalmente, acreditamos que qualquer objetivo do tratamento que leve direta ou indiretamente a um aumento na autoeficácia, maior prazer na vida, menos estigma e a percepção de maior desenvoltura psicológica tem o potencial de atenuar o funcionamento dos sintomas negativos.

Resumo

A avaliação diagnóstica e funcional dos sintomas negativos direciona o clínico para considerar explicitamente a sua importância no plano de tratamento. Um objetivo nuclear da fase de avaliação é identificar a natureza e o papel de acontecimentos estressantes na vida do paciente, crenças e suposições disfuncionais e expectativas negativas na geração e persistência dos sintomas negativos. Esses sintomas podem precisar de intervenções específicas, como agendar atividades prazerosas e dominar a capacidade de avaliar diferentes níveis de prazer, como forma de reduzir o afeto embotado e a falta de interesse em atividades sociais. Todavia, a abordagem geral de tratamento envolve o trabalho de aumentar a energia e a motivação, ajudando o paciente a gerar objetivos realistas e significativos de curto e longo prazo e consolidar as estratégias cognitivas e comportamentais, para superar os obstáculos que caracteristicamente levam a um desvio desses objetivos com o passar do tempo.

TRATAMENTO

Após uma avaliação cuidadosa e a formulação dos fatores psicológicos envolvidos no desenvolvimento, persistência e exacerbações periódicas dos sintomas negativos, além da compreensão desses sintomas na conceituação do caso, o tratamento dos sintomas pode começar. Muitas das estratégias gerais da terapia cognitiva são apresentadas no Capítulo 8, e o restante deste capítulo concentra-se em determinadas abordagens para a redução dos sintomas negativos. De um modo geral, observamos que se concentrar em *objetivos concretos* (trabalho, escola, independência) identificados pelo paciente facilita a motivação e o engajamento e proporciona um meio para lidar com os sintomas negativos à medida que emergem como obstáculos aos objetivos maiores. Por exemplo, um paciente que queria voltar a estudar reclamava de problemas graves com a concentração, e acreditava que não conseguiria ler. O terapeuta utilizou prescrição de tarefa gradual para melhorar sua leitura e refutar a crença. As tarefas de casa inicialmente envolviam pequenos textos sobre temas interessantes, mas evoluíram até capítulos inteiros de livros universitários. Ao longo do caminho, o terapeuta criou testes para avaliar as capacidades de concentração e retenção. O desempenho do paciente nesses testes proporcionou evidências contrárias às suas expectativas negativas relacionadas com a leitura. Nas seções seguintes, apresentamos estratégias passo-a-passo para tratar os sintomas negativos e promover a realização de objetivos concretos.

Além disso, para tratar os sintomas negativos, enfatizamos a necessidade de adaptar as intervenções citadas de acordo com o nível de comprometimento neurocognitivo do paciente. Pacientes com comprometimento em testes neurocognitivos de atenção, memória e abstração precisam de adaptações especiais na terapia para obter resultados eficazes. Para garantir que esses pacientes entendem os conceitos discutidos, sugerimos o uso de várias modalidades de aprendizagem. Desse modo, escrever conceitos importantes em um quadro-branco (visual) assim como pronunciá-los (auditivo) ajuda a reforçar as questões discutidas. Ademais, escrever os resultados de cada sessão na forma de resumo, cartões de enfrentamento, e folhetos pode ajudar o paciente a lembrar de fazer sua tarefa de casa e aplicar os princípios entre as sessões. Também aconselhamos suspender o questionamento socrático com pacientes com comprometimento cognitivo para promover o progresso. Os terapeutas devem falar em frases diretas e declarativas ("Conte-me o que o incomodou na semana passada" em vez de perguntar "O que o incomodou na semana passada?") criadas para manter a atenção do paciente e não mexer demais na memória. Destilar questões importantes discutidas na sessão e o uso de repetição maximizará as chances de retenção. Também recomendamos usar materiais de apoio, como um caderno de terapia e *palmtops*. Por exemplo, um programa para *palmtop* foi usado para avaliar as atividades atuais de uma paciente (incluindo os índices de prazer e domínio) e lembrá-la de atividades que foram prescritas na sessão sempre que dissesse que não estava fazendo nada ou que estava inativa. O programa também a lembrava do que havia aprendido na terapia (afirmações de enfrentamento). Trazer a família para a sessão é mais um meio de reforçar a abordagem geral, facilitar a adesão do paciente às tarefas prescritas e reduzir conflitos e mal-entendidos. Com isso, apresentamos agora as estratégias básicas para tratar os sintomas negativos.

Psicoeducação e normalização

O primeiro passo para abordar os sintomas negativos no tratamento é ajudar a normalizar esses sintomas para os pacientes. Muitos pacientes percebem suas dificuldades de motivação como indícios de preguiça, fraqueza e parte do prognóstico inevitável de quem tem esquizofrenia. Um de nós (A.T.B.) foi o primeiro a descrever a importância de se dar uma explicação aos pacientes para seus sintomas, e essa abordagem de normalização foi ampliada para ajudar pacientes com sintomas psicóticos, especialmente os sintomas positivos (Kingdon e Turkington, 1991). Assim como o terapeuta pode explicar os sintomas positivos em um *continuum* com as experiências normais (normalizá-los) pelo modelo vulnerabilidade-estresse, os sintomas negativos podem ser formulados como uma resposta a estressores internos e externos atuais e passados. As seguintes questões podem ajudar os pacientes a entender seus sintomas negativos:

- Todos temos dificuldade, às vezes, para manter a motivação; isso pode ser especialmente difícil quando estamos sob estresse e passando por problemas que nos fazem sentir vulneráveis (*ligação com o desenvolvimento original de sintomas negativos*).

- O estresse excessivo pode levar ao "desligamento" automático, como forma de proteção contra sentir-se sobrecarregado; essa resposta, na verdade, pode ser bastante adaptativa (*ligação com a expressão específica de sintomas negativos*).
- Se continuarmos a ter muitos desafios na vida e a ter sentimentos de sobrecarga, nosso "termostato" pode ser fixado em níveis mais baixos de motivação e atividade (*ligação com os sintomas atuais como sinal de um novo nível basal, comparado com antes de a doença começar*).
- De um modo geral, certas pessoas podem ter uma tendência maior de alterar seu "termostato" em períodos de estresse (*ligação com a disposição comportamental do paciente antes do início da doença*).

O objetivo da abordagem de normalização é transmitir aos pacientes a ideia, geralmente nova, de que seus problemas são familiares para a maioria das pessoas em algum momento de suas vidas, mas, por uma série de razões, eles têm esses problemas por um período maior. É importante proporcionar uma visão multidimensional do desenvolvimento e manutenção dos sintomas negativos, incluindo explicações biológicas (a alteração automática no termostato) e psicológicas (reduzir a atividade para não se sobrecarregar). Outras questões que podem ser discutidas são a dificuldade de lidar com os objetivos quando sob pressão, com ligações com áreas da vida onde se consideram sob pressão. Kingdon e Turkington (1998) usam a analogia de se precisar de um período de recuperação ou "convalescença" para curar os efeitos de uma doença séria. Durante o período de convalescença, o paciente e seus cuidadores precisam ter paciência e não tentar "forçar" o paciente para acabar com os sintomas negativos (Kingdon e Turkington, 1998).

Familiarizando o paciente ao modelo cognitivo

De maneira importante, para melhorar a motivação, na terapia cognitiva o foco é ajudar o paciente a gerar objetivos significativos e manter-se engajado nesses objetivos. O objetivo da terapia cognitiva *não* é simplesmente engajar a pessoa em mais atividades por si só. Em vez disso, uma das primeiras metas da terapia é familiarizar o paciente aos aspectos cognitivos, emocionais e comportamentais do seu problema, trazendo um exemplo da sua própria vida. Por exemplo:

TERAPEUTA: Bem-vindo de volta. Achei que poderíamos começar fazendo um plano básico do que podemos fazer hoje. Sobre o que você gostaria de falar?

PACIENTE: Não sei, pouca coisa.

TERAPEUTA: Em nosso primeiro encontro, você mencionou que talvez gostasse de dar mais caminhadas.

PACIENTE: É, eu queria caminhar sexta e segunda de tarde, mas fiquei contente em dormir. As tardes são a pior hora do dia para mim.

TERAPEUTA: Quem sabe começamos nossa sessão falando das tardes?

PACIENTE: Ok. Geralmente, eu acordo ao meio-dia, como um sanduíche e ando de ônibus até as 5 horas – as coisas não correm muito mansas durante esse período.

TERAPEUTA: O que acontece no ônibus à tarde que não vai muito bem?

PACIENTE: Eu fico sem ter o que fazer, e é chato. Eu só queria ficar melhor. Sinto que não consigo fazer nada do que fazia antes.

TERAPEUTA: Quando você diz isso para si mesmo, como se sente?

PACIENTE: Arrasado.

TERAPEUTA: Essa perspectiva também afeta o seu comportamento?

PACIENTE: Sim, é como se eu não esperasse muita coisa, então não tento muita coisa.

TERAPEUTA: Você mencionou que as tardes não correm muito bem. As coisas são diferentes pela manhã?

PACIENTE: De manhã, tenho um plano. Acordo, tomo café, converso com meu pai e, às vezes, com meu irmão, e levo o cachorro de um amigo da família para dar uma volta.

TERAPEUTA: Como você se sente durante esses momentos?

PACIENTE: Me sinto bem, é bom.

TERAPEUTA: Talvez pudesse tirar alguns minutos para resumir algumas das coisas importantes que você falou até aqui. Você identificou as tardes como a hora que não é tão boa quanto gostaria – um momento em que gostaria de ficar menos aborrecido. Parece que quando pensa para si mesmo "não consigo fazer nada que fazia antes", isso faz você se sentir desesperançado e, às vezes, o impede de experimentar coisas novas à tarde. Mas, de manhã, parece que você começa com uma perspectiva diferente, que existem coisas que valem a pena fazer, e você acaba fazendo coisas que tornam as manhãs boas. Esse é um bom exemplo do que vamos enfocar em nosso tratamento – como nossos pensamentos e sentimentos podem influenciar os nossos comportamentos –, o que decidimos fazer ou não fazer.

Depois disso, o terapeuta explicou o modelo cognitivo, demonstrando as interconexões entre pensamentos, sentimentos e comportamentos, e como levam a diferentes prognósticos para as manhãs e as tardes.

Para pacientes cujos sintomas negativos são secundários a delírios e alucinações, a familiarização ao modelo cognitivo para sintomas negativos pode ser feita como um componente do modelo cognitivo para esses sintomas positivos. Nesse caso, os comportamentos de evitação e retraimento são explicados como resultado de ameaças percebidas, sejam elas internas ou externas, de que crenças ou vozes sejam desencadeadas, e os sentimentos associados de medo e ansiedade. Semelhante à conceituação cognitiva dos comportamentos de evitação e segurança nos transtornos de ansiedade, os comportamentos de fuga e evitação são formulados como soluções adaptativas de curto prazo para reduzir o estresse e, possivelmente, a exacerbação real de sintomas positivos perturbadores. Todavia, uma parte do tratamento dedica-se a reduzir gradualmente esses comportamentos de segurança. Um modo de interessar os pacientes no processo de terapia é construir a esperança de que sejam cada vez mais capazes de participar das atividades que os interessam de um modo mais confortável.

Abordagens cognitivas e comportamentais

Tratando sintomas negativos secundários

Conforme discutido anteriormente, observamos que os sintomas negativos que são secundários a delírios e crenças delirantes sobre as vozes (relacionadas com o agente, controle e significado) são ou *estratégias de enfrentamento* visando reduzir a ameaça associada a esses sintomas, ou *comportamentos* que têm significado dentro do sistema delirante. Semelhante ao papel dos comportamentos de evitação e retraimento nos transtornos de ansiedade, os pacientes muitas vezes começam evitando situações que recentemente desencadearam seus medos/vozes. Dependendo de outros fatores, como a proeminência de certos estressores atuais, a amplitude e a rigidez das crenças delirantes, além da disponibilidade de apoio social, um número cada vez maior de situações tem o potencial de evocar medo e evitação. Segue-se uma espiral descendente contínua, na qual os pacientes temem que qualquer esforço possa desencadear sintomas assustadores. Os pacientes também podem temer que o esforço possa desencadear sintomas que levem a uma recaída total e uma possível hospitalização. A evitação inicial relacionada com a situação específica pode aumentar, limitando as atividades e o contato social. Esse isolamento, por sua vez, pode criar solo fértil para a ruminação e/ou vozes mais ativas, levando a mais perturbação, retraimento e desmotivação, tornando-se, assim, um ciclo vicioso. Como no tratamento da ansiedade e da depressão, um objetivo importante do tratamento é ajudar os pacientes a aprender estratégias para resistir a se "prender" nas espirais descendentes.

Independentemente do conteúdo específico dos delírios, os pacientes dizem fugir ou evitar certas situações, quando preveem que terão pensamentos (delirantes) relacionados com o medo. Para alguns, essas situações podem se estender a quase qualquer contexto interpessoal e resultar em contato mínimo, mesmo com os familiares e profissionais de saúde. De maneira semelhante, os pacientes que ouvem vozes apresentam uma ampla variedade de comportamentos de evitação e segurança para reduzir (1) sua ativação, (2) sua persistência ou (3) as crenças delirantes perturbadoras sobre as vozes. Quando os sintomas negativos são, na verdade, estratégias de enfrentamento para lidar com os sintomas positivos, eles podem ser tratados juntamente com a abordagem cognitivo-comportamental usada para os sintomas positivos.

O tratamento dos sintomas negativos que são secundários aos delírios e vozes é análogo ao tratamento do transtorno de pânico. Pacientes com transtorno de pânico costumam ser expostos a situações *in vivo* para superar os comportamentos de evitação e segurança, depois que tiverem feito progresso em conceituar os ataques de pânico dentro do modelo cognitivo e desenvolvido pelo menos habilidades preliminares para lidar com a sua grande perturbação em situações difíceis. De maneira semelhante, os pacientes com sintomas negativos secundários que têm delírios e alucinações ameaçadores podem tirar o máximo de seus exercícios de exposição depois que tiverem feito progresso em identificar, testar e criar interpretações alternativas para seus delírios e vozes fora das situações quentes. Desse modo, a redução dos sintomas negativos secundários pode ocorrer com o desenvolvimento de uma hierarquia gradual, listando as situações que são temidas e evitadas. Como no tratamento dos transtornos de ansiedade, a exposição a situações segue da menos para a mais perturbadora. O principal objetivo é que o paciente reduza gradualmente as estratégias de evitação emocional, social e comportamental. Existem vários estágios importantes na exposição:

1. Fazer uma revisão do progresso que o paciente fez em questionar as interpretações delirantes e construir perspectivas alternativas antes de começar o trabalho de exposição.
2. Dar treinamento na avaliação da ansiedade (SUDS) bem antes de começarem as exposições, com uma "rede de segurança" estabelecida, na qual o paciente possa sair das exposições se seu medo exceder o limite pessoal máximo do nível aceitável de ansiedade.
3. Revisar a experiência e *feedback* com o exercício de exposição segundo o registro do pensamento, para avaliar o progresso e preocupações que a situação possa ter levantado.

Quando os sintomas negativos resultam de crenças delirantes, eles devem ser abordados dentro do tratamento cognitivo-comportamental geral dos delírios. Conforme sugerido, os sistemas de crenças delirantes dos pacientes indubitavelmente afetam o seu comportamento e, em muitos casos, levam diretamente à expressão de certos sintomas negativos. Um paciente ficava praticamente mudo (expressando alogia extrema) por medo de que se falasse sobre seus interesses pessoais ele os perderia para as forças do mal. Outra paciente chegava para as sessões semanais em silêncio e inexpressiva, tomada pela crença de que era responsável por diversas mortes por meio de processos cognitivos semelhantes a uma fusão pensamento-ação. Sua crença delirante "matei muitas pessoas inocentes" era seguida pela crença "não mereço um momento de felicidade neste planeta", que contribuía para seu afeto plano e sua falta de interesse em atividades cotidianas. Muitos pacientes com alucinações de comando temem que fazer esforços em dias em que estejam cansados ou se sentindo vulneráveis leve a comandos difíceis de resistir. O objetivo principal do tratamento é reduzir esses comportamentos, abordando as crenças delirantes que levam à sua ativação.

Tratando sintomas negativos primários

Enquanto o tratamento dos sintomas negativos secundários concentra-se em limitar o nível de distanciamento pela presença de experiências e pensamentos ameaçadores associados aos sintomas positivos, o tratamento dos sintomas negativos que não são secundários a sintomas positivos geralmente exige estratégias para aumentar a motivação e o reenvolvimento emocional com objetivos significativos na vida. No tratamento da depressão, um fator motivador para os pacientes é que eles normalmente podem esperar retornar a níveis anteriores de funcionamento, uma vez que tiverem conseguido reduzir seus vieses de pensamento e inércia comportamental. Esse otimismo pode não ser justificável no tratamento de sintomas negativos, especialmente para pacientes que estejam na fase crônica do transtorno há muitos anos. Nesse caso, o objetivo não é restaurar os níveis anteriores de funcionamento social e ocupacional, mas estabelecer objetivos novos e significativos dentro do contexto da atual situação de vida do paciente. É importante prescrever atividades de prazer e domínio, mais socialização e a busca de tarefas que tenham significado. Contudo, o aspecto central da abordagem cognitiva dos sintomas negativos é a tentativa de aumentar a ativação comportamental para mudar as expectativas negativas e as crenças ligadas ao desempenho, que representam a vulnerabilidade mais forte para o distanciamento crônico.

Abordando as baixas expectativas de prazer

Os pacientes com sintomas negativos proeminentes geralmente dizem que sentem pouco prazer em suas vidas e esperam ter o mínimo prazer quando têm oportunidade para participar de atividades. Conforme discutido no Capítulo 5, os pacientes, muitas vezes, pensam consigo mesmos "por que fazer isso? Não é mais divertido como era antes", ou "isso é chato" ou "dá muito trabalho", e assim por diante, quando têm a oportunidade de fazer algo que possa ser divertido. Essa expectativa negativa para a possibilidade de sentir prazer leva os pacientes a perderem atividades e oportunidades prazerosas, e afirma a profecia autoconfirmatória de que "nada" na vida é prazeroso. Como sabemos pela experiência clínica e a pesquisa experimental (Gard et al., 2003) que esses pacientes, uma vez envolvidos em atividades, sentem prazer da mesma forma que as outras pessoas, o principal objetivo do tratamento é criar uma lista de atividades prazerosas definidas de maneira idiossincrática, aumentar a prescrição dessas atividades a cada dia, e reduzir a expectativa negativa de prazer, de modo que não seja um obstáculo à participação em atividades. As etapas da abordagem de tratamento seguem esta sequência: (1) identificar distorções cognitivas em expectativas de pouco prazer; (2) trabalhar com evidências desconfirmatórias relacionadas com as baixas expectativas; (3) agendar atividades significativas; (4) registrar avaliações de prazer *in vivo*; (5) usar *feedback* para mudar as baixas expectativas.

Muitos pacientes dizem que "nada" mais é prazeroso como costumava ser e que, portanto, não vale a pena. Essa visão do tipo tudo ou nada pode se cristalizar, a ponto de alguns pacientes afirmarem que não existe *absolutamente nada* que possam fazer para trazer-lhes prazer. Um objetivo inicial da terapia é superar essa visão de tudo ou nada, estabelecendo uma perspectiva do prazer como um *continuum*. Veja o seguinte exemplo de pensamento do tipo tudo ou nada: um paciente com sintomas negativos duradouros avaliou seu nível de prazer ao assistir a um jogo de futebol na televisão na noite anterior. O terapeuta perguntou: "Quanto prazer você sentiu na noite passada durante o jogo – digamos, 0 sendo nada e 100 sendo extremamente prazeroso?". O paciente relatou ausência total de prazer (0%), acrescentando que antes era 100%. O terapeuta então perguntou: "Imagino se às vezes você não espera obter nada das coisas, quando deseja que pudesse obter tudo delas. Existe possibilidade de um ponto intermediário?". O paciente respondeu: "Não, pelo menos eu não encontro, se houver. Se houvesse um ponto intermediário, seria bom ... eu poderia tentar fazer as coisas".

Fazendo perguntas frequentes sobre o nível de prazer derivado de diferentes atividades, o terapeuta pode levar os pacientes a enxergar sombras de cinza em sua experiência de prazer. Os pacientes também devem monitorar suas atividades e fazer avaliações do prazer (juntamente com avaliações do domínio, que são descritas na próxima seção) em uma medida contínua para consolidar a visão de que pelo menos algumas atividades trazem (algum grau de) prazer e valem a pena. Além do pensamento do tipo tudo ou nada, os pacientes concentram sua atenção nos aspectos negativos da situação quando instados a participar, e isso serve para aumentar a expectativa de desprazer. Os terapeutas tentam identificar o filtro mental (atenção seletiva) dos pacientes para os detalhes negativos da situação e ajudá-los a enxergar todas as possibilidades.

Alguns pacientes conseguem reconhecer uma gama de atividades que lhes trazem graus variados de prazer quando discutem as coisas que lhes interessam ou quando revisam atividades da semana anterior. Dessa forma, o terapeuta acumula evidências consideráveis para trabalhar em desconfirmar a crença de que nada é prazeroso e, portanto, não vale a pena.

Por exemplo, uma paciente que havia feito uma aula de dança na terça-feira e a avaliou como moderadamente prazerosa disse, na manhã de quinta-feira, que não queria ir novamente naquela tarde, porque não seria divertido. Nesse caso, foi relativamente fácil para o terapeuta usar as evidências da avaliação da aula de dança da terça-feira para ajudar a paciente a enxergar que ir à aula havia lhe trazido considerável prazer apenas dois dias antes, e que a manhã de terça era melhor quando fazia isso do que a tarde, quando seguia a rotina familiar de assistir à televisão.

Com alguns pacientes, pode ser comparativamente mais difícil gerar evidências alternativas para as baixas expectativas de prazer. Eles não consideram nenhuma atividade recente prazerosa e podem relatar uma ausência quase total de prazer no passado recente. Essa postura pode refletir a ausência comparativa de atividades agendadas ou a minimização do prazer derivado das atividades. Em primeiro lugar, o terapeuta analisa se existem evidências desconfirmatórias a partir do automonitoramento ou alguma de suas observações do paciente em atividades recentes, que possam ser usadas para criar uma perspectiva alternativa. Em segundo lugar, o terapeuta pode mudar o foco para atividades e interesses que eram considerados prazerosos no passado. Em quais atividades a pessoa se envolveu no passado que não esteja tentando atualmente? O que, em particular, havia nessas atividades passadas que as tornavam prazerosas? Os terapeutas avaliam toda uma variedade de atividades que o paciente considerava prazerosas e tentam identificar uma atividade simples, que possa ser marcada atualmente. Veja o exemplo de um paciente que costumava nadar para a equipe de natação da escola, mas que não nada há dez anos. Uma nova piscina comunitária foi construída e, enquanto passava por ela na semana anterior, pensou consigo mesmo: "Eu gostaria de nadar – mas por quê?". Fora isso, seus dias eram acordar ao meio-dia e assistir à televisão a tarde toda.

TERAPEUTA: Você mencionou que gostava muito de nadar.

PACIENTE: Isso era antes.

TERAPEUTA: Do que você gostava na natação?

PACIENTE: Eu acordava e estava na piscina às 7 da manhã todos os dias. Estava na água antes de qualquer pessoa – gostava muito, e era bom naquilo.

TERAPEUTA: Você tinha uma técnica favorita?

PACIENTE: Não, eu fazia de tudo.

TERAPEUTA: Quando passou pela piscina na semana passada, você pensou que poderia gostar de voltar a nadar?

PACIENTE: Por um segundo sim, mas por quê? Não seria como era antes.

TERAPEUTA: Das diferentes coisas que discutimos, parece que a natação é a atividade que você mais sente falta. Mas quando você pensa como era prazeroso no passado, em comparação com o que espera agora, não parece valer a pena?

PACIENTE: É.

TERAPEUTA: A única coisa que me ocorre é que faz quase dez anos que você nadou pela última vez. É possível que possa não ser como era antes, mas que ainda possa ser um pouco divertido, um pouco mais que zero?

PACIENTE: Talvez.

TERAPEUTA: Você está certo, talvez sim, talvez não. Você estaria disposto a experimentar e ver se a natação pode ser um pouco prazerosa?

PACIENTE: Quer dizer, ir até a nova piscina a experimentar?

TERAPEUTA: Sim, o que você acha?

PACIENTE: Não consigo levantar cedo como antes.

TERAPEUTA: E se você planejasse nadar de tarde, em uma hora que fosse boa para você?

PACIENTE: Mas eu perderia o jogo [na televisão].

TERAPEUTA: E se marcássemos para depois do jogo, para que você não perdesse?

PACIENTE: Tudo bem.

TERAPEUTA: E se, no experimento, descobríssemos que nadar ainda pode trazer um pouco de prazer, isso seria importante para você?

PACIENTE: Eu poderia passar o tempo um pouco melhor.

O terapeuta então agendou a aula de natação na programação de atividades, e solicitou que o paciente avaliasse o grau de prazer na natação, de 0 a 10. É importante não apenas agendar a atividade, mas também lidar com possíveis obstáculos que possam estar no caminho. No exemplo anterior, fica claro que, se o terapeuta não agendasse a atividade de natação com o paciente, este consideraria que ter que acordar pela manhã ou perder o jogo eram razões para não nadar. O paciente foi à piscina naquela semana, mas voltou sem colocar os calções de banho, pois pensava que "não vai adiantar, e vou ficar com cara de bobo". Esse obstáculo foi abordado na sessão seguinte, e decidiu-se que ele compraria calções novos para a próxima semana, o que conseguiu fazer. Ao discutir a primeira nadada na piscina, ele refletiu sobre "como não foi tão bom como era antes", mas, revisando suas avaliações de prazer, conseguiu ver que seus momentos na piscina, avaliados como "3", ainda eram melhores do que as tardes típicas, quando não fazia nada. A prescrição da natação na piscina comunitária tornou-se um evento semanal, que ele aguardava cada vez mais e no qual sentia mais prazer do que no início.

À medida que os terapeutas avançam em agendar atividades prazerosas e obter avaliações do prazer, a frequência das atividades prazerosas pode aumentar. Talvez agendar uma atividade prazerosa por dia seja um objetivo razoável para alguns pacientes, especialmente no começo. O objetivo é continuar a construir o *momentum*, aumentando o agendamento de atividades prazerosas, e que os pacientes sintam que mais atividades lhes trazem prazer. Esse *momentum* não apenas leva a um aumento nos níveis de atividade, como proporciona novas evidências a ser usadas para afastar o paciente da baixa expectativa e rígida de falta de prazer. É importante que o paciente monitore as atividades prazerosas em "tempo real" durante suas experiências, de modo que seus relatos subjetivos de prazer possam ser usados para compensar a redução na percepção de prazer que pode ocorrer fora da situação. Na véspera da sessão marcada com o terapeuta, um paciente foi visto rindo e brincando durante uma "guerra de comida" na cozinha do programa de tratamento. No começo da próxima sessão de terapia, o terapeuta perguntou: "Como foi seu dia ontem, algo prazeroso?", a que o paciente respondeu: "Nada". O terapeuta acrescentou: "Eu estava passando pela cozinha e por acaso o vi imerso em uma guerra de comida bastante intensa ... o senhor parecia estar se divertindo". O paciente então respondeu: "Ah é, aquilo foi divertido". O terapeuta usou esse exemplo para mostrar como as atividades prazerosas são minimizadas ou ignoradas, alimentando assim a crença de que "nada" é prazeroso – que contribui, por sua vez, para a apatia e pouca motivação.

Abordando as baixas expectativas de sucesso

Algo que contribui para o padrão de retraimento e pouca motivação são as expectativas dos pacientes de que, se se esforçarem demais para cumprir os objetivos, provavelmente fracassarão ou terão um nível inferior de desempenho. O abandono dos objetivos se torna uma estratégia de autoproteção contra sentimentos de inadequação, vergonha e humilhação. Como os objetivos do tratamento se concentram em mobilizar a motivação intrínseca, um dos primeiros objetivos do tratamento é reduzir parte da pressão externa que os pacientes sentem na família, nos amigos, profissionais de saúde, ambientes de trabalho, e assim por diante. O primeiro passo nesse processo é ajudar os pacientes a identificar áreas em que se sentem pressionados para ir além do que acham que podem fazer. Essa fase da terapia pode envolver trabalhar as fontes de pressão percebidas. Por exemplo, a terapia cognitiva baseada na família para ajudar os familiares a estabelecer e manter expectativas realistas em torno da motivação e não interpretar os sintomas negativos como sinais de preguiça foi ilustrada adequadamente com casos clínicos (Pelton, 2002). Também existem evidências preliminares para sustentar os benefícios de diminuir as demandas da família para reduzir os sintomas negativos.

Uma vez que as pressões externas foram reduzidas, o tratamento se volta para ajudar os pacientes a estabelecer e perseguir objetivos realistas e significativos. Essa fase envolve ajudar os pacientes a identificar possíveis objetivos de longo prazo que valham a pena buscar, bem como metas semanais rumo aos objetivos de longo prazo. Alguns pacientes exageram suas estimativas do que podem realizar, estabelecendo a probabilidade de reafirmarem sua crença em seu fracasso e seu retraimento subsequente, ao passo que outros abandonam os objetivos completamente. A determinação daquilo que constitui um objetivo "realista" para o paciente será moldada pelo histórico, pelo funcionamento atual, pelos recursos pessoais, habilidades, apoios e talvez por uma série de outros fatores considerados a cada caso. Independentemente da natureza específica dos objetivos identificados, o objetivo do terapeuta é (1) familiarizar o paciente à importância de estabelecer objetivos, (2) decompor objetivos mais amplos em passos pequenos e administráveis, (3) estruturar e agendar os passos a serem executados, (4) lidar com os obstáculos ao envolvimento e (5) negociar os retrocessos.

De maneira semelhante às distorções cognitivas que levam à minimização do prazer esperado, os pacientes, muitas vezes, deixam passar as oportunidades de adquirir domínio porque esperam fracassar, enxergando-se como "inúteis" e "incompetentes". Por um lado, a interrupção de objetivos passados devido à doença deve ser reconhecida, validada e normalizada (conforme descrito antes). Por outro, pode-se abordar a visão em preto e branco dos resultados das atividades ajudando os pacientes a enxergarem seu desempenho ao longo de um *continuum*, ao contrário de se fixarem em categorizações estáticas e do tipo tudo ou nada. A tendência de minimizar seus sucessos pode ser reduzida se os pacientes monitorarem as atividades da semana em uma planilha de atividades, com avaliações do grau de domínio aplicado em uma escala contínua (conforme descrito por Beck et al., 1979). Outras distorções cognitivas que alimentam as expectativas negativas de sucesso, como a supergeneralização, filtro mental e desqualificar o positivo, também podem ser abordadas quando os pacientes fazem seus relatos da semana.

Para pacientes atualmente envolvidos em atividades relacionadas com seus objetivos, a planilha de atividades proporciona uma forma de identificar e reduzir as distorções cognitivas relacionadas com o desempenho. Enquanto as distorções cognitivas são abordadas na terapia, os pacientes podem preencher registros de pensamentos disfuncionais juntamente com as atividades agendadas normalmente. Para pacientes que não têm objetivos e/ou que têm poucas atividades durante a semana, a primeira meta é identificar um objetivo pessoalmente relevante e explorá-lo com o paciente, prestando atenção nas distorções cognitivas que emergem durante sua consideração. Por exemplo, um paciente de 23 anos, com um histórico de cinco anos de esquizofrenia, fazia consultas ambulatoriais regularmente, mas não tinha nenhuma outra atividade listada. Em discussões com seu terapeuta, estabeleceu-se que ele poderia fazer trabalho voluntário em uma loja local. Ele havia se oferecido como voluntário em um armazém local três anos antes, mas aquela loja havia fechado. Discutindo isso um pouco mais, ele disse: "Tenho medo de cometer erros", "Pode custar os clientes da loja" e "Não sou mais capaz de fazer um bom trabalho". Inicialmente, o terapeuta concentrou-se na probabilidade e nas consequências de cometer erros, e o fato de que todos temos nossos enganos. O terapeuta também discutiu a probabilidade e as consequências de loja perder clientes por sua causa, e as coisas que ele e o proprietário poderiam fazer para reduzir essa possibilidade (pedir *feedback* sobre seu desempenho a cada dia). Finalmente, a alegação de "não ser mais capaz de fazer um bom trabalho" foi questionada, gerando-se evidências alternativas sobre o desempenho em atividades passadas, incluindo o fato de que ele era elogiado seguidamente por seu trabalho voluntário em uma loja três anos antes, e que essa mesma loja o havia chamado novamente antes de fechar. Quando o terapeuta tentou reduzir suas expectativas negativas sobre o sucesso, o paciente admitiu que, mesmo que pudesse fazer trabalho voluntário, ele não saberia por onde começar.

Aqui, o terapeuta ajudou o paciente a identificar as diferentes etapas envolvidas em encontrar uma vaga de voluntário, incluindo (1) fazer uma lista de armazéns da região, (2) obter o número do telefone dessas lojas nas Páginas Amarelas, (3) priorizar os armazéns que pudesse contactar, (4) desenvolver uma forma de se apresentar, (5) agendar as ligações, e (6) cumprir essa agenda de ligações como parte da prescrição de tarefa gradual. Devido à falta de garantia de que encontraria uma vaga de voluntário dessa forma, o terapeuta também ajudou o paciente a reconhecer outras possibilidades de voluntariado, baseadas em interesses pessoais (cuidado de animais).

Finalmente, embora o trabalho inicial se concentrasse em ajudar o paciente a aprender a identificar e questionar suas expectativas negativas para o sucesso como forma de aumentar o envolvimento, o tratamento exige atenção a posturas e crenças disfuncionais mais profundas que a pessoa tem em relação ao desempenho. Conforme apresentado no Capítulo 5, pacientes com sintomas negativos proeminentes são mais prováveis de endossar crenças disfuncionais como "se eu falhar parcialmente, é tão ruim quanto ser um fracasso completo" ou "correr mesmo um risco pequeno é tolice, pois a perda provavelmente seria um desastre" ou "se uma pessoa pede ajuda, é sinal de fraqueza". De maneira semelhante ao tratamento cognitivo de outros transtornos psiquiátricos, essas crenças podem e devem ser abordadas com reestruturação cognitiva padronizada e abordagens terapêuticas para crenças nucleares (J. S. Beck, 1995).

Abordando o impacto do estigma

A angústia pessoal e a vergonha em torno do diagnóstico de esquizofrenia, hospitalizações forçadas e medicamentos antipsicóticos jamais podem ser subestimadas. A desmoralização devida ao estigma da esquizofrenia contribui para o desenvolvimento e a persistência do isolamento emocional e social, conforme discutimos no Capítulo 5. Como a esquizofrenia costuma ser representada indevidamente na cultura mais ampla como reflexo da "loucura", "perigo e violência" e uma "condição psiquiátrica sem esperança", os pacientes infelizmente têm evidências consideráveis para corroborar suas percepções de que os outros os consideram "diferentes" e "indesejáveis".

Embora possa ser difícil reduzir totalmente a vivência do estigma, existem diversas estratégias que os terapeutas podem usar para reduzir esse problema. Primeiramente, o estigma pode ser reduzido normalizando-se os sintomas da psicose, conforme descrito anteriormente neste capítulo por Kingdon e Turkington (1991, 2002). Além disso, as crenças disfuncionais que os pacientes têm sobre si mesmos e outras pessoas costumam emergir em resposta a experiências e circunstâncias adversas na vida, e essas crenças podem, em muitos casos, ser entendidas (normalizadas) como sequelas dessas experiências. Por exemplo, um paciente que sofria provocações na escola, porque era considerado "lento", teve fracassos repetidos no ensino médio, fazendo-o abandonar os estudos no segundo grau, e que era despedido de cada emprego que conseguia por causa de seu desempenho fraco, desenvolveu a crença pessoal nada inesperada de que "as pessoas me consideram menos se eu cometer um erro". Assim como o paciente traumatizado exige apoio para suas crenças exageradas de que as pessoas são "malévolas" e o mundo é "perigoso", as crenças dos pacientes com sintomas negativos devem ser entendidas e apoiadas à luz de suas circunstâncias difíceis.

Outra estratégia para reduzir o estigma e aumentar a autoestima é ajudar os pacientes a fazer conexões pessoais com outros pacientes que tenham tido experiências semelhantes. Embora nem todos os pacientes tenham acesso, existem diversas páginas na internet de grupos de apoio para pacientes com psicose em todo o mundo. Além de abordar os problemas do "mundo real" de viver com uma doença estigmatizante, a terapia cognitiva visa ajudar os pacientes a identificar e reduzir as expectativas negativas exageradas relacionadas com o estigma. Os pacientes preveem que serão abandonados, rejeitados e ridicularizados por parecerem "estranhos" em situações sociais. Uma parte da meta terapêutica é identificar situações de risco elevado, onde a experiência do estigma possa ser mais provável. Todavia, em situações em que o estigma possa ser menos provável, as expectativas do paciente de ser rejeitado são identificadas e abordadas com exercícios de reestruturação cognitiva. Veja o exemplo seguinte, de um paciente que refletia se devia ir a um clube local jogar bilhar:

PACIENTE: Meu amigo joga bilhar todo o tempo e o interessante é que ele é esquizofrênico ... não me importaria de tentar, mas continuo parado.

TERAPEUTA: Existe alguma coisa que torne difícil tentar?

PACIENTE: Muitas vezes, acho que não vou poder jogar mais porque tenho esquizofrenia. Você fica todo errado, e não quero que as pessoas vejam.

TERAPEUTA: Como você acha que o seu amigo faz?

PACIENTE: Ele vai se enfiando.

TERAPEUTA: As pessoas parecem responder a ele de maneira diferente quando ele joga?

PACIENTE: Não, não dá pra dizer que ele é esquizofrênico só de olhar pra ele.

TERAPEUTA: Isso é diferente com você?

PACIENTE: Não, não dá pra dizer realmente que alguém tem esquizofrenia, a menos que se entre na cabeça dele.

TERAPEUTA: Isso é interessante – se você estivesse jogando bilhar, teria a opção de não deixar as pessoas entrarem em seus pensamentos, concentrando-se no jogo e gostando de jogar?

PACIENTE: Mas se eu não estiver concentrado na bola, talvez eles vejam que tenho alguns parafusos faltando.

TERAPEUTA: Como seu amigo se concentra na bola quando está jogando?

PACIENTE: Ele só joga o jogo dele.

TERAPEUTA: E se você se concentrasse apenas em jogar seu jogo?

PACIENTE: É, poderia me concentrar em jogar, eu acho, mas, mesmo que tentasse, ainda passaria como algo meio sem vida.

TERAPEUTA: Você está se referindo a suas expressões faciais?

PACIENTE: É, expressões faciais. Eu não reajo a nada, e acho que eles podem ver, e pensar o que há de errado com esse cara. Não há nada que eu possa fazer, me sinto perdido.

TERAPEUTA: Quando seu amigo joga, ele mostra ter bastante vida sempre?

PACIENTE: Às vezes sim, às vezes não.

TERAPEUTA: Quando ele não reage, o que você pensa?

PACIENTE: Que ele está concentrado no jogo.

TERAPEUTA: Os outros parecem notar?

PACIENTE: Não, não que eu possa dizer.

TERAPEUTA: É possível que as pessoas possam não notar as suas reações ou pensem que você está apenas concentrado no jogo se não for sempre tão expressivo quando jogar?

PACIENTE: É, é uma possibilidade.

TERAPEUTA: Bem, como você se sentiria se testássemos algum dia esta semana ver como as pessoas reagem quando você joga bilhar.

PACIENTE: Tudo bem.

No dia seguinte, o paciente foi ao clube de bilhar com o seu amigo. Seu relato da tarde concentrou-se em como jogou mal, mas o terapeuta enfocou a realização do *esforço* como o verdadeiro sucesso do dia. Mesmo que o paciente inicialmente tenha parecido esquecer que esperava ser rejeitado e estigmatizado no clube, com ajuda, conseguiu reconhecer que "ninguém parecia se importar se eu estava lá ou não".

Além de abordar as avaliações das expectativas negativas em relação ao estigma para reduzir os obstáculos ao envolvimento, a terapia cognitiva ajuda os pacientes a aprender a fazer experimentos comportamentais para testar suas crenças e desenvolver um plano de enfrentamento para lidar com situações em que o estigma realmente (ou supostamente) ocorre.

Abordando a percepção de ter poucos recursos

A pesquisa experimental cita uma conexão importante entre a percepção de ter poucos recursos para o processamento cognitivo e a presença e gravidade dos sintomas negativos na esquizofrenia. Os pacientes apresentam uma variedade de dificuldades relacionadas com a atenção, a memória e habilidades associadas ao planejamento e organização (Nuechterlein e Dawson, 1984), todas indubitavelmente contribuindo para limitações no cumprimento voluntário e fluido de tarefas cotidianas. Todavia, a visão linear simples de que o processamento cognitivo prejudicado leva a um funcionamento inferior em relação aos sintomas negativos é desafiada pelas observações de que os sintomas negativos oscilam com o tempo, que apenas uma pequena proporção dos pacientes parecem ter mudanças estruturais e/ou limitações no processamento funcional, e pelas evidências preliminares de que os sintomas negativos respondem à terapia cognitivo-comportamental (ver o Capítulo 5). De maneira semelhante, pode-se postular uma explicação comportamental para os sintomas negativos, na qual, como resultado das limitações nos recursos cognitivos, a exposição a situações e tarefas difíceis pode levar a uma resposta imediata de fuga ou retraimento (a primeira representando uma resposta condicionada clássica e a segunda sendo potencializada pelo reforço negativo). Todavia, propomos que a avaliação subjetiva dos pacientes de que não possuem as habilidades de enfrentamento e os recursos pessoais necessários para enfrentar desafios impede o início de atividades voltadas para os objetivos e a persistência frente a tarefas difíceis. O objetivo na terapia, então, é romper esse ciclo autoperpetuante da percepção de recursos limitados, pouco esforço, retraimento, percepção de incapacidade, e assim por diante.

Como antes, o uso da prescrição de tarefa gradual pode ajudar os pacientes a avaliar os recursos necessários para realizar uma tarefa de forma mais realista, uma vez que o objetivo foi decomposto em partes mais administráveis. É importante que o terapeuta certifique-se do que o paciente percebe ser necessário para realizar a tarefa e determine se ele espera ser capaz de começar e concluir a tarefa. Os pacientes, muitas vezes, dizem: "Estou muito cansado", "Não vale o trabalho", "É difícil demais", e coisas do gênero, e os terapeutas identificam as distorções cognitivas nessas avaliações das expectativas, visando ajudar os pacientes a identificar e corrigir o pensamento do tipo tudo ou nada e a minimização dos recursos.

Como afirmamos antes, é importante que o terapeuta introduza uma perspectiva de *continuum*, para que o paciente consiga superar sua tendência de enxergar as coisas como categoricamente onerosas. A perspectiva do *continuum* pode ser introduzida por meio de uma metáfora, de um tanque de gasolina que varia de quase vazio, passando por um quarto, até totalmente cheio. O paciente identifica atividades que são fáceis de fazer com o tanque cheio, ainda fáceis, mas relativamente mais difíceis com três quartos, e assim por diante, até atividades, tarefas e situações que são percebidas como impossíveis. O primeiro benefício da abordagem do *continuum* é que várias atividades podem ser identificadas como "exequíveis", mesmo com uma carga maior de estresse. Em segundo lugar, com essa abordagem de *continuum*, os pacientes desenvolvem a capacidade de reduzir a resposta automática negativa inicial de não fazer o esforço necessário, pois algumas atividades foram idiossincraticamente rotuladas como "exequíveis". Em terceiro lugar, a abordagem identifica demandas mais difíceis que inicialmente parecem fora do alcance, para serem trazidas ao alcance por meio da prescrição de tarefa gradual, dramatização e estratégias de solução de problemas.

Essa abordagem permite a determinação colaborativa de quais atividades podem estar legitimamente fora do alcance, e daquelas que normalmente podem ser realizadas. Os pacientes chegam a uma compreensão mais matizada de suas capacidades pessoais, de modo que possam avaliar de forma mais realista quando devem "forçar", porque podem alcançar seu objetivo e quando devem "aceitar", pois ele pode estar temporariamente fora do alcance. Outro problema comum é que os pacientes se preocupam em ter uma "sobrecarga de estímulos" se tentarem se expor a atividades que exijam esforço prolongado ou atividades sociais complexas que incluam demandas interpessoais elevadas. O terapeuta pode abordar esse medo solicitando que os pacientes identifiquem e classifiquem as situações de acordo com o quanto "desafiadoras" parecem ser, e façam exercícios de exposição gradual.

Outra preocupação dos pacientes é com as expectativas: se fizerem um esforço e realizarem mais em um determinado dia, as pessoas começarão a requisitar mais deles, em um nível além do confortável. De maneira semelhante, os pacientes temem que se esforçar e fazer algo bem levará a um fracasso maior na próxima vez em que tenham que fazer algo semelhante. Essas crenças contribuem para a apatia e falta de orientação para os objetivos. Os terapeutas buscam evocar e trabalhar com esses medos, no que diz respeito às atividades agendadas. Conforme sugerido antes, os esforços aqui podem exigir a coordenação com os familiares e cuidadores para não transmitir expectativas maiores durante os primeiros períodos de mudança comportamental.

RESUMO

Apresentamos uma abordagem cognitiva para o tratamento dos sintomas negativos, que enfatiza estratégias para limitar os padrões de desengajamento após gatilhos internos e externos de estresse, bem como estratégias para reconstruir o entusiasmo e recursos do paciente para retornar às atividades abandonadas. Nossa experiência clínica diz que os terapeutas se sentem impotentes e desesperançosos quando tentam discutir e mudar a aparente inércia comportamental de seus pacientes. Todavia, formular esses sintomas em termos cognitivo-comportamentais proporciona um mapa de como os pacientes podem superar o padrão de passividade e retraimento em suas vidas cotidianas.

12

Avaliação e Terapia Cognitivas para o Transtorno do Pensamento Formal

Conforme mencionado no Capítulo 6, o transtorno do pensamento formal provavelmente seja o sintoma menos explorado no campo da terapia cognitiva da esquizofrenia. Dessa forma, esse tipo de tratamento para os sintomas positivos recebe pouca atenção. De fato, muitos estudos nessa área excluem aqueles sujeitos potenciais que apresentem um transtorno do pensamento formal significativo, devido à sua interferência com o processo da terapia em si, que envolve a comunicação verbal. Mesmo quando nos critérios de inclusão permitem sujeitos que apresentam transtorno do pensamento formal, nenhum estudo até hoje relatou os efeitos da terapia cognitiva sobre esse transtorno. Resumindo, apesar de serem consideradas proveitosas informalmente, as técnicas empregadas especificamente para o transtorno do pensamento formal não tiveram sua efetividade testada de forma sistemática. São necessárias pesquisas com um foco no transtorno do pensamento formal para elevar o estado do conhecimento sobre a utilidade da terapia cognitiva para o transtorno do pensamento formal em relação aos outros sintomas da esquizofrenia.

Apesar da falta de experimentação formal nesse domínio, é importante aprender sobre o atual *status* da avaliação e tratamento do transtorno do pensamento formal, conforme discutido neste capítulo. O transtorno do pensamento formal pode ser tão debilitante quanto os outros sintomas da esquizofrenia, limitando as interações sociais, o desempenho escolar e a obtenção de empregos. Ademais, o transtorno do pensamento formal pode dificultar o uso da terapia cognitiva para os outros sintomas da esquizofrenia, assim como para qualquer problema relacionado com depressão, ansiedade ou raiva. Tratar o transtorno do pensamento formal pode abrir a porta para o tratamento desses outros sintomas.

Embasados na formulação cognitiva do transtorno do pensamento formal estabelecida no Capítulo 6, as situações estressantes evocam uma perturbação na organização do pensamento, que é mais evidente na produção da fala. O transtorno do pensamento formal é considerado uma resposta fisiológica ao estresse, semelhante à gagueira, mas em um estágio anterior da produção da fala do que a produção motora. Essa perspectiva baseia-se nas observações da gravidade variável do transtorno do pensamento formal, com aumentos em gravidade relacionados com a presença de situações estressantes. Com essa formulação, o tratamento gira em torno de investigar os pensamentos automáticos, posturas, pressupostos, crenças e esquemas disfuncionais, de maneira semelhante à usada nos tratamentos de transtornos emocionais como a depressão, a ansiedade e a raiva.

Todavia, existem algumas modificações específicas para o transtorno do pensamento formal. Um ingrediente adicional necessário para trabalhar com uma pessoa com um transtorno do pensamento formal é o uso de uma bateria de técnicas visando reduzir o transtorno do pensamento formal diretamente, para que a terapia cognitiva possa seguir suficientemente livre dos obstáculos que esse sintoma apresenta à comunicação. Além disso, deve-se fazer um esforço extra para determinar qual significado, se algum, pode estar camuflado no conteúdo verbal da fala desordenada. É fácil informações importantes se perderem na massa de falas aparentemente sem sentido. Finalmente, pode haver temas nos pensamentos automáticos, assim como no caso dos sintomas negativos, relacionados com a pouca expectativa de sucesso, mas talvez mais específicos do sucesso (ou da sua falta) em interações sociais, particularmente a comunicação.

Como em outros sintomas da esquizofrenia, assim como nos sintomas de transtornos do humor, o tratamento também gira em torno das reações cognitivas, emocionais e comportamentais ao sintoma em si. Como a pessoa com transtorno do pensamento formal muitas vezes tem pouco *insight*, pode não haver perturbação associada a esse sintoma. Contudo, o distanciamento social e as limitações funcionais criadas pelo transtorno do pensamento formal podem gerar uma perturbação secundária, que pode ser tratada usando-se as técnicas padronizadas da terapia cognitivo-comportamental.

Enquanto o tratamento da maioria dos sintomas da esquizofrenia (e de outras condições psicológicas) depende de se fazer inicialmente uma avaliação detalhada, o tratamento preliminar do transtorno do pensamento formal costuma ser necessário, como um primeiro passo antes que a avaliação detalhada, que se baseia na comunicação significativa, possa continuar. A avaliação da presença, natureza e gravidade do transtorno do pensamento formal pode ser feita até certo grau por observação direta usando instrumentos padronizados de avaliação. A avaliação dos gatilhos situacionais do início e piora ou redução dos sintomas também pode ser feita a partir de observações na sessão e da discussão com familiares ou membros da equipe. O histórico do desenvolvimento dos sintomas, bem como de seus efeitos sobre o funcionamento, também pode ser obtido com familiares ou membros da equipe. Todavia, a avaliação dos componentes cognitivos dos pensamentos automáticos, crenças, expectativas, avaliações e suposições, bem como de estados associados do humor, depende da redução suficiente do transtorno do pensamento formal, para permitir a comunicação adequada. A avaliação completa do transtorno do pensamento formal inclui todos esses componentes, bem como uma conceituação de caso cognitiva explicando suas interações. Uma síntese da abordagem de tratamento para o transtorno do pensamento formal pode ser encontrada no Quadro 12.1

AVALIAÇÃO

Avaliação de sintomas/cognições

A avaliação formal da natureza e gravidade do transtorno do pensamento formal pode ser feita com um número limitado de escalas padronizadas. Alguns instrumentos não têm o transtorno do pensamento formal como questão individual em uma escala de avaliação geral para a esquizofrenia (PANSS, BPRS). Duas escalas que delineiam os subtipos de transtorno do pensamento formal são a escala Thought, Language and Communication (TLC), de Andreasen (Andreasen, 1979), e sua escala subsequente, amplamente utilizada, Scale for the Assessment of Positive Symptoms (SAPS; Andreasen, 1984c). A SAPS é suficiente para determinar

QUADRO 12.1 Avaliação e terapia cognitivas para o transtorno do pensamento formal

Avaliação

- Avaliação de sintomas/cognições
  - Avaliar a frequência e a gravidade do transtorno do pensamento formal usando perguntas abertas
  - Procurar na sessão por antecedentes da ocorrência ou piora do transtorno do pensamento formal
  - Avaliar distorções cognitivas relacionadas com a ocorrência do transtorno do pensamento formal, se o paciente estiver ciente da sua ocorrência
  - Avaliar distorções cognitivas relacionadas com situações estressantes
- Avaliação funcional
  - Identificar gatilhos da ocorrência ou piora do transtorno do pensamento formal
  - Avaliar respostas emocionais e comportamentais à ocorrência e consequências do transtorno do pensamento formal
  - Avaliar crenças e avaliações associadas ao transtorno do pensamento formal, incluindo aquelas relacionadas com o estresse pela socialização
  - Identificar antecedentes históricos do transtorno do pensamento formal e de condições potencialmente relacionadas, como estresse pela socialização
  - Avaliar fatores motivadores para o transtorno do pensamento formal
- Conceituação de caso
  - Sintetizar fatores distais e proximais que contribuíram para o desenvolvimento das atuais ocorrências do transtorno do pensamento formal:
    - Fatores de predisposição
    - Fatores de precipitação
    - Fatores de perpetuação
    - Fatores de proteção
  - Avaliar crenças nucleares em termos da tríade cognitiva

Tratamento

- Psicoeducação e normalização
  - Avaliar e desenvolver a consciência da ocorrência dos sintomas
  - Educar o paciente sobre o modelo estresse-vulnerabilidade
  - Normalizar o transtorno do pensamento formal
- Familiarizar o paciente ao modelo cognitivo
  - Desenvolver a consciência da interação entre acontecimentos, pensamentos, sentimentos e comportamentos relacionados com o transtorno do pensamento formal
- Implementar abordagens cognitivas e comportamentais
  - Usar técnicas de clareamento da comunicação na sessão
  - Abordar como lidar com situações estressantes, incluindo as consequências de ter um transtorno do pensamento formal
  - Abordar crenças nucleares associadas ao estresse pela socialização
  - Decifrar, confirmar e abordar material relevante na comunicação com o transtorno do pensamento formal

a gravidade dos diversos tipos de transtorno do pensamento formal, conforme apresentada no Capítulo 6. Eis alguns exemplos de cada uma das categorias de transtorno do pensamento formal:

- Descarrilamento (ou associações frouxas): "fui comprar comida. O rato roeu a roupa do rei".
- Tangencialidade: terapeuta: "como está se sentindo hoje?". Paciente: "não tem nada no balde".
- Perda do objetivo (ou deriva): "quero falar sobre voltar a estudar. Eu estudava quando era pequeno. Tenho um irmão menor. Ele mora no Oregon".
- Incoerência (ou salada de palavras): "ele não sabe nada ... sem vida ... um pouco mais ... ritmo rápido ... barco salva-vidas".
- Falta de lógica: "eu devo conseguir um emprego facilmente, pois muita gente trabalha muito".
- Neologismos: "fiquei tontesgotado".
- Aproximações de palavras: "preciso ganhar tempo para limpar meu quarto".
- Bloqueio: "fui dar uma caminhada no parque ... (*longa pausa*) ... alguém estava andando com um cachorro".
- Pobreza do conteúdo da fala: "meu objetivo é fazer coisas que quero fazer em minha vida, para que possa realizá-las e saber que as fiz enquanto estava vivo e ter objetivos".
- Concretude: "posso ter um foco se comprar um binóculo".
- Perseveração: "ela é alta para a idade. [pausa] Ela é alta para a idade".
- *Clanging* (Sonoridade): "isso parece bom, com, fom-fom, tom".
- Ecolalia: terapeuta: "quanto tempo faz que você mora aqui?". Paciente: "você mora aqui?"

Atualmente, não existe escala para o transtorno do pensamento formal que se iguale às Psychotic Symptom Rating Scales (PSYRATS; Haddock et al., 1999) para alucinações e delírios. Essa escala separa os diferentes aspectos da gravidade, como a duração, frequência e gravidade (em termos de compreensibilidade da fala), perturbação e impacto funcional. Todavia, essas categorias podem ser avaliadas diretamente por terapeutas sem um instrumento de avaliação formal. Uma escala de avaliação ainda a ser testada (Thought Disorder Rating Scale; THORATS) é apresentada no Apêndice H.

A avaliação do transtorno do pensamento formal, com ou sem escalas de avaliação, depende de ouvir o paciente cuidadosamente. Às vezes, o terapeuta pensa que perdeu uma ou duas palavras ao ouvir o paciente, quando, na verdade, este tem um transtorno do pensamento formal, e não houve um lapso de atenção do terapeuta. Para detectar o transtorno do pensamento formal, é necessário permitir respostas longas para questões abertas como "pode me falar um pouco de você?" logo no começo da entrevista inicial, ao invés de metralhar uma série de perguntas curtas.

Como os pacientes têm pouco *insight* da presença do transtorno do pensamento formal, é difícil avaliar, por questionamento direto, diversos aspectos dos fatores envolvidos nas suas ocorrências ou exacerbações. Os precipitantes de outros sintomas da esquizofrenia são percebidos com mais facilidade. É mais fácil para os pacientes relatar quando ouvem vozes ou quando crenças estranhas lhes vêm à cabeça, e o que estava acontecendo no momento. Com o transtorno do pensamento formal, o terapeuta deve basear-se na observação minuciosa do contexto em que o transtorno ocorre ou quando muda de gravidade na sessão, podendo incluir quem está presente (familiares), que temas estão sendo discutidos, o afeto do paciente e situações recentes (começar um emprego).

Uma discussão direta do transtorno do pensamento formal exigiria instruir o paciente sobre o que é o transtorno e como se manifesta nele. Talvez sejam necessários muitas sessões construindo *rapport* antes dessa discussão. Como com outros sintomas, o ponto de partida é as questões que o paciente expressa. O terapeuta pode estabelecer conexões entre essas questões e o transtorno do pensamento formal de maneira gradual. Os problemas do paciente podem ser consequências ou causas do transtorno do pensamento formal, e talvez seja difícil avaliar as cognições que precedem e seguem a ocorrência do transtorno, pois essa avaliação exigiria que o paciente estivesse ciente de quando os sintomas ocorrem. Para complicar ainda mais o quadro, existe a probabilidade de que as cognições associadas ao transtorno do pensamento formal também estejam desordenadas. Até que o paciente tenha uma compreensão clara da natureza do transtorno do pensamento formal, a avaliação das cognições relacionadas com ele dependerá das observações do terapeuta sobre antecedentes dos momentos de início ou variação dos sintomas dentro da sessão.

Uma abordagem alternativa, depois que o paciente observa a conexão entre os sintomas e situações estressantes, é falar com o paciente em relação ao estresse. Em outras palavras, concentre-se na avaliação da ansiedade e use-a como guia. Pergunte ao paciente quais situações parecem causar estresse, quais pensamentos são associados a essas situações, como ele nota o estresse, e mesmo se o estresse torna mais difícil para se comunicar ou pensar de forma clara.

Elaborando uma avaliação funcional

Como com os outros sintomas da esquizofrenia, uma avaliação funcional abrangente inclui um histórico do desenvolvimento e informações sobre distorções cognitivas, como evocar e prevenir certos acontecimentos, gatilhos comuns e formas de proteção, posturas disfuncionais, interpretações, crenças nucleares, esquemas e respostas cognitivas, emocionais e comportamentais aos sintomas e suas consequências sociais e funcionais. O nível de *insight* de cada um desses componentes é outro ingrediente da avaliação funcional.

Essa avaliação deriva em parte da obtenção de um histórico detalhado do paciente e, se permitido, com familiares e instituições de saúde. Outras informações emanam das entrevistas conduzidas nas sessões seguintes. O terapeuta talvez precise perguntar sobre situações conhecidas, ao invés de pedir exemplos de problemas emocionais. Por exemplo, o terapeuta pode saber que o paciente passa os fins de semana com os pais e, portanto, perguntar a cada sessão como foi o fim de semana, se foi confortável ou estressante, que pensamentos lhe vieram à mente, e assim por diante.

Como nos transtornos de depressão e ansiedade, certos tipos de pensamentos automáticos e crenças distorcidas podem levar à ocorrência de sintomas de transtorno do pensamento formal. Posturas derrotistas relacionadas com o desempenho social e da fala são candidatos prováveis. Pesquisas preliminares realizadas por um dos autores corroboram essa ideia: os pacientes com transtorno do pensamento acentuado tendem a expressar muita preocupação com a possibilidade de serem rejeitados pelas pessoas. Além disso, a sensibilidade à rejeição modera a relação entre o comprometimento cognitivo (atenção, memória de trabalho e função executiva) e o transtorno do pensamento, um achado que independe de alucinações, delírios, sintomas negativos, depressão e ansiedade (Grant e Beck, 2008d). Propomos que as avaliações negativas da aceitação instigam anomalias da comunicação em indivíduos com uma diátese preexistente para imperfeições na produção da fala. Embora essa pesquisa ainda esteja em sua infância, acreditamos que a compreensão do transtorno do pensamento formal avançará bastante com estudos que explorem crenças e expectativas associadas.

Segundo Kingdon e Turkington (2005), a comunicação truncada pode resultar de diversas contribuições psicológicas/motivacionais. A avaliação desses fatores motivadores pode revelar caminhos potenciais para o tratamento. Essas razões incluem a fuga de temas desconfortáveis, a evitação de interações diretas com as pessoas, o desejo de desafiar ou provocar os outros, e a grandiosidade, no sentido de ter uma "linguagem hiperinteligente".

Desenvolvendo a conceituação do caso

A conceituação de caso reúne os vários fatores passados e presentes, levantados na avaliação funcional, para formular um histórico de como influenciaram o início e a manutenção dos sintomas do transtorno do pensamento formal no paciente.

Como com os outros sintomas da esquizofrenia, os antecedentes históricos do transtorno do pensamento formal podem ajudar a formular a conceituação do caso. Os fatores genéticos certamente desempenham um papel importante, mas o terapeuta também deve tentar identificar acontecimentos distais e proximais em relação ao início do transtorno do pensamento formal, se esse período de início puder ser identificado. Se não, ainda é importante reconhecer quais acontecimentos precedem o início, a exacerbação ou a remissão desses sintomas. Como com outros sintomas, os fatores que afetam a vulnerabilidade ao transtorno do pensamento formal podem ser categorizados como predisponentes (histórico familiar de esquizofrenia, complicações obstétricas), precipitantes (rejeição interpessoal real ou imaginada, como o nascimento de um irmão novo), perpetuadores (isolamento social, provocação) e protetores (apoio social da família, interesses pessoais).

Como é difícil saber com certeza quais fatores levaram especificamente ao início e manutenção dos sintomas, é melhor obter informações gerais sobre os acontecimentos pré-mórbidos, independentemente de haver uma conexão definitiva com os sintomas. Podem ser experiências de aprendizagem e acontecimentos traumáticos (incidentes como mudanças frequentes de residência, problemas financeiros na família, a morte de um ente querido, ser reprovado na escola). O início do transtorno do pensamento formal pode não ter ocorrido de forma abrupta, devendo-se avaliar as mudanças que ocorrerem nos padrões da fala (gaguejar, inventar palavras, falar palavras desarticuladas para si mesmo, sussurrar rimas para si mesmo). Se novas pesquisas confirmarem que o transtorno do pensamento formal está relacionado com a aversão social, também se devem analisar os sinais precoces de timidez e isolamento social. Depois do início dos sintomas, existe a tendência de se desenvolverem estratégias comportamentais para lidar com os sintomas e com suas consequências. Alguns comportamentos, como o isolamento social, também podem funcionar como fatores perpetuadores, bem como sinais precoces da formação de sintomas. De maneira semelhante, as consequências negativas dos sintomas muitas vezes aumentam a sua perpetuação. O momento e a sequência dos diversos fatores e sintomas podem dar pistas de causas e consequências, mas identifique os diversos papéis de cada fator (como precipitante, consequência e sinal precoce).

Embora a avaliação dos fatores antes e logo após o início dos sintomas dependa da recordação do paciente e da família e, portanto, tenda a ser incompleta, a avaliação de determinados estressores atuais que levam a variações na gravidade dos sintomas baseia-se também na capacidade do terapeuta de notar mudanças na gravidade e relacioná-las com situações atuais e com as cognições do paciente. As cognições podem incluir posturas sobre a tríade cognitiva de si mesmo, doutro (o mundo) e do futuro.

A conceituação do caso deve gerar e uma lista de problemas e objetivos, incluindo o transtorno do pensamento formal e suas consequências, mesmo que o paciente ainda não esteja pronto para reconhecer a sua ocorrência. Afinal, a conceituação de caso ajuda a guiar o terapeuta na condução da terapia, mesmo antes da hora de apresentá-la para o paciente.

TRATAMENTO

O tratamento começa com a construção do *rapport* e a avaliação. Talvez seja necessário usar estratégias de enfrentamento para reduzir o estresse rapidamente, para que a terapia possa avançar. Quando apropriado, introduz-se a psicoeducação (incluindo normalização) para reduzir o estigma e aumentar a compreensão dos sintomas. A apresentação do modelo cognitivo pode ocorrer em uma sessão, quando o paciente estiver pronto, ou pode ser incorporada gradualmente em diversas sessões, até que todas as partes do modelo tenham sido demonstradas com exemplos e possam ser descritas para o paciente como uma unidade integral. Abordagens cognitivas e comportamentais específicas são apresentadas, se necessário. No caso de haver transtorno do pensamento formal, podem ser necessárias abordagens comportamentais para levar a uma comunicação suficientemente clara, da qual dependem os outros estágios (psicoeducação, normalização e familiarização ao modelo cognitivo). Portanto, a ordem apresentada aqui não é necessariamente a ordem de estágios da terapia para todos os pacientes. Os estágios devem ser adaptados aos sintomas específicos e a cada paciente.

Psicoeducação e normalização

Como com os outros sintomas da esquizofrenia, educar o paciente sobre a natureza e as causas desses sintomas pode ajudar a desmitificá-los e reduzir o estigma associado a eles. Todavia, a falta de *insight* do paciente sobre a esquizofrenia torna esse processo difícil e delicado. Com o transtorno do pensamento formal, isso é ainda mais difícil, devido à falta de *insight* de que sequer existe algo errado. Essa falta de *insight* parece exceder a falta associada a outros sintomas da esquizofrenia. Os pacientes podem reconhecer que as vozes são um problema. Os delírios geralmente não são reconhecidos como delírios, mas o tema da crença é considerado pertinente. Os pacientes podem não reconhecer os sintomas negativos diretamente, mas enxergar os efeitos imediatos da avolição e associalidade (falta de trabalho, falta de relacionamentos). Com o transtorno do pensamento formal (assim como o afeto embotado e a alogia), o paciente geralmente não está sequer ciente dos sintomas, muito menos capaz de identificá-los como um problema ou, pior ainda, como parte de um transtorno.

A psicoeducação começa, então, avaliando-se o grau de *insight* do paciente sobre a ocorrência dos sintomas. Devido à forte probabilidade de haver pouco *insight*, o terapeuta primeiro deve ilustrar as consequências dos sintomas. O paciente pode estar ciente de que as pessoas não entendem o que ele fala ou o evitam. Com o tempo e o estabelecimento da relação terapêutica, o terapeuta pode começar a identificar momentos na sessão em que os sintomas ocorrem. Às vezes, é necessário que o paciente ouça uma gravação da sua fala desorganizada para que consiga notar o problema. Deve-se ter cuidado ao informar o paciente sobre isso, que provavelmente seja um problema ignorado, pois a consciência pode gerar embaraço, ansiedade, depressão ou raiva. Alguns pacientes podem se livrar do transtorno formal do pensamento sem sequer terem tido consciência da sua presença. Portanto, o terapeuta deve ponderar as consequências de aumentar o grau de *insight*. Como em outros aspectos da terapia cognitiva, é melhor usar uma abordagem individualizada. Se aumentar o *insight* for um objetivo apropriado, ou se ocorrer espontaneamente, o terapeuta deve estar preparado para reações emocionais. Educar o paciente sobre como o *insight* pode levar à melhora pode trazer esperança, ante dificuldades que antes eram ocultas.

Quando se chega à consciência da presença dos sintomas, a psicoeducação passa a se concentrar em explicações para eles. Novamente, isso deve ser individualizado, pois alguns pacientes não desejam, ou não se beneficiariam com uma explicação. Alguns já terão uma explicação e, portanto, é importante começar avaliando a própria compreensão do paciente sobre as causas dos seus sintomas. Alguns pacientes associam os sintomas à esquizofrenia. O terapeuta deve explorar o que *esquizofrenia* significa para o paciente, pois, para alguns, pode ser apenas uma palavra aprendida sem qualquer profundidade de significado. Se adequado, o terapeuta pode proporcionar educação sobre a esquizofrenia.

Independentemente de o paciente ser informado sobre a esquizofrenia ou não, o terapeuta pode apresentar o modelo estresse-vulnerabilidade em termos gerais. A vulnerabilidade deriva de diversas causas biológicas, psicológicas e sociais, que cada paciente entende em um grau diferente. O efeito do estresse sobre essa vulnerabilidade é demonstrado em termos do início e desenvolvimento precoce dos sintomas (fatores de predisposição), bem como das ocorrências atuais (fatores de precipitação). As demonstrações mais influenciáveis da conexão entre o estresse e a ocorrência dos sintomas são aquelas que ocorrem na sessão. À medida que se acumulam exemplos, evolui a formulação da conceituação do caso. Finalmente, o terapeuta apresenta a conceituação individualizada ao paciente, seja como um todo ou em partes, dependendo da sua prontidão. São discutidos os típicos gatilhos, expectativas e distorções cognitivas. Qualquer estado emocional específico associado ao início dos sintomas pode ser identificado e analisado em termos de progenitores cognitivos. Quando se fazem conexões entre situações, cognições, emoções e sintomas do transtorno do pensamento formal, o estigma associado aos sintomas e suas consequências pode ser reduzido, à medida que o paciente adquire uma compreensão do processo.

Se o paciente está ciente dos sintomas e os considera estigmatizantes, aprender sobre a conexão entre os sintomas e o estresse pode normalizá-los. O terapeuta pode fazer comparações com a maneira em que outras pessoas respondem ao estresse, incluindo tremores, gagueira, suor, evitação, roer as unhas, hiperventilar, e assim por diante. Além de reduzir o estigma por meio da normalização, a apresentação da formulação estresse-sintomas pode trazer esperança, revelando um meio de obter a redução dos sintomas: ou seja, reduzindo o estresse.

O terapeuta então faz a normalização do transtorno do pensamento formal, proporcionando exemplos de como esses sintomas podem surgir em quase qualquer pessoa. Quase todos nós já tivemos um ato falho, mesmo sem estar sob estresse. Poetas e escritores usam a licença literária para criar composições que poderiam facilmente ser vistas como um transtorno do pensamento formal. O terapeuta pode trazer exemplos de livros de Lewis Carroll, James Joyce e John Lennon.

Certas condições podem gerar desorganização do pensamento e da fala, incluindo:

- Drogas tóxicas, como álcool e certos medicamentos
- Mergulhar ou sair do sono
- Privação do sono
- Falar em público (ou outras situações estressantes)
- Ter muito a dizer em um período de tempo curto
- Doenças, como infecções virais
- Condições médicas, como distúrbios da tireoide

A psicoeducação e a normalização ajudam a desestigmatizar o transtorno do pensamento formal e proporcionam esperança, sugerindo que pode ser corrigida e controlada.

Familiarizando o paciente ao modelo cognitivo

Demonstrar conexões entre situações estressantes e o início ou a piora dos sintomas do transtorno do pensamento formal (ou suas consequências, se houver falta de *insight*) pode ser o começo da familiarização do paciente ao modelo cognitivo. Os componentes cognitivos são acrescentados em seguida, na tentativa de ilustrar como as situações são consideradas estressantes por causa das posturas, avaliações, interpretações, suposições e crenças a seu respeito. O modelo cognitivo toma forma quando são discutidos na sessão os episódios repetidos que levam às cognições, as cognições que resultam em emoções, e as emoções que produzem sintomas do transtorno do pensamento formal. Se conseguir, o paciente pode ampliar esse conhecimento fazendo registros de pensamentos disfuncionais como parte das tarefas de casa. De outra forma, esse processo ocorre na sessão. Mais uma vez, os melhores exemplos tendem a ser os que acontecem na sessão, quando o paciente consegue lembrar melhor de seus pensamentos automáticos, emoções e reações na forma de sintomas do transtorno do pensamento formal. Talvez seja difícil para o paciente sequer notar os exemplos de transtorno do pensamento formal sem o *feedback* do terapeuta ou dos familiares.

Talvez fosse mais produtivo começar com incidências de reações de estresse, independentemente de o estresse produzir ou não sintomas do transtorno do pensamento formal. Pode-se usar a consciência do paciente de que sente estresse como guia para mostrar como as reações de estresse partem dos pensamentos automáticos sobre as situações. O paciente pode ser familiarizado ao modelo cognitivo dessa maneira geral, e seu transtorno do pensamento formal pode melhorar simplesmente por aprender a reduzir as reações emocionais às situações, analisando as avaliações cognitivas dessas situações. Em outras palavras, em vez de se concentrar no transtorno do pensamento formal, o terapeuta pode trabalhar com o paciente em modelos cognitivos de reações ao estresse em geral e observar se os sintomas do transtorno do pensamento formal melhoram como parte da redução geral na resposta de estresse. As situações escolhidas devem incluir aquelas que o paciente cita como problemas, especialmente as relacionadas com possíveis objetivos da terapia. Dessa forma, a terapia começa com os objetivos declarados do paciente, leva às situações que frustram esses objetivos, passa para abordagens cognitivas para lidar com as situações e culmina na melhora do transtorno do pensamento formal, com a redução do estresse.

Além de aprender a relação entre os acontecimentos, pensamentos automáticos, emoções e comportamentos, o paciente aprende a reconhecer distorções cognitivas e considerar perspectivas alternativas. Como sempre, a abordagem é colaborativa com o uso de descoberta guiada baseada em um modo de questionamento moderado.

Abordagens comportamentais e cognitivas

Os manuais que descrevem métodos para aplicar a terapia cognitiva ao tratamento da esquizofrenia abordam pouco o uso de técnicas específicas para o transtorno do pensamento formal. Entretanto, as poucas técnicas descritas na literatura podem ajudar os pacientes a saber como o seu modo de falar é difícil de entender para as pessoas e como podem aperfeiçoar a sua comunicação. Se o paciente está ciente de que tem sintomas do transtorno do pensamento formal, o terapeuta pode investigar se o paciente já usa estratégias compensatórias, que podem ser reforçadas e incorporadas nas abordagens padronizadas.

Abordagens comportamentais

A dramatização (*role play*) pode ajudar os pacientes, quando assumem a posição do ouvinte, a entender que as pessoas não compreendem a sua comunicação (Kingdon e Turkington, 1994). Esse método tem amparo em estudos que mostram que os pacientes conseguem explicar o discurso expressado com base em pensamentos desorganizados (Harrow e Prosen, 1978), incluindo o significado de neologismos (Foudraine, 1974), e melhorar a comunicação depois de ouvirem gravações de suas conversas (Satel e Sledge, 1989).

Uma técnica semelhante e mais imediata é a de questionar os pacientes diretamente quando unidades da fala não são compreendidas (Nelson, 1997, 2005). Outros métodos são (1) a regra das cinco sentenças, pela qual o terapeuta e o paciente limitam a fala a cinco sentenças de cada vez, para que a desorganização tenha menos chance de piorar com a duração da conversa; (2) tirar intervalos de dois minutos para relaxar, usando respiração ou mudando para um tema neutro quando o material com carga emocional evocar sintomas do transtorno do pensamento; e (3) perguntar sobre dificuldades de comunicação com outras pessoas (Pinninti, Stolar e Temple, 2005).

Nelson (2005) sugere conduzir terapia cognitiva na primeira parte da sessão, e depois utilizar a escuta com expressões não verbais de interesse e empatia, quando o transtorno do pensamento piorar no decorrer da sessão, conforme esperado. Pacientes relataram a Nelson que o modo de escuta era proveitoso.

Kingdon e Turkington (2005) sugerem inserir questões curtas de "adivinhação" quando algo parecer importante ou quase entendido, mas recomenda-se fazer momentos apenas de escuta se o paciente parecer irritado com o questionamento. Os autores também descrevem como averiguar as conexões do pensamento, perguntando ao paciente como uma certa afirmação leva a uma segunda afirmação desconectada.

No decorrer das sessões, o terapeuta deve repetidamente direcionar o foco do paciente para o tópico imediato. Isso é uma maneira de fortalecer a habilidade da atenção. Por exemplo:

TERAPEUTA: Que coisas importantes aconteceram desde a última vez que o vi?

PACIENTE: Meu filho está se formando hoje na escola – descola, descolado, lado ... outro lado ...

TERAPEUTA: (*interrompendo o paciente*). Você disse que seu filho está se formando na escola. Como se sente a respeito?

PACIENTE: Me sinto triste. Eu devia estar lá, mas minha esposa – mariposa, raposa, caça –

TERAPEUTA: (*devolvendo o foco ao paciente*) Você pode me falar mais sobre como se sente em relação ao seu filho?

Direcionando o foco do paciente repetidamente, o terapeuta consegue fazê-lo falar da sua tristeza por não participar da cerimônia de formatura do 2º Grau de seu filho. A expressão e compartilhamento dos sentimentos ajuda a diluir a excitação e, ao mesmo tempo, proporciona ao paciente prática em refocalização.

Como muitas pessoas com transtorno do pensamento não estão cientes das suas dificuldades comunicativas, apontar exemplos de fala desorganizada na sessão pode facilitar um reconhecimento maior desse problema. Além disso, se o terapeuta aponta de maneira franca quando a fala do paciente não é coerente, isso acaba com a possibilidade de que o transtorno do pensamento persista, em parte, porque o ouvinte age como se entendesse. Pode-se promover a motivação para mudar ilustrando como os problemas de comunicação interferem nos relacionamentos interpessoais. Com o consentimento do paciente, incentivar os familiares a também mencionar as ocorrências do transtorno do pensamento pode estender a consciência adquirida nas sessões para a vida cotidiana do paciente.

Abordagens cognitivas

Como as pessoas portadoras de esquizofrenia apresentam fala mais desorganizada quando discutem questões pessoais com carga emocional (Docherty, Evans, Sledge, Seibyl e Krystal, 1994; Docherty, Hall e Gordinier, 1998; Haddock, Wolfenden, Lowens, Tarrier e Bentall, 1995), sugerimos que outra estratégia para reduzir os sintomas do transtorno do pensamento é usar métodos terapêuticos voltados para a regulação emocional (Morrison, 2004) e a redução do estresse. Em outras palavras, a terapia cognitiva padronizada para controlar dificuldades causadas pela depressão, ansiedade e raiva (modificadas para pessoas com esquizofrenia), bem como para melhorar os efeitos emocionais de alucinações e delírios, ajudam indiretamente a melhorar a organização da fala. (Técnicas comportamentais para reduzir o estresse também ajudam nesse sentido.)

Como exemplo, um paciente que apresentava aprofundamento no transtorno do pensamento durante as sessões em que sua mãe estava presente piorava quando ela fazia sugestões sobre sua vida, como quando ele estava pronto para voltar a dirigir ou se mudar para seu próprio apartamento. Aos 40 e poucos anos, o paciente tinha pensamentos automáticos (expressados em uma sessão privada anterior) de que "minha mãe não devia estar me dizendo o que fazer" e "isso não é da conta dela, ela está apenas tentando me controlar". Quando a mãe explicava que se envolvia porque ele precisava da ajuda dela quando se metia em problemas, ele ficava menos desorganizado, mas ainda incomodado. Expliquei que o objetivo era permitir que ele recuperasse sua independência, mas fazer isso em um ritmo que impedisse que ele avançasse rápido demais e piorasse novamente. Assim, o paciente conseguiu continuar a sessão com a família e as sessões individuais concentradas, em parte, no controle da raiva.

A terapia cognitiva padrão para o tratamento do transtorno do pensamento formal analisa situações que evocam ou intensificam os sintomas por meio de pensamentos automáticos, suposições e respostas emocionais e comportamentais. Essas situações podem ser acontecimentos rotineiros que são percebidos como estressantes, acontecimentos que a maioria das pessoas consideraria estressantes, ou acontecimentos em consequência do transtorno do pensamento (como as pessoas olharem para o paciente). Usando descoberta guiada, o terapeuta explora as distorções cognitivas do paciente e perspectivas alternativas, identificando e conceituando padrões de pensamentos automáticos em termos de crenças nucleares sobre si mesmo, o outro (o mundo) e o futuro. Se necessário, o terapeuta cria experimentos comportamentais para desafiar as crenças.

Nossa conceituação cognitiva do transtorno do pensamento formal sugere outra abordagem de evocar e analisar pensamentos automáticos associados à presença do transtorno do pensamento. Para reiterar, pensamentos automáticos díspares contribuem para o estresse da socialização e a piora do transtorno do pensamento ("posso dizer algo errado" ou "não me entendem"). À medida que a relação terapêutica se desenvolve no decorrer da terapia, e que o paciente aprende que o terapeuta é honesto e interessado o suficiente para reconhecer quando não entende o paciente, este terá mais facilidade para identificar pensamentos automáticos e crenças nucleares associadas especificamente às ocorrências do transtorno do pensamento.

É melhor usar escuta reflexiva para aqueles trechos que são compreendidos com clareza, para que o paciente receba *feedback* positivo pela comunicação precisa (e correção, quando não forem compreendidos corretamente) e, depois, enfocar as partes incoerentes. Questões mais gerais ("o que você quer dizer com ...?") podem ser seguidas, se necessário, por significados sugeridos com base no contexto e tom da fala em questão. O terapeuta pode ignorar material que seja claramente divergente e irrelevante (*clanging*), mas deve ter cuidado de não "jogar o bebê fora com a água do banho", confundindo material emocionalmente relevante com detalhes desprezíveis.

Como forma de identificar material emocionalmente relevante na comunicação desorganizada, os exemplos de tipos de transtorno do pensamento citados anteriormente são explorados aqui em busca de material pertinente ou, no mínimo, algumas conexões ocultas:

- "Fui comprar comida. O rato roeu a roupa do rei". (Descarrilamento/ associações frouxas)
  > O paciente lembrou que havia um rato comendo sua comida. A palavra *rato* foi associada a um provérbio conhecido.
- TERAPEUTA: Como está se sentindo hoje?
  PACIENTE: Não há nada no balde. (Tangencialidade)
  > O paciente se sente vazio.
- "Quero falar sobre voltar a estudar. Eu estudava quando era pequeno. Tenho um irmão menor. Ele mora no Oregon". (Perda do objetivo/deriva)
  > O paciente salta de uma ideia para outra. As ideias associadas parecem menos relevantes do que a afirmação inicial, de modo que seria melhor retornar ao foco.
- "Ele não sabe nada ... sem vida ... um pouco mais ... ritmo rápido ... barco salva-vidas". (Incoerência/salada de palavras)
  > O paciente pode estar pensando: "não tenho vida" e "a vida tem um ritmo rápido". O terapeuta deve explorar essas possibilidades.
- "Eu devo conseguir um emprego facilmente, pois muita gente trabalha bastante". (Falta de lógica)
  > O paciente pode pensar que, como outras pessoas trabalham bastante, deve haver trabalho sobrando. O terapeuta pode explorar essa linha de pensamento possível e ajudar o paciente a chegar a um quadro mais claro da disponibilidade de empregos.
- "Fiquei tontesgotado". (Neologismo)
  > O paciente está tomado de tontura ou esgotado por alguma coisa, de modo que se sente tonto.
- "Preciso ganhar tempo para limpar meu quarto". (Aproximação de palavras)
  > O paciente precisa de tempo para limpar o quarto.
- "Fui dar uma caminhada no parque ... (*longa pausa*) ... alguém estava andando com um cachorro". (Bloqueio)

> A pausa pode se dever ao fato de o paciente não ter muito a dizer ou evitar pensamentos que surgiram durante sua caminhada no parque.

- "Meu objetivo é fazer coisas que quero fazer em minha vida, para que possa realizá-las e saber que as fiz enquanto estava vivo e ter objetivos". (Pobreza do conteúdo da fala)

  > O paciente não tem objetivos específicos, mas gostaria de ser capaz de realizar algo. O terapeuta pode ajudar o paciente a explorar objetivos possíveis.

- "Posso ter um foco se comprar um binóculo". (Concretude)

  > O paciente queria falar sobre objetivos pessoais, mas caiu no significado concreto da palavra.

- "Ela é alta para a idade. [pausa] Ela é alta para a idade". (Perseveração)

  > O paciente pode estar repetindo informações que tenham significado pessoal, ou pode se intimidar com a altura, por exemplo.

- "Isso parece bom, com, fom-fom, tom". (Sonoridade)

  > Provavelmente, não existe significado além da primeira palavra da rima. Às vezes, a última palavra da rima pode ter algum significado.

- Terapeuta: Quanto tempo faz que você mora aqui?".

  Paciente: Você mora aqui? (Ecolalia)

  > Novamente, provavelmente, não existe significado real. Se apenas certas sentenças ou expressões são repetidas, talvez elas tenham mais significância.

Como o uso da terapia cognitiva para o tratamento da esquizofrenia ainda não enfoca o transtorno do pensamento formal, resta muito trabalho a fazer para testar a utilidade dessas abordagens dirigidas. Melhorar o fluxo da fala pode proporcionar que muitas pessoas com esquizofrenia e transtorno do pensamento possam abordar as alucinações, delírios e sintomas negativos (bem como a depressão, ansiedade e raiva) que antes eram impedidas pelo próprio transtorno do pensamento. Todavia, existe um problema insolúvel, a necessidade de tratar esses sintomas para que se possa reduzir o transtorno do pensamento, e a necessidade de reduzir o transtorno do pensamento para poder tratar esses sintomas. O terapeuta precisa usar uma abordagem gradual e por etapas, avançando em uma parte para facilitar o progresso na outra, e alternando os trabalhos sobre os diversos sintomas. Construir a aliança terapêutica usando palavras empáticas e escuta reflexiva, além de começar com pontos da agenda com menos carga emocional, são coisas que ajudam a minimizar o estresse, enquanto se inicia o processo terapêutico.

RESUMO

A terapia cognitiva pode ter utilidade no tratamento do transtorno do pensamento formal. Conscientizar o paciente da sua ocorrência pode reduzir a sua frequência e gravidade. Analisar e corrigir os pensamentos automáticos que precipitam o estresse que leva ao transtorno do pensamento também pode ter o mesmo efeito, talvez de um modo mais duradouro, pois situações que antes eram tensas passam a ser avaliadas melhor. Em outras palavras, os mesmos princípios que embasam o uso da terapia cognitiva para a depressão, ansiedade, raiva e outras condições também podem ser aplicados ao transtorno do pensamento formal.

13

Terapia Cognitiva e Farmacoterapia

O uso da terapia cognitiva (bem como de outras intervenções psicossociais) no tratamento da esquizofrenia não elimina a necessidade de usar medicação para amainar os sintomas desse transtorno. A terapia cognitiva visa complementar o uso de medicação para reduzir o impacto e a gravidade dos sintomas e para investigar o significado psicológico por trás dos sintomas psicóticos, de maneira a reconhecer (de um modo que, muitas vezes, não se alcança apenas na administração de medicamentos) a face humana associada às experiências de alucinações, delírios, transtorno do pensamento e à síndrome negativa.

Alguns autores argumentam que a medicação não é necessária no tratamento da esquizofrenia, quando existe psicoterapia suficiente. Embora isso possa ser verdadeiro para outras formas de psicose, provavelmente não se aplique à esquizofrenia. A *preferência pessoal* do profissional, de evitar o uso de medicamentos, não é uma boa razão para negar o tratamento com medicação àqueles que se beneficiariam com essa forma de tratamento e que podem ter consequências prejudiciais, se lhes for negado. O uso da terapia cognitiva e de outras formas de terapia pode reduzir a quantidade de medicação necessária, mas não eliminar a necessidade completamente. Novos avanços em nossa compreensão da esquizofrenia podem produzir protocolos sem medicamentos, mas essa não é a situação atualmente.

No outro extremo do espectro biopsicossocial, encontra-se a crença de que a capacidade das substâncias que alteram a neurofisiologia (medicamentos psicotrópicos) de produzir mudanças na cognição, nas emoções e no comportamento em indivíduos com esquizofrenia significa que a etiologia baseia-se totalmente na neurofisiologia. A utilidade dos medicamentos antipsicóticos que aumentam o nível de serotonina e diminuem o de dopamina não significa, por outro lado, que a esquizofrenia se deva a desequilíbrios nessas substâncias. Por analogia, a utilidade de um medicamento para uma dor que ocorre após levantar algo pesado de forma indevida não implica que a etiologia da dor seja um déficit em neurotransmissores opioides. Estressores psicológicos (acontecimentos traumáticos agudos e/ou anos de situações estressantes de baixa intensidade), bem como reações psicológicas a esses estressores podem produzir condições psiquiátricas, incluindo a esquizofrenia, que podem ser tratadas alterando-se a química do cérebro. Esses estressores e as reações a eles alteram os níveis de neurotransmissores ou têm um efeito revertido parcialmente pela alteração química dos níveis de certos neurotransmissores. No exemplo da dor nas costas, a dor é causada pelo ato de levantar o peso, mediada por neurotransmissores da dor (substância P), e aliviada pelo aumento no efeito dos neurotransmissores com o uso de opioides exógenos. Mais uma vez, a dor não se deve à insuficiência de opioides, assim como a psicose talvez se deva a algo além apenas de um excesso nos níveis de dopamina. Certamente, a capacidade dos medicamentos que alteram certos neurotransmissores de aliviar os sintomas psicóticos ajudou a orientar a pesquisa sobre a etiologia e o desenvolvimento da esquizofrenia, além de reduzir em parte a perturbação do transtorno. Todavia, nossa hipótese é de que fatores biológicos *e* psicológicos contribuem para a etiologia e o tratamento da esquizofrenia.

Este capítulo faz uma apresentação dos principais medicamentos usados no tratamento das psicoses, uma discussão de como a terapia cognitiva pode reproduzir os efeitos da farmacoterapia, e uma análise de como integrar a terapia cognitiva e o controle farmacológico.

FARMACOTERAPIA

A introdução dos neurolépticos

Assim como muitas outras classes de medicamentos psicotrópicos, os medicamentos antipsicóticos foram descobertos por acaso. Em 1952, Henri Laborit, um médico francês, ao usar clorpromazina como sedativo para uma cirurgia simples, observou como ela fazia os pacientes terem menos interesse em seu ambiente. Essa observação levou ao seu uso em pacientes psiquiátricos e, finalmente, a uma revolução no tratamento da esquizofrenia. As instituições psiquiátricas ("manicômios") hoje podem devolver seus pacientes para a comunidade, já que a clorpromazina, bem como a variedade de medicamentos semelhantes que veio em seguida, reduziu a gravidade das psicoses de seus pacientes.

Esses medicamentos antipsicóticos têm sido chamados de neurolépticos (com base em seus efeitos sobre as funções motoras) e tranquilizantes maiores (ao contrário de tranquilizantes menores, como as benzodiazepinas, incluindo o clonazepam, alprazolam e diazepam). Com o advento de um tipo mais novo de medicamento antipsicótico na década de 1980, os membros desse grupo mais antigo receberam a designação de antipsicóticos de primeira geração, típicos, clássicos ou convencionais, para diferenciá-los dos antipsicóticos atípicos, de segunda ou terceira geração.

Em meados da década de 1970, Seeman, Chau-Wong, Tedesco e Wong (1975) descobriram que os antipsicóticos de primeira geração agiam bloqueando os receptores de dopamina, em particular o subtipo D_2, daí o termo *antipsicóticos antagonistas de dopamina* (AADs). Foi essa propriedade, e a utilidade desses medicamentos no tratamento da esquizofrenia, que levou à teoria dopaminérgica da esquizofrenia. Conforme observado anteriormente, tratamento não acarreta etiologia. Porém, a descoberta de que os antipsicóticos de primeira geração bloqueiam os receptores D_2 levou a uma tentativa ampla de explicar como a transmissão de dopamina pode estar relacionada com os sintomas da esquizofrenia. Seria lógico supor que, se o bloqueio da transmissão de dopamina de uma célula nervosa para outra ajuda a aliviar a psicose, o excesso na transmissão de dopamina deve ser a principal causa psicofisiológica da esquizofrenia. Todavia, essa hipótese ainda não foi confirmada. O que se sabe com certeza é que os antipsicóticos atuam por meio do bloqueio de receptores pós-sinápticos D_2.

Embora os efeitos sedativos rápidos de muitos desses antipsicóticos sejam úteis para controlar a agitação aguda observada em unidades de internação e emergência psiquiátrica, são o bloqueio da dopamina e a *upregulation* (maior número de receptores em reação ao bloqueio) relativa dos receptores pós-sinápticos D_2, que ocorre de 3 a 6 semanas depois, que explicam os efeitos antipsicóticos retardados. A tomografia por emissão de pósitrons mostra que é necessário um nível de ocupação de 65 a 70% dos receptores D_2 para se chegar a resultados clinicamente significativos (Nasrallah e Smetlzer, 2002).

Os AADs se dividem em diversas subclasses, com base em suas estruturas químicas (listadas no Quadro 13.1). Esses medicamentos têm meias-vidas de 16 a 45 horas. Uma meia-vida é o tempo que leva para a metade da medicação ser eliminada do corpo. Essa eliminação costuma ocorrer por desmetilação ou hidroxilação no fígado e excreção pelo rim ou pelo trato gastrintestinal. Alguns AADs (haloperidol e flufenazina) têm fórmulas *depot* injetáveis, com um adicional de decanoato que permite uma meia-vida de 2 a 6 semanas, exigindo assim injeções apenas quinzenais ou mensais. Os AADs têm grande afinidade por proteínas, significando que se conectam firmemente a certas proteínas, como a albumina, que é encontrada na corrente sanguínea. Também são lipofílicos, significando que se conectam a gorduras (lipídeos). Portanto, têm concentrações elevadas no cérebro.

Embora os medicamentos AADs tenham reduzido o sofrimento de muitos indivíduos e suas famílias, eles têm diversas limitações e efeitos adversos. Por exemplo, não ajudam todos os indivíduos com esquizofrenia. Apesar de, na maioria dos casos, se um medicamento não for efetivo, mas outro possa ser,

QUADRO 13.1 Medicamentos antipsicóticos antagonistas de dopamina

Classe/subclasse	Nome genérico
Fenotiazinas	
Alifáticas	Clorpromazina Triflupromazina Promazina
Piperazina	Trifluoperazina Flufenazina Perfenazina Proclorperazina Acetofenazina Butaperazina Carfenazina
Piperidina	Tioridazina Mesoridizina Piperacetazina
Butirofenonas	Haloperidol Droperidol
Tioxantinas	Tiotixeno Clorprotixene
Dibenzoxazepina	Loxapina
Di-hidroindolone	Molindone
Difenilbutilpiperidina	Pimozida

existem indivíduos cujos sintomas psicóticos não são afetados significativamente por nenhum medicamento. Em segundo lugar, os AADs geralmente tratam apenas os sintomas positivos (alucinações, delírios e transtorno do pensamento), e não os sintomas negativos (com exceção daqueles que advêm das reações à presença de sintomas positivos) ou déficits cognitivos. Finalmente, como com todos os medicamentos, existe uma série de efeitos colaterais potenciais, incluindo a cronicamente debilitante discinesia tardia (um transtorno do movimento involuntário de ocorrência tardia) e a potencialmente fatal síndrome neuroléptica maligna (que consiste, em parte, em hipertermia e rigidez grave). Para começar a compreender essas limitações, é importante entender a fisiologia envolvida nas ações desses medicamentos.

A farmacodinâmica dos AADs

Os benefícios e efeitos colaterais dos AADs podem ser descritos em termos dos sistemas neurotransmissores que afetam (Nasrallah e Smeltzer, 2002; Stahl, 1999; Wilkaitis, Mulvihill e Nasrallah, 2004). Além da dopamina, outros sistemas neurotransmissores envolvidos são o subtipo muscarínico do sistema colinérgico, o sistema α_1-adrenérgico e o sistema histaminérgico-1 (H_1).

O sistema dopaminérgico tem cinco subtipos de neurotransmissores (D_1–D_5) e quatro vias principais no cérebro. Os tratos mesolímbicos e mesocorticais começam na área tegumentar ventral (ATV) no mesencéfalo e vão até o núcleo acumbens (parte do sistema límbico) e o córtex, respectivamente. Acredita-se que os sintomas positivos das alucinações, delírios e transtorno do pensamento se devam à hiperatividade da dopamina no sistema mesolímbico, e que os sintomas negativos se devam à menor atividade da dopamina no sistema mesocortical. O trato nigrostriatal origina-se na substância negra, projeta-se para os gânglios basais e está envolvido no controle dos movimentos. A degeneração desse sistema pode levar à doença de Parkinson. O trato tuberoinfundibular conecta o hipotálamo à glândula pituitária anterior para inibir a liberação de prolactina, uma enzima que promove a produção de leite.

Embora o bloqueio da dopamina da projeção mesocortical (além da mesolímbica) ajude a aliviar os sintomas psicóticos positivos, ele também pode piorar os sintomas negativos do paciente (diminuir a motivação, a fala e a expressão emocional). A redução da transmissão de dopamina pelo bloqueio de pelo menos 80% dos receptores pós-sinápticos disponíveis no trato nigrostriatal pode levar aos efeitos colaterais do sistema extrapiramidal, incluindo sintomas do tipo parkinsonianos de tremores intencionais (tremores durante movimentos), marcha arrastada e fácies mascarada (rosto sem expressão). Outros efeitos colaterais são a distonia aguda (espasmos ou contrações musculares prolongadas), acatisia (inquietação motora), acinesia (falta de movimento) e, conforme já citado, discinesia tardia, uma condição gravemente debilitante caracterizada por movimentos coreoatetoides (tipo dança ou contrações) involuntários. Acredita-se que a discinesia tardia se deva à *up-regulation* dos receptores pós-sinápticos de D_2, possa ocorrer anos depois de iniciar o tratamento com AADs e não tenha relação com a dose.

Os neurônios dopaminérgicos na via nigrostriatal inibem os neurônios acetilcolinérgicos do estriado. Portanto, quando os antipsicóticos bloqueiam a dopamina, aumenta a liberação de acetilcolina, levando aos efeitos colaterais extrapiramidais. Dessa forma, os agentes anticolinérgicos (que bloqueiam a transmissão de acetilcolina) podem ajudar a compensar esse aumento na liberação de acetilcolina. Todavia, isso pode levar a efeitos colaterais anticolinérgicos, já presentes devido à atividade anticolinérgica dos próprios AADs.

O bloqueio da dopamina no trato tuberoinfundibular desinibe a liberação de prolactina, levando a hiperprolactemia, que pode resultar em galactorreia (lactação sem relação com gestação), menos desejo/função sexual, ginecomastia (aumento dos seios em homens), infertilidade e amenorreia (ausência de menstruação).

Outro efeito colateral grave que pode se tornar fatal é a síndrome neuroléptica maligna (SNM). Supostamente causada pelos efeitos da dopamina no sistema hipotalâmico de regulação da temperatura, essa síndrome envolve uma grave rigidez corporal e temperatura excessiva do corpo. O alívio da SNM exige tratamento no setor de emergência.

Além dos efeitos colaterais causados por bloqueios involuntários da dopamina, existem efeitos adversos devido aos efeitos antagônicos dos AADs sobre outros neurotransmissores. Entre esses, está o subtipo muscarínico (M_1) do sistema colinérgico, que leva a possíveis efeitos colaterais como boca seca, visão turva, constipação, retenção urinária, sedação e cognição lenta.

Dois outros neurotransmissores bloqueados são os sistemas α_1-adrenérgico (a_1) e histaminérgico (H_1), levando, no primeiro caso, à sedação e hipotensão ortostática (menor pressão sanguínea ao levantar da posição sentada e deitada, que geralmente causa tontura) e, no segundo, sedação e ganho de peso.

Os efeitos benéficos e os efeitos colaterais dos AADs podem ser agrupados segundo seus graus de potência. O haloperidol, a trifluoperazina, o tiotixena e a flufenazina são considerados AADs de alta potência; a clorpromazina, a mesoridazina e a tioridazina são consideradas de baixa potência; e a maioria dos outros antipsicóticos se encontra em algum lugar entre esses dois. Como a potência elevada se deve a uma afinidade maior por receptores D_2, os medicamentos com alta potência também trazem consigo os efeitos prejudiciais do bloqueio da dopamina, ou seja, a maior possibilidade de efeitos colaterais extrapiramidais, discinesia tardia e síndrome neuroléptica maligna. Eles também apresentam efeitos colaterais α_1-adrenérgicos proeminentes. Por outro lado, os efeitos colaterais associados aos neurotransmissores H_1 e M_1 são menos graves quando se usam AADs de potência elevada. Os antipsicóticos de baixa potência têm o perfil oposto – menos efeitos colaterais extrapiramidais, discinesia tardia, síndrome neuroléptica maligna e efeitos colaterais α_1-adrenérgicos e mais efeitos colaterais histaminérgicos e muscarínicos.

O advento e as vantagens dos antipsicóticos de segunda geração

Com a reintrodução da clozapina, uma dibenzodiazepina, no final da década de 1980, depois de uma primeira retirada de uso em 1975 por causa do efeito colateral potencialmente fatal da agranulocitose (a redução grave de um tipo de glóbulo branco), começa uma nova era no uso de medicamentos antipsicóticos. Os antipsicóticos de segunda geração (listados no Quadro 13.2) têm as vantagens de produzir menos efeitos colaterais extrapiramidais e discinesia tardia, reduzir a hiperprolactinemia e melhorar o tratamento dos sintomas negativos, bem como dos problemas cognitivos e afetivos (Daniel, Copeland e Tamminga, 2004; Goff, 2004; Lieberman, 2004b; Marder e Wirshing, 2004; Nasrallah e Smeltzer, 2002; Schulz, Olson e Kotlyar, 2004; Stahl, 1999). Acredita-se que essas melhoras em relação aos AADs se devam à ocorrência de menos ligações com D_2 (menor afinidade) e à adição de ligações serotonérgicas ($5\text{-}HT_{2A}$). De fato, os antipsicóticos de segunda geração podem ser chamados de *antipsicóticos antagonistas de serotonina-dopamina* (AASDs).

QUADRO 13.2 Medicamentos antipsicóticos antagonistas de serotonina-dopamina

Medicamento	Receptores de neurotransmissores bloqueados																
	D					5-HT								α			
Nome comum	1	2	3	4	1A	1D	2A	2C	3	6	7	M_1	H_1	1	2	IRS	IRN
Clozapina	✓	✓	✓	✓	✓		✓	✓	✓	✓	✓	✓	✓	✓	✓		
Risperidona		✓					✓				✓			✓	✓		
Olanzapina	✓	✓	✓	✓			✓	✓	✓	✓		✓	✓	✓			
Quetiapina		✓					✓			✓	✓		✓	✓	✓		
Ziprasidona		✓	✓		✓	✓	✓	✓			✓			✓		✓	✓
Loxapina	✓	✓		✓			✓			✓	✓	✓	✓	✓			✓

Obs.: D, dopaminérgico; 5-HT, serotonérgico (5-hidroxitriptamina); M, muscarínico; H, histamínico; α, alfa-adrenérgico (norepinefrina); IRS, inibição da recaptação de serotonina; IRN, inibição da recaptação de norepinefrina.

A clozapina, o primeiro AASD, ainda é considerado o mais efetivo. Além de ser efetivo para tratar os sintomas positivos e negativos, ao mesmo tempo que produz menos efeitos colaterais extrapiramidais e discinesia tardia, também reduz a violência (incluindo o suicídio) e a agressividade (Stahl, 1999) e melhora a discinesia tardia existente. A melhora com a clozapina continua no decorrer dos anos de tratamento. Seu uso se limita principalmente pela ocorrência de 0,5 a 2% de agranulocitose, que exige exames de sangue com contagens completas semanais por seis meses, depois bimensais e, às vezes, mensais. Também existe risco de convulsões, ganho de peso, sedação, sialorreia (baba excessiva), diabete melito e hipercolesterolemia. Atualmente, a clozapina é usada para pacientes que não tenham melhorado o suficiente com outros AASDs (Practice Guideline for the Treatment of Patients with Schizophrenia, 2004).

A melhora nas vidas dos indivíduos que tomam clozapina levou à busca de outros medicamentos que pudessem fazer o mesmo sem o risco de agranulocitose. Outros AASDs usados atualmente nos Estados Unidos são a risperidona, a olanzapina, a quetiapina e a ziprasidona. Um antipsicótico mais antigo com propriedades neurotransmissoras semelhantes é a loxapina.

A risperidona foi o primeiro AASD introduzido que não exigia exames de sangue frequentes. Em 2004, a Food and Drug Administration recomendou que todos os pacientes que tomam AASDs fizessem exames de sangue periódicos para glicose, colesterol e outros lipídeos no sangue, devido ao risco de diabete melito e hipercolesterolemia (embora o risco com a risperidona não seja tão grande quanto com a clozapina e a olanzapina). Inicialmente, recomendava-se que a dosagem de risperidona fosse titulada rapidamente até 6 miligramas (mg) por dia, mas isso foi alterado com a descoberta de que doses mais baixas são efetivas e que, em doses acima de 6 mg por dia, a ocorrência de efeitos colaterais extrapiramidais é semelhante à observada com o haloperidol. A risperidona também tem um risco relativamente maior de causar hiperprolactemia, em comparação com os outros AASDs. Todavia, existe menos ganho de peso do que com a clozapina.

A olanzapina seguiu-se à risperidona, com a vantagem de ser mais sedativa do que ela, ajudando com a insônia e a agressividade. Pode haver efeitos colaterais extrapiramidais em doses maiores (acima de 15 mg), acatisia ocasional (inquietação física e psicológica) e hiperprolactinemia temporária, mas a preocupação mais significativa é o ganho de peso comum e notável, bem como diabete melito e hipercolesterolemia.

A quetiapina também ajuda com a agressão e déficits cognitivos, bem como o humor, incluindo a depressão e a ansiedade. Para tratar os sintomas negativos, ela somente é melhor se comparada com placebo, mas não em comparação com o haloperidol. Pode ser sedativa e causar ganho de peso. Não está certo se causa diabete melito e hipercolesterolemia. Uma preocupação inicial de que pode causar catarata (um efeito descoberto em um estudo) ainda é questão de debate (Shahzad et al., 2002).

A ziprasidona tem a vantagem de não ser associada ao diabete melito ou hipercolesterolemia, e de ser menos provável de causar ganho de peso. Pode haver acatisia ocasional, hiperprolactinemia temporária e um intervalo QT (uma medida do ritmo cardíaco) levemente prolongado. Esse medicamento pode ajudar na depressão e na ansiedade, mas pode causar tontura (em doses mais altas) e sedação (embora não seja incomum se dividir a dose em duas vezes por dia, apesar desses efeitos colaterais potenciais). A ziprasidona deve ser tomada com a alimentação para aumentar a sua biodisponibilidade.

A loxapina pode causar alguns efeitos extrapiramidais, discinesia tardia e hiperprolactinemia. Ela produz menos sintomas negativos do que os AADs e ajuda a reduzir alguns sintomas quando adicionada à clozapina (Stahl, 1999). Embora introduzida com muitos dos outros AADs, no final da década de 1990, descobriu-se que ela era um AASD, especialmente em doses mais baixas. Ela produz o menor ganho de peso observado e pode, na verdade, causar perda do peso. Além disso, pode ajudar a reduzir a depressão.

A farmacodinâmica dos AASDs

Os neurônios serotonérgicos se projetam dos núcleos medianos da rafe no tronco encefálico para muitas áreas do cérebro e da medula espinhal, incluindo o córtex pré-frontal, os gânglios basais, o córtex límbico e o hipotálamo. A serotonina está envolvida na depressão, no transtorno obsessivo-compulsivo, na supressão da dor, na memória, na ansiedade, no apetite, no comportamento sexual e no sono. Os receptores de serotonina incluem os subtipos 1A, 1D (pré-sinápticos), 2A, 2C, 3, 4, 6 e 7.

No estriado (parte dos gânglios basais) e na glândula pituitária, os neurônios serotonérgicos inibem a liberação de dopamina (dirigida para os receptores de D_2), conectando-se a receptores de $5\text{-}HT_{2A}$ nos terminais axônicos dos neurônios dopaminérgicos. As ações antagônicas dos AASDs à serotonina (bloqueio) impedem a inibição de neurônios dopaminérgicos pela serotonina (um processo conhecido como *desinibição*) e, portanto, combatem as ações antagonistas desses antipsicóticos à dopamina, prevenindo assim os efeitos colaterais extrapiramidais e a hiperprolactinemia, que costumam surgir com os AADs mais específicos. Uma analogia seria um carro em movimento (a dopamina) com um pé tentando pressionar o pedal do freio (a serotonina) e alguém (medicamentos AASDs) segurando o pé. A desinibição da liberação de dopamina combate o bloqueio da dopamina nos receptores de dopamina. Uma analogia futebolística a isso seria aumentar o número de goleiros (antagonistas de dopamina) que protegem o gol (o receptor de dopamina), mas também impedir (inibir) que o árbitro (a serotonina) limite o número de bolas (dopamina) que os jogadores podem chutar contra o gol a cada momento.

A desinibição da liberação de dopamina pelo bloqueio da serotonina inibitória também pode desempenhar um papel no trato dopaminérgico mesocortical, resultando na reversão do déficit de dopamina (ou excesso de serotonina) no córtex, que pode ser responsável pela presença de sintomas negativos.

Além da desinibição dos neurônios dopaminérgicos por meio do bloqueio da inibição serotonérgica pré-sináptica, existe outro mecanismo pelo qual certos AASDs, particularmente a clozapina e a quetiapina, podem impedir os efeitos adversos, bloqueando os receptores D_2. A *dissociação rápida* é um processo em que o antagonismo de D_2 é efêmero, limitando assim os efeitos do bloqueio e reduzindo os efeitos extrapiramidais, a discinesia tardia, os sintomas negativos e a hiperprolactinemia. Supostamente, os efeitos benéficos de reduzir os sintomas positivos exigem apenas que os receptores de D_2 sejam bloqueados por períodos curtos de cada vez. A clozapina e a quetiapina aproveitam-se dessa propriedade, com suas rápidas ações dissociativas (Kapur e Seeman, 2001).

Como com os AADs, os AASDs afetam diversos sistemas transmissores, levando a efeitos benéficos adicionais em alguns casos e a efeitos colaterais em outros (podendo ser benéficos para alguns pacientes em certas situações, p.ex., sedação, quando houver insônia). O amplo perfil receptor desses antipsicóticos inclui a dopamina (D_1-D_4), a serotonina (5-HT_{1A}, 5-HT_{1D}, 5-HT_{2A}, 5-HT_{2c}, 5-HT_3, 5-HT_6, 5-HT_7), a norepinefrina (α_1, α_2), muscarina (M_1), histamina (H_1), bem como a inibição da recaptação de serotonina e norepinefrina (IRS, IRN, respectivamente). Os receptores específicos afetados por cada AASD são listados no Quadro 13.2. Embora os efeitos do bloqueio em muitos desses receptores permaneçam incertos, sabemos (além do que já foi explicado para o bloqueio dos receptores de dopamina e serotonina) que o bloqueio de receptores α_1-adrenérgicos causa torpor, tontura e menor pressão sanguínea, que o bloqueio dos receptores muscarínicos causa constipação, visão turva, boca seca e torpor, que o bloqueio dos receptores histaminérgicos causa ganho de peso e torpor, e que o bloqueio da recaptação de serotonina e norepinefrina possivelmente contribua para efeitos antidepressivos e ansiolíticos.

Antipsicóticos de terceira geração e sua farmacodinâmica

Em 2002, um novo tipo de medicamento antipsicótico, um agonista parcial de dopamina chamado aripiprazol (Abilify), foi liberado para uso público (Lieberman, 2004a). Atualmente, essa medicação ocupa uma classe própria, embora outros possam vir no futuro. O mecanismo de ação, de um modo geral, é o de estabilizar a liberação de dopamina, de modo que aumente em áreas do cérebro onde sua liberação for baixa demais, diminua em áreas em que for alta demais e mantenha igual em áreas onde for suficiente. Seu mecanismo exato de ação ainda é desconhecido, mas pode ser que os receptores pós-sinápticos de D_2 sejam bloqueados, mas também estimulados em um grau suficiente. Isso é análogo a usar cortinas para bloquear a luz do sol em um laboratório fotográfico, mas usar iluminação suficiente para poder ver o que se está fazendo. Sem as cortinas, pode haver luz demais vindo de fora, se for durante o dia. Sem a iluminação do laboratório, o bloqueio da luz seria excessivo.

Outro mecanismo possível é que o aripiprazol produz um equilíbrio entre o bloqueio dos receptores pré-sinápticos de D_2 (que agem como um termostato, inibindo a liberação de dopamina) e receptores pós-sinápticos. Os receptores pré-sinápticos de D_2 nos terminais axônicos do neurônio dopaminérgico normalmente são menos sensíveis à dopamina do que os receptores pós-sinápticos, de modo que não causam inibição da liberação de dopamina até que esteja em excesso (como com um termostato que desliga a geração de calor em uma temperatura predeterminada).

O aripiprazol tem vantagens semelhantes aos AASDs, no sentido de que há menos efeitos colaterais extrapiramidais, discinesia tardia e hiperprolactinemia. Também pode haver vantagens em reduzir os problemas cognitivos e do humor. Como com a ziprasidona, há menos preocupação com o ganho de peso, diabete melito e hipercolesterolemia.

TERAPIA COGNITIVA E SUA RELAÇÃO COM A FARMACOTERAPIA

A terapia cognitiva *como* farmacoterapia

O conceito do cérebro como um transdutor bidirecional foi introduzido no capítulo sobre neurobiologia. O cérebro pode transformar acontecimentos psicológicos (condições psíquicas crônicas ou situações traumáticas agudas) em alterações fisiológicas (formação de sinapses, fortalecimento de sinapses, morte celular), bem como traduzir alterações fisiológicas (uso de medicamentos, drogas ilícitas, toxinas, terapia eletroconvulsiva) em mudanças psicológicas (pensamentos, emoções, comportamentos). De fato, qualquer estímulo (uma conversa, o pôr do sol, a temperatura) causa alterações fisiológicas pelo menos de curto prazo, senão de maior duração, e essas alterações fisiológicas podem levar a outras alterações fisiológicas que levem a alterações psicológicas em nossos pensamentos, emoções e comportamentos. Não existe razão para não postular que as ondas de estímulos psicológicos proporcionadas por uma psicoterapia que causa mudanças em pensamentos, emoções e comportamentos também envolvam mudanças fisiológicas no cérebro. Alguns estudos com imagem cerebral já demonstraram mudanças fisiológicas no metabolismo cerebral em certas regiões do cérebro após o uso de terapia cognitiva para transtornos de depressão e ansiedade (Linden, 2006; Roffman, Marci, Glick, Dougherty e Rauch, 2005). Esses estudos mostram que a psicoterapia, especificamente a terapia cognitiva, pode ser considerada metaforicamente como uma forma de farmacoterapia ou quimioterapia. Mesmo se as mudanças fisiológicas não fossem duradouras após o término da terapia, isso não seria muito diferente dos efeitos da medicação, que geralmente exigem uso contínuo para manter os seus efeitos fisiológicos (e psicológicos). De fato, é mais provável que a terapia cognitiva resulte em mudanças fisiológicas mais duradouras, refletindo a aquisição de novas habilidades para avaliar situações de maneira diferente do modo habitual de interpretação do indivíduo.

Por enquanto, não houve nenhum estudo de imagem cerebral sobre os efeitos da terapia cognitiva no tratamento da esquizofrenia. Todavia, existem trabalhos preliminares sendo realizados por D. Silbersweig e colaboradores (comunicação pessoal, 26 de maio de 2006), e provavelmente surgirão outros estudos na próxima década. Existem diversas maneiras em que se pode prever que a terapia cognitiva leve a mudanças na fisiologia do cérebro, incluindo a formação sináptica nas vias neurais que representam novos hábitos de pensamento para a interpretação de estímulos do ambiente, descargas menos frequentes em vias neurais que representam respostas agudas ao estresse e menos acúmulo de respostas cerebrais de longo prazo ao estresse.

Na década de 1970, Diamond e colaboradores (Diamond, Rosenzweig, Bennett, Lindner e Lyon, 1972) descobriram que ratos que brincavam em ambientes enriquecidos apresentavam crescimento no córtex cerebral, em comparação com aqueles mantidos em ambientes mais restritos durante o desenvolvimento inicial. Posteriormente, mostrou-se que essa plasticidade se devia ao crescimento e ramificação dos dendritos e desenvolvimento de sinapses. O que antes se acreditava ser um processo evolutivo precoce continuava até a idade adulta. Como o número total de neurônios não aumenta com a idade, é provável que grande parte da nossa aprendizagem se baseie em novas sinapses, representando conexões entre ideias que antes não eram associadas, ou o fortalecimento das sinapses já existentes, mas usadas com pouca frequência. A terapia pode ser vista como a aprendizagem de processos cognitivos (analisar as evidências a favor das próprias crenças) por meio de instrução e/ou modelagem. O paciente aprende, por meio de exercícios repetidos, a usar esses hábitos de pensamento sem precisar do terapeuta. Nesse sentido, as conexões neurais para essas novas maneiras de pensar são mais solidificadas no cérebro do paciente.

Nossos métodos atuais de imagem cerebral podem não ser suficientemente sensíveis para detectar essas novas sinapses e vias neuronais. Seria necessário haver mudanças substanciais em áreas específicas do cérebro para produzir o efeito massivo que pudesse ser detectado pelos métodos atuais de visualização cerebral. Um dispositivo de mensuração, a eletroencefalografia (na forma de potenciais evento-relacionados), pode ser sensível o suficiente para detectar essas mudanças, pois tem a resolução temporal para perceber diferenças sutis na maneira como as informações são processadas. Todavia, essa técnica não consegue identificar os locais no cérebro onde ocorrem diferenças nos níveis de atividade.

A área com maior probabilidade de ser afetada pela terapia cognitiva (ou psicoterapia, de um modo geral) é o córtex frontal, que é responsável por funções executivas como o planejamento e a tomada de decisões. Todavia, essas mudanças podem não ser tão simples como aumentos ou decréscimos na atividade metabólica, conforme mensuradas pelos atuais métodos de neuroimagem. Também pode haver novas conexões que não alterem a atividade metabólica total necessária para aquela região. Além das mudanças potenciais no córtex frontal, que refletem novas maneiras de pensar, pode haver mudanças em outras regiões do cérebro secundárias às alterações corticais frontais. À medida que o paciente aprende a analisar as evidências a favor de suas crenças, as convicções dos delírios e crenças sobre as vozes podem diminuir, e o estresse relacionado com essas crenças pode diminuir à medida que as convicções diminuem. Duvidar de que existem pessoas envenenando a comida pode diminuir a ansiedade ao comer. Também pode haver uma redução nas atividades da amígdala, do córtex cingulado e de outras áreas límbicas, bem como no estado fásico do sistema dopaminérgico. Essa atenuação dos sistemas de resposta ao estresse pode reduzir ainda mais a força e a frequência dos sintomas psicóticos, interrompendo o ciclo vicioso de estímulo para o estresse, para a psicose e mais estresse, e assim por diante. Mesmo uma terapia cognitiva direcionada a estressores não psicóticos (ansiedade para conseguir um emprego ou conhecer uma pessoa nova; depressão por isolamento) pode ajudar a reduzir o estresse e diminuir os efeitos da resposta fásica ao sistema dopaminérgico, produzindo, assim, um bloqueio parcial da dopamina, de fundo psicológico.

Os efeitos de longo prazo da terapia cognitiva continuada podem ser reduzir o dano produzido por sequelas de longo prazo do estresse, ou seja, lesões celulares hipocampais induzidas por cortisol, particularmente se o tratamento começar na fase prodômica, antes que grande parte da lesão já tenha ocorrido.

Interações entre a terapia cognitiva e o tratamento com medicação

Como a terapia cognitiva não pode tratar sozinha os sintomas da esquizofrenia, e como o tratamento com medicação, por si só, pode não enxergar o aspecto humano do tratamento, no sentido de ignorar os significados psicológicos dos sintomas (e a adesão à medicação ficar prejudicada), existe a necessidade de integrar essas duas abordagens de tratamento para a esquizofrenia. Essas abordagens podem se cruzar de diversas maneiras: pode haver psiquiatras que fazem terapia além de prescreverem a medicação, pode haver instituições com psiquiatras que prescrevem os medicamentos e terapeutas conduzindo psicoterapia de grupo e/ou individual, e pode haver psiquiatras que controlam os medicamentos para pacientes que consultam separadamente com terapeutas para fazer terapia cognitiva. Cada um desses arranjos exige coordenação dessas duas modalidades de tratamento. Além desses, entram em jogo outros serviços psicossociais, como clínicas especializadas, moradia estruturada, como pensões protegidas e programas de hospital-dia, bem como de envolvimento familiar.

Quando um psiquiatra também administra terapia cognitiva para pacientes com esquizofrenia, existe a vantagem de se ter, em uma mesma pessoa, os meios para determinar como combinar especificamente os dois tipos de tratamento baseados em dados consistentes (o que o psiquiatra observa ou o paciente lhe conta). Todavia, ainda existem fatores a considerar ao proporcionar tratamento duplo.

Uma consideração é quanto se deve proporcionar de cada modalidade. Quando um paciente atualmente em medicação e em sessões semanais de terapia cognitiva descompensa, como resultado de perder o emprego, é mais sensato aumentar rapidamente a dose do antipsicótico atual, mudar a medicação, explorar o que levou à reação pela perda do emprego, ou determinar como o emprego foi perdido e como o paciente pode conseguir outro em seguida. O psiquiatra talvez prefira usar primeiramente a terapia cognitiva para ver se o paciente pode se recuperar à medida que aborda o problema na terapia. A recuperação sem mudar os medicamentos pode causar orgulho no psiquiatra, por ter um impacto mais direto na saúde do paciente do que ao escrever uma prescrição. Todavia, pode haver pressão da família ou do paciente para não esperar e ver se as próximas sessões de terapia ajudam, mas intervir farmacologicamente. Postergar a mudança na medicação traz o risco de estender a psicose e causar mais estresse, levando a uma piora da psicose. Por outro lado, doses maiores ou novos medicamentos representam algo que pode ser difícil reverter, mesmo depois do episódio agudo passar. Meses ou anos de maior custo ou mais efeitos colaterais potenciais podem ser o preço por não se ter primeiro tentado corrigir a situação por meios psicoterapêuticos. Mesmo que ambos os tratamentos sejam mudados juntos, o psiquiatra deverá decidir, depois que houver recuperação do episódio, quando seria apropriado reduzir a medicação para a dose anterior.

O fato de ter um psiquiatra e um terapeuta separados complica essa questão, pois cada um pode ter opiniões diferentes sobre as mudanças que devem ser feitas para tratar as exacerbações de sintomas. Embora ambos possam dizer que sua abordagem é mais efetiva e deve ser o foco quando a descompensação ocorrer ou mesmo no início do tratamento, o oposto também ocorre, com cada um acreditando que o outro não está fazendo o suficiente para ajudar e que já teve o mesmo resultado com a abordagem única. O paciente pode estar no meio do caminho e até acabar sendo um meio de comunicação entre os dois clínicos.

Outra fonte de confusão no tratamento compartilhado ocorre quando o paciente comunica coisas diferentes a cada profissional. Essa discrepância pode ocorrer, porque (1) delírios ou um transtorno do pensamento atrapalham a comunicação com um ou ambos profissionais, (2) existe mais *rapport* com um dos dois, ambos fazem perguntas diferentes, o paciente esquece, ou ainda várias outras razões. Acrescente a isso a comunicação com a família e com outras instituições de saúde mental, e temos o potencial para diversas discrepâncias em relação ao que foi comunicado.

Uma solução parcial é os profissionais se comunicarem diretamente entre si, em vez de contarem com o paciente ou a família. De maneira ideal, isso pode ser feito periodicamente na presença do paciente e, possivelmente, da família e de representantes das instituições. Desse modo, as figuras importantes estarão ouvindo a mesma mensagem (mesmo que as interpretações difiram), e podem abordar as discrepâncias diretamente. A conveniência que rege grande parte da comunicação entre os profissionais ocorre com eles a sós, mas reuniões ocasionais da equipe também seriam de proveito.

A comunicação entre o psiquiatra e o terapeuta deve envolver uma análise dos sintomas, dos princípios psicológicos dos sintomas, dos objetivos do paciente (além da família e das instituições de saúde) e das estratégias de tratamento dos dois profissionais. Eles devem avaliar em conjunto o que funcionou melhor e em que condições, para orientar as decisões futuras do tratamento. Saber mais sobre o que está acontecendo psicologicamente com o paciente pode ajudar o psiquiatra a enxergar o lado humano dos sintomas do paciente, aumentar o *insight* do paciente e sua adesão à medicação, e abrir um diálogo entre o paciente e o psiquiatra, incluindo uma discussão sobre o que é a esquizofrenia e como os medicamentos contribuem para o tratamento. Saber mais sobre o que está acontecendo do ponto de vista medicamentoso com o paciente pode ajudar o terapeuta a entender quais mudanças cognitivas podem se dever aos efeitos benéficos da medicação e quais efeitos colaterais podem estar interferindo na terapia.

Usando a terapia cognitiva durante as consultas de medicação

Os princípios da terapia cognitiva no tratamento da esquizofrenia podem ser aplicados por psiquiatras, mesmo quando usam apenas medicação. Nos Estados Unidos, os psiquiatras que usam tratamento farmacológico geralmente fazem sessões de 15 minutos a cada 1 a 3 meses. Embora esse período de tempo breve mal permita fazer uma avaliação adequada do transtorno, ajustar a medicação e explicar o tratamento ao paciente, existem maneiras de incorporar as técnicas da terapia cognitiva em uma prática de administração da medicação, que podem aumentar a eficiência desse tratamento (Pinninti, Stolar e Temple, 2005).

Como parte do tratamento, a terapia cognitiva pode melhorar o processo de diversas maneiras: pode (1) facilitar a comunicação entre o paciente e o psiquiatra, (2) melhorar o *insight* do paciente, (3) melhorar a adesão à medicação e (4) diminuir a gravidade dos sintomas psicóticos. A terapia cognitiva foi recomendada como forma de tratamento, especialmente para pacientes resistentes ao tratamento, na Diretriz Prática desenvolvida pelo Grupo de Trabalho em Esquizofrenia da American Psychiatric Association (Practice Guideline for the Treatment of Patients with Schizophrenia, 2004).

Um dos princípios da terapia cognitiva para o tratamento da esquizofrenia é que as alucinações e delírios do paciente podem refletir e/ou basear-se em pensamentos automáticos; ou seja, podem refletir as ideias do paciente. Em alguns casos, podem ser as maneiras em que o paciente comunica suas necessidades e desejos –, mas apenas se a comunicação for interpretada dessa forma.

Por exemplo, uma mulher idosa, que morava em um centro comunitário de reabilitação e havia sido diagnosticada com esquizofrenia, era atendida mensalmente para seus delírios. Ela vinha tomando o mesmo medicamento antipsicótico por anos. Parecia ignorar a sua condição e tinha afeto embotado, além de outros sintomas negativos, e um delírio recorrente de que os vizinhos arrombariam o prédio à noite e roubariam seu bebê de dentro do útero. A paciente não parecia muito perturbada com o delírio, e seu transtorno era controlado com medicamentos. Em um certo ponto, depois de meses ouvindo esse delírio, o psiquiatra decidiu pedir detalhes. Ele perguntou à mulher por que ela achava que os vizinhos roubariam seu feto, e que evidências tinha de que isso estava acontecendo. Ela respondeu que acordava e descobria que "minha água havia rompido". O psiquiatra determinou, a partir dessa explicação, que a paciente vinha tendo episódios de enurese, que não relatava à equipe. A análise das evidências a favor do delírio levou a uma discussão adequada da incontinência urinária, que vinha sendo ocultada há bastante tempo. Mais adiante, a paciente teve que ser tratada por problemas cardíacos. A única maneira em que ela conseguiu descrever sua dor no peito foi relatando um delírio em que era esfaqueada nas costas, mas que a faca atravessara até o peito no lado esquerdo.

Às vezes, os pacientes comunicam suas necessidades por meio de delírios. Reconhecendo que a maioria dos delírios envolve interpretações de acontecimentos reais ou sentimentos, os psiquiatras podem aprender a utilizar os delírios como oportunidades para explorar o que o paciente está pensando. Talvez sejam necessárias apenas algumas questões curtas para revelar informações importantes.

Uma mulher de meia-idade diagnosticada com esquizofrenia apresentou-se para sua primeira visita ao psiquiatra, depois de se transferir para um centro comunitário de saúde mental desconhecido. Dizia ouvir vozes que contavam para ela que o centro queria prejudicá-la, por lhe dar medicação. O psiquiatra perguntou se ela acreditava no que as vozes diziam. Ela admitiu que se preocupava com o uso dos medicamentos, temia que eles a deixassem "como um zumbi", como já havia acontecido com outras pessoas nos centros comunitários de saúde mental. O psiquiatra informou sobre os novos medicamentos antipsicóticos e sua possibilidade menor de causar efeitos colaterais que levassem ao estado de "zumbi". Além disso, também informou a ela da possibilidade de mudar de medicação se desenvolvesse efeitos colaterais, além do seu direito de recusar a medicação a qualquer momento. Ela concordou em começar com um AASD, em dose baixa. Depois de alguns meses, seus delírios paranoides passaram, e ela continuou com a medicação (com algumas exceções breves) daí em diante. Contou que passou a entender como havia sido importante continuar com a medicação, especialmente depois de notar uma reincidência dos delírios quando não tomava a medicação fielmente. Jamais, desde a discussão inicial com o psiquiatra sobre a medicação, ouviu vozes dizendo que o centro de saúde estava tentando prejudicá-la com a medicação.

É importante explorar o conteúdo das vozes, em parte perguntando aos pacientes se, e em que nível, eles acreditam no que as vozes dizem. Nesse caso, a discussão das vozes revelou as preocupações da paciente com a medicação e esclareceu o que poderia ter sido um grande problema com a medicação. A paciente provavelmente se sentiu ouvida pelo psiquiatra, que usou o conteúdo das vozes como um conduto para os pensamentos e sentimentos da paciente.

Um dos objetivos de usar a terapia cognitiva no tratamento da esquizofrenia é melhorar o *insight*. Parte desse objetivo pode ser alcançada informando o paciente sobre a esquizofrenia como doença psiquiátrica. Embora essa educação possa ser feita de forma mais detalhada e de maneira mais gradual e deliberada com uma terapia semanal, os psiquiatras podem contribuir para isso fornecendo informações sobre a esquizofrenia e o propósito da medicação antipsicótica. Deve-se ter o cuidado de determinar, antes de mais nada, como o paciente enxerga os sintomas psicóticos e a esquizofrenia, para então desenvolver um plano para trabalhar com ele de maneira colaborativa para construir modelos alternativos de como os sintomas e a doença podem ser conceituados. O psiquiatra pode contribuir para esse trabalho conjunto mantendo contato com o terapeuta e aumentando o conhecimento do paciente de como o cérebro funciona e como os medicamentos podem afetar os processos cerebrais. Alguns pacientes se sentem aliviados ao saberem que suas vozes e delírios não são culpa sua e não indicam perigos reais, mas fazem parte de uma doença médica. Esse conhecimento (às vezes, oculto deles por anos, possivelmente pela crença de que não entenderiam o conceito) pode diminuir a perturbação associada às vozes e delírios – e depois reduzir a intensidade dos sintomas, como resultado da redução na perturbação. Outros pacientes respondem negativamente a informações sobre a esquizofrenia, pressupondo que o rótulo significa a existência de algo inerentemente errado com eles. Esses pacientes podem sentir perturbação e depressão ao descobrirem que estão, em suas próprias palavras, "loucos" ou "insanos", que desperdiçaram anos vivendo em meio a suas crenças, e que as crenças e alucinações reconfortantes não são mais verdade. Portanto, é melhor coordenar os planos psicoeducacionais com o terapeuta. Se o paciente não está consultando com um terapeuta, o psiquiatra deve avaliar cuidadosamente a sua capacidade de absorver informações sobre a esquizofrenia como doença antes de fornecer mais informações a respeito.

O *insight* da doença pode aumentar a adesão à medicação, à medida que o paciente passa a entender o seu propósito e importância. Mesmo que não se alcance um *insight* sobre a doença, as técnicas de terapia cognitiva podem ser aplicadas para facilitar a adesão à medicação, levando o paciente a analisar as evidências de como as coisas melhoraram desde que começou a tomar um certo medicamento e/ou como as coisas pioraram nos momentos em que não tomou a medicação. Pode haver ideias errôneas sobre os efeitos colaterais, a necessidade de uso diário, ou a necessidade de uso contínuo. Simplesmente reinstruir o paciente a tomar a medicação regularmente foge do princípio básico da terapia cognitiva: examinar os pensamentos que guiam o comportamento.

Finalmente, os psiquiatras podem contribuir para a diminuição dos sintomas psicóticos por meio do uso breve de técnicas de terapia cognitiva durante consultas de medicação de 15 minutos. Por exemplo, solicitou-se a um paciente com o delírio de que as pessoas que estacionavam seus carros em frente ao seu prédio iriam invadir o seu apartamento que registrasse, em duas colunas, quando a crença se mostrasse verdadeira, e quando não se mostrasse. Um mês depois, ele retornou para a sessão de controle da medicação com as duas colunas, a segunda com muitas marcas, e a primeira sem nenhuma. O paciente concluiu que sua crença de que seu apartamento seria invadido não tinha base, conforme demonstrara o exercício de monitoramento.

Outras técnicas da terapia cognitiva podem ser usadas facilmente durante a sessão breve para controle da medicação (Pinninti et al., 2005). Embora sejam preferíveis sessões semanais completas de uma hora ao utilizar terapia cognitiva para o tratamento da esquizofrenia, a ênfase atual no tratamento farmacológico dessa doença, conduzido por psiquiatras durante visitas mensais a trimestrais de 15 minutos, cria a necessidade de que os psiquiatras expliquem aos pacientes todos os aspectos breves da assistência psicoterapêutica que puderem esclarecer. A terapia cognitiva permite uma intervenção concisa, mas proveitosa, durante as consultas de controle da medicação.

RESUMO

A terapia cognitiva para a esquizofrenia depende, inicialmente, de que os pacientes estejam tomando medicação antipsicótica. Um conhecimento geral, por parte dos terapeutas, de como esses medicamentos funcionam e quais efeitos colaterais podem causar pode facilitar a comunicação entre o terapeuta e o psiquiatra. Da mesma forma, se os psiquiatras aprenderem algumas técnicas cognitivas básicas e as discutirem e usarem com os pacientes, chegar-se-á a um entendimento maior do trabalho do terapeuta. Uma boa coordenação entre os dois modos de tratamento ajudará a promover a evolução favorável do paciente.

14

O Modelo Cognitivo Integrativo da Esquizofrenia

Apesar dos muitos anos de investigação e da incontável quantidade de artigos científicos, o constructo da esquizofrenia ainda permanece revestido de mistério. Será uma doença única ou um conglomerado de várias doenças diferentes? Qual é a sua etiologia? Existe um caminho comum, ou existem caminhos múltiplos para a expressão plena do transtorno? Foi estabelecido que não existe um conjunto de anormalidades biológicas ou psicológicas que seja encontrado exclusivamente na esquizofrenia (especificidade) ou que abranja todos os casos (sensibilidade). Independentemente desse fato, existem suficientes fatores em comum nos aspectos clínicos, anormalidades neuroendócrinas e aberrações psicológicas para justificar a formulação de um modelo provisório para os caminhos evolutivos do transtorno ou transtornos.

O quadro clínico da esquizofrenia compreende quatro conjuntos separados de sintomas ou comportamentos: delírios, alucinações, transtorno do pensamento/discurso e sintomas negativos (John, Khanna, Thennarasu e Reddy, 2003). Embora as análises fatoriais tenham demonstrado consistentemente que os dois primeiros conjuntos mostram um fator comum, muitas vezes denominados "distorção da realidade", é difícil discernir conexões significativas entre os conjuntos de sintomas. Além disso, a relação desses sintomas entre si, bem como com a disfunção cognitiva mais ampla, não está clara. Tentamos abordar as seguintes questões neste capítulo: que processos podem explicar a diversa e aparentemente desconectada sintomatologia e sua relação com as anormalidades estruturais e neurofisiológicas? Existe um denominador comum entre as disfunções cognitivas e sintomas? Que caminhos levam ao desenvolvimento do transtorno? Analisamos essas questões segundo a interação do funcionamento cerebral inadequado, experiências adversas da vida e reações psicofisiológicas excessivas e sua relação com as anormalidades cognitivas, afetivas e comportamentais características da esquizofrenia.

Apenas recentemente, os autores tentaram integrar os estudos neurofisiológicos em um modelo cognitivo da esquizofrenia (Bentall et al., 2009; Broome et al., 2007a; Broome et al., 2005; Garety, Bebbington, Fowler, Freeman e Kuipers, 2007). Neste capítulo, buscamos incorporar os estudos neurocognitivos relevantes em nosso modelo integrativo. Embora os resultados experimentais atualmente sejam insuficientes para validar o modelo proposto para a esquizofrenia, uma formulação teórica dá uma estrutura para entender a fenomenologia da esquizofrenia, sugere caminhos para pesquisas futuras e proporciona

---

Parte deste capítulo foi adaptada de Beck e Rector (2005).

pistas de como a terapia cognitiva da esquizofrenia pode ajudar a reduzir os sintomas desse transtorno. Consequentemente, a ênfase deste capítulo é no desenvolvimento, sintomatologia e terapia da esquizofrenia a partir de uma perspectiva cognitiva e neurofisiológica. Quando existentes, os resultados empíricos positivos são apresentados.

SÍNTESE DO MODELO INTEGRATIVO

Estudos mostram que determinadas regiões e funções do cérebro (a memória de curta duração e o funcionamento executivo) desempenham um papel central, particularmente na formação de sintomas negativos e na desorganização do pensamento (Heydebrand et al., 2004; Kerns e Berenbaum, 2003). Todavia, esses estudos não explicam os delírios, alucinações e a perda do *insight* da doença. Adotamos a visão de que uma perspectiva mais ampla sobre a esquizofrenia pode ser mais esclarecedora do que um foco exclusivo em domínios funcionais ou regiões específicas do cérebro. Embora os testes da atenção, memória, funcionamento executivo e flexibilidade sejam ótimos indicadores de déficits neurocognitivos, eles não avaliam diretamente a perturbação nas funções integrativas totais do cérebro. Com base na analogia do comprometimento da função cardíaca, os conceitos mais amplos de "insuficiência" cognitiva, "descompensação" e "falência" podem ser aplicados à complexa interação dos fatores neurobiológicos, ambientais, cognitivos e comportamentais que causam predisposição ao desenvolvimento de esquizofrenia. Implícita nesses constructos, há a noção de que a combinação de dois fatores – ou seja, *a carga cognitiva excessiva* (imposta por crenças hipersalientes) e *recursos cognitivos marginais* (resultado de uma deficiência em muitos domínios da função cerebral) – interfere na avaliação e integração adaptativas de experiências internas e externas. Conforme mostra a Figura 14.1, a descompensação de funções cognitivas debilitadas leva ao desenvolvimento dos sintomas específicos da esquizofrenia.

O colapso é predito pela hiper-reatividade ao estresse, por comprometimentos cognitivos sutis e pela tendência de se afastar de outros indivíduos. À medida que os estressores se acumulam, a cascata neuroendócrina resultante tem um impacto tóxico sobre as funções cerebrais, levando, por exemplo, à ativação excessiva de certas regiões cerebrais pela dopamina e provavelmente por outros neurotransmissores. Essa hiperativação impõe uma carga significativa nos recursos cognitivos limitados. Desse modo, a depleção progressiva de recursos cognitivos marginais define a trajetória da insuficiência cognitiva para a descompensação cognitiva e, em casos graves, para a falência cognitiva. Esse curso de ações se manifesta clinicamente pela emergência de crenças delirantes e alucinações, por um lado, e por uma capacidade reduzida de avaliá-las de forma realista, pelo outro. Embora a progressão do transtorno se caracterize pela atenuação dos recursos cognitivos, os pacientes mantêm uma reserva cognitiva suficiente para realizar as operações menos exigentes da vida cotidiana. Todavia, a reserva é insuficiente para operações mais complexas e que exigem esforço relacionadas com o teste de realidade de crenças hipersalientes e de interpretações errôneas. Os sintomas negativos podem se dever, em parte, aos recursos reduzidos para planejar e executar atividades, e também podem servir como um meio de proteger a reserva cognitiva. O sistema de conservação é representado em expectativas negativas, motivação reduzida e evitação social, bem como uma redução generalizada da atividade construtiva (para uma discussão da reserva cognitiva em outras condições clínicas, ver Stern, 2002).

Os vieses cognitivos desempenham um papel significativo na progressão da vulnera-

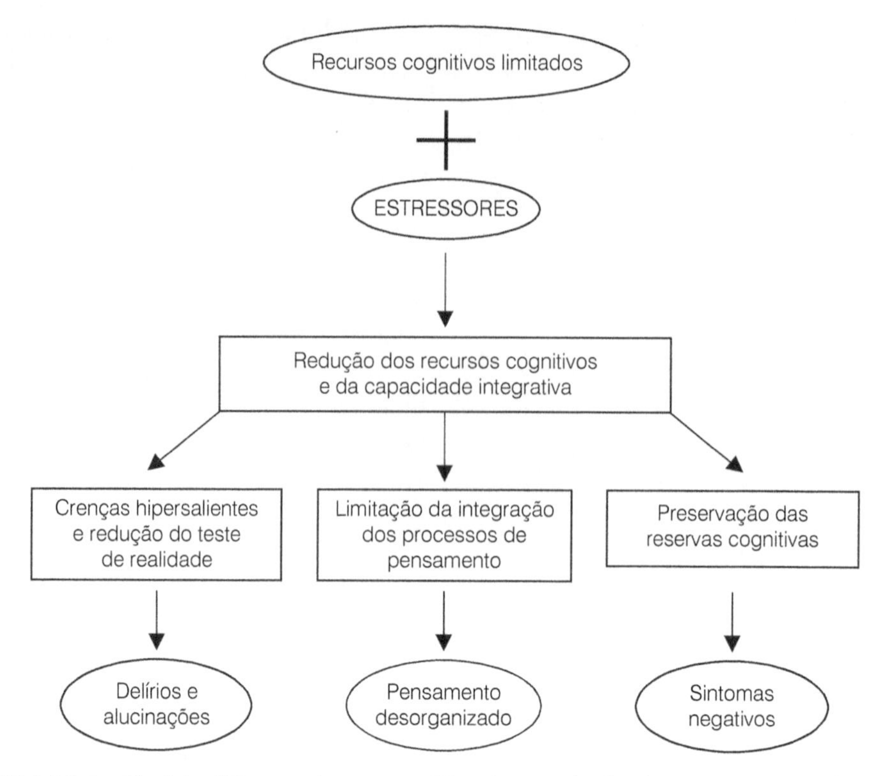

FIGURA 14.1 Modelo diátese-estresse modificado: a redução dos recursos cognitivos facilita a emergência de sintomas da esquizofrenia.

bilidade constitucional ao estado prodômico e à psicose plena. As distorções cognitivas resultantes levam a avaliações extremas de situações adversas e à consequente formação de esquemas patogênicos (incorporando crenças e representações distorcidas). Os esquemas cognitivos disfuncionais se tornam hipersalientes e "sequestram" o sistema de processamento de informações, que direciona ainda mais as interpretações das pessoas para as experiências. Essas interpretações errôneas condizem com o conteúdo das crenças incorporadas dentro dos esquemas cognitivos. A hiperativação dos esquemas (associada à desregulação neuroquímica) leva ao pensamento aberrante descontrolado, que não é questionado por causa da deficiência em recursos cognitivos. As crenças hipersalientes e a ideação associada à ativação do sistema dopaminérgico e provavelmente de outros sistemas neurotransmissores (glutamatérgico) são representadas na forma de delírios e alucinações, enquanto as posturas derrotistas e expectativas negativas (associadas à deficiência em dopamina no córtex pré-frontal) são instrumentais para a produção de sintomas negativos.

PREDISPOSIÇÃO E DESENVOLVIMENTO DA ESQUIZOFRENIA

Predisposição

O modelo diátese-estresse (Zubin e Spring, 1977) tem orientado estudos sobre o desenvolvimento da esquizofrenia há décadas. Uma ampla literatura atesta a diátese na esquizofrenia. Várias combinações de fatores contributivos estabelecem a vulnerabilidade constitucional, incluindo adversidades genéticas, pré-natais e pós-natais, estressores psicossociais e problemas neuroevolutivos e neuroendócrinos na adolescência e no começo da idade adulta (Walker, Kestler, Bollini e Hochman, 2004). As lesões no hipocampo foram identificadas não apenas como um fator que contribui para a vulnerabilidade, mas também como fator na precipitação e manutenção da psicose (Walker et al.). A perda de substância cinzenta devido à poda neural (McGlashan e Hoffman, 2000) e à desregulação de sistemas neurotransmissores (Walker e Diforio, 1997) também parece desempenhar um papel na predisposição e manutenção da psicose. Estudos documentam o impacto de perturbações na atividade dos circuitos neurais sobre componentes da percepção, cognição e comportamento (Jarskog e Robbins, 2006). Essas perturbações se manifestam por meio de comprometimentos cognitivos mensuráveis da função executiva e da memória de trabalho, bem como pela formação de sintomas da esquizofrenia. O efeito cumulativo desses comprometimentos e de outros ainda não identificados contribui para a redução no estoque existente de recursos cognitivos (Nuechterlein e Dawson, 1984).

Embora a prevalência da esquizofrenia tenha sido estimada em aproximadamente 1% na população geral, foram identificadas taxas maiores de prevalência de sintomas psicóticos (5% de prevalência) ou experiências psicóticas definidas de forma mais ampla (15% de prevalência) (Cougnard et al., 2007). Estudos prospectivos (Owens e Johnstone, 2006; Cougnard et al.) proporcionam evidências para um modelo evolutivo interativo da psicose. Além disso, o trauma psicológico, em geral, foi associado ao desenvolvimento de psicose (Spauwen, Krabbendam, Lieb, Wittchen e van Os, 2006). Cougnard e colaboradores observaram que as expressões não clínicas de experiências psicóticas esporádicas interagem com determinados fatores de risco ambiental para psicose (uso de *cannabis*, traumas na infância e urbanicidade) para causar a persistência anormal de sintomas psicóticos em certos indivíduos e levar à necessidade de tratamento. Os fatores de risco ambiental atuam de forma cumulativa, gerando psicose clínica. Esses comprometimentos e sintomas evidentemente existem em uma forma subclínica em indivíduos vulneráveis ao desenvolvimento do transtorno, mas somente fazem sua aparição mais floreada em uma proporção relativamente pequena dos casos, especialmente naqueles expostos a experiências traumáticas.

Várias linhas de pesquisa sustentam a hipótese da continuidade. Estudos epidemiológicos, por exemplo, mostram um *continuum* entre os sinais e sintomas subclínicos em indivíduos de risco elevado e os sintomas plenos em indivíduos com o transtorno. Outros estudos mostram que certos traços, como o neuroticismo e a atribuição das vozes a forças externas, predispõem o indivíduo à psicose (Escher, Romme, Buiks, Delespaul e van Os, 2002a). Além disso, existem evidências de que o acúmulo de pequenas condições estressantes pode precipitar o transtorno ou exacerbar os sintomas durante períodos de tranquilidade.

Uma maneira de determinar a diátese para a psicose em geral, e para a esquizofrenia especificamente, é investigar se existem características fenotípicas e genotípicas do transtorno em indivíduos com sintomas subclínicos (como no transtorno esquizotípico) e nos parentes desses indivíduos, assim como nos pacientes. Uma revisão de Myin-Germeys, Krabbendam e van Os (2003) apresenta evidências instigantes de uma continuidade entre os *sintomas psicóticos* subclínicos na população geral e sintomas em pacientes com diagnóstico clínico de psicose (ver também Lincoln, 2007; Schürhoff et al., 2003). Esses autores também apresentam evidências de uma continuidade *etiológica* entre indivíduos na população geral e pacientes com psicose, bem como similaridades entre a *esquizotipia* e a *psicose*. As mesmas dimensões clínicas (sintomas positivos, negativos e desorganizados) caracterizam a esquizotipia e a psicose. Além disso, alguns *fatores psicossociais*, como abuso infantil e má-adaptação a um nível maior de urbanicidade, são associados a ambas síndromes. O uso de *cannabis* é associado a esquizotipia e psicose. Indivíduos esquizotípicos que usam *cannabis* apresentam desinibição da atenção semelhante à observada em pacientes com a dimensão positiva da psicose.

O *neuroticismo*, caracterizado como uma reatividade exagerada ao estresse, propensão à ansiedade, sintomas depressivos e instabilidade autonômica, também é um fator de risco para psicose na vida adulta. Pacientes com psicose e seus parentes de primeiro grau são caracterizados por níveis maiores de neuroticismo. Além disso, o neuroticismo parece contribuir para o risco de desenvolver sintomas do tipo psicótico. Os *estudos genéticos* também parecem sustentar a hipótese da continuidade. Estudos de gêmeos, bem como agrupamentos familiares de psicopatologia, demonstram uma transmissão genética e familiar significativa da dimensão dos sintomas negativos típicos e da dimensão da desorganização. Além disso, os sintomas positivos em pacientes com psicose não afetiva estão correlacionados com a ocorrência de esquizotipia positiva em seus parentes, e os sintomas negativos preveem a ocorrência de esquizotipia negativa em seus parentes. As características *neuroevolutivas* e neuropsicológicas dos pacientes com esquizofrenia também são encontradas em indivíduos com esquizotipia, bem como nos parentes em primeiro e segundo graus dos pacientes (Schürhoff et al., 2003). Diversas *anormalidades fisiológicas*, como maior condutividade da pele e déficits precoces no controle sensorial, são encontradas tanto na esquizofrenia plena quanto na esquizotipia. Por fim, os sintomas negativos em indivíduos de alto risco e pacientes esquizofrênicos apresentam o mesmo tipo de posturas derrotistas (Capítulo 5).

Em suma, existe um amplo *continuum* na predisposição à esquizofrenia em indivíduos não tratados e nos parentes dos pacientes na comunidade, bem como em pacientes diagnosticados com esquizofrenia, envolvendo: sintomas do tipo psicótico; fatores etiológicos, ambientais e demográficos; neuroticismo; posturas disfuncionais; genética; comprometimento neurocognitivo; e aberrações psicofisiológicas.

Estressores e hiper-reatividade neuroendócrina

A relação entre o estresse e a psicose já foi estudada por diversos pesquisadores. A visão geral indica que o curso da psicose é menos influenciado por acontecimentos importantes e relativamente raros e mais pelo acúmulo de acontecimentos de menor importância, mas muito mais comuns na vida cotidiana (Malla e Norman, 1992). O mesmo pode ser verdadeiro para estressores que levam ao primeiro episódio de psicose. Monroe (1983) relata que acontecimentos diários simples têm impacto nos sintomas psicológicos, de um modo geral. Malla, Cortese, Shaw e Ginsberg (1990) comentam a associação entre acontecimentos simples da vida e as taxas de recaída na esquizofrenia, e Norman e Malla (1991) mostram a relação entre acontecimentos de pouca importância e o estresse subjetivo nesses pacientes. Além disso, Myin-Germeys, van Os, Schwartz, Stone e Delespaul (2001) relatam mudanças no humor em pacientes com psicose, bem como seus parentes em primeiro grau, após estresse simples.

Uma série de artigos sustenta a noção de que os indivíduos com risco elevado para psicose manifestam uma hiper-reatividade ao estresse (Myin-Germeys, Delespaul e van Os, 2005; Walker, McMillan e Mittal, 2007). Essa hiper-reatividade evidentemente persiste no decorrer da fase prodômica, até o período psicótico plenamente ativo, podendo contribuir para as recaídas. As evidências empíricas da hiper-reação fisiológica ao estresse na psicose têm amparo considerável na literatura (Corcoran et al., 2003; Walker e Diforio, 1997). Por exemplo, os indivíduos esquizotípicos apresentam problemas de pensamento análogos aos encontrados na esquizofrenia e, de maneira semelhante, têm reação fisiológica demasiada ao estresse (Walker, Baum e Diforio, 1998). Além disso, as avaliações de ameaça social têm correlação com a liberação excessiva de cortisol (Dickerson e Kemeny, 2004).

Um estudo relevante de Myin-Germeys e colaboradores (2005) usou o método de amostragem da experiência para estudar a associação entre pequenos acontecimentos da vida e os sintomas psicóticos. Os pesquisadores observaram que a ocorrência de estressores menores está claramente associada à intensidade das experiências psicóticas em dois grupos com vulnerabilidade acima da média à psicose: pacientes com diagnóstico de psicose em estado de remissão e parentes em primeiro grau de pacientes com diagnóstico de transtornos psicóticos. Como os resultados baseiam-se em análises transversais dos dados, não foi possível estabelecer uma relação causal. Todavia, uma interpretação plausível é que os estressores menores causam um aumento na intensidade dos sintomas psicóticos. Os autores propõem que a sensibilização em relação ao estresse ambiental pode ser interpretada à luz da hipótese da *sensibilização da dopamina* para os sintomas psicóticos. Eles afirmam que a hipersensibilidade dos neurônios dopaminérgicos a estímulos ambientais, mesmo a exposição a níveis moderados de estresse, está associada a níveis excessivos de dopamina.

Corcoran e colaboradores (2003) resumem os estudos favoráveis à hipótese proposta por Walker e Diforio (1997) de que o eixo HPA constitui um fator de risco no sistema endócrino-neural para o início e o curso da psicose esquizofrênica. Um aumento nos níveis de cortisol (supostamente devido ao impacto do estresse no eixo HPA) foi associado ao início da psicose. Além disso, existe uma correlação entre a idade média de início dos transtornos psicóticos e um aumento nos níveis de cortisol durante a adolescência e o começo da idade adulta, levando a evidências circunstanciais para a teoria de Walker e Diforio (1997) sobre a relação do estresse com o cortisol e a psicose. Walker e colaboradores (2007) listam evidências de desregulação do sistema HPA-hipocampal em pacientes com esquizofrenia e outros transtornos psicóticos, e que isso se deve a fatores ambientais, pelo menos em parte. Os autores baseiam a sua tese em estudos com gêmeos monozigóticos discordantes. De maneira importante, observam que o comprometimento HPA-hipocampal *precede* o início do transtorno clínico. Além disso, o volume do hipocampo continua a diminuir à medida que o transtorno se torna mais crônico (Velakoulis et al., 2006).

Esse padrão de desfechos condiz com a tese de que a perturbação induzida pelo estresse no sistema HPA-hipocampal pode influenciar a expressão da psicose em indivíduos vulneráveis. A *down-regulation*, pelo estresse crônico, do eixo HPA, que não modera a secreção de cortisol, leva à morte celular no hipocampo. Walker e colaboradores (2007) mostram que a atividade da dopamina é aumentada pela liberação de cortisol, e que isso pode explicar as aparentes exacerbações dos sintomas psicóticos durante a exposição ao estresse. Outras pesquisas corroboram a teoria de Walker e Diforio (1997). Por exemplo, um aumento nos níveis de cortisol ocorre *antes* da recaída psicótica. Além disso, os níveis basais de cortisol estão correlacionados com a gravidade dos sintomas na avaliação de seguimento (Walker, 2002). Evidentemente, o estresse, indexado pelos níveis de cortisol, é um precursor, e não consequência da psicose.

Em síntese, com base em um grande número de estudos (para resumos, ver Broome et al., 2007b; Garety et al., 2007), é possível formular um caminho neurofisiológico plausível para a psicose. A redução no volume hipocampal como resultado de uma combinação de certos acontecimentos no ambiente pré-natal e pós-natal (Walker et al., 2004) predispõe o indivíduo à liberação excessiva de cortisol relacionada com o estresse. O hipercortisolismo pode reduzir ainda mais o volume do hipocampo. Como o hipocampo controla o sistema mesolímbico de dopamina, a lesão leva à sensibilização da dopamina. A hiper-reatividade do sistema dopaminérgico é um fator crucial na precipitação da psicose. Essa progressão é estimulada pela disfunção dos circuitos corticolímbicos, que resulta em menos interrupção da atividade da dopamina pelos lobos pré-frontais. A ideia da relação entre o estresse, níveis elevados de cortisol e lesões no hipocampo também baseia uma teoria da etiologia da esquizofrenia como consequência de trauma infantil/TEPT (Read, van Os, Morrison e Ross, 2005).

O PAPEL DAS AVALIAÇÕES NAS REAÇÕES AO ESTRESSE

Grande parte do trabalho realizado com as respostas biológicas ao estresse em indivíduos propensos à psicose postula uma sequência direta da *diátese* ao *acontecimento estimulador* e à *resposta neuroendócrina*. Todavia, a literatura sugere que a resposta ao estresse é mediada pela avaliação da situação, ou seja, que um dado acontecimento se torna um estressor em virtude do significado que lhe é atribuído (Pretzer e Beck, 2007; Lazarus, 1966).

Dickerson e Kemeny (2004) discutem como as avaliações cognitivas afetam a fisiologia, ativando determinados processos cognitivos e suas bases no sistema nervoso central. O tálamo e os lobos frontais (córtex pré-frontal) integram e avaliam a significância ou o significado do estressor potencial. Avaliações de ameaça e descontrolabilidade, por exemplo, podem levar à geração de respostas emocionais, por meio de conexões amplas do córtex pré-frontal com o sistema límbico. As estruturas límbicas (a amígdala e o hipocampo), que se conectam com o hipotálamo, servem como um caminho primário para ativar o eixo HPA. O eixo HPA é ativado pela liberação hipotalâmica do hormônio liberador de corticotropina (CRH), que estimula a pituitária anterior a liberar hormônio adrenocorticotrópico (ACTH). Esse hormônio, por sua vez, faz o córtex adrenal secretar cortisol na corrente sanguínea. Dickerson e Kemeny (2004) concluem, com base em uma ampla metanálise, que as condições experimentais que mais ativam o eixo HPA (percepção de descontrolabilidade) são relevantes para as percepções de ameaça. Esses estudos experimentais são congruentes com a observação de Horan e colaboradores (2005) de que a percepção da descontrolabilidade nos acontecimentos da vida era a mais estressante para pacientes com esquizofrenia. A Figura 14.2 ilustra o caminho que vai das avaliações disfuncionais sobre os acontecimentos a alterações neurofisiológicas e ao impacto tóxico nas funções cerebrais.

Indivíduos suscetíveis a psicose avaliam certas situações inócuas de maneira idiossincrática e, supostamente, sentem-se mais ameaçados e estressados que a pessoa média. Freeman, Garety, Bebbington e colaboradores (2005), por exemplo, observam que indiví-

FIGURA 14.2 De estressores a perturbações.

duos que tiveram escores elevados em uma escala de paranoia eram propensos a interpretar personagens no computador (avatares) em uma cena de realidade virtual como hostis e conspiratórios em relação a eles. Nesse estudo, a tendência de atribuir significado pessoal por meio de implicações paranoides a cenas que eram objetivamente neutras demonstra o viés paranoide e de foco pessoal do indivíduo, que converte uma situação inócua em uma experiência estressante. Um estudo posterior de Valmaggia e colaboradores (2007) obteve resultados semelhantes com um grupo de indivíduos de alto risco.

TRANSIÇÃO PARA A PSICOSE

Obviamente, existem muitas vias que podem levar à esquizofrenia. Com frequência, as primeiras mudanças subjetivas envolvem alterações na percepção, que podem envolver mudanças na percepção de si mesmo e/ou do mundo (Klosterkotter, 1992). Geralmente, indivíduos vulneráveis também experimentam uma *disfunção cognitiva* antes do início dos sintomas psicóticos (Walker, 2002). Indivíduos em situação de risco, bem como os pacientes, apresentam diversos comprometimentos específicos em testes neurocognitivos: problemas com a atenção, comprometimento da memória de trabalho e função executiva deficiente (Walker et al., 1998; Nuechterlein e Dawson, 1984). Esses índices de insuficiência cognitiva atrapalham a adaptação social e acadêmica desses indivíduos e, quando combinados com a hipersensibilidade ao estresse, criam condições relevantes para o desenvolvimento de esquizofrenia. Essa disfunção cognitiva parece afetar o seu funcionamento psicológico e capacidade de socialização, que se manifesta pela redução na motivação e socialização (Cornblatt, Lencz e Kane, 2001). Evidentemente, a combinação dessas dificuldades neurocognitivas, psicológicas e sociais interfere no desenvolvimento de habilidades sociais relevantes para a sua idade (Broome et al., 2005) e o desempenho acadêmico e social. Esses problemas produzem posturas negativas em relação a si mesmo e a outras pessoas, levando à ansiedade social e à depressão. Em um determinado ponto, esses indivíduos se retraem voluntariamente das interações sociais ou vivem um isolamento das outras pessoas.

A importância do comprometimento cognitivo para explicar as observações clínicas e de laboratório em pacientes com delírios paranoides é demonstrada pelos estudos de Bentall e colaboradores (2008), que mostram que testes do comprometimento neurocognitivo atual são associados à previsão de ameaças e crenças paranoides. A proeminência da previsão de ameaça é representada de forma sintomática pela ansiedade excessiva, e a sensação progressiva de fracasso social e acadêmico pela depressão.

Estudos mostram que a ansiedade e a depressão muitas vezes precedem o desenvolvimento da psicose. Escher e colaboradores (2002a) observam que a combinação de ansiedade e depressão está associada ao desenvolvimento de sintomas psicóticos menores durante o período pré-psicótico, e Cannon e colaboradores (2002) observam que crianças pré-esquizofrênicas sentem depressão e ansiedade social excessivas. À medida que o indivíduo se aproxima da experiência de psicose, há uma probabilidade elevada de pelo menos um episódio claro de depressão no ano anterior à hospitalização (an der Heiden e Häfner, 2000).

Um fator crucial na progressão para a psicose é o desenvolvimento de esquemas cognitivos disfuncionais que facilitam o início de experiências aberrantes, como alucinações e delírios. As condições estressantes levam a crenças disfuncionais ("sou inferior", "as pessoas estão contra mim") e, consequentemente, a avaliações cognitivas disfuncionais de determinadas experiências e comportamentos desadaptativos (retraimento social). Esses problemas evocam mais experiências adversas que, por sua vez, consolidam as crenças e comportamentos disfuncionais. As posturas de aversão social podem levar à desconfiança e a ideias inusitadas sobre as pessoas – características do transtorno esquizotípico. As avaliações disfuncionais repetidas que resultam de vieses cognitivos aumentam a quantidade de estresse psicofisiológico. Finalmente, a combinação de estressores que ativa as posturas disfuncionais, bem como o impacto no eixo HPA e a desregulação do sistema dopaminérgico que ocorrem como consequência, leva à progressão para um estado psicótico.

As posturas derrotistas com relação ao desempenho levam à perda da motivação, redução nos interesses e tristeza característica da depressão, ou podem ser integradas na estrutura da personalidade e manifestarem-se como transtorno da personalidade esquizoide. Um estudo de Perivoliotis e colaboradores (2009), por exemplo, mostrou que indivíduos com risco elevado com posturas derrotistas sobre o desempenho tinham propensão a apresentar menos motivação. Essas características pré-mórbidas cristalizam-se nos sintomas negativos típicos da esquizofrenia.

De que maneira as crenças persecutórias e anômalas e, por fim, os delírios desenvolvem-se a partir de representações disfuncionais como as características da depressão e da ansiedade? Pesquisas mais antigas mostravam que os indivíduos propensos à depressão têm crenças nucleares negativas sobre si mesmos, incorporadas em esquemas cognitivos (Beck, 1967). Pacientes com risco elevado de desenvolver esquizofrenia parecem ter crenças nucleares negativas semelhantes sobre si mesmos. Barrowclough e colaboradores (2003), por exemplo, observaram que os pacientes com esquizofrenia apresentam autoestima baixa, que tem correlação com os sintomas positivos. Contudo, ao contrário da depressão "pura", a esquizofrenia acarreta crenças nucleares negativas sobre as pessoas, bem como sobre si mesmo (Smith et al., 2006). O conteúdo exato dos delírios está relacionado com a natureza das representações de si mesmo (vulnerável, impotente ou forte) e das representações do outro (maldoso, intrusivo ou controlador). Os delírios de perseguição, por exemplo, parecem advir de crenças de vulnerabilidade pessoal e crenças fortes sobre a intenção maldosa das pessoas. Os delírios de influência (delírios anômalos ou de controle) parecem basear-se em representações de si mesmo como impotente, e do outro como poderoso. A mesma disparidade de poder parece ser intrínseca ao sistema de crenças em casos de alucinações auditivas.

O conteúdo desses delírios persecutórios e anômalos tem temas em comum com a ansiedade, depressão e esquizofrenia. O impacto dos dois conceitos de ameaça (ansiedade) e derrota social (depressão) sobre o sistema de crenças leva a representações das pessoas como ameaçadoras, rejeitadoras ou dominadoras, e de si mesmo como vulnerável e impotente. Esses dois componentes conceituais (ameaça e derrota) do sistema de crenças são consolidados à medida que as experiências adversas (provocação, abuso, *bullying*, manipulação) se acumulam. Vistos em conjunto, os estudos clínicos sugerem que, quando o funcionamento intelectual está prejudicado, ocorre a seguinte sequência de acontecimentos: os indivíduos têm propensão a reter o erro fundamental de atribuição (Heider, 1958; Gilbert, 1991), que automaticamente atribui as experiências da vida a causas externas. Ao contrário dos indivíduos normais, que desconsideram as atribuições externas errôneas automaticamente, os indivíduos propensos a delírios têm muita dificuldade para avaliar as atribuições como pensamentos, ao invés de uma representação precisa da realidade externa. Como muitos desses erros de atribuição dizem respeito a ameaças, é mais provável que memórias excessivas de ameaças sejam incorporadas no sistema de recordação (Bentall et al., 2008). Além disso, as memórias de ameaças se unem a expectativas de ameaças futuras (Bental et al.). Essa fixação na ameaça tem consequências patológicas.

As memórias e a previsão de ameaça levam diretamente à desconfiança e à ansiedade (Freeman, 2007), bem como ao estabelecimento de interpretações preconcebidas de situações inócuas como sendo ameaçadoras (Bental et al., 2008). Os indivíduos vulneráveis se tornam hipervigilantes para com ameaças sociais potenciais e procuram sinais de intenções malévolas, expressadas como desconfiança. A preocupação de que as pessoas podem querer prejudicá-los ou controlá-los leva a um acúmulo de "evidências" que supostamente corroboram essa noção. Quanto mais leem incorretamente o comportamento inocente das pessoas, mais forte se torna a crença de que as pessoas os estão visando especificamente e desejam diminuí-los ou machucá-los de algum modo. As posturas positivas concomitantes para com as pessoas, como a confiança, tendem a diminuir. Por fim, as representações de si mesmo como vítima e do outro como agressor solidificam-se em delírios de perseguição ou influência. O modo paranoide coopta o sistema de processamento de informações ao ponto em que acontecimentos aleatórios, irrelevantes e insignificantes são interpretados como pessoalmente significativos. À medida que mais acontecimentos são interpretados dessa forma, os limites dos delírios se expandem, de modo que um número cada vez maior de situações é percebido como direcionado contra o paciente. Finalmente, esse foco egocentrado se torna tão acentuado que quase qualquer estímulo – ruídos no quarto ao lado, veículos que passam, ou repórteres na televisão – transmite mensagens direcionadas ao paciente. De maneira semelhante, as interpretações de experiências subjetivas – dores, zumbidos no ouvido e experiências anômalas – podem ser atribuídas à atuação de entidades externas.

As expectativas sobre as intenções das pessoas (bem como a autoimagem dos pacientes de impotência e permeabilidade da mente) desempenham um papel central na formação dos delírios, devido ao seu profundo impacto no processamento de informações. Inicialmente, essas crenças fazem o indivíduo suspeitar dos motivos dos outros: "Eles estão me criticando? Eles querem me controlar?". Como resultado de sua desconfiança, os pacientes tendem a interpretar o comportamento das pessoas de forma incorreta, como hostil, e suas crenças sobre as intenções negativas das pessoas recrudescem. O denominador comum dos delírios de controle ou influência e alucinações patogênicas é a sua percepção de si mesmo como permeável ou manipulado por entidades externas poderosas (vozes ou agentes delirantes).

O processamento de informações distorcido impõe os tipos de vieses demonstrados em pesquisas sobre depressão, ansiedade e outros transtornos: vieses da atenção para acontecimentos congruentes com as crenças patogênicas, a extração seletiva desses acontecimentos, a distorção e exagero de seu significado e a exclusão de explicações alternativas. Esses processos se combinam para fortalecer a crença delirante (viés de confirmação). O conteúdo da interpretação e conclusão distorcidas, é claro, reflete o conteúdo das crenças delirantes. Com o tempo, a crença não apenas se torna fixa, como é estendida a uma grande variedade de acontecimentos internos e externos, em um processo semelhante à generalização de estímulos.

Quando o primeiro episódio de esquizofrenia ocorre, os esquemas que incorporam essas crenças negativas se tornam hipersalientes. Eles dominam o processamento de informações, produzindo, assim, interpretações altamente distorcidas do comportamento das pessoas. Essas distorções realimentam e reforçam os esquemas nucleares. À medida que esses esquemas se tornam hiperativos, as crenças que incorporaram se tornam mais extremas, e não são verificadas pelo teste da realidade normal que atua em transtornos não psicóticos. Essa escalada no conteúdo das crenças pode progredir, em um caso típico, de "as pessoas não gostam de mim" para "elas são hostis" e "elas querem me prejudicar".

Em suma, o sequestro do processamento de informações pelas crenças delirantes leva aos vieses que foram demonstrados: autorreferencial, causal, do foco atencional, externo, atributivo e de confirmação. Processos semelhantes podem ser identificados em outros tipos de pensamento paranormal e delirante.

A RELAÇÃO DOS DELÍRIOS E DA DEPRESSÃO COM AS ALUCINAÇÕES

Uma das questões que mais desafiam os pesquisadores é o elevado grau de associação entre as alucinações e os delírios (Lincoln, 2007; Peralta, de Leon e Cuesta, 1992). Isso é intrigante, primeiro porque as alucinações ocorrem no domínio sensorial ou perceptivo, ao passo que os delírios envolvem mecanismos cognitivos e conceituais. Essa associação é observada não apenas em pacientes com esquizofrenia, mas em populações não clínicas (Stefanis et al., 2002; Lincoln, 2007). As alucinações aos 11 anos, por exemplo, que ocorrem em cerca de 8% das crianças, têm probabilidade de avançar para pensamento delirante aos 26 anos, se as avaliações iniciais das vozes atribuírem uma origem externa à pessoa, como sendo hostis, ou como sendo as vozes dos pais (Escher et al., 2002a). De maneira semelhante, Krabbendam e Aleman (2003) observaram que os delírios parecem mediar as alucinações e a esquizofrenia. Em nosso trabalho com pacientes ambulatoriais com esquizofrenia, 30 de 34 pacientes com alucinações também tinham delírios, ao passo que apenas dois pacientes tinham apenas delírios.

A sequência das alucinações, seguida posteriormente por depressão, constitui um fator de risco robusto para a psicose (Krabbendam et al., 2005). Conforme sugerem Krabbendam e colaboradores, a sensação de submissão a uma pessoa poderosa leva a um sentido de impotência. A crença na própria fraqueza é um aspecto importante da depressão e também está refletida no sentimento de impotência do paciente para lidar com as vozes onipotentes. Desse modo, a atribuição da experiência alucinatória a uma entidade todo-poderosa leva aos delírios cruciais nas alucinações, notadamente de que são gerados externamente e incontroláveis (ver também Birchwood e Chadwick, 1997).

A linha comum que costura o conteúdo das alucinações e dos delírios é que os pacientes estão sujeitos a forças externas além do seu controle. As crenças patogênicas sobre o poder das vozes são análogas aos delírios de ser controlado, invadido e perseguido. Os pacientes com alucinações atribuem onipotência e onisciência às vozes. Em sua amostra de pacientes com histórico de esquizofrenia ao longo da vida, Lincoln (2007) observa que a propensão à alucinação tem correlação elevada com os delírios de controle, delírios de ser influenciado e crenças sobre a leitura, inserção, eco e transmissão de pensamentos. De maneira semelhante, Kimhy e colaboradores (2005) observam que os delírios de controle estão correlacionados com as alucinações, mas que os delírios de significância pessoal e perseguição não estão.

Parece haver uma via especial para as alucinações em indivíduos que fazem a transição para a psicose. Esses indivíduos têm uma incidência particularmente elevada de traumas na infância (Fowler, 2007). Por que existe a propensão a alucinações e a delírios? Às vezes, os pacientes têm delírios sem alucinações, mas raramente as alucinações verbais existem sem crenças delirantes a seu respeito. (De fato, a existência de crenças delirantes sobre as vozes contribui para o rótulo das alucinações como um sintoma psicótico). Os delírios e alucinações na esquizofrenia têm, em comum, uma orientação interpessoal – o paciente concentra-se em receber (na verdade, interpretar) as mensagens do mundo exterior como algo aviltante, perseguidor, intrusivo, e assim por diante. Nos delírios, essas interpretações baseiam-se nas observações que o paciente faz do comportamento das pessoas (seus gestos, expressões faciais, direção do olhar ou a fala têm significado especial). Seu mundo delirante é tão real quanto seu mundo perceptivo. Sua sensibilidade ao conteúdo interpessoal é refletida em suas representações de pessoas falando com eles (alucinações), sobre eles (ideias de referência) e os influenciando (delírios de controle, interferência, perseguição). Nas alucinações auditivas, a comunicação assume uma forma verbal, que sugere que o mesmo mecanismo que abaixa o limiar dos pacientes para interpretações persecutórias (externas) abaixa o limiar para as vozes.

Os acontecimentos traumáticos da infância, às vezes, são representados na forma de alucinações. A experiência traumática, talvez entremeada em outros acontecimentos interpessoais adversos da infância, implanta uma imagem de si mesmo como impotente e do outro como todo-poderoso. Não apenas o abuso durante a infância, como também a experiência da depressão parece facilitar a persistência das alucinações (Escher et al., 2002b). É possível discernir as mesmas características das vozes na depressão e no trauma da infância. O conteúdo das vozes visa aviltar o paciente, e elas são todo-poderosas. Assim, o esquema subjacente gira em torno da subordinação total do paciente a outras pessoas. As vozes, muitas vezes, encapsulam os acontecimentos traumáticos reais, reproduzindo as vozes tanto do agressor quanto da vítima, conforme ilustrado no caso a seguir.

Um homem de 25 anos com esquizofrenia ouvia dois grupos de vozes, que falavam com ele e também sobre ele, geralmente fazendo comentários depreciativos, como "veado", "fresco" ou "bicha". Uma voz era de um menino de 12 anos, e a outra, de um menino de 6. Antes do início da psicose, o paciente havia tido duas hospitalizações para depressão. Ao ser interrogado, revelou que, quando tinha 6 anos, foi sexualmente agredido por um garoto de 12 anos. Como resultado desse trauma da infância, o paciente tinha uma imagem de si mesmo como impotente e dos outros como poderosos. Essa imagem fazia o paciente se sentir vulnerável e constrangido na presença de outras pessoas. Ele interpretava suas experiências pelo modelo (ou esquema) da subordinação social, e tendia a exagerar as experiências negativas e interpretar o que podia ser um acontecimento acidental ou incidental como algo direcionado contra ele. Por fim, essa hiper-reatividade aos estressores da vida cotidiana, além de estressores mais intensos (incluindo críticas reais), levou às hospitalizações por depressão e, mais adiante, pelos delírios e alucinações. O conteúdo das vozes incorporava a imagem da infância e reproduzia o significado que ele atribuía à experiência, ou seja, de que não apenas era fraco, como desprezível (um "bicha"). Read, Perry, Moskowitz e Connolly (2001) propuseram que, como resultado do estresse, aumento do cortisol e (principalmente) lesões hipocampais que resultam do trauma, alguns aspectos de memórias relacionadas com o trauma podem não ser integrados ou permanecer descontextualizados. Por exemplo, um adulto com esquizofrenia (com um histórico de trauma na infância) pode ouvir uma voz hostil, que, na verdade, é um fragmento lembrado de uma experiência de abuso. Porém, como o traço da memória é descontextualizado (desconectado de outros aspectos/memórias da experiência), a pessoa simplesmente ouve uma voz hostil, que pode facilmente ser considerada uma voz externa hostil.

O protótipo das explicações delirantes para as vozes – ou seja, o viés externalizante antecipatório – aparentemente existe antes de o paciente ouvir vozes. Quando os pacientes ouvem uma voz pela primeira vez, eles geralmente olham ao redor para verificar a sua origem (podem perguntar a outras pessoas e descobrir que elas não ouviram a voz). Em vez de considerar que as alucinações auditivas podem ser um fenômeno mental, esses indivíduos se prendem à crença de que elas têm uma causa externa (pois esse viés explicativo já se formou). A explicação externa dos pacientes para o fenômeno parece partir de representações precoces de si mesmo como objeto passivo da influência externa do outro poderoso. Essa concepção leva os pacientes a um modo singular de explicação causal: as experiências internas são causadas por forças ou entidades externas. Os pacientes aplicam esse modo explicativo para justificar uma variedade de experiências paranormais além das alucinações: roubo de pensamentos, leitura da mente, inserção de pensamentos, e coisas do gênero. De fato, toda a gama daquilo que se rotula como delírios de interferência, controle ou perseguição pode ser entendida em termos das representações de si mesmo e do outro, que direcionam o processamento de informações a causas externas. É interessante que os pacientes podem atribuir muito mais poder às próprias vozes do que ao suposto agente. Um homem se sentia totalmente subordinado à alucinação da voz do seu irmão, mas não se sentia tão impotente quando o irmão falava com ele na realidade.

Embora as evidências sejam poucas, existem sugestões de estudos clínicos de que os indivíduos pré-psicóticos já têm ideias de que as pessoas os estão controlando e observando, e de que têm propensão a se enxergarem como alvo das intrusões "intencionais" das pessoas. Essa concepção está refletida em suas atribuições para as alucinações e pensamentos intrusivos, bem como para os delírios.

A tendência de fazer atribuições externas, é claro, é uma característica da população em geral. Heider (1958) foi o primeiro a descrever esse fenômeno, discutido detalhadamente por Gilbert (1991). Os indivíduos com propensão à psicose, supostamente por causa das experiências adversas da vida, têm maior probabilidade de investir demais nessas atribuições e, por causa do comprometimento cognitivo, são menos capazes de avaliá-las e rejeitá-las. Conforme mostra a Figura 14.3, a sequência de representações negativas e o consequente viés do processamento de informações levam à formação de delírios e alucinações.

CONSIDERAÇÕES TEÓRICAS E CONCLUSÕES

As bases causais do *insight* cognitivo limitado e do pensamento desorganizado na esquizofrenia parecem ser consequência direta de disfunções no sistema neural. O conceito da interação entre a capacidade cognitiva limitada (devida a déficits neurais) e o estresse ajuda a explicar a expressão dos sintomas, mas também as dificuldades dos pacientes para avaliar e corrigir suas ideias irrealistas. Embora o foco em deficiências de funções especializadas e localizadas do cérebro tenha dominado a pesquisa sobre essas funções cerebrais superiores na esquizofrenia nos últimos anos, Phillips e Silverstein (2003) apontam que essas funções especializadas locais devem ser complementadas pelos processos que as coordenam, e propõem que o comprometimento desses processos coordenadores talvez seja central à esquizofrenia. Os autores sugerem que essa importante classe de funções cognitivas pode

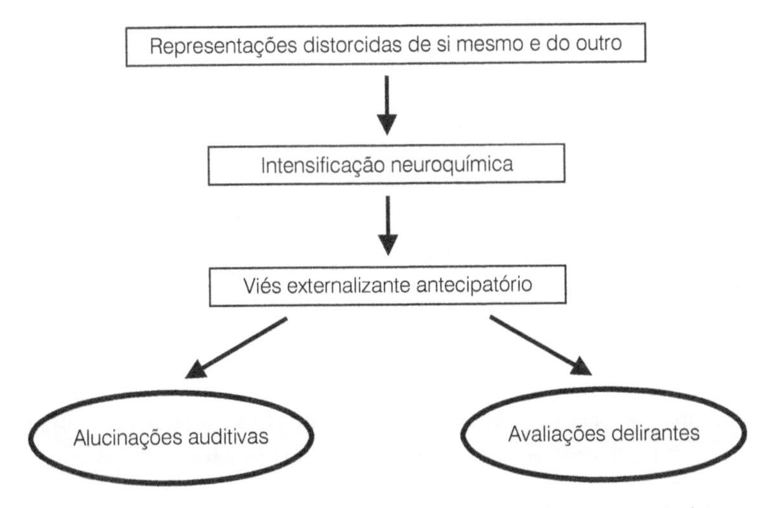

FIGURA 14.3 Rota das representações disfuncionais aos sintomas psicóticos.

ser implementada por mecanismos como conexões amplas dentro e entre as regiões corticais, que ativam os canais sinápticos e sincronizam a atividade neural oscilatória no cérebro. As capacidades intelectuais que esses mecanismos proporcionam se mostram comprometidas na esquizofrenia.

Essa formulação de Phillips e Silverstein (2003) sugere uma concepção mais ampla dos problemas no processamento cognitivo superior na esquizofrenia, considerando-os não apenas como consequência de déficits em domínios específicos, mas também como um comprometimento das funções integrativas do cérebro. A integração reduzida pode ser representada no nível anatômico como uma poda neural excessiva de conexões sinápticas durante a adolescência (McGlashan e Hoffman, 2000) ou como uma hipofunção dos receptores NMDA (moduladores) (Olney e Farber, 1995). Estudos com parentes não afetados de pacientes esquizofrênicos também sugerem que os indivíduos propensos à psicose são geneticamente dotados de competências cognitivas limitadas (Gur et al., 2007), talvez como consequência de terem volume cerebral menor, especialmente no hipocampo (Boos et al., 2007). O comprometimento não apenas reduz os recursos para lidar com o estresse e alinhar as avaliações errôneas à realidade, como também aumenta a sensibilidade a experiências adversas na vida, levando a crenças e a comportamentos disfuncionais.

A visão global sobre o comprometimento da função integrativa total do cérebro pode lançar luz sobre como a esquizofrenia se desenvolve. Devido às limitações na capacidade cognitiva do cérebro, os estressores externos aumentam a carga cognitiva e desviam os recursos para amainar o impacto excessivo dos estressores e, consequentemente, esgotam os recursos disponíveis para manter a flexibilidade cognitiva. Embora certas funções cognitivas, como o vocabulário e a aprendizagem procedural, possam ser preservadas, o comprometimento relativo de funções psicológicas complexas e que necessitam de recursos – como a autorreflexividade, automonitoramento, mudança de perspectiva com base em mudanças no contexto, correção de interpretações errôneas e sensibilidade ao *feedback* corretivo das pessoas – remove a barreira (teste da realidade adequado) ao desenvolvimento de crenças disfuncionais (especialmente delírios) e impede o desenvolvimento de habilidades interpessoais complexas.

Os pacientes com esquizofrenia geralmente são capazes de utilizar suas habilidades cognitivas para avaliar suas ideias relativamente neutras ou as ideias errôneas das pessoas, mas, de um modo geral, não têm a capacidade cognitiva necessária para aplicar essas habilidades às suas próprias avaliações com alta carga emocional, especificamente aquelas associadas a crenças delirantes. Essa deficiência leva aos conceitos clínicos de "*insight* prejudicado" e "déficits no teste da realidade". A capacidade comprometida de reconhecer as ideias delirantes como irrealistas (*insight* cognitivo) e, portanto, como sintomas de um transtorno subjacente (*insight* clínico) proporciona um indicador para o diagnóstico de esquizofrenia.

Essa combinação de insuficiência cognitiva e condições estressantes resultantes proporciona um caminho para a progressão do estado prodômico para a descompensação cognitiva manifestada na sintomatologia da esquizofrenia: a hiperativação de esquemas disfuncionais, combinada com o teste de realidade reduzido, manifesta-se na forma de delírios e alucinações, na preservação dos recursos pelos sintomas negativos e na quebra da estrutura semântica organizada no transtorno do pensamento formal. A perda do contexto ou estrutura mental descrita em pacientes com pensamento desorganizado (Chapman e Chapman, 1973a) e que têm alucinações (Badcock, Waters e Maybery, 2007) pode ser atribuída, em parte, à relativa ausência de recursos necessários para a memória de curta duração, para aderir a regras de comunicação coerente e para inibir a intrusão de ideias inadequadas. O profundo distanciamento manifestado pela alogia, afeto plano e anergia (a síndrome negativa) pode ser considerado resultado da preservação dos recursos, que é evidente na predileção por fazer associações fáceis, mas errôneas, com elementos verbais (Chapman e Chapman).

Um enfraquecimento semelhante da inibição cognitiva ocorre no transtorno do pensamento, caracterizado por descarrilamento, perda de referenciais, e assim por diante, especialmente quando o paciente experimenta estresse externo ou está discutindo um tema de importância emocional. A desorganização também pode ser vista como resultado de uma alternância rápida entre estados interconectados em rede. Isto é, a falta da capacidade integrativa do cérebro leva à formação de estados conectados em rede relativamente aleatórios (Wright e Kydd, 1986; Gordon, Williams, Haig, Wright e Meares, 2001). Segundo essa visão, a desorganização é a disfunção nuclear na esquizofrenia, e outros sintomas representam compensações para esse déficit nuclear. Por exemplo, Gordon e colaboradores observaram que o fator Distorção da Realidade estava associado a maior atividade gama (superprocessamento) e à formação de redes corticais estáveis, mas aberrantes ("focos parasíticos"; Hoffman e McGlashan, 1993), que podem levar a alucinações ou delírios em resposta a estímulos-alvo; o fator Pobreza Psicomotora está associado a um processo de "fechamento" compensatório, caracterizado por uma resposta menor a estímulos-alvo (subprocessamento); mas o fator Desorganização estava correlacionado com uma resposta menor a estímulos *não alvo*. Essas observações sugerem que a desorganização representa o fracasso mais profundo da integração. A desorganização não é compensada por um superprocessamento ou subprocessamento consistente, e a natureza rápida e transitória dos estados conectados que se formam produz sintomas "hebefrênicos", como transtorno do pensamento, movimentos inusitados, e assim por diante. Em nossa formulação, a depleção dos recursos cognitivos associada à esquizofrenia impede que o indivíduo consiga avaliar corretamente a natureza dos sintomas positivos causados por estados conectados aberrantes, mas estáveis, ou as crenças derrotistas associadas ao recolhimento social observado nos sintomas negativos.

Existe apoio experimental para nossa formulação clínica, à medida que pesquisas demonstram que, sob carga cognitiva, o funcionamento cognitivo dos pacientes com esquizofrenia se deteriora (Nuechterlein e Dawson, 1984; Melinder e Barch, 2003). Deficiências nas respostas das pupilas (falta de dilatação) (Granholm, Morris, Sarkin, Asarnow e Jeste, 1997) e reações antissacádicas (Curtis, Calkins, Grove, Feil e Iacono, 2001) são postuladas como evidências indiretas de recursos cognitivos atenuados. Um indicador mais específico da capacidade integrativa do cérebro é a capacidade de detectar pensamento errôneo e de reformular suas respostas. A Beck Cognitive Insight Scale testa indiretamente o comprometimento das funções superiores na esquizofrenia (Beck e Warman, 2004). O elevado grau de certeza nas interpretações irrealistas do indivíduo e a falta de autorreflexividade são indicativos da limitação nos recursos cognitivos. O processo de se distanciar de crenças arraigadas, avaliá-las e aplicar regras de evidência e de lógica impõe uma demanda substancial aos recursos cognitivos. Esses processos exigem a integração de muitas funções complexas, representadas em diferentes regiões do cérebro. A atenuação dos recursos na esquizofrenia e a redução no funcionamento integrativo atrapalham o processamento necessário para testar a realidade de crenças delirantes hipersalientes. A redução da função executiva representa um indicador da capacidade reduzida de testar a realidade das crenças. Uma maneira de estudar a rota da função executiva prejudicada para os delírios é analisar a relação do *insight* cognitivo com a função executiva e os delírios. O índice da superconfiança ("autocerteza") na realidade das experiências inusitadas e da capacidade de considerá-las em perspectiva ("autorreflexividade"), conforme mensurado pela Beck Cognitive Insight Scale (Beck e Warman, 2004), ajuda a demonstrar a relação entre a função executiva e os delírios. Especificamente, a autocerteza está correlacionada com ambas as formas de patologia e é um mediador entre elas (Grant e Beck, 2008a). Também observamos uma correlação moderada entre a função cognitiva prejudicada e a autorreflexividade comprometida.

Outros estudos (Beck et al., 2004) mostram uma correlação entre a função executiva e os delírios numa amostra de pacientes internados, mas não no grupo de pacientes ambulatoriais. Além disso, a autocerteza apresenta uma correlação significativa com o transtorno do pensamento e as alucinações (Grant e Beck, 2008a). Esses resultados mostram que ou a hipersaliência das crenças delirantes submerge o teste da realidade débil ou o teste de realidade diminuído permite que as crenças cheguem a graus maiores de convicção. Os sintomas negativos, por outro lado, parecem basear-se nas posturas derrotistas geradas por experiências negativas que resultam do impacto deletério do comprometimento cognitivo sobre o desempenho social e acadêmico (Grant e Beck, 2009 b).

A insuficiência cognitiva obviamente varia com o tempo e costuma melhorar ou ser compensada pela farmacoterapia, que reduz a carga cognitiva produzida pelos delírios e alucinações. Os indivíduos com predisposição à esquizofrenia geralmente tentam compensar seus déficits. Por exemplo, protegem-se de situações estressantes recorrendo ao isolamento social (Lencz et al., 2004). Todavia, as situações estressantes ou substâncias neurotóxicas como os canabinoides podem diminuir direta ou indiretamente os recursos cognitivos acessíveis e levar à descompensação cognitiva e à reincidência dos sintomas.

A integração dos resultados de pesquisas sobre indivíduos esquizotípicos, indivíduos com risco ultra-alto de esquizofrenia, famílias de indivíduos esquizotípicos e pacientes com esquizofrenia pode proporcionar uma visão geral das rotas (ou "trilhas") que levam a pelo menos um subtipo de esquizofrenia. A rota apresentada na pesquisa sobre os pacientes e suas famílias sugere uma predisposição inata a desenvolver esquizotipia positiva e negativa. A observação de um comprometimento cognitivo sutil e desorganização subclínica nos familiares, bem como em indivíduos com esquizotipia clara, sugere que esses aspectos clínicos têm base genética. A atração que as ideias paranormais (leitura da mente, pensamentos intrusivos) têm para os parentes de pacientes com esquizofrenia é representada em pacientes que não apenas acreditam nos fenômenos paranormais, como também os experimentam. Esse subtipo esquizotípico é melhor caracterizado em termos dos sintomas de primeira ordem de Schneider (Schneider, 1959).

O outro caminho é a redução gradual dos recursos cognitivos, em decorrência de mudanças maturacionais (poda de conexões na adolescência), o impacto do estresse da infância e adolescência (Read et al., 2001) e a "cascata neuroquímica" resultante (Corcoran et al., 2003). A primeira rota pode ser a responsável pelas ideias estranhas e o isolamento, e a segunda, pela dificuldade em testar a sua realidade.

Estudos recentes sobre a terapia cognitiva complementar no tratamento da esquizofrenia indicam que é possível melhorar os sintomas principais, ativando as "funções cognitivas superiores" dos pacientes, como o afastamento de interpretações disfuncionais, avaliação das evidências e exploração de explicações alternativas – que são componentes essenciais do "*insight* cognitivo" (Beck e Warman, 2004). Granholm e colaboradores (2005), por exemplo, observaram que o *insight* cognitivo melhorava em pacientes que faziam terapia cognitiva, mas não naqueles que faziam o "tratamento usual". O mesmo tipo de técnicas introspectivas também ajuda a identificar e modificar as crenças disfuncionais subjacentes. A eficácia da terapia cognitiva para promover as funções superiores é de especial interesse, pois parece não condizer com a noção de que as crenças patogênicas são fixas por causa da sua base neural. Postulamos que a terapia cognitiva atua sobre a reserva cognitiva dos pacientes (Stern, 2002), ativando estruturas ou redes cerebrais alternativas que não se envolvem normalmente. Landa (2006) e D. A. Silbersweig (comunicação pessoal, 26 de maio de 2006) encontraram indícios preliminares de que a terapia cognitiva reduz a reatividade da amígdala em pacientes com esquizofrenia paranoide crônica.

Em resumo, a esquizofrenia pode ser vista como resultado da interação cíclica entre a capacidade reduzida de processamento, a capacidade integrativa neural enfraquecida, os acontecimentos estressantes no ambiente e as crenças e interpretações disfuncionais resultantes. Embora a terapia cognitiva possa não afetar a diátese (vulnerabilidade) neurofisiológica básica envolvida na esquizofrenia, ela pode modificar as crenças disfuncionais resultantes, protegendo, assim, contra o estresse, a cascata fisiológica associada de efeitos tóxicos e a exacerbação dos déficits neurocognitivos. Os tratamentos psicoterapêuticos, bem como os farmacológicos, podem amainar os esquemas cognitivos hiperativos e, assim, liberar recursos para o teste de realidade (compensação cognitiva). A observação de que os pacientes podem ser treinados para modificar as crenças errôneas que contribuem e agravam os delírios, alucinações e sintomas negativos sugere que a terapia pode reduzir a carga cognitiva imposta pelos sintomas delirantes e, consequentemente, disponibilizar recursos cognitivos para lidar com os diversos sintomas. A terapia cognitiva também pode reduzir o nível de excitabilidade e, assim, liberar recursos cognitivos indiretamente.

Muitas das hipóteses teóricas apresentadas neste livro são facilmente testáveis. Já houve um certo progresso em identificar certas crenças nucleares associadas aos delírios persecutórios (Fowler et al., 2006), alucinações e sintomas negativos (Grant e Beck, 2009 b). Um estudo poderia, por exemplo, analisar a continuidade das crenças nucleares durante a fase prodômica e após a transição para a psicose. Outro poderia investigar a relação entre o conteúdo dos pensamentos automáticos dos pacientes e as alucinações. Finalmente, estudos com imagem cerebral podem comparar as mudanças ocorridas em uma combinação de terapia cognitiva e farmacoterapia com apenas terapia cognitiva ou farmacoterapia.

Também se pode analisar a inter-relação entre os recursos diminuídos, a capacidade integrativa enfraquecida, as posturas e avaliações disfuncionais, e os acontecimentos importantes no desenvolvimento e manutenção dos principais domínios de sintomas na esquizofrenia. Se a terapia cognitiva consegue liberar os recursos latentes, o funcionamento dos recursos adicionais deve ser visível por meio da melhora em testes que avaliam a capacidade cognitiva e em medidas da capacidade integrativa, como aquelas relacionadas com o processamento contextual ou índices de conectividade funcional na ressonância magnética funcional (Foucher et al., 2005; Zhou et al., 2007b; Liang et al., 2006). Como um todo, a combinação das pesquisas neuropatológicas e psicológicas, bem como observações clínicas de pacientes com esquizofrenia, não apenas deve aumentar a compreensão desse intrigante transtorno, como proporcionar novas e mais efetivas formas de tratamento.

Apêndices

APÊNDICE A

Beck Cognitive Insight Scale (BCIS)*

Nome: ______________________________ Data de hoje: ___/___/___

Gênero: M F Etnia: Branco Negro Hispânico Outra Idade (anos): _________

Abaixo está uma lista de afirmações sobre como as pessoas pensam e se sentem. Por favor, leia cada afirmação da lista cuidadosamente. Indique quanto você concorda com cada uma delas, marcando um X no espaço correspondente nas colunas ao lado de cada afirmação.

	Não concordo	Concordo um pouco	Concordo muito	Concordo totalmente
1. Às vezes, eu entendi mal as atitudes das pessoas em relação a mim.[AR]				
2. Minhas interpretações de minhas experiências são definitivamente corretas.[AC]				
3. Outras pessoas podem entender melhor do que eu a causa das minhas experiências incomuns.[AR]				
4. Já tirei conclusões precipitadas.[AR]				
5. Algumas das minhas experiências que pareceram muito reais talvez tenham sido devido à minha imaginação.[AR]				
6. Algumas das ideias que eu tinha certeza serem verdadeiras estavam erradas.[AR]				
7. Se eu sinto que algo está correto, significa que está correto.[AC]				
8. Embora sinta fortemente que estou certo, posso estar errado.[AR]				
9. Sei melhor que qualquer pessoa quais são os meus problemas.[AC]				
10. Quando as pessoas discordam de mim, elas geralmente estão erradas.[AC]				
11. Não posso confiar na opinião das pessoas sobre as minhas experiências.[AC]				
12. Se alguém disser que minhas crenças estão erradas, estou disposto a considerar essa possibilidade.[AR]				
13. Posso confiar em meu próprio juízo em qualquer situação.[AC]				
14. Frequentemente, existe mais de uma explicação possível de porque as pessoas agem como agem.[AR]				
15. Minhas experiências incomuns talvez sejam devidas a eu estar extremamente incomodado ou estressado.[AR]				

AC = Autocerteza; AR = Autorreflexividade.

*A versão em português da BCIS (Beck Cognitive Insight Scale) passou pelo processo de retrotradução e, após ajustes, foi considerada pelo autor (ATB) semelhante à escala original.

Apêndice B

Escore e interpretação da BCIS (Beck Cognitive Insight Scale)

A BCIS engloba duas subescalas: Autorreflexividade e Autocerteza. O escore total para cada escala é a soma dos escores das questões que a formam (ver a seguir). O índice BCIS composto é calculado como a Autorreflexividade menos a Autocerteza. Um *insight* cognitivo mais pobre é indexado por escores *mais baixos* na subescala Autorreflexividade, escores *mais altos* em Autocerteza, e escores *mais baixos* no BCIS composto.

1º passo. Avalie cada questão da BCIS de "0" a "3", conforme a seguinte regra:

- "Não concordo" = 0
- "Concordo um pouco" = 1
- "Concordo muito" = 2
- "Concordo totalmente" = 3

2º passo. Calcule a subescala Autorreflexividade: some as questões 1, 3, 4, 5, 6, 8, 12, 14 e 15.

3º passo. Calcule a subescala Autocerteza: some as questões 2, 7, 9, 10, 11 e 13.

4º passo. Calcule o índice BCIS composto: calcule Autorreflexividade *menos* Autocerteza.

Apêndice C

Modelo sugerido para a avaliação psicológica/psiquiátrica inicial

Dados do exame
- data(s) do exame
- nome do entrevistador
- local da entrevista
- fonte de encaminhamento
- razão para o encaminhamento

Informações gerais atuais sobre o paciente
- nome
- data de nascimento/idade
- raça
- gênero
- estado civil; duração do estado atual
- filhos: número
- ocupação/apoio financeiro/série na escola (se estudante)
- números de telefone; grau de confiança em deixar recados em cada número
- telefone de casa
- telefone do trabalho
- situação residencial (p.ex., casa, apartamento, programa habitacional, casa dos pais)
- moradores na residência
- contatos sociais: frequência, duração, proximidade

Principais preocupações

Histórico das principais preocupações
- sintomas: tipo, frequência, duração, gravidade, perturbação, consequências, crenças
- conteúdo/significado dos sintomas
- interação/coocorrência de sintomas
- situações evocadoras/gatilhos/mediadores
- reação/estratégias de enfrentamento
- outros estressores atuais/acontecimentos na semana anterior
- início da primeira ocorrência: data/hora, acontecimentos, reação inicial
  - crenças formadas no primeiro episódio e desenvolvimento/reforço
  - crenças pré-mórbidas

Revisão de sintomas (atuais e passados):
- alucinações (todas as modalidades); delírios (todas as classes); episódios depressivos; episódios maníacos; ataques de pânico; fobias; obsessões; compulsões; intrusões/evitação de memórias traumáticas; problemas alimentares; questões sexuais; suicidalidade: pensamentos, planos, tentativas; violência: pensamentos recorrentes, planos, tentativas; problemas com a atenção; outras preocupações emocionais

(*continua*)

Hábitos de saúde
- uso de substância ilícita (atual e passado)
  - tipo, início, último uso, frequência/quantidade (atual e no uso máximo), razões para uso, efeitos (incluindo efeitos sobre sintomas), necessidade de doses maiores, efeitos de abstinência, tentativas de descontinuar, efeitos legais e sociais (incluindo relações parentais e maritais)
- uso de nicotina: quantidade
- uso de cafeína: quantidade, último uso em dia típico
- dieta (p.ex., regular, *junk food*, para diabético, vegano/vegetariano, redução de peso)
- exercícios: duração
- sono: total de horas, padrão
- segurança (p.ex., cintos de segurança, protetor solar, detectores de fumaça)

Saúde física
- altura/peso
- alergias a medicamentos
- doenças, lesões, cirurgias e limitações (atuais e passadas)
- revisão física de sistemas (atuais e passados)
  - convulsões; perda da consciência; trauma maior na cabeça; hipertensão/ diabete; derrame; hipercolesterolemia; câncer; HIV; histórico de exposição a substâncias químicas; e problemas neurológicos, cardíacos, pulmonares, gastrintestinais, hepáticos, renais, da tireoide e hormonais

Tratamento atual
- medicamentos atuais
  - nome, propósito, dose, frequência, duração (na dose atual e uso total)
  - efeitos colaterais, efetividade
- terapia atual, programas, grupos, livros de autoajuda, estratégias de enfrentamento

Histórico de tratamentos psiquiátricos/psicoterapêuticos (ênfase no primeiro tratamento e no tratamento mais recente)
- data (início, término)
- circunstâncias no início (incluindo pensamentos, emoções, comportamentos, uso de substâncias)
- circunstâncias da obtenção do tratamento (p.ex., voluntário, involuntário, coagido)
- nome da equipe ou instituição de tratamento (psiquiatra, terapeuta, hospital, hospital-dia)
- diagnósticos
- tipo de tratamento (p.ex., medicamentos, ECT, psicoterapia)
- efetividade

Histórico psiquiátrico na família
- grau de parentesco com o paciente (incluindo lado da família)
- doenças (diagnóstico; se conhecidos: sintomas)
- base para diagnóstico (p.ex., profissional, suspeita do paciente)
- tratamentos (terapia, hospitalizações, medicamentos)

(*continua*)

Histórico pessoal/social

- pais: idade, origem étnica, saúde; se falecidos – idade, ano e causa da morte
- irmãos: idade, gênero, saúde; se falecidos – idade, ano e causa da morte
- gestação/complicações perinatais
- desenvolvimento inicial (demora para caminhar/falar)
- infância (em geral)
  - qualidade dos relacionamentos familiares
  - criação religiosa
  - valores subculturais /rituais
- residências
- escola: desempenho, motivação, nível educacional final
- amigos (p.ex., nenhum, alguns, muitos, grupo)
- relacionamentos íntimos (incluindo noivados/casamentos/divórcios)
- filhos: gênero, idade, qualidade dos relacionamentos, frequência do contato
- ocupações: tipo, duração máxima, mais recente, razões para término
- serviço militar: ramo, anos, exposição a combate, tipo de dispensa
- contatos forenses (p.ex., prisões, condenações, encarceramento, liberdade condicional, *sursis*)
- acontecimentos/traumas importantes (p.ex., agressão, *bullying*, abuso, piores/melhores memórias, influências)
- objetivos de vida no passado

Dados pessoais atuais

- interesses
- religião
- necessidades/desejos
- objetivos de vida atuais
- satisfação
- potencialidades
- fraquezas/vulnerabilidades
- estilo de interação social
- estressores
- agenda de atividades gerais

Postura para com tratamento

- objetivos para tratamento/lista de problemas
- motivação para mudar
- expectativas com relação à terapia
- visões/crenças sobre medicação
- crenças sobre doença mental

(*continua*)

Observações

aparência
estado de atenção
atividade psicomotora
afeto
atenção/interatividade/contato visual
fala
processos de pensamento
orientação
cognição geral /inteligência
insight
juízo

APÊNDICE D

Cognitive Assessment of Psychosis Inventory (CAPI)

<table>
<tr><td colspan="2">Id. cliente:</td><td colspan="2">Data:</td><td>Nº sessão:</td></tr>
<tr><td colspan="5">Diagnóstico:</td></tr>
<tr><td>Sintoma:</td><td colspan="2">☐ Alucinação</td><td>☐ Delírio</td><td>☐ Comportamento bizarro</td></tr>
<tr><td>Tipo:</td><td>☐ Auditiva
☐ Dentro da cabeça
☐ Fora da cabeça
☐ Conhecida
☐ Desconhecida
☐ Homem
☐ Mulher
☐ Benevolente
☐ Malévola</td><td>☐ Visual
☐ Tátil
☐ Olfativa
☐ Gustatória</td><td>☐ Paranoide
☐ Grandioso
☐ Somático
☐ Erotomaníaco
☐ Ciumento
☐ Religioso
☐ De culpa</td><td>Especifique:</td></tr>
<tr><td>Intensidade:</td><td colspan="2"></td><td></td><td></td></tr>
<tr><td>Frequência:</td><td colspan="2"></td><td></td><td></td></tr>
<tr><td colspan="5">Situação/acontecimento ativador:</td></tr>
<tr><td colspan="5">Crenças:</td></tr>
<tr><td colspan="5">Consequências emocionais e comportamentais: ☐ Ego-sintônicas ☐ egodistônicas</td></tr>
<tr><td colspan="5">Estratégias compensatórias:</td></tr>
<tr><td colspan="5">Insight:</td></tr>
<tr><td colspan="5">Antecedentes históricos:</td></tr>
<tr><td colspan="5">Crenças nucleares:</td></tr>
</table>

Este inventário é usado durante as sessões, para registrar a sequência de processos psicológicos envolvidos na ocorrência de um determinado sintoma psicótico. As informações obtidas facilitam o desenvolvimento da conceituação do caso. Dennis Given, PsyD, e Karen Shinkle, MSS, contribuíram para o desenvolvimento deste inventário.

APÊNDICE E

Tríades cognitivas para crenças delirantes

Tipo de delírio	Visão de si mesmo	Visão do outro (o mundo)	Visão do futuro
Paranoide	Vulnerável [importante] (inferior, defeituoso, socialmente indesejável)	Poderoso, ameaçador; as pessoas são nocivas, hostis e malévolas	Desesperança, incerteza
Ciumento	Sem valor, desinteressante	Não confiável, explorador; ações dos outros são intencionais	Desesperança
Controle	Fraco, impotente, desamparado	Poderoso, onipotente, onisciente	Em grande parte determinado pelos outros
Somático	Vulnerável a danos e doenças	Perigoso, ameaçador, infeccioso	Caracterizado por sofrimento
Culpa	Raiva contra si mesmo	Punitivo	Condenação
Grandioso	Especial, importante (inadequado)	Não suficientemente satisfatório; outro é inferior	Otimismo, esperança
Pensamento mágico	Capaz, possui poderes e capacidades (inadequada)	Outro vulnerável a poderes	Controlável, previsível
Referencial (forma positiva)	Importante (inadequada)	Outros são poderosos, inteligentes e "ligados"	Esperança

Para cada categoria de delírio, crenças nucleares hipotéticas são listadas em relação aos componentes da tríade cognitiva – o *self*, o outro (o mundo) e o futuro. [ ] = crenças nucleares intermediárias; ( ) = crenças nucleares subjacentes. Dennis Given, Psy D, contribuiu para este apêndice.

Apêndice F

Distorções cognitivas observadas em pacientes com psicose

Categoria	Distorção	Explicação	Exemplo
Categorização/ generalização	Pensamento dicotômico	Enxergar as coisas segundo duas categorias mutuamente excludentes, sem meio-termo.	"Não posso confiar em ninguém".
	Rotulação	Atribuir rótulos globais a si mesmo (ou outras pessoas) em vez de se referir a acontecimentos ou atos específicos.	"Sou defeituoso".
	Supergeneralização	Um acontecimento específico representa a vida em geral, em vez de ser apenas um entre muitos.	A pessoa acredita que, como havia alguém caminhando atrás dela na rua, estava sendo seguida.
Viés de seleção	Minimização/filtro mental	Tratar experiências positivas como insignificantes ou desimportantes.	Um indivíduo paranoide considerando a boa-vontade das pessoas como exceções raras.
	Desqualificar o positivo	Experiências positivas que se conflituam com as visões negativas da pessoa, não são levadas em conta.	Apesar de exames médicos mostrando o contrário, a pessoa acredita que tem vermes infestando seus órgãos.
	Afirmações de "obrigação"	Acreditar que um certo modo de sentir, pensar ou agir é a única maneira adequada.	"Minhas vozes dizem que eu devo deixar o hospital, então é o que vou fazer".
Atribuição de responsabilidade	Personalização/ Culpa	O indivíduo acreditar que ele (ou outra pessoa) é a causa de um determinado acontecimento, excluindo outros fatores. Pode-se referir a situações ou acontecimentos reais ou imaginários.	A pessoa acredita que as pessoas na rua sentem raiva dela por ser de uma religião cristã.

(continua)

Categoria	Distorção	Explicação	Exemplo
Inferência arbitrária	Tirar conclusões precipitadas	Chegar a conclusões incorretas sobre uma situação, com base em uma única ou poucas informações.	Um amigo age de maneira diferente, levando o indivíduo a pensar que é um impostor.
	Raciocínio emocional	Supor que o seu estado emocional é o reflexo da situação real.	Como sente que está sendo punido, o indivíduo acredita que isso deve ser verdade.
Suposições	Leitura mental	Supor que conhece os motivos para o comportamento dos outros.	"Uma pessoa que tosse está me enviando um sinal de que não gosta de mim".
	Ler a sorte (adivinhação)	Agir como se previsões para o futuro fossem verdades inevitáveis.	"Se eu não usar este capacete de papel-alumínio, as ondas de rádio destruirão meu cérebro".
	Catastrofização	Enxergar os acontecimentos negativos como catástrofes inevitáveis.	A pessoa acredita que um telefonema com número errado é alguém que planeja atacá-la.

Distorções cognitivas comuns em diversas condições emocionais são listadas com exemplos relacionados mais especificamente com sintomas psicóticos. Dennis Given, PsyD, contribuiu para este apêndice.

APÊNDICE G

Distorções cognitivas específicas da psicose

Categoria	Distorção	Explicação	Inferência arbitrária
Categorização/ Generalização	Magnificação do poder	Enxergar os outros como onipotentes ou oniscientes	"As pessoas podem ler a minha mente".
Viés de seleção	Erro de discriminação	Dificuldade para diferenciar aspectos semelhantes de uma situação ou acontecimento.	A pessoa tem dificuldade para reconhecer diferenças sutis em expressões faciais (p.ex., franzir as sobrancelhas sempre indica raiva, em vez de tristeza, decepção, frustração, etc.).
Suposição	Atribuição errônea/ pensamento mágico	Atribuir indevidamente uma relação causal a um estímulo real ou imaginário, na tentativa de explicar uma situação ou estado emocional. O pensamento tende a ser concreto, em vez de abstrato.	Como reação a uma sensação ou emoção desconhecida, a pessoa conclui que seu cérebro foi roubado.

Distorções cognitivas específicas dos sintomas psicóticos são listadas com exemplos. Dennis Given, PsyD, contribuiu para este apêndice.

APÊNDICE H

Thought Disorder Rating Scale (THORATS)

1. Frequência: o transtorno do pensamento formal está presente:
   0 Menos de uma vez por semana
   1 Uma vez por semana a menos de uma vez por dia
   2 Uma vez por dia a menos de uma vez por hora
   3 Uma vez por hora, mas não continuamente
   4 Continuamente ou quase continuamente

2. Duração: quando presente, dura:
   0 Nunca
   1 Alguns segundos a menos de um minuto
   2 Um minuto a menos de uma hora
   3 Uma a duas horas
   4 Mais de duas horas

3. Compreensibilidade: a fala é entendida:
   0 Sempre
   1 67-99% do tempo
   2 34-66% do tempo
   3 1-33% do tempo
   4 Nunca

4. Quantidade de perturbação: quando presente, o transtorno do pensamento é perturbador:
   0 Nunca
   1 1-33% do tempo
   2 34-66% do tempo
   3 67-99% do tempo
   4 Sempre

5. Intensidade da perturbação: essa perturbação é
   0 Nula
   1 Leve
   2 Moderada
   3 Acentuada
   4 Grave

6. Perturbação da vida: a perturbação devida ao transtorno do pensamento é:
   0 Nula
   1 Leve
   2 Moderada
   3 Acentuada
   4 Grave

Esse questionário não testado é sugerido para avaliar a gravidade do transtorno do pensamento formal. Pode ser usado para entrevistar pacientes, pais, profissionais que trabalham no caso, ou outras pessoas. O examinador pode decidir o período de tempo a ser avaliado (p.ex., na última semana, mês, três meses).

Referências

Abi-Dargham, A., Rodenhiser, J., Printz, D., Zea-Ponce, Y., Gil, R., Kegeles, L. S., et al. (2000). Increased baseline occupancy of D_2 receptors by dopamine in schizophrenia. *Proceedings of the National Academy of Sciences of the United States of America*, 97(14), 8104-8109.

Addington, J., Saeedi, H., & Addington, D. (2005). The course of cognitive functioning in first episode psychosis: Changes over time and impact on outcome. *Schizophrenia Research*, 78, 35-43.

Adler, L. E., Freedman, R., Ross, R. G., Olincy, A., & Waldo, M. C. (1999). Elementary phenotypes in the neurobiological and genetic study of schizophrenia. *Biological Psychiatry*, 46(1), 8-18.

Adler, L. E., Olincy, A., Waldo, M., Harris, J. G., Griffith, J., Stevens, K., et al. (1998). Schizophrenia, sensory gating, and nicotinic receptors. *Schizophrenia Bulletin*, 24(2), 189-202.

Akbarian, S., Bunney, W. E., Jr.; Potkin, S. G., Wigal, S. B., Hagman, J. O., Sandman, C. A., et al. (1993). Altered distribution of nicotinamide-adenine dinucleotide phosphate-diaphorase cells in frontal lobe of schizophrenics implies disturbances of cortical development. *Archives of General Psychiatry*, 50(3), 169-177.

Akbarian, S., Vinuela, A., Kim, J. J., Potkin, S. G., Bunney, W. E., Jr., & Jones, E. G. (1993). Distorted distribution of nicotinamide-adenine dinucleotide phosphate-diaphorase neurons in temporal lobe of schizophrenics implies anomalous cortical development. *Archives of General Psychiatry*, 50(3), 178-187.

Aleman, A. (2001). *Cognitive neuropsychiatry of hallucinations in schizophrenia: How the brain misleads itself*. Tekst: Proefschrift Universiteit Utrecht.

Aleman, A., Böcker, K., & de Haan, E. (2001). Hallucinatory predisposition and vividness of auditory imagery: Self-report and behavioral indices. *Perceptual and Motor Skills*, 93, 268-274.

Allen, H. A., Liddle, P. F., & Frith, C. D. (1993). Negative features, retrieval processes and verbal fluency in schizophrenia. *British Journal of Psychiatry*, 163, 769-775.

Allendoerfer, K. L., & Shatz, C. J. (1994). The subplate, a transient neocortical structure: Its role in the development of connections between thalamus and cortex. *Annual Review of Neuroscience*, 17, 185-218.

Alpert, M., Shaw, R. J., Pouget, E. R., & Lim, K. O. (2002). A comparison of clinical ratings with vocal acoustic measures of flat affect and alogia. *Journal of Psychiatry Research*, 36, 347-353.

American Psychiatric Association. (1980). *Diagnostic and statistical manual of mental disorders* (3rd ed.). Washington, DC: Author.

American Psychiatric Association. (2000). *Diagnostic and statistical manual of mental disorders* (4th ed., text rev.). Washington, DC: Author.

an der Heiden, W., & Häfner, H. (2000). The epidemiology of onset and course of schizophrenia. *European Archives of Psychiatry and Clinical Neuroscience*, 250, 292-303.

Anderson, S. A., Volk, D. W., & Lewis, D. A. (1996). Increased density of microtubule associated protein 2-immunoreactive neurons in the prefrontal white matter of schizophrenic subjects. *Schizophrenia Research*, 19(2-3), 111-119.

Andreasen, N. C. (1979). Thought, language, and communication disorders: I. Clinical assessment, definition of terms and evaluation of their reliability. *Archives of General Psychiatry*, 36(12), 1315-1321.

Andreasen, N. C. (1984a). *The broken brain: The biological revolution in psychiatry.* New York: Harper & Row.

Andreasen, N. C. (1984b). *The Scale for the Assessment of Negative Symptoms (SANS).* Iowa City: University of Iowa Department of Psychiatry.

Andreasen, N. (1984c). *The Scale for the Assessment of Positive Symptoms (SAPS).* Iowa City: University of Iowa Department of Psychiatry.

Andreasen, N. C. (1989). The Scale for the Assessment of Negative Symptoms (SANS): Conceptual and theoretical foundations. *British Journal of Psychiatry,* 155(Suppl. 7), 53-58.

Andreasen, N. C. (1990a). Methods of assessing positive and negative symptoms. In N. C. Andreasen (Ed.), *Schizophrenia: Positive and negative symptoms and syndromes* (Vol. 24, pp. 73-88). Basel, Switzerland: Karger.

Andreasen, N. C. (1990b). Positive and negative symptoms: Historical and conceptual aspects. In N. C. Andreasen (Ed.), *Schizophrenia: Positive and negative symptoms and syndromes* (Vol. 24, pp. 1-42). Basel, Switzerland: Karger.

Andreasen, N. C. (1999). A unitary model of schizophrenia: Bleuleris "fragmented phrene" as schizencephaly. *Archives of General Psychiatry,* 56(9), 781-787.

Andreasen, N. C., Arndt, S., Alliger, R., Miller, D., & Flaum, M. (1995). Symptoms of schizophrenia: Methods, meanings and mechanisms. *Archives of General Psychiatry*, 52(5), 341-351.

Andreasen, N. C., Carpenter, W. T., Kane, J. M., Lasser, R. A., Marder, S. R., & Weinberger, D. R. (2005). Remission in schizophrenia: Proposed criteria and rationale for consensus. *American Journal of Psychiatry,* 162, 441-449.

Andreasen, N. C., & Grove, W. M. (1986). Thought, language, and communication in schizophrenia: Diagnosis and prognosis. *Schizophrenia Bulletin,* 12(3), 348-359.

Andreasen, N. C., & Olsen, S. (1982). Negative versus positive schizophrenia: Definitions and validation. *Archives of General Psychiatry,* 39, 789-794.

Andreasen, N. C., Olsen, S. A., Dennert, J. W., & Smith, M. R. (1982). Ventricular enlargement in schizophrenia: Relationship to positive and negative symptoms. *American Journal of Psychiatry,* 139, 297-302.

Angrist, B. M., & Gershon, S. (1970). The phenomenology of experimentally induced amphetamine psychosis: Preliminary observations. *Biological Psychiatry,* 2, 95-107.

Arieti, S. (1974). *Interpretation of schizophrenia* (2nd ed.). New York: Basic Books.

Arndt, S., Andreasen, N. C., Flaum, M., Miller, D., & Nopoulos, P. (1995). A longitudinal study of symptom dimensions in schizophrenia: Prediction and patterns of change. *Archives of General Psychiatry,* 52(5), 352-360.

Arnold, S. E. (1999). Neurodevelopmental abnormalities in schizophrenia: Insights from neuropathology. *Developmental Psychopathology,* 11(3), 439-456.

Arnold, S. E., & Trojanowski, J. Q. (1996). Recent advances in defining the neuropathology of schizophrenia. *Acta Neuropathologica (Berlin),* 92(3), 217-231.

Arntz, A., Rauner, M., & van den Hour, M. (1995). "If I feel anxious there must be danger": Ex-consequentia reasoning in inferring danger in anxiety disorders. *Behavior Research and Therapy,* 33, 917-925.

Asberg, M., Montgomery, S. A., Perris, C., Schalling, D., & Sedvall, G. (1978). A comprehensive psychopathological rating scale. *Acta Psychiatrica Scandinavica,* 271(Suppl. 271), 5-27.

Badcock, J. C., Waters, F. A. V., & Maybery, M. (2007). On keeping (intrusive) thoughts to oneís self: Testing a cognitive model of auditory hallucinations. *Cognitive Neuropsychiatry,* 12(1), 78-89.

Badcock, J. C., Waters, F. A. V., Maybery, M. T., & Michie, P. T. (2005). Auditory hallucinations: Failure to inhibit irrelevant memories. *Cognitive Neuropsychiatry,* 10, 125-136.

Baddeley, A. D. (1986). *Working memory.* Oxford, UK: Oxford University Press.

Baddeley, A. D. (1990). *Human memory: Theory and practice.* Oxford, UK: Oxford University Press.

Baddeley, A. D. (1992). Working memory. *Science,* 255(5044), 556-559.

Baker, C., & Morrison, A. (1998). Metacognition, intrusive thoughts and auditory hallucinations. *Psychological Medicine,* 28, 1199-1208.

Barber, T. X., & Calverly, D. S. (1964). An experimental study of "hypnotic" (auditory and visual) hallucinations. *Journal of Abnormal and Social Psychology,* 63,13-20.

Barnes, T. R. E., & Liddle, P. F. (1990). Evidence for the validity of negative symptoms. In N. C. Andreasen (Ed.), *Schizophrenia: Positive and negative symptoms and syndromes* (Vol. 24, pp. 43-72). Basel, Switzerland: Karger.

Barrett, T. R. (1992). Verbal hallucinations in normals: I. People who hear "voices." *Applied Cognitive Psychology,* 6, 379-387.

Barrowclough, C., Tarrier, N., Humphreys, L., Ward, J., Gregg, L., & Andrews, B. (2003). Self-esteem in schizophrenia: Relationships between self-evaluation, family attitudes, and symptomatology. *Journal of Abnormal Psychology,* 112, 92-99.

Beck, A. T. (1952). Successful outpatient psychotherapy of a chronic schizophrenic with a delusion based on borrowed guilt. *Psychiatry,* 15, 305-312.

Beck, A. T. (1963). Thinking and depression: Idiosyncratic content and cognitive distortions. *Archives of General Psychiatry,* 9, 324-333.

Beck, A. T. (1967). *Depression: Clinical, experimental, and theoretical aspects.* New York: Harper & Row. Republished as: Beck, A. T. (1970). *Depression: Causes and treatment.* Philadelphia: University of Pennsylvania Press.

Beck, A. T. (1976). *Cognitive therapy and the emotional disorders.* New York: Meridian.

Beck, A. T. (1996). Beyond belief: A theory of modes, personality, and psychopathology. In P. Salkovskis (Ed.), *Frontiers of cognitive therapy* (pp. 1-25). New York: Guilford Press.

Beck, A. T., Baruch, E., Balter, J. M., Steer, R. A., & Warman, D. M. (2004). A new instrument for measuring insight: The Beck Cognitive Insight Scale. *Schizophrenia Research,* 68(2-3), 319-329.

Beck, A. T., Emery, G., & Greenberg, R. L. (1985). *Anxiety disorders and phobias: A cognitive perspective.* New York: Basic Books.

Beck, A. T., Freeman, A., Davis, D., & Associates. (2003). *Cognitive therapy of personality disorders* (2nd ed.). New York: Guilford.

Beck, A. T., & Nash, J. F. (2005, Setembro). *A conversation with Aaron Beck and John Nash.* Paper presented at the Arthur P. Noyes schizophrenia conference, Philadelphia.

Beck, A. T., & Rector, N. A. (2002). Delusions: A cognitive perspective. *Journal of Cognitive Psychotherapy,* 16, 455-468.

Beck, A. T., & Rector, N. A. (2003). A cognitive model of hallucinations. *Cognitive Therapy and Research,* 27, 19-52.

Beck, A. T., & Rector, N. A. (2005). Cognitive approaches to schizophrenia: Theory and therapy. *Annual Review of Clinical Psychology,* 1, 577-606.

Beck, A. T., Rush, A. J., Shaw, B. F., & Emery, G. (1979). *Cognitive therapy of depression.* New York: Guilford Press.

Beck, A. T., & Steer, R. A. (1993). *Manual for the Beck Anxiety Inventory.* San Antonio, TX: Psychological Corporation.

Beck, A. T., Steer, R. A., & Brown, G. K. (1996). *Manual for Beck Depression Inventory-II.* San Antonio, TX: Psychological Corporation.

Beck, A. T., Ward, C. H., Mendleson, M., Mock, J., & Erbaugh, J. (1961). An inventory for measuring depression. *Archives of General Psychiatry,* 4, 561-571.

Beck, A. T., & Warman, D. M. (2004). Cognitive insight: Theory and assessment. In X. F. Amador & A. S. David (Eds.), *Insight and psychosis: Awareness of illness in schizophrenia and related disorders* (2nd ed., pp. 79-87). Oxford, UK: Oxford University Press.

Beck, J. S. (1995). *Cognitive therapy: Basics and beyond.* New York: Guilford Press.

Beckmann, H., & Lauer, M. (1997). The human striatum in schizophrenia: II. Increased number of striatal neurons in schizophrenics. *Psychiatry Research,* 68(2-3), 99-109.

Beck-Sander, A., Birchwood, M., & Chadwick, P. (1997). Acting on command hallucinations: A cognitive approach. *British Journal of Clinical Psychology,* 36, 139-148.

Behrendt, R. (1998). Underconstrained perception: A theoretical approach to the nature and function of verbal hallucinations. *Comprehensive Psychiatry,* 39, 236-248.

Belger, A., & Dichter, G. (2005). Structural and functional neuroanatomy. In J. A. Lieberman, T. S. Stroup, & D. O. Perkins (Eds.), *Textbook of schizophrenia* (pp. 167-185). Washington, DC: American Psychiatric Association.

Benes, F. M., Kwok, E. W., Vincent, S. L., & Todtenkopf, M. S. (1998). A reduction of nonpyramidal cells in sector CA2 of schizophrenics and manic depressives. *Biological Psychiatry*, 44(2), 88-97.

Benjamin, L. S. (1989). Is chronicity a function of the relationship between the person and the auditory hallucination? *Schizophrenia Bulletin*, 15, 291-310.

Bentall, R. P. (1990). The illusion of reality: A review and integration of psychological research on hallucinations. *Psychological Bulletin*, 107, 82-95.

Bentall, R. P. (2004). *Madness explained: Psychosis and human nature*. London: Penguin Books.

Bentall, R. P., Baker, G., & Havers, S. (1991). Reality monitoring and psychotic hallucinations. *British Journal of Clinical Psychology*, 30, 213-222.

Bentall, R. P. & Kaney, S. (1989). Content specific information processing and persecutory delusions: An investigation using the emotional Stroop test. *British Journal of Medical Psychology*, 62, 355-364.

Bentall, R. P., Kaney, S., & Bowen-Jones, K. (1995). Persecutory delusions and recall of threat-related, depression-related, and neutral words. *Cognitive Therapy and Research*, 19, 445-457.

Bentall, R. P., Kaney, S., & Dewey, M. E. (1991). Paranoia and social responding: An attribution theory analysis. *British Journal of Clinical Psychology*, 30, 13-23.

Bentall, R. P., Rowse, G., Kinderman, P., Blackwood, N., Howard, R., Moore, R., et al. (2008). Paranoid delusions in schizophrenia spectrum disorders and depression: The transdiagnostic role of expectations of negative events and negative self-esteem. *Journal of Nervous and Mental Disease*, 196, 375-383.

Bentall, R. P., Rowse, G., Shryane, N., Kinderman, P., Howard, R., Blackwood, N., et al. (2009). The cognitive and affective structure of paranoid delusions: A transdiagnostic investigation of patients with schizophrenia spectrum disorders and depression. *Archives of General Psychiatry*, 66(3), 236-247.

Bentall, R. P., & Slade, P. (1985). Reality testing and auditory hallucinations: A signal detection analysis. *British Journal of Clinical Psychology*, 24, 159-169.

Berenbaum, H., & Oltmanns, T. F. (1992). Emotional experience and expression in schizophrenia and depression. *Journal of Abnormal Psychology*, 101, 37-44.

Berman, I., Viegner, B., Merson, A., Allan, E., Pappas, D., & Green, A. I. (1997). Differential relationships between positive and negative symptoms and neuropsychological deficits in schizophrenia. *Schizophrenia Research*, 25, 1-10.

Berrios, G. E. (1985). Positive and negative symptoms and Jackson: A conceptual history. *Archives of General Psychiatry*, 42(1), 95-97.

Bilder, R. M., Mukherjee, S., Rieder, R. O., & Pandurangi, A. K. (1985). Symptomatic and neuropsychological components of defect states. *Schizophrenia Bulletin*, 11(3), 409-419.

Birchwood, M., Mason, R., MacMillan, F., & Healy, J. (1993). Depression, demoralization and control over psychotic illness: A comparison of depressed and non-depressed patients with a chronic psychosis. *Psychological Medicine*, 23(2), 387-395.

Birchwood, M. J., & Chadwick, P. (1997). The omnipotence of voices: Testing the validity of a cognitive model. *Psychological Medicine*, 27, 1345-1353.

Birchwood, M. J., Macmillan, F., & Smith, J. (1992). Early intervention. In M. J. Birchwood & N. Tarrier (Eds.), *Innovations in the psychological management of schizophrenia: Assessment, treatment and services* (pp. 115-145). Oxford, UK: Wiley.

Blakemore, S., Wolpert, D., & Frith, C. (2000). Why canít you tickle yourself? *Neuroreport: For Rapid Communication of Neuroscience Research*, 11, R11-R16.

Blanchard, J. J., Horan, W. P., & Brown, S. A. (2001). Diagnostic differences in social anhedonia: A longitudinal study of schizophrenia and major depressive disorder. *Journal of Abnormal Psychology*, 110, 363-371.

Blanchard, J. J., Mueser, K. T., & Bellack, A. S. (1998). Anhedonia, positive and negative affect, and social functioning in schizophrenia. *Schizophrenia Bulletin*, 24, 413-424.

Bleuler, E. (1950). *Dementia praecox or the group of schizophrenias* (J. Kinkin, Trans.). New York: International Universities Press. (Trabalho original publicado em 1911.)

Blood, I. M., Wertz, H., Blood, G. W., Bennett, S., & Simpson, K. C. (1997). The effects of life stressors and daily stressors on stuttering. *Journal of Speech, Language, and Hearing Research*, 40(1), 134-143.

Böcker, K., Hijman, R., Kahn, R., & de Haan, E. (2000). Perception, mental imagery and reality discrimination in hallucinating and non-hallucinating schizophrenic patients. *British Journal of Clinical Psychology*, 39, 397-406.

Boos, H. B. M., Aleman, A., Cahn, W., Hulshoff Pol, H., & Kahn, R. S. (2007). Brain volumes in relatives of patients with schizophrenia: A meta-analysis. *Archives of General Psychiatry*, 64, 297-304.

Bouricius, J. K. (1989). Negative symptoms and emotions in schizophrenia. *Schizophrenia Bulletin*, 15(2), 201-208.

Braff, D. L. (1993). Information processing and attention dysfunctions in schizophrenia. *Schizophrenia Bulletin*, 19, 233-259.

Boydell, J., & Murray, R. M. (2003). Urbanization, migration, and risk of schizophrenia. In R. M. Murray, P. Jones, E. Susser, J. van Os, & M. Cannon (Eds.), *The epidemiology of schizophrenia* (pp. 49-67). Cambridge, UK: Cambridge University Press.

Braff, D. L., Saccuzzo, D. P., & Geyer, M. A. (1991). Information processing dysfunctions in schizophrenia: Studies of visual backward masking, sensorimotor gating, and habituation. In S. R. Steinhauer, J. H. Gruzelier, & J. Zubin (Eds.), *Handbook of schizophrenia* (Vol. 5, pp. 303-334). Amsterdam: Elsevier.

Braver, T. S., Barch, D. M., & Cohen, J. D. (1999). Cognition and control in schizophrenia: A computational model of dopamine and prefrontal function. *Biological Psychiatry*, 46(3), 312-328.

Braver, T. S., & Cohen, J. D. (1999). Dopamine, cognitive control, and schizophrenia: The gating model. *Progress in Brain Research*, 121, 327-349.

Brébion, G., Smith, M. J., & Gorman, J. M. (1996). Reality monitoring failure in schizophrenia: The role of selective attention. *Schizophrenia Research*, 22, 173-180.

Brehm, J. W. (1962). A dissonance analysis of attitude-discrepant behavior. In M. J. Rosenberg, *Attitude organization and change* (pp. 164-197). New York: Gaines Dog Research Center.

Breier, A., Schreiber, J. L., Dyer, J., & Pickar, D. (1991). National Institute of Mental Health longitudinal study of chronic schizophrenia. *Archives of General Psychiatry*, 48, 239-246.

Bremner, J. D. (2005). *Brain imaging handbook*. New York: Norton.

Bresnahan, M., Begg, M. D., Brown, A., Schaefer, C., Sohler, N., Insel, B., et al. (2007). Race and risk of schizophrenia in a U.S. birth cohort: Another example of health disparity? *International Journal of Epidemiology*, 36, 751-758.

Brett, C. M. C., Peters, E. R., Johns, L. C., Tabraham, P., Valmaggia, L., & McGuire, P. (2007). The Appraisals of Anomalous Experiences interview (AANEX): A multi-dimensional measure of psychological responses to anomalies associated with psychosis. *British Journal of Psychiatry*, 191, 523-530.

Brett, E. A., & Starker, S. (1977). Auditory imagery and hallucinations. *Journal of Nervous and Mental Disease*, 164, 394-400.

Brett-Jones, J., Garety, P. A., & Hemsley, D. R. (1987). Measuring delusional experiences: A method and application. *British Journal* of *Clinical Psychology*, 26, 257-265.

Bromet, E. J., Naz, B., Fochtmann, L. J., Carlson, G. A., & Tanenberg-Karant, M. (2005). Long-term diagnostic stability and outcome in recent first-episode cohort studies of schizophrenia. *Schizophrenia Bulletin*, 31(3), 639-649.

Broome, M. R., Johns, L. C., Valli, I., Woolley, J. B., Tabraham, P., Brett, C., et al. (2007a). Delusion formation and reasoning biases in those at clinical high risk for psychosis. *British Journal of Psychiatry*, 191, s38-s42.

Broome, M. R., Matthiasson, P., Fusar-Poli, P., Woolley, J. B., Johns, L. C., Tabraham, P., et al. (2009). *Neural correlates of executive function and working memory in the "at-risk mental state."* The British Journal of Psychiatry; 194 (1), 25-33.

Broome, M. R., Woolley, J. B., Tabraham, P., Johns, L. C., Bramon, E., Murray, G. K., et al. (2005). What causes the onset of psychosis? *Schizophrenia Research*, 79, 23-34.

Brown, R. G., & Pluck, G. (2000). Negative symptoms: The "pathology" of motivation and goal-directed behavior. *Trends in Neuroscience*, 23, 412-417.

Brown, S. (1997). Excess mortality of schizophrenia: A meta-analysis. *British Journal of Psychiatry*, 171, 502-508.

Brugger, P. (2001). From haunted brain to haunted science: A cognitive neuroscience view of paranormal and pseudoscientific thought. In J. Houran & R. Lange (Eds.), *Hauntings and poltergeists: Multidisciplinary perspectives* (pp. 195-213). Jefferson, NC: McFarland.

Buchanan, R. W., & Carpenter, W. T., Jr. (2005). Concept of schizophrenia. In B. J. Sadock & V. A. Sadock (Eds.), *Kaplan and Sadockis comprehensive textbook of psychiatry* (8th ed., pp. 1329-1345). Philadelphia: Lippincott, Williams & Wilkins.

Bunney, B. G., Potkin, S. G., & Bunney, W. E., Jr. (1995). New morphological and neuropathological findings in schizophrenia: A neurodevelopmental perspective. *Clinical Neuroscience,* 3(2), 81-88.

Bunney, W. E., Jr. (1978). Drug therapy and psychobiological research advances in the psychoses in the past decade. *American Journal of Psychiatry,* 135(Suppl.), 8-13.

Bunney, W. E., Jr., & Bunney, B. G. (1999). Neurodevelopmental hypothesis of schizophrenia. In D. S. Charney, E. J. Nestler, & B. S. Bunney (Eds.), *Neurobiology of mental illness* (pp. 225-235). Oxford, UK: Oxford University Press.

Burbridge, J. A., & Barch, D. M. (2007). Anhedonia and the experience of emotion in individuals with schizophrenia. *Journal of Abnormal Psychology,* 116, 30-42.

Burman, B., Medrick, S. A., Machon, R. A., Parnas, J., & Schulsinger, F. (1987). Children at high risk for schizophrenia: Parent and offspring perceptions of family relationships. *Journal of Abnormal Psychology,* 96, 364-366.

Calabrese, J. D., & Corrigan, P. W. (2005). Beyond dementia praecox: Findings from long-term follow-up studies of schizophrenia. In R. O. Ralph & P. W. Corrigan (Eds.), *Recovery in mental illness: Broadening our understanding of wellness* (pp. 63-84). Washington, DC: American Psychological Association.

Cannon, M., Caspi, A., Moffitt, T. E., Harrington, H., Taylor, A., Murray, R. M., et al. (2002). Evidence for early-childhood pan-developmental impairment specific to schizophreniform disorder: Results from a longitudinal birth cohort. *Archives of General Psychiatry,* 59, 449-457.

Cannon, M., Cotter, D., Coffey, V. P., Sham, P. C., Takei, N., Larkin, C., et al. (1996). Prenatal exposure to the 1957 influenza epidemic and adult schizophrenia: A follow-up study. *British Journal of Psychiatry,* 168(3), 368-371.

Cannon, M., Jones, P. B., & Murray, R. M. (2002). Obstetric complications and schizophrenia: Historical and meta-analytic review. *American Journal of Psychiatry,* 159, 1080-1092.

Cannon, M., Kendell, R., Susser, E., & Jones, P. (2003). Prenatal and perinatal risk factors for schizophrenia. In R. M. Murray, P. B. Jones, E. Susser, J. van Os, & M. Cannon (Eds.), *The epidemiology of schizophrenia* (pp. 74-99). Cambridge, UK: Cambridge University Press.

Cannon, M., Tarrant, C. J., Huttunen, M. O., & Jones, P. B. (2003). Childhood development and later schizophrenia: Evidence from genetic high-risk and birth cohort studies. In R. M. Murray, P. B. Jones, E. Susser, J. van Os, & M. Cannon (Eds.), *The epidemiology of schizophrenia* (pp. 100-123). Cambridge, UK: Cambridge University Press.

Cannon, T. D., Kaprio, J., Lonnqvist, J., Huttunen, M., & Koskenvuo, M. (1998). The genetic epidemiology of schizophrenia in a Finnish twin cohort: A population-based modeling study. *Archives of General Psychiatry,* 55(1), 67-74.

Cannon, T. D., Mednick, S. A., & Parnas, J. (1990). Antecedents of predominantly negative and predominantly positive symptom schizophrenia in a high-risk population. *Archives of General Psychiatry,* 47, 622-632.

Cannon, T. D., van Erp, T. G., Rosso, I. M., Huttunen, M., Lonnqvist, J., Pirkola, T., et al. (2002). Fetal hypoxia and structural brain abnormalities in schizophrenic patients, their siblings, and controls. *Archives of General Psychiatry,* 59(1), 35-41.

Cardno, A. G., & Gottesman, I.I. (2000). Twin studies of schizophrenia: From bow-and-arrow concordances to *Star Wars* Mx and functional genomics. *American Journal of Medical Genetics,* 97, 12-17.

Carlsson, A., & Lindqvist, M. (1963). Effect of chlorpromazine or haloperidol on formation of 3-methoxytyramine and normetanephrine in mouse brain. *Acta Pharmacologica et Toxicologica (Copenhagen),* 20, 140-144.

Carpenter, W. T., Jr. (2006). The schizophrenia paradigm: A hundred-year challenge. *Journal of Nervous and Mental Disease,* 194(9), 639-643.

Carpenter, W. T., Jr., Buchanan, R. W., Kirkpatrick, B., Tamminga, C., & Wood, F. (1993). Strong inference, theory testing, and the neuroanatomy of schizophrenia. *Archives of General Psychiatry,* 50(10), 825-831.

Carpenter, W. T., Jr., Heinrichs, D. W., & Wagman, A. M. I. (1988). Deficit and nondeficit forms of schizophrenia: The concept. *American Journal of Psychiatry,* 148(5), 578-583.

Carter, D. M., Mackinnon, A., & Copolov, D. L. (1996). Patients' strategies for coping with auditory hallucinations. *Journal of Nervous and Mental Disease,* 184, 159-164.

Cartwright-Hatton, S., & Wells, A. (1997). Beliefs about worry and intrusions: The meta-cognitions questionnaire and its correlates. *Journal of Anxiety Disorders,* 11(3), 279-296.

Caspi, A., Moffitt, T. E., Cannon, M., McClay, J., Murray, R., Harrington, H., et al. (2005). Moderation of the effect of adolescent-onset cannabis use on adult psychosis by a functional polymorphism in the catechol-O-methyltransferase gene: Longitudinal evidence of a gene X environment interaction. *Biological Psychiatry,* 57(10), 1117-1127.

Caspi, A., Reichenberg, A., Weiser, M., Rabinowitz, J., Kaplan, Z., Knobler, H., et al. (2003). Cognitive performance in schizophrenia patients assessed before and following the first psychotic episode. *Schizophrenia Research,* 65, 87-94.

Cather, C., Penn, D., Otto, M., & Goff, D. C. (1994). Cognitive therapy for delusions in schizophrenia: Models, benefits, and new approaches. *Journal of Cognitive Psychotherapy,* 18, 207-221.

Cather, C., Penn, D., Otto, M. W., Yovel, I., Mueser, K. T., & Goff, D. C. (2005). A pilot study of functional cognitive behavioral therapy (FCBT) for schizophrenia. *Schizophrenia Research,* 74, 201-209.

Chadwick, P., & Birchwood, M. J. (1994). The omnipotence of voices: I. A cognitive approach to auditory hallucinations. *British Journal of Psychiatry,* 164, 190-201.

Chadwick, P., & Birchwood, M. J. (1995). The omnipotence of voices: II. The belief about voices questionnaire (BAVQ). *British Journal of Psychiatry,* 166(6), 773-776.

Chadwick, P., Birchwood, M. J., & Trower, P. (1996). *Cognitive therapy for delusions, voices, and paranoia.* New York: Wiley.

Chakos, M. H., Lieberman, J. A., Bilder, R. M., Borenstein, M., Lerner, G., Bogerts, B., et al. (1994). Increase in caudate nuclei volumes of first-episode schizophrenic patients taking antipsychotic drugs. *American Journal of Psychiatry,* 151(10), 1430-1436.

Chapman, J. (1966). The early symptoms of schizophrenia. *British Journal of Psychiatry,* 112(484), 225-251.

Chapman, L. J. (1958). Intrusion of associative responses into schizophrenic conceptual performance. *Journal of Abnormal and Social Psychology,* 56(3), 374-379.

Chapman, L. J., & Chapman, J. P. (1965). The interpretation of words in schizophrenia. *Journal of Personality and Social Psychology,* 95, 135-146.

Chapman, L. J., & Chapman, J. P. (1973a). *Disorder thought in schizophrenia.* Englewood Cliffs, NJ: Prentice-Hall.

Chapman, L. J., & Chapman, J. P. (1973b). Problems in the measurement of cognitive deficit. *Psychology Bulletin,* 79(6), 380-385.

Chapman, L. J., Chapman, J. P., Kwapil, T. R., Eckbald, M., & Zinser, M. C. (1994). Putatively psychosis-prone subjects 10 years later. *Journal of Abnormal Psychology,* 103, 171-183.

Chapman, L. J., Chapman, J. P., & Miller, E. N. (1982). Reliabilities and intercorrelations of eight measure of proneness to psychosis. *Journal of Consulting and Clinical Psychology,* 80, 187-195.

Chapman, L. J., Chapman, J. P., & Miller, G. A (1964). A theory of verbal behaviour in schizophrenia. *Progress in Experimental Personality Research,* 72, 49-77.

Chapman, L. J., Chapman, J. P., & Raulin, M. L. (1976). Scales for physical and social anhedonia. *Journal of Abnormal Psychology,* 85, 374-382.

Chapman, L. J., & Taylor, J. A. (1957). Breadth of deviate concepts used by schizophrenics. *Journal of Abnormal and Social Psychology,* 54(1), 118-123.

Clark, D. A., Beck, A. T., & Alford, B. A. (1999). *Scientific foundations of cognitive theory and therapy of depression.* New York: Wiley.

Clark, D. M. (1986). A cognitive approach to panic. *Behaviour Research and Therapy,* 24, 461-470.

Clark, D. M., & Wells, A. (1995). A cognitive model of social phobia. In R. G. Heimberg, M. R. Liebowitz, D. A. Hope, & F. R. Schneier (Eds.), *Social phobia: Diagnosis, assessment, and treatment* (pp. 69-93). New York: Guilford Press.

Clark, H. H. (1996). *Using language.* New York: Cambridge University Press.

Close, H., & Garety, P. (1998). Cognitive assessment of voices: Further developments in understanding the emotional impact of voices. *British Journal of Clinical Psychology,* 37, 173-188.

Cohen, J. D., Barch, D. M., Carter, C., & Servan-Schreiber, D. (1999). Context processing deficits in schizophrenia: Converging evidence from three theoretically motivated cognitive tasks. *Journal of Abnormal Psychology,* 108(1), 120-33.

Cohen, J. D., & Servan-Schreiber, D. (1992). Context, cortex, and dopamine: A connectionist approach to behavior and biology in schizophrenia. *Psychological Review,* 99(1), 45-77.

Collins, A. M., & Loftus, E. F. (1975). A spreading-activation theory of semantic processing. *Psychological Review,* 82, 407-428.

Collins, A. M., & Quillian, M. R. (1969). Retrieval time from semantic memory. *Journal of Verbal Learning and Verbal Memory,* 8, 240-247.

Connell, P. (1958). *Amphetamine psychosis.* London: Chapman & Hall.

Coppens, H. J., Sloof, C. J., Paans, M. J., Wiegman, T., Vaalburg, W., & Korf, J. (1991). High central D_2 -dopamine receptor occupancy as assessed with positron emission tomography in medicated but therapy-resistant patients. *Biological Psychiatry,* 29, 629-634.

Corcoran, C., Walker, E., Huot, R., Mittal, V., Tessner, K., Kestler, L., et al. (2003). The stress cascade and schizophrenia: Etiology and onset. *Schizophrenia Bulletin,* 29, 671-692.

Cornblatt, B. A., & Keilp, J. G. (1994). Impaired attention, genetics, and the pathophysiology of schizophrenia. *Schizophrenia Bulletin,* 20(1), 31-46.

Cornblatt, B. A., Lencz, T., & Kane, J. M. (2001). Treatment of the schizophrenia prodome: It is presently ethical? [Special Issue: Ethics of early treatment intervention in schizophrenia]. *Schizophrenia Research,* 51(1), 31-38.

Cornblatt, B. A., Lenzenweger, M. F., Dworkin, R. H., & Erlenmeyer-Kimling, L. (1992). Childhood attentional dysfunctions predict social deficits in unaffected adults at risk for schizophrenia. *British Journal of Psychiatry,* 161, 59-64.

Cotter, D., Kerwin, R., Doshi, B., Martin, C. S., & Everall, I. P. (1997). Alterations in hippocampal non-phosphorylated MAP2 protein expression in schizophrenia. *Brain Research,* 765(2), 238-246.

Cougnard, A., Marcelis, M., Myin-Germeys, I., de Graaf, R., Vollebergh, W., Krabbendam, L., et al. (2007). Does normal developmental expression of psychosis combine with environmental risk to cause persistence of psychosis? A psychosis proneness-persistence model. *Psychological Medicine,* 37, 513-527.

Cowan, N. (1988). Evolving conceptions of memory storage, selective attention, and their mutual constraints within the human information-processing system. *Psychological Bulletin,* 104(2), 163-191.

Cox, D., & Cowling, P. (1989). *Are you normal?* London: Tower Press.

Cozolino, L. (2002). *The neuroscience of psychotherapy: Building and rebuilding the human brain.* New York: Norton.

Creese, I., Burt, D. R., & Snyder, S. H. (1976). Dopamine receptor binding predicts clinical and pharmacological potencies of antischizophrenic drugs. *Science,* 192(4238), 481-483.

Crow, T. J. (1980). Molecular pathology of schizophrenia: More than one disease process. *British Medical Journal,* 280, 66-68.

Crow, T. J. (2007). How and why genetic linkage has not solved the problem of psychosis: Review and hypothesis. *American Journal of Psychiatry,* 164, 13-21.

Csernansky, J. G., Joshi, S., Wang, L., Haller, J. W., Gado, M., Miller, J. P., et al. (1998). Hippocampal morphometry in schizophrenia by high dimensional brain mapping. *Proceedings of the National Academy of Sciences,* 95(19), 11406-11411.

Csipke, E., & Kinderman, P. (2002). *Self-talk and auditory hallucinations.* Manuscript in preparation.

Curtis, C. E., Calkins, M. E., Grove, W. M., Feil, K. J., & Iacono, W. G. (2001). Saccadic disinhibition in patients with acute and remitted schizophrenia and their first-degree biological relatives. *American Journal of Psychiatry,* 158, 100-106.

Cutting, J. (2003). Descriptive psychopathology. In S. R. Hirsch & D. L. Weinberger (Eds.), *Schizophrenia* (2nd ed., pp. 15-24). Malden, MA: Blackwell.

Daniel, D. G., Copeland, L. F., & Tamminga, C. (2004). Ziprasidone. In A. F. Schatzberg & C. B. Nemeroff (Eds.), *The American Psychiatric Publishing textbook of psychopharmacology* (3rd ed., pp. 507-518). Washington, DC: American Psychiatric Publishing.

Danos, P., Baumann, B., Bernstein, H. G., Franz, M., Stauch, R., Northoff, G., et al. (1998).

Schizophrenia and anteroventral thalamic nucleus: Selective decrease of parvalbumin-immunoreactive thalamocortical projection neurons. *Psychiatry Research*, 82(1), 1-10.

Davatzikos, C., Shen, D., Gur, R. C., Wu, X., Liu, D., Fan, Y., et al. (2005). Wholebrain morphometric study of schizophrenia revealing a spatially complex set of focal abnormalities. *Archives of General Psychiatry*, 62, 1218-1227.

David, A. S. (1990). Insight and psychosis. *British Journal of Psychiatry*, 156, 798-808.

David, A. S., Buchanan, A., Reed, A., & Almeida, O. (1992). The assessment of insight in psychosis. *British Journal of Psychiatry*, 161, 599-602.

David, A. S., Malmberg; A., Brandt, L., Allebeck, P., & Lewis, G. (1997). IQ and risk for schizophrenia: A population-based cohort study. *Psychological Medicine*, 27, 1311-1323.

Davidson, L., & Stayner, D. (1997). Loss, loneliness, and the desire for love: Perspectives on the social lives of people with schizophrenia. *Psychiatric Rehabilitation Journal*, 20(3), 3-12.

Davidson, L. L., & Heinrichs, R. W. (2003). Quantification of frontal and temporal lobe brain-imaging findings in schizophrenia: A meta-analysis. *Psychiatry Research: Neuroimaging*, 122, 69-87.

Davidson, M., Reichenberg, A., Rabinowitz, J., Weiser, M., Kaplan, Z., & Mark, M. (1999). Behavioral and intellectual markers for schizophrenia in apparently healthy male adolescents. *American Journal of Psychiatry*, 156(9), 1328-1335.

Deane, F. P., Glaser, N. M., Oades, L. G., & Kazantzis, N. (2005). Psychologists' use of homework assignments with clients who have schizophrenia. *Clinical Psychologist*, 9, 24-30.

Delespaul, P., deVries, M., & van Os, J. (2002). Determinants of occurrence and recovery from hallucinations in daily life. *Social Psychiatry and Psychiatric Epidemiology*, 37, 97-104.

Dell, G. S. (1986). A spreading activation theory of retrieval in sentence production. *Psychological Review*, 93(3), 283-321.

DeVries, M. W, & Delespaul, P. A. (1989). Time, context, and subjective experiences in schizophrenia. *Schizophrenia Bulletin*, 15(2), 233-244.

Diamond, M., Rosenzweig, M., Bennett, E., Lindner, B., & Lyon, L. (1972). Effects of environmental enrichment and impoverishment on rat cerebral cortex. *Journal of Neurobiology*, 3(1), 47-64.

Dickerson, S. S., & Kemeny, M. E. (2004). Acute stressors and cortisol responses: A theoretical integration and synthesis of laboratory research. *Psychological Bulletin*, 130, 355-391.

Docherty, N. M., Cohen, A. S., Nienow, T. M., Dinzeo, T. J., & Dangelmaier, R. E. (2003). Stability of formal thought disorder and referential communication disturbances in schizophrenia. *Journal of Abnormal Psychology*, 112(3), 469-475.

Docherty N. M., Evans, I. M., Sledge, W H., Seibyl, J. P., & Krystal, J. H. (1994). Affective reactivity of language in schizophrenia. *Journal of Nervous and Mental Disease*, 182(2), 98-102.

Docherty, N. M., Hall, M. J., & Gordinier, S. W. (1998). Affective reactivity of speech in schizophrenia patients and their nonschizophrenic relatives. *Journal of Abnormal Psychology*, 107(3), 461-467.

Dudley, R. E. J., & Over, D. E. (2003). People with delusions jump to conclusions: A theoretical account of research findings on the reasoning of people with delusions. *Clinical Psychology and Psychotherapy*, 10, 263-274.

Dunn, H., Morrison, A. P., & Bentall, R. P. (2002). Patients' experiences of homework tasks in cognitive behavioural therapy for psychosis: A qualitative analysis. *Clinical Psychology and Psychotherapy*, 9, 361-369.

Earnst, K. S., & Kring, A. M. (1997). Construct validity of negative symptoms: An empirical and conceptual review. *Clinical Psychology Review*, 17, 167-190.

Earnst, K. S., & Kring, A. M. (1999). Emotional responding in deficit and nondeficit schizophrenia. *Psychiatry Research*, 88, 191-207.

Eastwood, S. L., Burnet, P. W., & Harrison, P. J. (1995). Altered synaptophysin expression as a marker of synaptic pathology in schizophrenia. *Neuroscience*, 66(2), 309-319.

Eccles, J. S., & Wigfield, A. (2002). Motivational beliefs, values and goals. *Annual Review of Psychology*, 53, 109-132.

Eckblad, M., & Chapman, L. J. (1983). Magical ideation as an indicator of schizotypy. *Journal of Consulting and Clinical Psychology*, 51, 215-225.

Eckbald, M., Chapman, L. J., Chapman, J. P., & Mishlove, M. (1982). *Revised Social Anhedonia Scale*. Madison: University of Wisconsin.

Ellis, A. (1962). *Reason and emotion in psychotherapy*. Oxford, UK: Stuart. Endicott, J., & Spitzer, R. L. (1978). A diagnostic interview: The Schedule for Affective Disorders and Schizophrenia. *Archives of General Psychiatry*, 35(7), 837-844.

Ensink, B. J. (1992). *Confusing realities: A study on child sexual abuse and psychiatric symptoms*. Amsterdam: VU University Press.

Epstein, S. (1953). Overinclusive thinking in a schizophrenic and a control group. *Journal of Consulting Psychology*, 17(5), 384-388.

Erlenmeyer-Kimling, L., Roberts, S. A., Rock, D., Adamo, U. H., Shapiro, B. M., & Pape, S. (1998). Predictions from longitudinal assessments of high-risk children. In M. F. Lenzenweger & R. H. Dworkin (Eds.), *Origins and development of schizophrenia: Advances in experimental psychopathology* (pp. 427-445). Washington, DC: American Psychiatric Association.

Escher, S., Romme, M., Buiks, A., Delespaul, P., & van Os, J. (2002a). Formation of delusional ideation in adolescents hearing voices: A prospective study. *American Journal of Medical Genetics (Neuropsychiatric Genetics)*, 114, 913-920.

Escher S., Romme, M., Buiks, A., Delespaul, P., & van Os, J. (2002b). Independent course of childhood auditory hallucinations: A sequential 3-year follow-up study. *British Journal of Psychiatry*, 181, 10-18.

Fadre, L., Wiesel, F. A., Hall, H., Halldin, C., Stone-Elander, S., & Sedvall, G. (1987). No D_2 receptor increase in PET study of schizophrenia. *Archives of General Psychiatry*, 44, 671-672.

Feelgood, S., & Rantzen, R. (1994). Auditory and visual hallucinations in university students. *Personality and Individual Differences*, 17, 293-296.

Feinberg, I. (1982/1983). Schizophrenia: Caused by a fault in programmed synaptic elimination during adolescence? *Journal of Psychiatric Research*, 17, 319-334.

Feinberg, I. (1990). Cortical pruning and the development of schizophrenia. *Schizophrenia Bulletin*, 16(4), 567-570.

Fibiger, H. C., & Phillips, A. G. (1974). Role of dopamine and norepinephrine in the chemistry of reward. *Journal of Psychiatric Research*, 11, 135-143.

First, M. B., Spitzer, R. L., Gibbon, M., & Williams, J. (1995). *Structured Clinical Interview for DSM-IV axis I disorders*. New York: State Psychiatric Institute, Biometrics Research.

Foerster, A., Lewis, S. W., & Murray, R. M. (1991). Genetic and environmental correlates of the positive and negative syndromes. In J. F. Greden & T. R. (Eds.), *Negative schizophrenic symptoms: Pathophysiology and clinical implications* (pp. 187-202). Washington, DC: American Psychiatric Association.

Foucher, J. R., Vidailhet, P., Chanraud, S., Gounot, D., Grucker, D., Pins, D., et al. (2005). Functional integration in schizophrenia: Too little or too much? Preliminary results on fMRI data. *Neuroimage*, 26, 374-388.

Foudraine, J. (1974). *Not made of wood: A psychiatrist discovers his own profession* (H. H. Hopkins, Trans.). New York: Macmillan.

Fowler, D. (2007, June). *Studies of associations between trauma and psychotic symptoms in early and chronic psychotic samples in London and East Anglia*. Paper presented at the invitational conference on CBT for psychosis, Amsteram.

Fowler, D., Freeman, D., Smith, B., Kuipers, E., Bebbington, P., Bashforth, H., et al. (2006). The Brief Core Schema Scales (BCSS): Psychometric properties and associations with paranoia and grandiosity in non-clinical and psychosis samples. *Psychological Medicine*, 36, 1-11.

Fowler, D., Garety, P., & Kuipers, E. (1995). *Cognitive behaviour therapy for psychosis: Theory and practice*. Chichester, UK: Wiley.

Franck, N., Rouby, P., Daprati, B., Dalery, J., Marie-Cardine, M., & Georgieff, N. (2000). Confusion between silent and overt reading in schizophrenia. *Schizophrenia Research*, 41, 357-368.

Freedman, R., Coon, H., Myles-Worsley, M., Orr-Urtreger, A., Olincy, A., Davis, A., et al. (1997). Linkage of a neurophysiological deficit in schizophrenia to a chromosome 15 locus. *Proceedings of the National Academy of Sciences*, 94(2), 587-592.

Freeman, D. (2007). Suspicious minds: The psychology of persecutory delusions. *Clinical Psychology Review*, 27, 425-457.

Freeman, D., Garety, P. A., Bebbington, P., Slate, M., Kuipers, E., Fowler, D., et al. (2005). The psychology of persecutory ideation: II. A virtual reality experimental study. *Journal of Nervous and Mental Disease,* 193, 309-314.

Freeman, D., Garety, P. A., McGuire, P., & Kuipers, E. (2005). Developing a theoretical understanding of therapy techniques: An illustrative analogue study. *British Journal of Clinical Psychology,* 44, 241-254.

Freeston, M. H., Ladouceur, R., Gagnon, F., & Thibodeau, N. (1993). Beliefs about obsessional thoughts. *Journal of Psychopathology and Behavioral Assessment,* 15, 1-21.

Frenkel, E., Kugelmass, S., Nathan, M., & Ingraham, L. J. (1995). Locus of control and mental health in adolescence and adulthood. *Schizophrenia Bulletin,* 21, 219-226.

Frith, C. D. (1979). Consciousness, information processing, and schizophrenia. *British Journal of Psychiatry,* 134, 225-235.

Frith, C. D. (1987). The positive and negative symptoms of schizophrenia reflect impairments in the perception and initiation of action. *Psychological Medicine,* 17(3), 631-648.

Frith, C. D. (1992). *The cognitive neuropsychology of schizophrenia.* Hove, UK: Erlbaum.

Frith, C. D., & Corcoran, R. (1996). Exploring "theory of mind" in people with schizophrenia. *Psychological Medicine,* 26, 521-530.

Frith, C. D., & Done, D. J. (1987). Towards a neuropsychology of schizophrenia. *British Journal of Psychiatry,* 153, 437-443.

Frith, C. D., & Done, D. J. (1989a). Experiences of alien control in schizophrenia reflect a disorder in the central monitoring of action. *Psychological Medicine,* 19, 359-363.

Frith, C. D., & Done, D. J. (1989b). Positive symptoms of schizophrenia. *British Journal of Psychiatry,* 154, 569-570.

Frith, C. D., Leary, J., Cahill, C., & Johnstone, E. C. (1991). Disabilities and circumstances of schizophrenic patients – a follow-up study: IV. Performance on psychological tests. *British Journal of Psychiatry,* 159(Suppl. 13), 26-29.

Fuller, R. L. M., Schultz, S. K., & Andreasen, N. C. (2003). The symptoms of schizophrenia. In S. R. Hirsch & D. L. Weinberger (Eds.), *Schizophrenia* (2nd ed., pp. 25-33). Malden, MA: Blackwell.

Gallagher, A., Dinan, T., & Baker, L. (1994). The effects of varying auditory input on schizophrenic hallucinations: A replication. *British Journal of Medical Psychology,* 67, 67-76.

Gard, D. E., Kring, A. M., Gard, M. G., Horan, W. P., & Green, M. F. (2007). Anhedonia in schizophrenia: Distinctions between anticipatory and consummatory pleasure. *Schizophrenia Research,* 93(1-3), 253-260.

Garety, P., Fowler, D., Kuipers, E., Freeman, D., Dunn, G., Bebbington, P., et al. (1997). London-East Anglia randomized controlled trial of cognitive-behavioural therapy for psychosis: II. Predictors of outcome. *British Journal of Psychiatry,* 171, 420-426.

Garety, P. A., Bebbington, P., Fowler, D., Freeman, D., & Kuipers, E. (2007). Implications for neurobiological research of cognitive models of psychosis: A theoretical paper. *Psychological Medicine,* 37, 1377-1391.

Garety, P. A., & Freeman, D. (1999). Cognitive approaches to delusions: A critical review of theories and evidence. *British Journal of Clinical Psychology,* 38, 113-154.

Garety, P. A., Freeman, D., Jolley, S., Dunn, G., Bebbington, P. E., Fowler, et al. (2005). Reasoning, emotions, and delusional conviction in psychosis. *Journal of Abnormal Psychology,* 114, 373-384.

Garety, P. A., & Hemsley, D. R. (1987). Characteristics of delusional experience. *European Archives of Psychiatry and Neurological Sciences,* 236(5), 294-298.

Garety, P. A., Hemsley, D. R., & Wessely, S. (1991). Reasoning in deluded schizophrenic and paranoid patients: Biases in performance on a probabilistic inference task. *Journal of Nervous and Mental Disease,* 179, 194-202.

Germans, M. J., & Kring, A. M. (2000). Hedonic deficit in anhedonia: Support for the role of approach motivation. *Personality and Individual Differences,* 28, 659-672.

Gilbert, D. T. (1991). How mental systems believe. *American Psychologist,* 46, 107-119.

Gilbert, D. T., & Gill, N. J. A. (2000). The momentary realist. *Psychological Science,* 5, 394-398.

Gilbert, D. T., & Malone, P. S. (1995). The correspondence bias. *Psychological Bulletin,* 117, 21-38.

Gilmore, J. H., & Murray, R. M. (2006). Prenatal and perinatal factors. In J. A. Lieberman, T. S. Stroup,

& D. O. Perkins (Eds.), *Textbook of schizophrenia* (pp. 55-67). Washington, DC: American Psychiatric Association.

Glahn, D. C., Ragland, J. D., Abramoff, A., Barrett, J., Laird, A. R., Bearden, C. E., et al. (2005). Beyond hypofrontality: A quantitative meta-analysis of functional neuorimaging studies of working memory in schizophrenia. *Human Brain Mapping, 25*, 60-69.

Goff, D. C. (2004). Risperidone. In A. F. Schatzberg & C. B. Nemeroff (Eds.), *The American Psychiatric Publishing textbook of psychopharmacology* (3rd ed., pp. 495-506). Washington, DC: American Psychiatric Publishing.

Goff, D. C., & Wine, L. (1997). Glutamate in schizophrenia: Clinical and research implications. *Schizophrenia Research*, 27(2-3), 157-168.

Gold, J. M., & Green, M. F. (2005). Schizophrenia: Cognition. In B. J. Sadock & V. A. Sadock (Eds.), *Kaplan and Sadock's comprehensive textbook of psychiatry* (8th ed., pp. 1436-1448). Philadelphia: Lippincott, Williams & Wilkins.

Gold, J. M., Randolph, C., Carpenter, C. J., Goldberg, T. E., & Weinberger, D. R. (1992). Forms of memory failure in schizophrenia. *Journal of Abnormal Psychology*, 101(3), 487-494.

Goldberg, T. E., David, A., & Gold, J. M. (2003). Neurocognitive deficits in schizophrenia. In S. R. Hirsch & D. L. Weinberger (Eds.), *Schizophrenia* (2nd ed., pp. 168-184). Malden, MA: Blackwell.

Gordon, E., Williams, L. M., Haig, A. R., Wright, J., & Meares, R. A. (2001). Symptom profile and 'gamma' processing in schizophrenia. *Cognitive Neuropsychiatry*, 6, 7-19.

Gottesman, I. I. (1991). *Schizophrenia genesis: The origins of madness*. New York: Freeman.

Gottesman, I. I., & Gould, T. D. (2003). The endophenotype concept in psychiatry: Etymology and strategic intentions. *American Journal of Psychiatry*, 160, 636-645.

Gould, R. A., Mueser, K. T., Bolton, E., Mays, V., & Goff, D. (2001). Cognitive therapy for psychosis in schizophrenia: An effect size analysis. *Schizophrenia Research, 48*, 335-342.

Gould, L. (1950). Verbal hallucinations as automatic speech. *American Journal of Psychiatry*, 107, 110-119.

Granholm, E., McQuaid, J. R., McClure, F. S., Auslander, L. A., Perivoliotis, D., Pedrelli, P., et al. (2005). A randomized, controlled trial of cognitive behavioral social skills training for middle-aged and older outpatients with chronic schizophrenia. *American Journal of Psychiatry*, 162, 520-529.

Granholm, E., Morris, S. K., Sarkin, A. J., Asarnow, R. F., & Jeste, D. V. (1997). Pupillary responses index overload of working memory resources in schizophrenia. *Journal of Abnormal Psychology*, 106, 458-467.

Grant, P. M., & Beck, A. T. (2005). *Negative cognitions assessment*. Unpublished test.

Grant, P. M. & Beck, A. T. (2008a). *The role of neurocognitive flexibility and cognitive insight in delusions*. Original inédito.

Grant, P. M., & Beck, A. T. (2008b). *Social disengagement attitudes as a mediator between social cognition and poor functioning in schizophrenia*. Em preparação.

Grant, P. M., & Beck, A. T. (2008c). *Dysfunctional attitudes, cognitive impairment and symptoms in schizophrenia*. Dados brutos inéditos.

Grant, P. M., & Beck, A. T. (2009a). *Evaluation sensitivity as a moderator of communication disorder in schizophrenia. Psychological Medicine*, 39 (7), p.1211-1219.

Grant, P. M., & Beck, A. T. (2009b). Defeatist beliefs as mediators of cognitive impairment, negative symptoms, and functioning in schizophrenia. *Schizophrenia Bulletin*, 35(4), p. 798-806.

Grant, P. M., Young, P. R., & DeRubeis, R. J. (2005). Cognitive and behavioral therapies. In G. O. Gabbard, J. S. Beck, & J. Holmes (Eds.), *Oxford textbook of psychotherapy* (pp. 15-25). New York: Oxford University Press.

Gray, J. A., Feldon, J., Rawlins, J. N. P., Hemsley, D. R., & Smith, A. D. (1991). The neuropsychology of schizophrenia. *Behavior and Brain Sciences*, 14, 1-84.

Green, M. F. (1996). What are the functional consequences of neurocognitive deficits in schizophrenia? *American Journal of Psychiatry*, 153(3), 321-330.

Green, M. F. (1998). *Schizophrenia from a neurocognitive perspective: Probing the impenetrable darkness*. Boston: Allyn & Bacon.

Green, M. F. (2003). *Schizophrenia revealed: From neurons to social interactions*. New York: Norton.

Green, M. F., Kern, R. S., Braff, D. L., & Mintz, J. (2000). Neurocognitive deficits and functional outcome in schizophrenia: Are we measuring the "right stuff"? *Schizophrenia Bulletin*, 26(1), 119-136.

Greenberger, D., & Padesky, C. A. (1995). *Mind over mood: A cognitive therapy treatment manual for clients.* New York: Guilford Press.

Greenwood, K. E., Landau, S., & Wykes, T. (2005). Negative symptoms and specific cognitive impairments as combined targets for improved functional outcome within cognitive remediation therapy. *Schizophrenia Bulletin*, 31, 910-921.

Grice, H. P. (1957). Meaning. *Philosophical Review*, 66, 377-388.

Gumley, A., OíGrady, M., McNay, L., Reilly, J., Power, K., & Norrie, J. (2003). Early intervention for relapse in schizophrenia: Results of a 12-month randomized controlled trial of cognitive behavioural therapy. *Psychological Medicine*, 33(3), 419-431.

Gur, R. C., & Gur, R. E. (2005). Neuroimaging in schizophrenia: Linking neuropsychiatric manifestations to neurobiology. In B. J. Sadock & V. A. Sadock (Eds.), *Kaplan and Sadockís comprehensive textbook of psychiatry* (8th ed., pp. 1396-1408). Philadelphia: Lippincott, Williams & Wilkins.

Gur, R. E. (1999). Is schizophrenia a lateralized brain disorder? Editorís introduction. *Schizophrenia Bulletin*, 25(1), 7-9.

Gur, R. E., & Arnold, S. E. (2004). Neurobiology of schizophrenia. In A. F. Schatzberg & C. B. Nemeroff (Eds.), *The American Psychiatric Publishing textbook of psychopharmacology* (3rd ed., pp. 765-774). Washington, DC: American Psychiatric Publishing.

Gur, R. E., Cowell, P. E., Latshaw, A., Turetsky, B. I., Grossman, R. I., Arnold, S. E., et al. (2000). Reduced dorsal and orbital prefrontal gray matter volumes in schizophrenia. *Archives of General Psychiatry*, 57(8), 761-768.

Gur, R. E., Mozley, P. D., Resnick, S. M., Mozley, L. H., Shtasel, D. L., Gallacher, F., et al. (1995). Resting cerebral glucose metabolism in first-episode and previously treated patients with schizophrenia relates to clinical features. *Archives of General Psychiatry*, 52(8), 657-667.

Gur, R. E., Nimgaonkar, V. L., Almasy, L., Calkins, M. E., Ragland, J. D., PogueGeile, M. F., et al. (2007). Neurocognitive endophenotypes in a multiplex multigenerational family study of schizophrenia. *American Journal of Psychiatry*, 164, 813-819.

Gur, R. E., Resnick, S. M., Alavi, A., Gur, R. C., Caroff, S., Dann, R., et al. (1987). Regional brain function in schizophrenia: I. A positron emission tomography study. *Archives of General Psychiatry*, 44(2), 119-125.

Gur, R. E., Skolnick, B. E., Gur, R. C., Caroff, S., Rieger, W., Obrist, W. D., et al. (1983). Brain function in psychiatric disorders: I. Regional cerebral blood flow in medicated schizophrenics. *Archives of General Psychiatry*, 40(11), 1250-1254.

Guttmacher, M. S. (1964). Phenothiazine treatment in acute schizophrenia: Effectiveness. The National Institute of Mental Health Psychopharmacology Service Center Collaborative Study Group. *Archives of General Psychiatry*, 10, 241-261.

Haddock, G., McCarron, J., Tarrier, N., & Faragher, E. B. (1999). Scales to measure dimensions of hallucinations and delusions: The psychotic symptom rating scales (PSYRATS). *Psychological Medicine*, 29, 879-889.

Haddock, G., Slade, P. D., Prasaad, R., & Bentall, R. (1996). Functioning of the phonological loop in auditory hallucinations. *Personality and Individual Differences*, 20, 753-760.

Haddock, G., Wolfenden, M., Lowens, I., Tarrier, N., & Bentall, R. P. (1995). Effect of emotional salience on thought disorder in patients with schizophrenia. *British Journal of Psychiatry*, 167(5), 618-620.

Hafner, H. (2003). Prodrome, onset and early course of schizophrenia. In R. M. Murray, P. B. Jones, E. Susser, J. van Os, & M. Cannon (Eds.), *The epidemiology of schizophrenia* (pp. 124-147). Cambridge, UK: Cambridge University Press.

Hafner, H., & an der Heiden, W. (2003). Course and outcome of schizophrenia. In S. R. Hirsch & D. L. Weinberger (Eds.), *Schizophrenia* (2nd ed., pp. 101-141). Malden, MA: Blackwell.

Hampson, M., Anderson, A. W., Gore, J. C., & Hoffman, R. E. (2002, Junho). *FMRI investigation of auditory hallucinations in schizophrenia using temporal correlations to language areas.* Paper presented at the 8th international conference on functional mapping of the human brain, Sendai, Japan.

Hardy, A., Fowler, D., Freeman, D., Smith, B., Steel, C., et al. (2005). Trauma and hallucinatory experience in psychosis. *Journal of Nervous and Mental Disease,* 193, 501-507.

Harrison, G., Hopper, K., Craig, T., Laska, E., Siegel, C., Wanderling, J., et al. (2001). Recovery from psychotic illness: A 15- and 25-year international follow-up study. *British Journal of Psychiatry,* 178, 506-517.

Harrow, M., & Jobe, T. H. (2007). Factors involved in outcome and recovery in schizophrenia patients not on antipsychotic medications: A 15-year multifollow-up study. *Journal of Nervous and Mental Disease,* 195(5), 406-414.

Harrow, M., & Prosen, M. (1978). Intermingling and disordered logic as influences on schizophrenic "thought disorders." *Archives of General Psychiatry,* 35(10), 1213-1218.

Harrow, M., Silverstein, M., & Marengo, J. (1983). Disordered thinking. *Archives of General Psychiatry,* 40(7), 765-771.

Harvey, P. D., Early-Boyer, E. A., & Levinson, J. C. (1988). Cognitive deficits and thought disorder: A retest study. *Schizophrenia Bulletin,* 14(1), 57-66.

Harvey, P. D., Howanitz, E., Parrella, M., White, L., Davidson, M., Mohs, R. C., et al. (1998). Symptoms, cognitive function, and adaptive skills in geriatric patients with lifelong schizophrenia: A comparison across treatment sites. *American Journal of Psychiatry,* 155, 1080-1086.

Hatfield, A. B., & Lefley, H. P. (1993). *Surviving mental illness: Stress, coping and adaptation.* New York: Guilford Press.

Hawks, D. V., & Payne, R. W. (1971). Overinclusive thought disorder and symptomatology. *British Journal of Psychiatry,* 118(547), 663-670.

Hazlett, E. A., Buchsbaum, M. S., Byne, W., Wei, T. C., Spiegel-Cohen, J., Geneve, C., et al. (1999). Three-dimensional analysis with MRI and PET of the size, shape, and function of the thalamus in the schizophrenia spectrum. *American Journal of Psychiatry,* 156(8), 1190-1199.

Healy, D. (2002). *The creation of psychopharmacology.* Cambridge, MA: Harvard University Press.

Heaton, R. K., Chelune, G. J., Talley, J. L., Kay, G. G., & Curtiss, G. (1993). *Wisconsin card sorting test manual: Revised and expanded.* Odessa, FL: Psychological Assessment Resources.

Heckers, S. (1997). Neuropathology of schizophrenia: Cortex, thalamus, basal ganglia, and neurotransmitter-specific projection systems. *Schizophrenia Bulletin,* 23(3), 403-421.

Heckers, S., Heinsen, H., Geiger, B., & Beckmann, H. (1991). Hippocampal neuron number in schizophrenia: a stereological study. *Archives of General Psychiatry,* 48(11), 1002-1008.

Heckers, S., Heinsen, H., Heinsen, Y., & Beckmann, H. (1991). Cortex, white matter, and basal ganglia in schizophrenia: A volumetric postmortem study. *Biological Psychiatry,* 29(6), 556-566.

Heckers, S., Rauch, S. L., Goff, D., Savage, C. R., Schacter, D. L., Fischman, A. J., et al. (1998). Impaired recruitment of the hippocampus during conscious recollection in schizophrenia. *Nature Neuroscience,* 1(4), 318-323.

Hegarty, J. D., Baldessarini, R. J., Tohen, M., Waternaux, C., & Oepen, G. (1994). One hundred years of schizophrenia: A meta-analysis of the outcome literature. *American Journal of Psychiatry,* 151, 1409-1416.

Heider, F. (1958). *The psychology of interpersonal relations.* New York: Wiley.

Heinrichs, D. W., Hanlon, T. E., & Carpenter, W. T., Jr. (1984). The Quality of Life Scale: An instrument for rating the schizophrenic deficit syndrome. *Schizophrenia Bulletin,* 10(3), 388-398.

Heinrichs, R. W. (2001). *In search of madness: Schizophrenia and neuroscience.* Oxford, UK: Oxford University Press.

Heinrichs, R. W. (2005). The primacy of cognition in schizophrenia. *American Psychologist,* 60(3), 229-242.

Heinrichs, R. W., & Zakzanis, K. K. (1998). Neurocognitive deficit in schizophrenia: A quantitative review of the evidence. *Neuropsychology,* 12(3), 426-445.

Helbig, S., & Fehm, L. (2004). Problems with homework in CBT: Rare exception or rather frequent? *Behavioural and Cognitive Psychotherapy,* 32, 291-301.

Hemsley, D. R. (1987a). An experimental psychological model for schizophrenia. In H. Hafner, W. F. Gattaz, & W. Janzavik (Eds.), *Search for the causes of schizophrenia* (pp. 179-188). Berlin: Springer Verlag.

Hemsley, D. R. (1987b). Hallucinations: Unintended or unexpected? *Behavioral and Brain Sciences,* 10, 532-533.

Hemsley, D. R. (2005). The schizophrenic experience: Taken out of context? *Schizophrenia Bulletin,* 31, 43-53.

Henquet, C., Murray, R., Linszen, D., & van Os, J. (2005). The environment and schizophrenia: The role of cannabis use. *Schizophrenia Bulletin,* 31(3), 608-612.

Heston, L. L. (1966). Psychiatric disorders in foster home reared children of schizophrenic mothers. *British Journal of Psychiatry,* 112, 819-825.

Heydebrand, G., Weiser, M., Rabinowitz, J., Hoff, A. L., DeLisi, L. E., & Csernansky, J. G. (2004). Correlates of cognitive deficits in first episode schizophrenia. *Schizophrenia Research,* 68, 1-9.

Hirsch, S. R., Das, I., Garey, L. J., & de Belleroche, J. (1997). A pivotal role for glutamate in the pathogenesis of schizophrenia, and its cognitive dysfunction. *Pharmacology, Biochemistry, and Behavior,* 56(4), 797-802.

Ho, B., Nopoulos, P., Flaum, M., Arndt, S., & Andreasen, N. C. (1998). Twoyear outcome in first episode schizophrenia: Predictive value of symptoms for quality of life. *American Journal of Psychiatry,* 155, 1196-1201.

Hoffman, R. E., & Cavus, I. (2002). Slow transcranial magnetic stimulation, long-term depotentiation, and brain hyperexcitability disorders. *American Journal of Psychiatry,* 159, 1093-1102.

Hoffman, R. E., & Dobscha, S. K. (1989). Cortical pruning and the development of schizophrenia: A computer model. *Schizophrenia Bulletin,* 15(3), 477-490.

Hoffman, R. E., & McGlashan, T. H. (1993). Parallel distributed processing and the emergence of schizophrenic symptoms. *Schizophrenia Bulletin,* 19(1), 119-140.

Hole, R. W., Rush A. J., & Beck, A. T. (1979). A cognitive investigation of schizophrenic delusions. *Psychiatry,* 42, 312-319.

Hollister, J. M., Laing, P., & Mednick, S. A. (1996). Rhesus incompatibility as a risk factor for schizophrenia in male adults. *Archives of General Psychiatry,* 53(1), 19-24.

Hollon, S. (2007, October). *Cognitive therapy in the treatment and prevention of depression.* Paper presented at the annual meeting of the Society for Research in Psychopathology, Iowa City.

Holzman, P. S. (1991). Eye movement dysfunctions in schizophrenia. In S. R. Steinhauer, J. H. Gruzelier, & J. Zubin (Eds.), *Handbook of schizophrenia:* Vol. 5. *Neuropsychology, psychophysiology, and information processing* (pp. 129-145). Amsterdam: Elsevier.

Horan, W. P., Kring, A. M., & Blanchard, J. J. (2006). Anhedonia in schizophrenia: A review of assessment strategies. *Schizophrenia Bulletin,* 32(2), 259-273.

Horan, W. P., Ventura, J., Nuechterlein, K. H., Subotnik, K. L., Hwang, S. S., & Mintz, J. (2005). Stressful life events in recent-onset schizophrenia: Reduced frequencies and altered subjective appraisals. *Schizophrenia Research,* 75, 363-374.

Hughlings Jackson, J. (1931). *Selected writings.* London: Hodder & Stoughton.

Huq, S. F., Garety, P. A., & Hemsley, D. R. (1988). Probabilistic judgements in deluded and nondeluded subjects. *Quarterly Journal of Experimental Psychology,* 40(4), 801-812.

Hurn, C., Gray, N. S., & Hughes, I. (2002). Independence of "reaction to hypothetical contradiction" from other measures of delusional ideation. *British Journal of Clinical Psychology,* 41, 349-360.

Hustig, H. H., & Hafner, R. J. (1990). Persistent auditory hallucinations and their relationship to delusions and mood. *Journal of Nervous and Mental Disease,* 178, 264-267.

Huttenlocher, P. R., & Dabholkar, A. S. (1997). Regional differences in synaptogenesis in human cerebral cortex. *Journal of Comparative Neurology,* 387(2), 167-178.

Huttunen, M. O., & Niskanen, P. (1973). Prenatal loss of father and psychiatric disorders. *Archives of General Psychiatry,* 35, 429-431.

Ingraham, L. J., & Kety, S. S. (2000). Adoption studies of schizophrenia. *American Journal of Medical Genetics,* 97,18-22.

Ingvar, D. H., & Franzen, G. (1974). Distribution of cerebral activity in chronic schizophrenia. *Lancet,* 2(7895), 1484-1486.

Inouye, T., & Shimizu, A. (1970). The electromyographic study of verbal hallucination. *Journal of Nervous and Mental Disease,* 151, 415-422.

Janssen, I., Krabbendam, L., Bak, M., Hanssen, M., Vollerbergh, W., de Graaf, R., et al. (2004). Childhood abuse as a risk factor for psychotic experiences. *Acta Psychiatrica Scandinavica,* 109, 38-45.

Jarskog, L. F., & Robbins, T. W. (2006). Neuropathology and neural circuits implicated in schizophrenia. In J. A. Lieberman, T. S. Stroup, & D. O. Perkins (Eds.), *Textbook of schizophrenia* (pp. 151-166). Washington, DC: American Psychiatric Association.

Javitt, D. C., & Zukin, S. R. (1991). Recent advances in the phencyclidine model of schizophrenia. *American Journal of Psychiatry,* 148(10), 1301-1308.

Jenkins, R. B., & Groh, R. H. (1970). Mental symptoms in parkinsonian patients treated with L-DOPA. *Lancet,* 2, 177-179.

John, J. P., Khanna, S., Thennarasu, K., & Reddy, S. (2003). Exploration of dimensions of psychopathology in neuroleptic-naïve patients with recent-onset schizophrenia/schizophreniform disorder. *Psychiatry Research,* 121, 11-20.

Johns, L. C., Hemsley, D., & Kuipers, E. (2002). A comparison of auditory hallucinations in a psychiatric and non-psychiatric group. *British Journal of Clinical Psychology,* 41, 81-86.

Johns, L. C., Nazroo, J. Y., Bebbington, P., & Kuipers, E. (2002). Occurrence of hallucinatory experiences in a community sample and ethnic variations. *British Journal of Psychiatry,* 180, 174-178.

Johns, L. C., Rossell, S., Frith, C., Ahmad, F., Hemsley, D., & Kuipers, E., et al. (2001). Verbal self-monitoring and auditory verbal hallucinations in patients with schizophrenia. *Psychological Medicine,* 31, 705-715.

Johnson, M., Hashtroudi, S., & Lindsay, D. (1993). Source monitoring. *Psychological Bulletin,* 114, 3-28.

Johnstone, E. C., Crow, T. J., Frith, C. D., Carney, M. W., & Price, J. S. (1978). Mechanism of the antipsychotic effect in the treatment of acute schizophrenia. *Lancet,* 1(8069), 848-851.

Johnstone, E. C., & Ownes, D. G. (2004). Early studies of brain anatomy in schizophrenia. In S. M. Lawrie, D. R. Weinberger, & E. C. Johnstone (Eds.), *Schizophrenia: From neuroimaging to neuroscience* (pp. 1-19). New York: Oxford University Press.

Jones, P. B., & Done, D. J. (1997). From birth to onset: A developmental perspective of schizophrenia in two national birth cohorts. In M. S. Keshavan & R. M. Murray (Eds.), *Neurodevelopmental and adult psychopathology.* Cambridge, UK: Cambridge University Press.

Jones, P. B., Rodgers, B., Murray, R., & Marmot, M. (1994). Child development risk factors for adult schizophrenia in the British 1946 birth cohort. *Lancet,* 344(8934), 1398-1402.

Kaney, S., Wolfenden, M., Dewey, M. E., & Bentall, R. P. (1992). Persecutory delusions and recall of threatening propositions. *British Journal of Clinical Psychology,* 31, 85-87.

Kapur, S. (2003). Psychosis as a state of aberrant salience: A framework linking biology, phenomenology, and pharmacology in schizophrenia. *American Journal of Psychiatry,* 160(1), 13-23.

Kapur, S., & Seeman, P. (2001). Does fast dissociation from the dopamine D(2) receptor explain the action of atypical antipsychotics?: A new hypothesis. *American Journal of Psychiatry,* 158(3), 360-369.

Kawasaki, Y., Suzuki, M., Maeda, Y., Urata, K., Yamaguchi, N., Matsuda, H., et al. (1992). Regional cerebral blood flow in patients with schizophrenia: A preliminary report. *European Archives of Psychiatry and Clinical Neuroscience,* 241(4), 195-200.

Kay, S. R., Fiszbein, A., & Opler, L. A. (1987). The Positive and Negative Syndrome Scale (PANSS) for schizophrenia. *Schizophrenia Bulletin,* 13(2), 261-276.

Kay, S. R., Opler, L. A., & Lindenmayer, J. P. (1988). Reliability and validity of the Positive and Negative Syndrome Scale for schizophrenics. *Psychiatry Research,* 23(1), 99-110.

Keefe, R. S. E., Bilder, R. M., Davis, S. M., Harvey, P. D., Palmer, B. W., Gold, J. M., et al. (2007). Neurocognitive effects of antipsychotic medications in patients with chronic schizophrenia in the CATIE trial. *Archives of General Psychiatry,* 64(6), 633-647.

Keefe, R. S. E., & Eesley, C. E. (2006). Neurocognitive impairments. In J. A. Lieberman, T. S. Stroup, & D. O. Perkins (Eds.), *Textbook of schizophrenia* (pp. 245-260). Washington, DC: American Psychiatric Association.

Keefe, R. S. E., Poe, M., Walker, T. M., Kang, J. W, & Harvey, P. D. (2006). The Schizophrenia Cognition Rating Scale: An interview-based assessment and its relationship to cognition, real-world functioning, and functional capacity. *American Journal of Psychiatry,* 163(3), 426-432.

Kendler, K. S., Myers, J. M., OíNeill, F. A., Martin, R., Murphy, B., MacLean, C. J., et al. (2000). Clinical features of schizophrenia and linkage to chromosomes 5q, 6p, 8p, and 10p in the Irish study of high-density schizophrenia families. *American Journal of Psychiatry,* 157(3), 402-408.

Kendler, K. S., Thacker, L., & Walsh, D. (1996). Self-report measures of schizotypy as indices of familial vulnerability to schizophrenia. *Schizophrenia Bulletin, 22*, 511-520.

Kerns, J., & Berenbaum, H. (2003). The relationship between formal thought disorder and executive functioning component processes. *Journal of Abnormal Psychology, 112*, 339-352.

Keshavan, M. S., Rosenberg, D., Sweeney, J. A., & Pettegrew, J. W. (1998). Decreased caudate volume in neuroleptic-naive psychotic patients. *American Journal of Psychiatry, 155*(6), 774-778.

Kety, S. S., Rosenthal, D., Wender, P. H., & Shulsinger, F. (1968). The types and prevalence of mental illness in the biological and adoptive families of adopted schizophrenics. *Journal of Psychiatric Research, 6*(Suppl. 1), 345-362.

Kimhy, D., Goetz, R., Yale, S., Corcoran, C., & Malaspina, D. (2005). Delusions in individuals with schizophrenia: Factor structure, clinical correlates, and putative neurobiology. *Psychopathology, 38*, 338-344.

Kimhy, D., Yale, S., Goetz, R. R., McFarr, L. M., & Malaspina, D. (2006). The factorial structure of the schedule for the deficit syndrome in schizophrenia. *Schizophrenia Bulletin, 32*(2), 274-278.

Kinderman, P., & Bentall, R. P. (1996). A new measure of causal locus: The Internal, Personal and Situational Attributions Questionnaire. *Personality and Individual Differences, 20*, 261-264.

Kinderman, P., & Bentall, R. P. (1997). Causal attributions in paranoia and depression: Internal, personal, and situational attributions for negative events. *Journal of Abnormal Psychology, 106*, 341-345.

Kingdon, D., & Turkington, D. (1998). Cognitive behavioural therapy of schizophrenia: Styles and methods. In T. Wykes, N. Tarrier, & S. F. Lewis (Eds.), *Outcome and innovation in psychological treatment of schizophrenia* (pp. 59-79). Chichester, UK: Wiley.

Kingdon, D., & Turkington, D. (2002). *The case study guide to cognitive behaviour therapy of psychosis*. Chichester, UK: Wiley.

Kingdon, D. G., & Turkington, D. (1991). The use of cognitive behavior therapy with a normalizing rationale in schizophrenia: Preliminary report. *Journal of Nervous and Mental Disease, 179*, 207-211.

Kingdon, D. G., & Turkington D. (1994). *Cognitive-behavioral therapy of schizophrenia*. New York: Guilford Press.

Kingdon, D. G., & Turkington, D. (2005). *Cognitive therapy of schizophrenia*. New York: Guilford Press.

Kirkpatrick, B., Buchanan, R. W., McKenny, P. D., Alphs, L. D., & Carpenter, W. T. J. (1989). The Schedule for the Deficit Syndrome: An instrument for research in schizophrenia. *Psychiatry Research, 30*(2), 119-123.

Kirkpatrick, B., Fenton, W., Carpenter, W. T. J., & Marder, S. R. (2006). The NIMH-MATRICS consensus statement on negative symptoms. *Schizophrenia Bulletin, 32*(2), 214-219.

Klosterkotter, J. (1992). The meaning of basic symptoms for the genesis of the schizophrenic nuclear syndrome. *Japanese Journal of Psychiatry and Neurology, 46*, 609-630.

Kosslyn, S. M. (1994). *Image and brain: The resolution of the imagery debate*. Cambridge, MA: MIT Press.

Krabbendam, L., & Aleman, A. (2003). Cognitive rehabilitation in schizophrenia: A quantitative analysis of controlled studies. *Psychopharmacology, 169*, 376-382.

Krabbendam, L., Myin-Germeys, I., Hanssen, M., de Graaf, R., Vollebergh, W., Bak, M., et al. (2005). Development of depressed mood predicts onset of psychotic disorder in individuals who report hallucinatory experiences. *British Journal of Clinical Psychology, 44*, 113-125.

Kraepelin, E. (1971). *Dementia praecox and paraphrenia* (R. M. Barclay, Trad.). Huntington, NY: Krieger.

Krawiecka, M., Goldberg, D., & Vaughan, M. (1977). A standardized psychiatric assessment scale for rating chronic psychotic patients. *Acta Psychiatrica Scandinavica, 55*(4), 299-308.

Kring, A. M., & Neale, J. M. (1996). Do schizophrenic patients show a disjunctive relationship among expressive, experiential, and psychophysiological components of emotion? *Journal of Abnormal Psychology, 105*, 249-257.

Kuipers, E., Garety, P., Fowler, D., Dunn, G., Bebbington, P., Freeman, D., et al. (1997). London-East Anglia randomized controlled trial of cognitive-behavioural therapy for psychosis: I. Effects of the treatment phase. *British Journal of Psychiatry, 171*, 319-327.

Kung, L., Conley, R., Chute, D. J., Smialek, J., & Roberts, R. C. (1998). Synaptic changes in the striatum of schizophrenic cases: A controlled postmortem ultrastructural study. *Synapse,* 28(2), 125-139.

Kwapil, T. R., Miller, M. B., Zinser, M. C., Chapman, J., & Chapman, L. J. (1997). Magical ideation and social anhedonia as predictors of psychosis proneness: A partial replication. *Journal of Abnormal Psychology,* 106, 491-495.

Landa, Y. (2006). *Group cognitive behavioral therapy for paranoia in schizophrenia.* Original inédito, Weill Cornell Medical College, New York, NY.

Lawrence, E., & Peters, E. (2004). Reasoning in believers in the paranormal. *Journal of Nervous and Mental Disease,* 192, 727-733.

Lawrie, S. M., & Abukmeil, S. S. (1998). Brain abnormality in schizophrenia: A systematic and quantitative review of volumetric magnetic resonance imaging studies. *British Journal of Psychiatry,* 172, 110-120.

Lazarus, R. S. (1966). *Psychological stress and the coping process.* New York: McGraw-Hill.

Lecardeur, L., Giffard, B., Laisney, M., Brazo, P., Delamillieure, P., Eustache, F., et al. (2007). Semantic hyperpriming in schizophrenic patients: Increased facilitation or impaired inhibition in semantic association processing? *Schizophrenia Research,* 89(1), 243-250.

Lencz, T., Smith, C. W., Auther, A., Correll, C. U., & Cornblatt, B. (2004). Nonspecific and attenuated negative symptoms in patients at clinical high-risk for schizophrenia. Schizophrenia Research, 68(1), 37-48.

Levelt, W. J. M. (1989). Speaking: From intention to articulation. Cambridge, MA: MIT Press.

Lewander, T. (1994a). Neuroleptics and the neuroleptic-induced deficit syndrome. *Acta Psychiatrica Scandinavica,* 380, 8-13.

Lewander, T. (1994b). Overcoming the neuroleptic-induced deficit syndrome: Clinical observations with remoxipride. *Acta Psychiatrica Scandinavica,* 380, 64-67.

Lewis, D. A., Glantz, L. A., Pierri, J. N., & Sweet, R. A. (2003). Altered cortical glutamate neurotransmission in schizophrenia. *Annals of the New York Academy of Sciences,* 1003, 102-112.

Liang, M., Zhou, Y., Jiang, T., Liu, Z., Tian, L., Liu, H., et al. (2006). Widespread functional disconnectivity in schizophrenia with resting-state functional magnetic resonance imaging. Neuroreport, 17, 209-213.

Liddle, P., & Pantelis, C. (2003). Brain imaging in schizophrenia. In S. R. Hirsch & D. R. Weinberger (Eds.), *Schizophrenia* (2nd ed., pp. 403-417). Maldan, MA: Blackwell.

Liddle, P. F. (1987). The symptoms of chronic schizophrenia: A re-examination of the positive-negative dichotomy. *British Journal of Psychiatry,* 151, 145-151.

Liddle, P. F. (1992). Syndromes of schizophrenia on factor analysis. *British Journal of Psychiatry,* 161, 861.

Liddle, P. F. (2001). *Disordered mind and brain: The neural basis of mental symptoms.* London: Royal College of Psychiatrists.

Liddle, P. F., Friston, K. J., Frith, C. D., Hirsch, S. R., Jones, T., & Frankowiak, R. S. (1992). Patterns of cerebral blood flow in schizophrenia. *British Journal of Psychiatry,* 160, 179-186.

Liddle, P. F., & Morris, D. L. (1991). Schizophrenic syndromes and frontal lobe performance. *British Journal of Psychiatry,* 158, 340-345.

Lieberman, J. A. (2004a). Aripiprazole. In A. F. Schatzberg & C. B. Nemeroff (Eds.), *The American Psychiatric Publishing textbook of psychopharmacology* (3rd ed., pp. 487-494). Washington, DC: American Psychiatric Publishing.

Lieberman, J. A. (2004b). Quetiapine. In A. F. Schatzberg & C. B. Nemeroff (Eds.), *The American Psychiatric Publishing textbook of psychopharmacology* (3rd ed., pp. 473-486). Washington, DC: American Psychiatric Publishing.

Lieberman, J. A., Stroup, T. S., McEvoy, J. P., Swartz, M. S., Rosenheck, R. A., Perkins, D. O., et al. (2005). Effectiveness of antipsychotic drugs in patients with chronic schizophrenia. *New England Journal of Medicine,* 353, 1209-1223.

Lincoln, T. M. (2007). Relevant dimensions of delusions: Continuing the continuum versus category debate. *Schizophrenia Research,* 93, 211-220.

Linden, D. (2006). How psychotherapy changes the brain: The contribution of functional neuroimaging. *Molecular Psychiatry,* 11(6), 528-538.

Linney, Y. M., & Peters, E. R. (2007). The psychological processes underlying thought interference in psychosis. *Behavior Research and Therapy*, 45, 2726-2741.

Lippa, A. S., Antelman, S. M., Fisher, A. E., & Canfield, D. R. (1973). Neurochemical mediation of reward: A significant role for dopamine? *Pharmacology, Biochemistry, and Behavior*, 1(1), 23-28.

Llorens, S., Schaufeli, W., Bakker, A., & Salanova, M. (2007). Does a positive gain spiral of resources, efficacy beliefs and engagement exist? Computers in Human Behavior, 23(1), 825-841.

Lowens, I., Haddock, G., & Bentall, R. (2007). Auditory hallucinations, negative automatic and intrusive thoughts: Similarities in content and process? Submetido para publicação.

Lukoff, D., Nuechterlein, K. H., & Ventura, J. (1986). Manual for the Expanded Brief Psychiatric Rating Scale. *Schizophrenia Bulletin*, 12, 594-602.

Lyon, H. M., Kaney, S., & Bentall, R. P. (1994). The defensive function of persecutory delusions: Evidence from attribution tasks. *British Journal of Psychiatry*, 164, 637, 646.

MacDonald, A. W., & Carter, C. S. (2002). Cognitive experimental approaches to investigating impaired cognition in schizophrenia: A paradigm shift. *Journal of Clinical and Experimental Neuropsychology*, 24, 873-882.

MacDonald, A., Schulz, S. C., Fatemi, S. H., Gottesman, I. I., Iacono, W., Hanson, D. et al. (n.d.). What we know ... *What we donít know about schizophrenia*. Acesso 21 de agosto de 2008, do website do Schizophrenia Research Forum. www.schizophreniaforum.org/whatweknow.

Maher, B. A. (1983). A tentative theory of schizophrenic utterance. In B. A. Maher & W. B. Maher (Eds.), *Progress in Experimental Personality Research*: Vol. 12. Personality (pp. 1-52). New York: Academic Press.

Maher, B. A. (1988). Anomalous experience and delusional thinking: The logic of explanations. In T. F. Oltmanns & B. A. Maher (Eds.), *Delusional beliefs. Wiley series on personality processes* (pp. 15-33). Oxford, UK: Wiley.

Malla, A. K., Cortese, L., Shaw, T. S., & Ginsberg, B. (1990). Life events and relapse in schizophrenia: A one year prospective study. *Social Psychiatry and Psychiatric Epidemiology*, 25, 221-224.

Malla, A. K., & Norman, R. M. (1992). Relationship of major life events and daily stressors to symptomatology in schizophrenia. *Journal of Nervous and Mental Disease*, 180, 664-667.

Mancevski, B., Keilp, J., Kurzon, M., Berman, R. M., Ortakov, V., Harkavy Friedman, J., et al. (2007). Lifelong course of positive and negative symptoms in chronically institutionalized patients with schizophrenia. *Psychopathology*. 40, 83-92.

Manschreck, T. C., Maher, B. A., Milavetz, J. J., Ames, D. Weinstein, C. C., & Schneyer, M. L. (1988). Semantic priming in thought disordered schizophrenic patients. *Schizophrenia Research*, 1(1), 61-66.

Marder, S. R., & Fenton, W. (2004). Measurement and treatment research to improve cognition in schizophrenia: NIMH MATRICS initiative to support the development of agents for improving cognition in schizophrenia. *Schizophrenia Research*, 72(1), 5-9.

Marder, S. R., & Wirshing, D. A. (2003). Maintenance treatment. In S. R. Hirsch & D. L. Weinberger (Eds.), *Schizophrenia* (2nd ed., pp. 474-488). Malden, MA: Blackwell.

Marder, S. R., & Wirshing, D. A. (2004). Clozapine. In A. F. Schatzberg & C. B. Nemeroff (Eds.), *The American Psychiatric Publishing textbook of psychopharmacology* (3rd ed., pp. 443-456). Washington, DC: American Psychiatric Publishing.

Marengo, J. T., Harrow, M., & Edell, W. S. (1993). Thought disorder. In C. G. Costello (Ed.), *Symptoms of schizophrenia* (pp. 27-55). Oxford, UK: Wiley.

Margo, A., Hemsley, D., & Slade, P. (1981). The effects of varying auditory input on schizophrenic hallucinations. *British Journal of Psychiatry*, 139, 122-127.

Margolis, R. L., Chuang, D. M., & Post, R. M. (1994). Programmed cell death: Implications for neuropsychiatric disorders. *Biological Psychiatry*, 35(12), 946-956.

Mathew, R. J., Duncan, G. C., Weinman, M. L., & Barr, D. L. (1982). Regional cerebral blood flow in schizophrenia. *Archives of General Psychiatry*, 39(10), 1121-1124.

McCabe, R., Leudar, I., & Antaki, C. (2004). Do people with schizophrenia display theory of mind deficits in clinical interactions? *Psychological Medicine*, 34, 401-412.

McCarley, R. W., Wible, C. G., Frumin, M., Hirayasu, Y., Levitt, J. J., Fischer, I. A., et al. (1999). MRI anatomy of schizophrenia. *Biological Psychiatry,* 45(9), 1099-1119.

McEvoy, J. P:, Apperson, L. J., Appelbaum, P. S., Ortlip, P., Brecosky, J., Hammill, K., et al. (1989). Insight in schizophrenia: Its relationship to acute psychopathology. *Journal of Nervous and Mental Disease,* 177(1), 43-47.

McGlashan, T. H., Heinssen, R. K., & Fenton, W. S. (1990). Psychosocial treatment of negative symptoms in schizophrenia. In N. C. Andreasen (Ed.), *Schizophrenia: Positive and negative symptoms and syndromes* (Vol. 24, pp. 175-200). Basel, Switzerland: Karger.

McGlashan, T. H., & Hoffman, R. E. (2000). Schizophrenia as a disorder of developmentally reduced synaptic connectivity. *Archives of General Psychiatry,* 57, 637-648.

McGlashan, T. H., Zipursky, R. B., Perkins, D., Addington, J., Miller, T., Woods, S. W., et al. (2006). Randomized, double-blind trial of olanzapine versus placebo in patients prodromally symptomatic for psychosis. *American Journal of Psychiatry,* 163, 790-799.

McGrath, J. (2005). Myths and plain truths about schizophrenia epidemiology: The NAPE lecture 2004. *Acta Psychiatrica Scandinavica,* 111, 4-11.

McGrath, J., Saha, S., Welham, J., Saadi, O. E., MacCauley, C., & Chant, D. (2004). A systematic review of the incidence of schizophrenia: The distribution of rates and the influence of sex, urbanicity, migrant status and methodology. *BMC Medicine,* 2, 13.

McGuigan, F. (1978). *Cognitive psychophysiology: Principles of covert behavior.* New Jersey: Prentice Hall.

McKenna, P. J. (1994). *Schizophrenia and related syndromes.* Oxford, UK: Oxford University Press.

McKenna, P. J., & Oh, T. M. (2005). *Schizophrenic speech: Making sense of bathroots and ponds that fall in doorways.* New York: Cambridge University Press.

McNeil, T. F., Cantor-Graae, E., & Cardenal, S. (1993). Prenatal cerebral development in individuals at genetic risk for psychosis: Head size at birth in offspring of women with schizophrenia. *Schizophrenia Research,* 10(1),1-5.

McNeil, T. F., Cantor-Graae, E., Nordstrom, L. G., & Rosenlund, T. (1993). Head circumference in "preschizophrenic" and control neonates. *British Journal of Psychiatry,* 162, 517-523.

Meares, R. (1999). The contributions of Hughlings Jackson to understanding dissociation. *American Journal of Psychiatry,* 156, 1850-1855.

Mednick, S. A., Machon, R. A., Huttunen, M. O., & Bonett, D. (1988). Adult schizophrenia following prenatal exposure to an influenza epidemic. *Archives of General Psychiatry,* 45(2), 189-192.

Meehl, P. E. (1962): Schizotaxia, schizotypy, schizophrenia. *American Psychologist,* 17, 827-838.

Meehl, P. E. (1990). Toward an integrated theory of schizotaxia, schizotypy, and schizophrenia. *Journal of Personality Disorders,* 4, 1-99.

Melinder, R. D., & Barch, D. M. (2003). The influence of a working memory load manipulation on language production in schizophrenia. *Schizophrenia Bulletin,* 29, 473-485.

Milev, P., Ho, B., Arndt, S., & Andreasen, N. C. (2005). Predictive values of neurocognition and negative symptoms on functional outcome in schizophrenia: A longitudinal first-episode study with 7-year follow-up. *American Journal of Psychiatry,* 162(3), 495-506.

Miller, E., & Karoni, P. (1996). The cognitive psychology of delusions: A review. *Applied Cognitive Psychology,* 10, 487-502.

Miller, P., Byrne, M., Hodges, A. N., Lawrie, S. M., Owens, D. G. C., & Johnston, E. C. (2002). Schizotypal components in people at high risk of developing schizophrenia: Early findings from the Edinburgh high-risk study. *British Journal of Psychiatry,* 180, 179-184.

Mintz, S., & Alpert, M. (1972). Imagery vividness, reality testing, and schizophrenic hallucinations. *Journal of Abnormal and Social Psychology,* 19, 310-316.

Miyamoto, S., Stroup, T. S., Duncan, G. E., Aoba, A., & Lieberman, J. A. (2003). Acute pharmacological treatment of schizophrenia. In S. R. Hirsch & D. L. Weinberger (Eds.), *Schizophrenia* (2nd ed., pp. 442-473). Malden, MA: Blackwell.

Monroe, S. M. (1983). Major and minor life events as predictors of psychological distress: Further issues and findings. *Journal of Behavioral Medicine,* 6, 189-205.

Moore, M. T., Nathan, D., Elliott, A. R., & Laubach, C. (1935). Encephalographic studies in mental disease: An analysis of 152 cases. *American Journal of Psychiatry,* 92 43-67.

Moran, L. J. (1953). Vocabulary knowledge and usage among normal and schizophrenic subjects. *Psychological Monographs,* 67, 1-19.

Moritz, S., & Woodward, T. S. (2006). A generalized bias against disconfirmatory evidence in schizophrenia. *Psychiatry Research,* 15, 157-165.

Morrison, A. P. (2001). The interpretation of intrusions in psychosis: An integrative cognitive approach to hallucinations and delusions. *Behavioral and Cognitive Psychotherapy,* 29, 257-276.

Morrison, A. P. (2004). The use of imagery in cognitive therapy for psychosis: A case example. *Memory,* 12(4), 517-524.

Morrison, A. P., & Baker, C. A. (2000). Intrusive thoughts and auditory hallucinations: A comparative study of intrusions in psychosis. *Behavior Research and Therapy,* 38, 1097-1107.

Morrison, A. P., French, P., Walford, L., Lewis, S. W., Kilcommons, A., Green, J., et al. (2004). Cognitive therapy for the prevention of psychosis in people at ultra-high risk. *British Journal of Psychiatry,* 185, 291-297.

Morrison, A. P., & Haddock, G. (1997). Cognitive factors in source monitoring and auditory hallucinations. *Psychological Medicine,* 27, 669-679.

Morrison, A. P., Renton, J. C., Dunn, H., Williams, S., & Bentall, R. P. (2004). *Cognitive therapy for psychosis: A formulation-based approach.* Hove, UK: Brunner-Routledge.

Morrison, A. P., Wells, A., & Nothard, S. (2000). Cognitive factors in predisposition to auditory and visual hallucinations. *British Journal of Clinical Psychology*, 39(Pt. 1), 67-78.

Mortensen, P. B., Pedersen, C. B., Westergaard, T., Wohlfahrt, J., Ewald, H., Mors, O., et al. (1999). Effects of family history and season of birth on the risk of schizophrenia. *New England Journal of Medicine,* 340, 603-608.

Muller, B. W., Sartory, G., & Bender, S. (2004). Neuropsychological deficits and concomitant clinical symptoms in schizophrenia. *European Psychologist,* 9, 96-106.

Myin-Germeys, I., Delespaul, P., & van Os, J. (2005). Behavioral sensitization to daily life stress in psychosis. *Psychological Medicine,* 35, 733-741.

Myin-Germeys, I., Krabbendam, L., & van Os, J. (2003). Continuity of psychotic symptoms in the community. *Current Opinion in Psychiatry,* 16, 443-449.

Myin-Germeys, I., van Os, J., Schwartz, J. E., Stone, A. A., & Delespaul, P. A. (2001). Emotional reactivity to daily life stress in psychosis. *Archives of General Psychiatry,* 58, 1137-1144.

Nash, J. F. (2002). Autobiography. In H. Kuhn, *The essential John Nash* (pp. 5-12). Princeton, NJ: Princeton University Press.

Nasrallah, H., & Smeltzer, M. (2002). *Contemporary diagnosis and management of the patient with schizophrenia.* Newtown, PA: Handbooks in Health Care Company.

Nayani, T. H., & David, A. S. (1996). The auditory hallucination: A phenomenological survey. *Psychological Medicine,* 26, 177-189.

Nelson, H. E. (1997). *Cognitive behavioural therapy with schizophrenia: A practice manual.* Cheltenham, UK: Stanley Thornes.

Nelson, H. E. (2005). *Cognitive-behavioural therapy with delusions and hallucinations: A practice manual* (2nd ed.). Cheltenham, UK: Nelson Thornes.

Ngan, E. T., & Liddle, P. F. (2000). Reaction time, symptom profiles and course of illness in schizophrenia. *Schizophrenia Research,* 46(2-3), 195-201.

Nicol, S. E., & Gottesman, I. I. (1983). Clues to the genetics and neurobiology of schizophrenia. *American Scientist,* 71, 398-404.

Norman, D. A., & Shallice, T. (1986). Attention to action: Willed and automatic control of behavior. (Center for Human Information Processing Technical Report No. 99, rev. ed.). In R. J. Davidson, G. E. Schartz, & D. Shapiro (Eds.), *Consciousness and self-regulation: Advances in research* (pp. 1-18). New York: Plenum Press.

Norman, R. M. G., & Malla, A. K. (1991). Subjective stress in schizophrenic patients. *Social Psychiatry and Psychiatric Epidemiology,* 26, 212-216.

Norman, R. M. G., Malla, A. K., Cortese, L., Cheng, S., Diaz, K., McIntosh, E., et al. (1999). Symptoms and cognition as predictors of community functioning: A prospective analysis. *American Journal of Psychiatry,* 156(3), 400-405.

Novaco, R. W. (1994). Anger as a risk factor for violence among the mentally disordered. In J.

Monahan & H. Steadman (Eds.), *Violence and mental disorder: Developments in risk assessment* (pp. 21-60). Chicago: University of Chicago Press.

Nuechterlein, K. H., & Dawson, M. E. (1984). Information processing and attentional functioning in the developmental course of schizophrenic disorders. *Schizophrenia Bulletin*, 10, 160-203.

Nuechterlein, K. H., Edell, W. S., Norries, M., & Dawson, M. E. (1986). Attentional vulnerability indicators, thought disorder, and negative symptoms. *Schizophrenia Bulletin*, 12, 408-426.

Nuechterlein, K. H., & Subotnik, K. L. (1998). The cognitive origins of schizophrenia and prospects for intervention. In T. Wykes, N. Tarrier, & S. Lewis (Eds.), *Outcomes and innovations in psychological treatment of schizophrenia* (pp. 17-41). Chichester, UK: Wiley.

O'Callaghan, E., Larkin, C., Kinsella, A., & Waddington, J. L. (1991). Familial, obstetric, and other clinical correlates of minor physical anomalies in schizophrenia. *American Journal of Psychiatry*, 148, 479-483.

O'Donnell, P., & Grace, A. A. (1998). Dysfunctions in multiple interrelated systems as the neurobiological bases of schizophrenic symptom clusters. *Schizophrenia Bulletin*, 24(2), 267-283.

O'Donnell, P., & Grace, A. A. (1999). Disruption of information flow within cortical-limbic circuits and the pathophysiology of schizophrenia. In C. A. Tamminga (Ed.), *Schizophrenia in a molecular age* (pp. 109-140). Washington, DC: American Psychiatric Association.

O'Donovan, M. C., & Owen, M. J. (1996). The molecular genetics of schizophrenia. *Annals of Medicine*, 24, 541-546.

O'Flynn, K. O., Gruzelier, J., Bergman, A., & Siever, L. J. (2003). The schizophrenia spectrum personality disorders. In S. R. Hirsch & D. L. Weinberger (Eds.), *Schizophrenia* (2nd ed., pp. 80-100). Malden, MA: Blackwell.

O'Leary, D. S., Flaum, M., Kesler, M. L., Flashman, L. A., Arndt, S., & Andreasen, N. C. (2000). Cognitive correlates of the negative, disorganized, and psychotic symptom dimensions of schizophrenia. *Journal of Neuropsychiatry and Clinical Neuroscience*, 12(1), 4-15.

Olney, J. W., & Farber, N. B. (1995). Glutamate receptor dysfunction and schizophrenia. *Archives of General Psychiatry*, 52, 998-1007.

Oltmanns, T. F. (1978). Selective attention in schizophrenic and manic psychoses: The effect of distraction on information processing. *Journal of Abnormal Psychology*, 87(2), 212-225.

Oltmanns, T. F., & Neale, J. M. (1978). Distractibility in relation to other aspects of schizophrenic disorder. In S. Schwartz (Ed.), *Language and cognition in schizophrenia* (pp. 117-143). Hillsdale, NJ: Erlbaum.

Overall, J. E., & Gorham, D. R. (1962). The Brief Psychiatric Rating Scale. *Psychological Reports*, 10, 799-812.

Owen, M. J., Craddock, N., & OíDonovan, M. C. (2005). Schizophrenia: Genes at last? *Trends in Genetics*, 9, 518-525.

Owens, D. G. C., & Johnstone, E. C. (2006). Precursors and prodromata of schizophrenia: Findings from the Edinburgh high-risk study and their literature context. *Psychological Medicine*, 36, 1501-1514.

Pakkenberg, B. (1990). Pronounced reduction of total neuron number in mediodorsal thalamic nucleus and nucleus accumbens in schizophrenics. *Archives of General Psychiatry*, 47(11), 1023-1028.

Palmer, B. A., Pankratz, V S., & Bostwick, J. M. (2005). The lifetime risk of suicide in schizophrenia: A reexamination. *Archives of General Psychiatry*, 62(3), 247-253.

Palmer, B. W., Heaton, R. K., Paulsen, J. S., Kuck, J., Braff, D., Harris, M. J., et al. (1997). Is it possible to be schizophrenic yet neuropsychologically normal? *Neuropsychology*, 11, 437-446.

Pearlson, G. D., Petty, R. G., Ross, C. A., & Tien, A. Y. (1996). Schizophrenia: A disease of heteromodal association cortex? *Neuropsychopharmacology*, 14(1), 1-17.

Pedrelli, P., McQuaid, J. R., Granholm, E., Patterson, T. L., McClure, F., Beck, A. T., et al. (2004). Measuring cognitive insight in middle-aged and older patients with psychotic disorders. *Schizophrenia Research*, 71, 297-305.

Pelton, J. (2002). Managing expectations. In D. Kingdon & D. Turkington (Eds.), *A case study guide to cognitive behaviour therapy of psychosis* (pp. 137-157). Chichester, UK: Wiley.

Penades, R., Boget, T., Lomena, F., Bernardo, M., Mateos, J. J., Laterza, C., et al. (2000). Brain perfusion and neuropsychological changes in schizophrenia patients after cognitive rehabilitation. *Psychiatry Research: Neuroimaging*, 98,127-132.

Peralta, P. V., Cuesta, M. J., & de Leon, J. (1991). Premorbid personality and positive and negative symptoms in schizophrenia. *Acta Psychiatrica Scandinavica*, 84, 336-339.

Peralta, P. V., Cuesta, M. J., & de Leon, J. (1992). Formal thought disorder in schizophrenia: A factor analytic study. *Comprehensive Psychiatry*, 33(2), 105-110.

Peralta, V., de Leon, J., & Cuesta, M. J. (1992). Are there more than two syndromes in schizophrenia? A critique of the positive-negative dichotomy. *British Journal of Psychiatry*, 161, 335-343.

Perivoliotis, D., Morrison, A. P., Grant, P. M., French, P., & Beck, A. T. (2009). Negative performance beliefs and negative symptoms in individuals at ultra high risk of psychosis: A preliminary study. *Psychopathology*, 42(6), p. 375-379.

Peters, E. R., Joseph, S. A., & Garety, P. A. (1999). Measurement of delusional ideation in the normal population: Introducing the PDI (Peters et al. Delusions Inventory). *Schizophrenia Bulletin*, 25, 553-76.

Peters, E. R., Pickering, A. D., Kent, A., Glasper, A., Irani, M., David, A. S., et al. (2000). The relationship between cognitive inhibition and psychotic symptoms. *Journal of Abnormal Psychology*, 109, 386-95.

Peuskens, J. (2002). New perspectives in antipsychotic pharmacotherapy. In M. Maj & N. Sartorius (Eds.), *Schizophrenia* (2nd ed.). West Sussex, UK: Wiley.

Phillips, M. L., & David, A. S. (1997). Viewing strategies for simple and chimeric faces: An investigation of perceptual bias in normals and schizophrenic patients using scan paths. *Brain and Cognition*, 35, 225-238.

Phillips, W. A., & Silverstein, S. M. (2003). Convergence of biological and psychological perspectives on cognitive coordination in schizophrenia. *Behavioral and Brain Sciences*, 26, 65-137.

Pilling, S., Bebbington, P., Kuipers, E., Garety, P., Geddes, J., Orbach, G., et al. (2002). Psychological treatments in schizophrenia: l. Meta-analysis of family intervention and cognitive behavioral therapy. *Psychological Medicine*, 32, 763-782.

Pinninti, N. R., Stolar, N., & Temple, S. (2005). 5-minute first aid for psychosis. *Current Psychiatry*, 4, 36-48.

Portas, C. M., Goldstein, J. M., Shenton, M. E., Hokama, H. H., Wible, C. G., Fischer, I., et al. (1998). Volumetric evaluation of the thalamus in schizophrenic male patients using magnetic resonance imaging. *Biological Psychiatry*, 43(9), 649-659.

Posey, T., & Losch, M. (1983). Auditory hallucinations of hearing voices in 375 normal subjects. *Imagination, Cognition and Personality*, 2, 99-113.

Post, R. M., Fink, E., Carpenter, W. T., Jr., & Goodwin, F. K. (1975). Cerebrospinal fluid amine metabolites in acute schizophrenia. *Archives of General Psychiatry*, 32(8), 1063-1069.

Practice Guideline for the Treatment of Patients with Schizophrenia, Second Edition. (2004). *American Journal of Psychiatry*, 161(2).

Pretzer, J., & Beck, A. T. (2007). Cognitive approaches to stress and stress management. In D. H. Barlow, P. M. Lehrer, R. L. Woolfolk, & W. E. Sime (Eds.), *Principles and practice of stress management* (3rd ed., pp. 465-496). New York: Guilford Press.

Ralph, R. O., & Corrigan, P. W. (2005). *Recovery in mental illness: Broadening our understanding of wellness*. Washington, DC: American Psychological Association.

Ramachandran, V. S., & Blakeslee, S. (1998). *Phantoms in the brain*. New York: Morrow.

Rankin, P., & OíCarroll, P. (1995). Reality monitoring and signal detection in individuals prone to hallucinations. *British Journal of Clinical Psychology*, 34, 517-528.

Read, J., Perry, B. D., Moskowitz, A., & Connolly, J. (2001). The contribution of early traumatic events to schizophrenia in some patients: A traumagenic neurodevelopmental model. *Psychiatry: Interpersonal and Biological Processes*, 64, 319-345.

Read, J., van Os, J., Morrison, A. P., & Ross, C. A. (2005). Childhood trauma, psychosis and schizophrenia: A literature review with theoretical and clinical implications. *Acta Psychiatrica Scandinavica*, 112, 330-350.

Rector, N. A. (2004). Dysfunctional attitudes and symptom expression in schizophrenia: Differential associations with paranoid delusions and negative symptoms. *Journal of Cognitive Psychotherapy: An International Quarterly,* 18(2), 163-173.

Rector, N. A. (2007). Homework use in cognitive therapy for psychosis: A case formulation approach. *Cognitive and Behavioural Practice,* 14(3), 303-316.

Rector, N. A., & Beck, A. T. (2001). Cognitive behavioral therapy for schizophrenia: An empirical review. *Journal of Nervous and Mental Disease,* 189, 278-287.

Rector, N. A., & Beck, A. T. (2002). Cognitive therapy for schizophrenia: From conceptualisation to intervention. *Canadian Journal of Psychiatry,* 47, 41-50.

Rector, N. A., Beck, A. T., & Stolar, N. (2005). The negative symptoms of schizophrenia: A cognitive perspective. *Canadian Journal of Psychiatry,* 50, 247-257.

Rector, N. A., Seeman, M. V., & Segal, Z. V. (2002). *The role of the therapeutic alliance in cognitive therapy for schizophrenia.* Artigo apresentado na reunião anual da Association for the Advancement of Behavior Therapy, Reno, NV.

Rector, N. A., Seeman, M. V., & Segal, Z.V. (2003). Cognitive therapy for schizophrenia: A preliminary randomized controlled trial. *Schizophrenia Research,* 63, 1-11.

Rees, W. J. (1971). On the terms "subliminal perception" and "subception." *British Journal of Psychology,* 62, 501-504.

Reichenberg, A., & Harvey, P. D. (2007). Neuropsychological impairments in schizophrenia: Integration of performance-based and brain imaging findings. *Psychological Bulletin,* 153(5), 833-858.

Reichenberg, A., Weiser, M., Rapp, M. A., Rabinowitz, J., Caspi, A., Schmeidler, J., et al. (2005). Elaboration on premorbid intellectual performance in schizophrenia: Premorbid intellectual decline and risk for schizophrenia. *Archives of General Psychiatry,* 62, 1297-1304.

Riley, B. P., & Kendler, K. S. (2005). Schizophrenia: Genetics. In B. J. Sadock & V. A. Sadock (Eds.), *Kaplan and Sadockís comprehensive textbook of psychiatry* (8th ed., pp. 1354-1371). Philadelphia: Lippincott, Williams & Wilkins.

Robins, C. J., Ladd, J., Welkowitz, J., Blaney, P. H., Diaz, R., & Kutcher, G. (1994). The Personal Style Inventory: Preliminary validation studies of new measures of sociotropy and autonomy. *Journal of Psychopathology and Behavioral Assessment,* 16, 277-280.

Robinson, D. G., Woerner, M. G., McMeniman, M., Mendelowitz, A., & Bilder, R. M. (2004). Symptomatic and functional recovery from a first episode of schizophrenia or schizoaffective disorder. *American Journal of Psychiatry,* 161(3), 473-479.

Roffman, J., Marci, C., Glick, D.; Dougherty, D., & Rauch, S. (2005). Neuroimaging and the functional neuroanatomy of psychotherapy. *Psychological Medicine,* 35(10), 1385-1398.

Romer, D., & Walker, E. F. (2007). *Adolescent psychopathology and the developing brain: Integrating brain and prevention science.* New York: Oxford University Press.

Romme, M., & Escher, D. (1989). Hearing voices. *Schizophrenia Bulletin,* 15, 209-216.

Romme, M., & Escher, D. (1994). Hearing voices. *British Medical Journal,* 309, 670-670.

Rosenfarb, I. S., Goldstein, M. J., Mintz, J., & Nuechterlein, K. H. (1995). Expressed emotion and subclinical psychopathology observable within the transactions between schizophrenic patients and their family members. *Journal of Abnormal Psychology,* 104(2), 259-267.

Rosenheck, R. A., Leslie, D. L., Sindelar, J., Miller, E. A., Lin, H., Stroup, T. S., et al. (2006). Cost-effectiveness of second-generation antipsychotics and perphenazine in a randomized trial of treatment for chronic schizophrenia. *American Journal of Psychiatry,* 163(12), 2080-2089.

Rosenthal, D., Wender, P. H., Kety, S. S., Schulsinger, F., Welner, J., & Ostergaard, L. (1968). Schizophrenicís offspring reared in adoptive homes. In D. Rosenthal & S. S. Kety (Eds.), *The transmission of schizophrenia* (pp. 377-391). Oxford, UK: Pergamon.

Rosoklija, G., Toomayan, G., Ellis, S. P., Keilp, J., Mann, J. J., Latov, N., et al. (2000). Structural abnormalities of subicular dendrites in subjects with schizophrenia and mood disorders: Preliminary findings. *Archives of General Psychiatry,* 57(4), 349-356.

Rosvold, H. E., Mirsky, A. F., Sarason, I., Bransome, E. D., & Beck, L. H. (1956). A continuous performance test of brain damage. *Journal of Consulting Psychology,* 20, 343-350.

Rund, B. R. (1990). Fully recovered schizophrenics: A retrospective study of some premorbid and treatment factors. *Psychiatry: Journal for the Study of Interpersonal Processes,* 53(2), 127-139.

Saha, S., Chant, D., & McGrath, J. (2007). A systematic review of mortality in schizophrenia: Is the differential mortality gap worsening over time? *Archives of General Psychiatry,* 64(10), 1123-1131.

Sajatovic, M., & Ramirez, L. F. (2003). *Rating scales in mental health* (2nd ed.). Hudson, OH: Lexi-Comp.

Salomé, F., Boyer, P., & Fayol, M. (2002). Written but not oral verbal production is preserved in young schizophrenic patients. *Psychiatry Research,* 111(2-3), 137-145.

Sapolsky, R. M. (1992). *Stress, the aging brain, and the mechanisms of neuron death.* Cambridge, MA: MIT Press.

Satel, S. L., & Sledge, W. H. (1989). Audiotape playback as a technique in the treatment of schizophrenic patients. *American Journal of Psychiatry,* 146(8), 1012-1016.

Satorius, N., Jablensky, A., Korten, A., Ernberg, G., Anker, M., Cooper, J., et al. (1986). Early manifestations and first contact incidence of schizophrenia in different countries. *Psychological Medicine,* 16, 909-928.

Saykin, A. J., Gur, R. C., Gur, R. E., Mozley, P. D., Mozley, L. H., Resnick, S. M., et al. (1991). Neuropsychological function in schizophrenia: Selective impairment in memory and learning. *Archives of General Psychiatry,* 48(7), 618-624.

Schneider, K. (1959). *Clinical psychopathology.* New York: Grune & Stratton.

Schultz, S. K., & Andreasen, N. C. (1999). Schizophrenia. *Lancet,* 353(9162), 1425-1430.

Schulz, S. C., Olson, S., & Kotlyar, M. (2004). Olanzapine. In A. F. Schatzberg & C. B. Nemeroff (Eds.), *The American Psychiatric Publishing textbook of psychopharmacology* (3rd ed., pp. 457-472). Washington, DC: American Psychiatric Publishing.

Schürhoff, F., Szöke, A., Meary, A., Bellivier, F., Rouillon, F., Pauls, D., et al. (2003). Familial aggregation of delusional proneness in schizophrenia and bipolar pedigrees. *American Journal of Psychiatry,* 160, 1313-1319.

Seckinger, S. S. (1994). Relationships: Is 1-900 all there is? *The Journal of the California Alliance for the Mentally Ill,* 5, 19-20.

Seeman, P. (1987). Dopamine receptors and the dopamine hypothesis of schizophrenia. *Synapse,* 1(2), 133-152.

Seeman, P., Chau-Wong, M., Tedesco, J., & Wong, K. (1975). Brain receptors for antipsychotic drugs and dopamine: Direct binding assays. *Proceedings of the National Academy of Sciences, USA,* 72, 4376-4380.

Seeman, P., Ulpian, C., Bergeron, C., Riederer, P., Jellinger, K., Gabriel, E., et al. (1984). Bimodal distribution of dopamine receptor densities in brains of schizophrenics. *Science,* 225, 728-731.

Seikmeier, P. J., & Hoffman, R. E. (2002). Enhanced semantic priming in schizophrenia: A computer model based on excessive pruning of local connections in association cortex. *British Journal of Psychiatry,* 180, 345-350.

Selten, J. P., Brown, A. S., Moons, K. G., Slaets, J. P., Susser, E. S., & Kahn, R. S. (1999). Prenatal exposure to the 1957 influenza pandemic and non-affective psychosis in The Netherlands. *Schizophrenia Research,* 38(2-3), 85-91.

Sensky, T., Turkington, D., Kingdon, D., Scott, J. L., Scott, J., Siddle, R., et al. (2000). A randomized controlled trial of cognitive-behavioral therapy for persistent symptoms in schizophrenia resistant to medication. *Archives of General Psychiatry,* 57(2), 165-172.

Shahzad, S., Suleman, M-I., Shahab, H., Mazour, I., Kaur, A., Rudzinskiy, P., et al. (2002). Cataract occurrence with antipsychotic drugs. *Psychosomatics,* 43, 354-359.

Shallice, T. (1982). Specific impairments of planning. *Philosophical Transactions of the Royal Society London, Series B, Biological Sciences,* 298(1089), 199-209.

Shallice, T., & Evans, M. E. (1978). The involvement of the frontal lobes in cognitive estimation. *Cortex,* 14(2), 294-303.

Shergill, S. S., Cameron, L. A., & Brammer, M. J. (2001). Modality specific neural correlates of auditory and somatic hallucinations. *Journal of Neurology, Neurosurgery, and Psychiatry,* 71, 688-690.

Silbersweig, D. A., Stern, E., Frith, C., Cahill, C., Holmes, A., Grootoonk, S., et al. (1995). A functional neuroanatomy of hallucinations in schizophrenia. *Nature*, 378(6553), 176-179.

Slade, P. D. (1976). An investigation of psychological factors involved in the predisposition to auditory hallucinations. *Psychological Medicine*, 6, 123-132.

Slade, P. D., & Bentall, R. (1988). *Sensory deception: A scientific analysis of hallucination.* Baltimore: Johns Hopkins University Press.

Smith, B., Fowler, D. G., Freeman, D., Bebbington, P., Bashforth, H., Garety, P., et al. (2006). Emotion and psychosis: Links between depression, self-esteem, negative schematic beliefs and delusions and hallucinations. *Schizophrenia Research*, 86, 181-188.

Smith, E., & Jonides, J. (2003). Executive control and thought. In L. R. Squire, F. E. Bloom, S. K. McConnell, J. L. Roberts, N. C. Spitzer, & M. J. Zigmond (Eds.), *Fundamental neuroscience* (2nd ed., pp. 1353-1394). San Diego: Academic Press.

Smith, N., Freeman, D., & Kuipers, E. (2005). Grandiose delusions: An experimental investigation of the delusion as defense. *Journal of Nervous and Mental Disease*, 193, 480-487.

Spauwen, J., Krabbendam, L., Lieb, R., Wittchen, H., & van Os, J. (2006). Impact of psychological trauma on the development of psychotic symptoms: Relationship with psychosis proneness. *British Journal of Psychiatry*, 188, 527-533.

Speilberger, C. D., Gorusch, R. L., Lushene, R. E., Vagg, P. R., & Jacobs, G. A. (1983). *Manual for the State-Trait Anxiety Inventory.* Palo Alto, CA: Consulting Psychologists Press.

Spence, S. A., Hirsch, S. R., Brooks, D. J., & Grasby, P. M. (1998). Prefrontal cortex activity in people with schizophrenia and control subjects: Evidence from positron emission tomography for remission of "hypofrontality" with recovery from acute schizophrenia. *British Journal of Psychiatry*, 172, 316-323.

Spitzer, M., Braun, U., Hermle, L., & Maier, S. (1993). Associative semantic network dysfunction in thought-disordered schizophrenic patients: Direct evidence from indirect semantic priming. *Biological Psychiatry*, 34(12), 864-877.

Spitzer, M., Weisker, I., Winter, M., Maier, S., Hermle, L., & Maher, B. A. (1994). Semantic and phonological priming in schizophrenia. *Journal of Abnormal Psychology*, 103(3), 485-494.

Stahl, S. M. (1999). *Psychopharmacology of antipsychotics.* London: Dunitz.

Starker, S., & Jolin, A. (1982). Imagery and hallucination in schizophrenic patients. *Journal of Nervous and Mental Disease*, 170, 448-451.

Starker, S., & Jolin, A. (1983). Occurrence and vividness of imagery in schizophrenic thought: A thought-sampling approach. *Imagination, Cognition, and Personality*, 3, 49-60.

Startup, H., Freeman, D., & Garety, P. (2007). Persecutory delusions and catastrophic worry in psychosis: Developing the understanding of delusion distress and persistence. *Behaviour, Research and Therapy*, 45, 523-537.

Steen, R. G., Mull, C., McClure, R., Hamer, R. M., & Lieberman, J. A. (2006). Brain volume in first-episode schizophrenia: Systematic review and meta-analysis of magnetic resonance imaging studies. *British Journal of Psychiatry*, 188, S10-S18.

Steer, R. A., Kumar, G., Pinninti, N. R., & Beck, A. T. (2003). Severity and internal consistency of self-reported anxiety in psychotic outpatients. *Psychological Reports*, 93,1233-1238.

Stefanis, N. C., Hanssen, M., Smirnis, N. K., Avramopoulos, D. A., Evdokimidis, I. K., Stefanis, C. N., et al. (2002). Evidence that three dimensions of psychosis have a distribution in the general population. *Psychological Medicine*, 32, 347-358.

Stern, Y. (2002) What is cognitive reserve? Theory and research application of the reserve concept. *Journal of the International Neuropsychological Society*, 8, 448-460.

Stolar, N. (2004). Cognitive conceptualization of negative symptoms in schizophrenia. *Journal of Cognitive Psychotherapy: An International Quarterly*, 18, 237-253.

Stolar, N., Berenbaum, H., Banich, M. T., & Barch, D. M. (1994). Neuropsychological correlates of alogia and affective flattening in schizophrenia. *Biological Psychiatry*, 35, 164-172.

Strauss, J. S. (1969). Hallucinations and delusions as points on continua function: Rating scale evidence. *Archives of General Psychiatry*, 21, 581-586.

Strauss, J. S. (1989). Mediating processes in schizophrenia. *British Journal of Psychiatry*, 155 (5), S22-S28.

Strauss, J. S., & Carpenter, W. T., Jr. (1972). The prediction of outcome in schizophrenia: I. Characteristics of outcome. *Archives of General Psychiatry,* 27(6), 739-746.

Strauss, J. S., Carpenter, W. T., Jr., & Bartko, J. J. (1975). Speculations on the processes that underlie schizophrenic symptoms and signs: III. *Schizophrenia Bulletin,* 11, 61-69.

Strauss, J. S., Rakfeldt, J., Harding, C. M., & Lieberman, P. (1989). Psychological and social aspects of negative symptoms. *British Journal of Psychiatry,* 155, 128-132.

Stroup, T. S., Kraus, J. E., & Marder, S. R. (2006). Pharmacotherapies. In J. A. Lieberman, T. S. Stroup, & D. O. Perkins (Eds.), *Textbook of schizophrenia* (pp. 303-325). Washington, DC: American Psychiatric Association.

Sullivan, P. F., Kendler, K. S., & Neale, M. C. (2003). Schizophrenia as a complex trait. *Archives of General Psychiatry,* 60, 1187-1192.

Sullivan, P. F., Owen, M. J., OíDonovan, M. C., & Freedman, R. (2006). Genetics. In J. A. Lieberman, T. S. Stroup, & D. O. Perkins (Eds.), *Textbook of schizophrenia* (pp. 39-53). Washington, DC: American Psychiatric Association.

Susser, E., Neugebauer, R., Hoek, H. W., Brown, A. S., Lin, S., Labovitz, D., et al. (1996). Schizophrenia after prenatal famine: Further evidence. *Archives of General Psychiatry,* 53(1), 25-31.

Szeszko, P. R., Bilder, R. M., Lencz, T., Pollack, S., Alvir, J. M., Ashtari, M., et al. (1999). Investigation of frontal lobe subregions in first-episode schizophrenia. *Psychiatry Research,* 90(1), 1-15.

Tamminga, C. A. (1998). Schizophrenia and glutamatergic transmission. *Critical Reviews in Neurobiology,* 12(1-2), 21-36.

Tarrier, N. (1992). Psychological treatment of positive schizophrenia symptoms. In D. Kavanaugh (Ed.), *Schizophrenia: An overview and practical handbook* (pp. 356-373). London: Chapman & Hall.

Tarrier, N., Yusupoff, L., Kinney, C., McCarthy, E., Gledhill, A., Haddock, G., et al. (1998). Randomised controlled trial of intensive cognitive behaviour therapy for patients with chronic schizophrenia. *British Medical Journal,* 317, 303-307.

Taylor, J. L., & Kinderman, P. (2002). An analogue study of attributional complexity, theory of mind deficits and paranoia. *British Journal of Psychology,* 93, 137-140.

Tien, A. Y. (1991). Distributions of hallucinations in the population. *Social Psychiatry and Psychiatric Epidemiology,* 26, 287-292.

Tienari, P., Sorri, A., Lahti, I., Naarala, M., Wahlberg, K. E., Moring, J., et al. (1987). Genetic and psychosocial factors in schizophrenia: The Finnish Adoptive Family Study. *Schizophrenia Bulletin,* 13, 477-484.

Tienari, P., Wynne, L. C., Sorri, A., Lahti, I., Laksy, K. Moring, J., et al. (2004). Genotype-environment interaction in schizophrenia-spectrum disorder: Long-term follow-up study of Finnish adoptees. *British Journal of Psychiatry,* 184, 216-222.

Tompkins, M. A. (2004). *Using homework in psychotherapy: Strategies, guidelines, and forms.* New York: Guilford Press.

Torrey, E. F., Bowler, A. E., Taylor, E. H., & Gottesman, I. I. (1994). *Schizophrenia and manic-depressive disorder: The biological roots of mental illness as revealed by the landmark study of identical twins.* New York: Basic Books.

Turkington, D., Sensky, T., Scott, J., Barnes, T. R. E., Nut, U., Siddle, R., et al. (2008). A randomized controlled trial of cognitive-behavior therapy for persistent symptoms in schizophrenia: A five year follow up. *Schizophrenia Research,* 98(1-3), 1-7.

Valmaggia, L. R., Freeman, D., Green, C., Garety, P., Swapp, D., Antley, A., et al. (2007). Virtual reality and paranoid ideations in people with an at-risk mental state for psychosis. *British Journal of Psychiatry,* 191, 563-568.

van Kammen, D. P., van Kammen, W. B., Mann, L. S., Seppala, T., & Linnoila, M. (1986). Dopamine metabolism in the cerebrospinal fluid of drug-free schizophrenic patients with and without cortical atrophy. *Archives of General Psychiatry,* 43(10), 978-983.

van Os, J., & Krabbendam, L. (2002, September). *Cognitive epidemiology as a tool to investigate psychological mechanisms of psychosis.* Paper presented at the annual meeting of the European Association for Behavioural and Cognitive Therapies, Maastricht, the Netherlands.

van Os, J., & Selton, J.-P. (1998). Prenatal exposure to maternal stress and subsequent schizophrenia: The

May 1940 invasion of the Netherlands. *British Journal of Psychiatry,* 172, 324-326.

van Os, J., & Verdoux, H. (2003). Diagnosis and classification of schizophrenia: Categories versus dimensions, distributions versus disease. In R. M. Murray, P. B. Jones, E. Susser, J. van Os, & M. Cannon (Eds.), *The epidemiology of schizophrenia* (pp. 364-410). Cambridge, UK: Cambridge University Press.

van Os, J., Verdoux, H., Bijl, R., & Ravelli, A. (1999). Psychosis as a continuum of variation in dimensions of psychopathology. In H. Hafner & W. Gattaz (Eds.), *Search for the causes of schizophrenia* (Vol. IV, pp. 59-80). Berlin: Springer.

Vaughan, S., & Fowler, D. (2004). The distress experienced by voice hearers is associated with the perceived relationship between the voice hearer and the voice. *British Journal of Clinical Psychology,* 43(2), 143-153.

Velakoulis, D., Wood, S. J., Wong, M. T. H., McGorry, P. D., Yung, A., Phillips, L., et al. (2006). Hippocampal and amygdala volumes according to psychosis stage and diagnosis: A magnetic resonance imaging study of chronic schizophrenia, first-episode psychosis, and ultra-high-risk individuals. *Archives of General Psychiatry,* 63, 139-149.

Velligan, D. I., Mahurin, R. K., Diamond, P. L., Hazleton, B. C., Eckert, S. L., & Miller, A. L. (1997). The functional significance of symptomatology and cognitive function in schizophrenia. *Schizophrenia Research,* 25, 21-31.

Ventura, J., Nuechterlein, K. H., Green, M. F., Horan, W. P., Subotnik, K. L., & Mintz, J. (2004). The timing of negative symptom exacerbations in relationship to positive symptom exacerbations in the early course of schizophrenia. *Schizophrenia Research,* 69(2-3), 333-342.

Versmissen, D., Janssen, I., Johns, L., McGuire, P., Drukker, M., Campo, J. À., et al. (2007). Verbal self-monitoring in psychosis: A non-replication. *Psychological Medicine,* 37, 569-576.

Vita, A., De Peri, L., Silenzi, C., & Dieci, M. (2006). Brain morphology in first-episode schizophrenia: A meta-analysis of quantitative magnetic resonance imaging studies. *Schizophrenia Research,* 82, 75-88.

Vita, A., Dieci, M., Silenzi, C., Tenconi, F., Giobbio, G. M., & Invernizzi, G. (2000). Cerebral ventricular enlargement as a generalized feature of schizophrenia: A distribution analysis on 502 subjects. *Schizophrenia Research,* 44, 25-34.

Volkow, N. D., Wolf, A. P., Van Gelder, P., Brodie, J. D., Overall, J. E., Cancro, R., et al. (1987). Phenomenological correlates of metabolic activity in 18 patients with chronic schizophrenia. *American Journal of Psychiatry,* 144(2), 151-158.

Walder, D. J., Walker, E. J., & Lewine, R. J. (2000). Cognitive functioning, cortisol release, and symptom severity in patients with schizophrenia. *Biological Psychiatry,* 48, 1121-1132.

Walker, E. F. (1994). Neurodevelopmental precursors of schizophrenia. In A. S. David & J. C. Cutting (Eds.), *The neuropsychology of schizophrenia.* Hove, UK: Erlbaum.

Walker, E. F. (2002). Risk factors and the neurodevelopmental course of schizophrenia. *European Psychiatry,* 17(Suppl. 4), 363-369.

Walker, E. F., Baum, K. M., & Diforio, D. (1998). Developmental changes in the behavioral expression of vulnerability for schizophrenia. In M. F. Lenzenweger & R. H. Dworkin (Eds.), *Origins and development of schizophrenia: Advances in experimental psychopathology* (pp. 469-491). Washington, DC: American Psychological Association.

Walker, E. F., & Diforio, D. (1997). Schizophrenia: A neural diathesis-stress model. *Psychological Review,* 104, 667-685.

Walker, E. F., Grimes, K. E., Davis, D. M., & Smith, A. J. (1993). Childhood precursors of schizophrenia: Facial expressions of emotion. *American Journal of Psychiatry,* 150, 1654-1660.

Walker, E., & Harvey, P. (1986). Positive and negative symptoms in schizophrenia: Attentional performance correlates. *Psychopathology,* 19(6), 294-302.

Walker, E., Kestler, L., Bollini, A., & Hochman, K. M. (2004). Schizophrenia: Etiology and course. *Annual Review of Psychology,* 55, 401-430.

Walker, E., Lewine, R. J., & Neumann, C. (1996). Childhood behavioral characteristics and adult brain morphology in schizophrenia. *Schizophrenia Research,* 22, 93-101.

Walker, E., McMillan, A., & Mittal, V. (2007). Neurohormones, neurodevelopment and the prodrome of psychosis in adolescence. In D. Romer & E. F. Walker (Eds.), *Adolescent psychopathology and the developing brain: Integrating brain and prevention science* (pp. 264-283). New York: Oxford University Press.

Warman, D. M., Lysaker, P. H., & Martin, J. M. (2007). Cognitive insight and psychotic disorder: The impact of active delusions. *Schizophrenia Research, 90*, 325-333.

Warner, R. (2004). *Recovery from schizophrenia: Psychiatry and political economy* (3rd ed.). Hove, UK: Brunner-Routledge.

Warner, R., & de Girolamo, G. (1995). *Epidemiology of mental disorders and psychosocial problems: Schizophrenia.* Geneva: World Health Organization.

Waters, F. A. V., Badcock, J. C., Maybery, M. T., & Michie, P. T. (2004). *The role of affect in auditory hallucinations of schizophrenia.* Unpublished doctoral dissertation, University of Western Australia, Crawley.

Waters, F. A. V., Badcock, J. C., Michie, P. T., & Maybery, M. T. (2006). Auditory hallucinations in schizophrenia: Intrusive thoughts and forgotten memories. *Cognitive Neuropsychiatry,* 11, 65-83.

Watts, F. N., Powell, G. E., & Austin, S. V. (1997). The modification of abnormal beliefs. *British Journal of Medical Psychology,* 46, 359-363.

Wegner, D. M., Schneider, D. J., Carter, S. R., & White, T. L. (1987). Paradoxical effects of thought suppression. *Journal of Personality and Social Psychology,* 53, 5-13.

Weinberger, D. R. (1987). Implications of normal brain development for the pathogenesis of schizophrenia. *Archives of General Psychiatry,* 44, 660-669.

Weinberger, D. R. (1996). On the plausibility of "the neurodevelopmental hypothesis" of schizophrenia. *Neuropsychopharmacology,* 14(Suppl. 3), 1S-11S.

Weinberger, D. R., Berman, K. F., & Zec, R. F. (1986). Physiologic dysfunction of dorsolateral prefrontal cortex in schizophrenia: I. Regional cerebral blood flow evidence. *Archives of General Psychiatry,* 43(2), 114-124.

Weingarten, R. (1994). The ongoing processes of recovery. *Psychiatry,* 57, 369-375.

Weiser, M., van Os, J., Reichenberg, A., Rabinowitz, J., Nahon, D., Kravitz, E., et al. (2007). Social and cognitive functioning, urbanicity and risk for schizophrenia. *British Journal* of *Psychiatry,* 191, 320-324.

Weissman, A. N., & Beck, A. T. (1978, November). *Development and validation of the Dysfunctional Attitudes Scale.* Paper presented at the annual meeting of the Advancement of Behaviour Therapy, Chicago.

West, A. R., Floresco, S. B., Charara, A., Rosenkranz, J. A., & Grace, A. A. (2003). Electrophysiological interactions between striatal glutamatergic and dopaminergic systems. *Annals of the New York Academy of Sciences,* 1003, 53-74.

West, A. R., & Grace, A. A. (2001). The role of frontal-subcortical circuits in the pathophysiology of schizophrenia. In D. G. Lichter & J. L. Cummings (Eds.), *Frontal-subcortical circuits in psychiatric and neurological disorders* (pp. 372-400). New York: Guilford Press.

West, D. (1948). A mass observation questionnaire on hallucinations. *Journal of Social Psychiatry Research,* 34, 187-196.

Wieselgren, I. M., Lindstrom, E., & Lindstrom, L. H. (1996). Symptoms at index admission as predictor for 1-5 year outcome in schizophrenia. *Acta Psychiatrica Scandinavica,* 94, 311-319.

Wilk, C. M., Gold, J. M., McMahon, R. P., Humber, K., Iannone, V. N., & Buchanan, R. W. (2005). No, it is not possible to be schizophrenic yet neuropsychologically normal. *Neuropsychology,* 19(6), 778-786.

Wilkaitis, J., Mulvihill, T., & Nasrallah, H. A. (2004). Classic antipsychotic medications. In A. F. Schatzberg & C. B. Nemeroff (Eds.), *The American Psychiatric Publishing textbook* of *psychopharmacology* (3rd ed., pp. 425-442). Washington, DC: American Psychiatric Publishing.

Williamson, P. (2006). *Mind, brain, and schizophrenia.* New York: Oxford University Press.

Wing, J. K., & Agrawal, N. (2003). Concepts and classification of schizophrenia. In S. R. Hirsch & D. L. Weinberger (Eds.), *Schizophrenia* (2nd ed., pp. 3-14). Malden, MA: Blackwell.

Wing, J. K., Babor, T., Brugha, T., Burke, J., Cooper, J. E., Giel, R., et al. (1990). SCAN. Schedules for Clinical Assessment in Neuropsychiatry. *Archives of General Psychiatry,* 47(6), 589-593.

Wing, J. K., Cooper, J. E., & Sartorius, N. (1974). *Measurement and classification of psychiatric symptoms: An introduction manual for the PSE and Catego Program.* London: Cambridge University Press.

Winterowd, C., Beck, A. T., & Gruener, D. (2003). *Cognitive therapy with chronic pain patients.* New York: Springer.

Wong, A. H. C., & Van Tol, H. H. M. (2003). Schizophrenia: From phenomenology to neurobiology. *Neuroscience and Biobehavioral Reviews,* 27, 269-306.

Wong, D. F., Wagner, H. N., Tune, L. E., Dannals, R. F., Pearlson, G. D., & Links, J. M. (1986). Positron emission tomography reveals elevated D_2 dopamine receptors in drug-naive schizophrenics. *Science,* 234, 1558-1563.

Woodward, T. S., Moritz, S., Cuttler, C., & Whitman, J. C. (2006). The contribution of a cognitive bias against disconfirmatory evidence (BADE) to delusions in schizophrenia. *Journal of Clinical and Experimental Neuropsychology,* 28, 605-617.

World Health Organization. (1973). *International pilot study of schizophrenia.* Geneva: Author.

World Health Organization. (1993). *International statistical classification of diseases and related health problems* (10th ed.). Geneva: Author.

Wright, J. J., & Kydd, R. R. (1986). Schizophrenia as a disorder of cerebral state transition. *Australian and New Zealand Journal of Psychiatry,* 20, 167-178.

Wyatt, R. J., Alexander, R. C., Egan, M. F., & Kirch, D. G. (1988). Schizophrenia, just the facts: What do we know, how well do we know it? *Schizophrenia Research,* 1(1), 3-18.

Young, H., Bentall, R., Slade, P., & Dewey, M. (1987). The role of brief instructions and suggestibility in the elicitation of auditory and visual hallucinations in normal and psychiatric subjects. *Journal of Nervous and Mental Disease,* 175, 41-48.

Young, J. E., & Brown, G. (1994). Young Schema Questionnaire. In J. E. Young (Ed.), *Cognitive therapy for personality disorders: A schema-focused approach.* Sarasota, FL: Professional Resource Press.

Zhou, Y., Liang, M., Jiang, T., Tian, L., Liu, Y., Liu, Z., et al. (2007a). Functional dysconnectivity of the dorsolateral prefrontal cortex in first-episode schizophrenia using resting-state fMRI. *Neuroscience Letters,* 417, 297-302.

Zhou, Y., Liang, M., Wang, K., Hao, Y., Liu, H., et al. (2007b). Functional disintegration in paranoid schizophrenia using resting-state fMRI. *Schizophrenia Research,* 97,194-205.

Zimmermann, G., Favrod, J., Trieu, V. H., & Pomini, V. (2005). The effect of cognitive behavioral treatment on the positive symptoms of schizophrenia spectrum disorders: A meta-analysis. *Schizophrenia Research,* 77, 1-9.

Zipursky, R. B., Lim, K. O., Sullivan, E. V., Brown, B. W., & Pfefferbaum, A. (1992). Widespread cerebral gray matter volume deficits in schizophrenia. *Archives of General Psychiatry,* 49(3), 195-205.

Zubin, J., & Spring, B. (1977). Vulnerability: A new view of schizophrenia. *Journal of Abnormal Psychology,* 86, 103-126.

Índice

A

B

C

D

E

F

G

H

I

J

K

L

M

N

O

P

Q

R

S

T

U

V

Z